DORN·BADER

PHYSIK

Band 2

Gymnasium
Hessen

Herausgegeben von
Heinz-Werner Oberholz

Begründet von
Prof. Dr. Franz Bader, Prof. Friedrich Dorn †

Bearbeitet von
Dania Burak
Dirk Blaß
Peter Drehmann
Dietmar Fries
Stefanie Grabert
Heinz-Werner Oberholz
Werner Wegner
Klaus Wieder

westermann GRUPPE

Druck A² / Jahr 2017
Alle Drucke der Serie A sind im Unterricht parallel verwendbar.

Redaktion: Dr. Imke Goertz, Armin Kreuzburg
Grafiken: Franz Josef Domke, Robert Fontner-Forget, Liselotte Lüddecke, Bernhard A. Peter, Werner Wildermuth
Umschlaggestaltung: elbe-drei, Hamburg
Layout: Jesse Konzept & Text, Hannover
Satz: CMS – Cross Media Solutions GmbH, Würzburg
Druck und Bindung: westermann druck GmbH, Braunschweig

ISBN 978-3-507-86752-9

Inhaltsverzeichnis

Erweiterung der Sinne

Elektrizität im Alltag

Die mit „■“ gekennzeichneten Seiten beinhalten ergänzende Vertiefungen, Themen und Projekte.

Fortbewegung und Mobilität

Energie in Umwelt und Technik

Technik im Dienst des Menschen

Wettererscheinungen und Klima

Zukunftssichere Energieversorgung

Anhang

Aufbau der Materie und Radioaktivität

Verantwortlich handeln – Beitrag der Physik

Erweiterung der Sinne

Das kannst du in diesem Kapitel erreichen:

- Du wirst erkennen, wie man Schall erzeugen kann und wie er sich ausbreitet.
- Du wirst die Ausbreitung von Schall mit der Ausbreitung von Licht vergleichen.
- Du wirst Experimente zur Bestimmung der Schallgeschwindigkeit planen und durchführen können.
- Du wirst mit Linsen experimentieren und dabei Gesetzmäßigkeiten entdecken.
- Du wirst erklären können, wie mit einer Linse ein Bild entsteht.
- Du wirst optische Geräte mit Linsen bauen und ihre Funktion erklären können.
- Du wirst die Bedeutung optischer Geräte für die Menschheit beurteilen können.

Wir hören mit den Ohren

Ein Polizeiauto nähert sich von hinten. Auch wenn der Radfahrer und andere Verkehrsteilnehmer es nicht sehen, macht es sich durch das laute und schrille Martinshorn auf sich aufmerksam. Der Radfahrer und die anderen Verkehrsteilnehmer können rechtzeitig zur Seite fahren, um der Polizei freie Bahn zu schaffen.

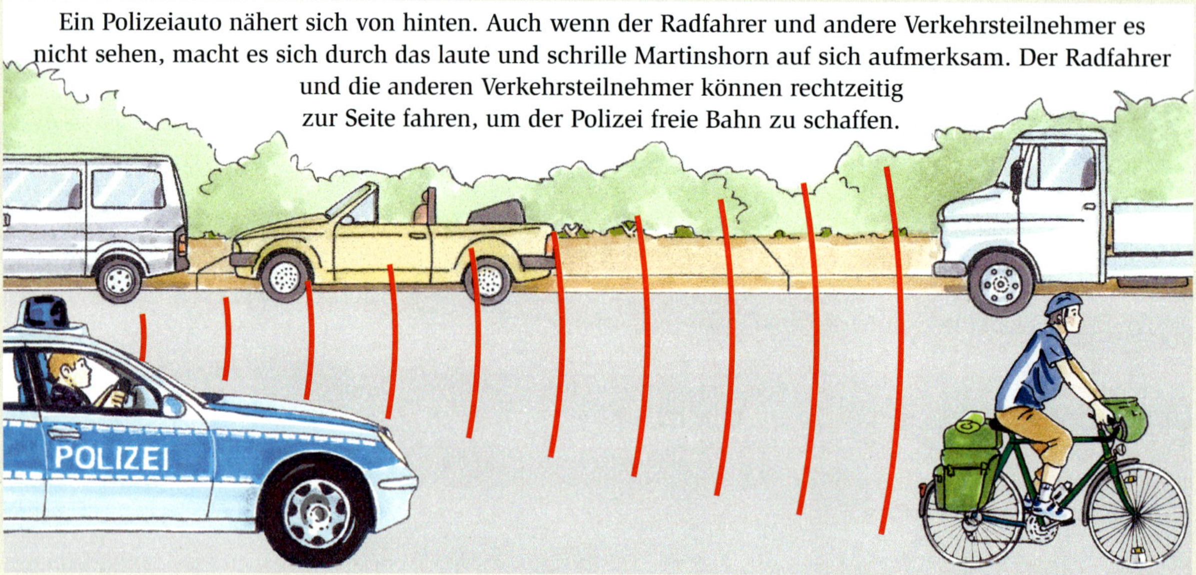

A1 Wenn wir mit unseren Ohren etwas hören, so ist dies Schall.

a) Neben dem Polizeiauto können sich auch andere Verkehrsteilnehmer durch Schall bemerkbar machen. Nenne sie und beschreibe, womit sie Schall erzeugen.

b) Notiere Lebewesen oder Gegenstände, die Schall erzeugen.

A2 Zukünftig sollen leise Elektroautos durch unsere Städte fahren.

Diskutiere in Partnerarbeit die Vorteile solcher Autos, aber auch Probleme für die Verkehrssicherheit.

A3 Erzeuge Schall auf unterschiedliche Weise. Beschreibe, wie er sich jeweils anhört beim

- Zerplatzen eines Luftballons,
- Anschlagen einer Stimmgabel,
- Zerknüllen von Papier,
- …

A4 **a)** Schlage eine Trommel an und berühre anschießend die Membran mit den Fingerspitzen.

b) Lege einen Lautsprecher auf den Tisch und streue leichte Plastikkügelchen oder Reiskörner auf die Membran. Beschreibe, wie sich die Kügelchen bzw. die Körner nach dem Einschalten bewegen.

c) Formuliere eine Vermutung, wie Trommel und Lautsprecher Schall erzeugen.

A5 **a)** Halte mit einem Ende eines Gummibandes unter deinem Daumen dein Ohr zu. Spanne mit der anderen Hand das Gummi etwas. Jetzt zupfe mit einem freien Finger am Band.

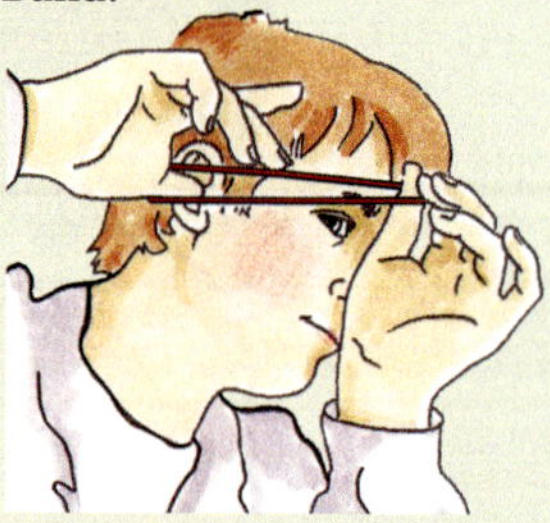

Mache mit dieser „Ohrgitarre“ Musik.

b) Spanne zwischen die Daumen einen schmalen Streifen Papier und puste fest zwischen die Daumen.

c) Stelle auch hier eine Vermutung auf, wie die beiden „Musikinstrumente“ Schall erzeugen.

Schallquellen und Schallempfänger

1. Schallquellen

Du näherst dich mit deinem Fahrrad einer Kreuzung. Schon lange bevor du das Polizeiauto sehen kannst, hörst du das Martinshorn. Du fährst vorsichtig zur Seite, um der Polizei freie Fahrt zu verschaffen. Wir empfangen mit unseren Ohren akustische (hörbare) Signale: wohlklingende Musik, vertraute Stimmen, schrille Pfeiftöne, störenden Lärm. All dies nennen wir in der Physik **Schall.**

Die Gitarrensaite, der Lautsprecher, das Martinshorn und die Stimmgabel in → B1 sind Beispiele für **Schallquellen.** Sie alle erzeugen Schall und senden ihn aus. Eine Stimmgabel klingt besonders rein. Im Unterschied zum Rascheln der Blätter eines Baumes nennen wir dies einen **Ton.**

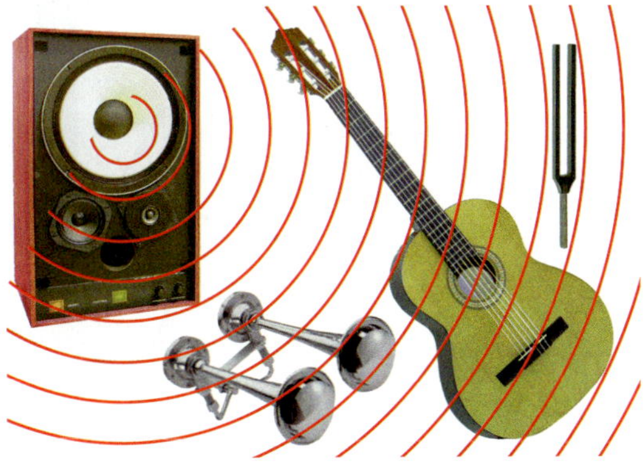

B1 Beispiele für Schallquellen

2. Schwingungen erzeugen Schall

Wir können die Ursache der Schallentstehung leicht verstehen. Legen wir einen Finger an eine Lautsprechermembran, so spüren wir, wie sie vibriert, d. h. die Membran bewegt sich schnell hin und her. Nähern wir eine angeschlagene Stimmgabel einem kleinen Pendel → V1, so bekommt dieses einen Schlag wie mit einem kleinen Hammer und beweist so die schnelle Hin- und Herbewegung der Stimmgabelzinken. Wir nennen solche Bewegungen **Schwingungen.** Diese einfachen Untersuchungen zeigen uns, dass schwingende Teile einer Schallquelle den Schall verursachen.

Schlagen wir die Stimmgabel fester an, so hören wir den Ton lauter. Am Pendelchen in → V1 erkennen wir, dass die Stimmgabel jetzt weiter ausschlägt. Auch eine Lautsprechermembran schwingt bei lauten Tönen weiter hin und her.

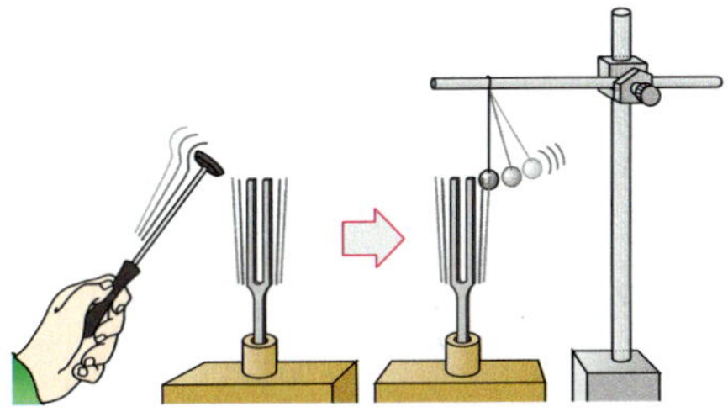

V1 Wir schlagen eine Stimmgabel an und nähern sie einem Pendel. Kaum berührt, bewegt sich das Pendel heftig hin und her.

Merksatz

Schallquellen erzeugen durch schnelle Schwingungen Töne. Je weiter der schwingende Körper ausschlägt, desto lauter hören wir den Schall.

3. Schallempfänger

Drückst du die Ohren mit den Zeigefingern fest zu, so werden die Geräusche leise. Die Ohren sind also unsere angeborenen *natürlichen* **Schallempfänger.** Sobald Schall in unser Ohr trifft, meldet es die Information über Nerven an unser Gehirn weiter. In → B2 siehst du die drei Bestandteile: Sender, Empfänger und Verarbeiter. Sender und Empfänger haben wir bereits beim Licht kennengelernt.

Ein *künstlicher* Schallempfänger ist das Mikrofon. Es wandelt Schall in elektrische Signale um, die dann z. B. über Kabel über weite Strecken geleitet werden können. Ein angeschlossener Lautsprecher macht daraus wieder Schall.

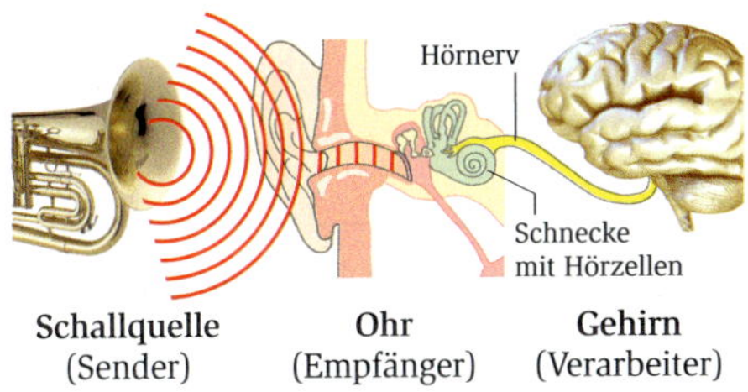

B2 Sender und Empfänger beim Schall

Mach's selbst

A1 Ein Telefonhörer hat ein Mikrofon und einen Lautsprecher. Marie und Lea telefonieren miteinander.

Marie spricht ein Wort. Beschreibe den Weg des Schalls von seiner Entstehung bis zur Verarbeitung in Leas Gehirn.

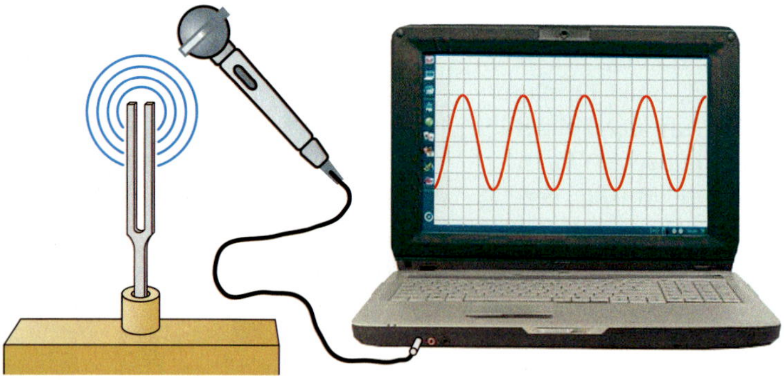

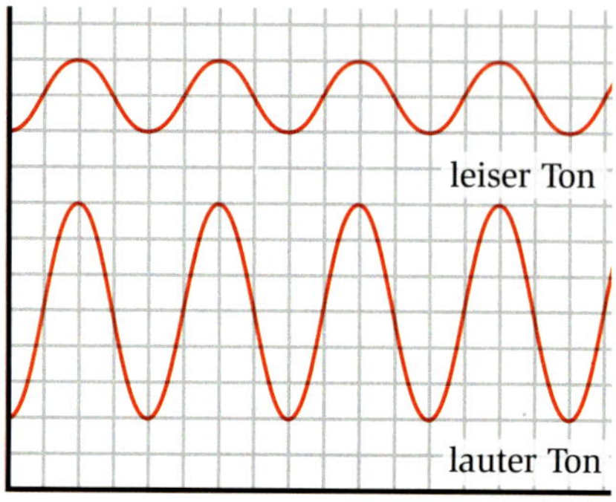

V1 Wir erzeugen einen Ton. Das Mikrofon empfängt ihn und gibt das Signal an einen Computer weiter. Wir verändern die Computereinstellungen während der Versuchreihe nicht.

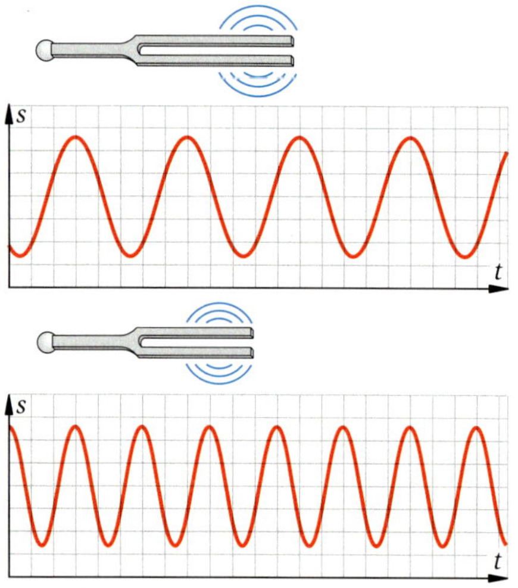

V2 Wir wiederholen → **V1** nacheinander mit zwei verschiedenen Stimmgabeln. Zunächst schlagen wir die mit den längeren Zinken an, dann die mit den kürzeren. Die erste Stimmgabel erzeugt einen tiefen Ton, die zweite einen hohen Ton.

V3 Wir schlagen eine Stimmgabel mit Schreibstift an und ziehen sie gleichmäßig über die Rußschicht auf einer Glasplatte. Wir erhalten Schwingungslinien wie sie auch der Computer zeichnet.

„Tatü" klingt das Martinshorn der Polizei. Will man es auf dem Klavier nachspielen, so muss man zwei unterschiedliche Tasten nacheinander drücken. Das „Ta" ist tiefer als das „Tü". Töne nehmen wir also nicht nur als *laut* und *leise* wahr, sondern auch als *hoch* und *tief*. Worin unterscheiden sich aber hohe und tiefe Töne physikalisch?

1. Ein Computer zeichnet Schwingungslinien

Ein spezielles Computerprogramm kann die Signale eines Mikrofons aufzeichnen. In → **V1** zeichnet der Computer auf dem Bildschirm eine „Schlangenlinie". Diese Linie beschreibt die Schwingung der Stimmgabel. Wir nennen sie deshalb auch *Schwingungslinie*. Schlagen wir dieselbe Stimmgabel zunächst schwach und danach stark an, so schlägt die Stimmgabel beim laut empfundenen Ton weiter aus als beim leisen, die Linie auf dem Bildschirm auch. Wir sagen, die **Amplitude** ist hier groß.

In → **V2** untersuchen wir die Töne zweier verschiedener Stimmgabeln. Die Stimmgabel mit den langen Zinken erzeugt einen tiefen Ton. Sie trägt die Aufschrift „320". Ihre Zinken schwingen in einer Sekunde 320-mal hin und her. Man sagt, sie schwingt mit der **Frequenz** 320 Hz (**Hertz**). Das obere Bild in → **V2** zeigt die entsprechende Schwingungslinie. Bei der Stimmgabel mit kurzen Zinken hören wir einen höheren Ton und beobachten, dass die Schwingungslinie im Vergleich genauso weit nach oben und unten ausschlägt, aber ihre Bögen sind enger, ihre Linie geht öfter rauf und runter.
→ **V3** zeigt uns, dass wir Schwingungslinien auch ohne Computer erhalten können.

Merksatz

Töne können als Schwingungslinien dargestellt werden. Je weiter die Linien im Vergleich ausschlagen, desto lauter ist der Ton. Je enger die Schwingungslinien verlaufen, desto höher ist der Ton.

Forscherwerkstatt

Das Lineal als Schallquelle

Lisa und Lukas machen mit einem Lineal Musik. Sie legen ein langes, stabiles Lineal über eine Tischkante. Sie achten darauf, dass der auf dem Tisch liegende Teil des Lineals stets fest auf die Tischplatte gepresst wird.

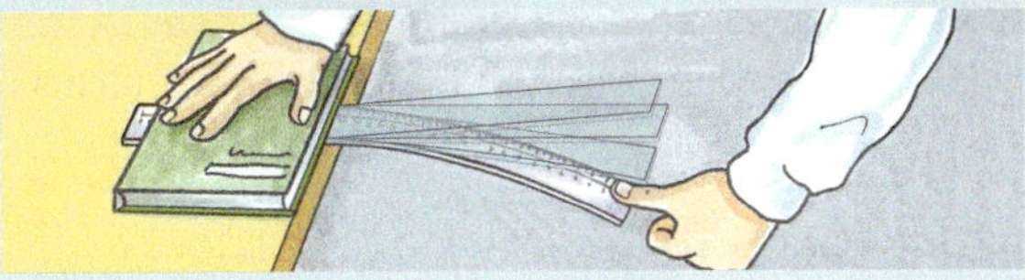

Arbeitsaufträge:

1 **a)** Probiert selbst, einen Ton zu erzeugen.
b) Untersucht, wie ihr unterschiedlich hohe Töne machen könnt.

2 Bezieht Stellung zu der Behauptung: „Nicht jede Schwingung eines Gegenstandes erzeugt Schall."

Hinweis: Führt bei euren Versuchen stets Protokoll. Formuliert das Ergebnis als Merksatz.

Kompetenz – Empfinden und Messen unterscheiden

Wir haben festgestellt, dass sich Töne in der Lautstärke und in der Tonhöhe unterscheiden. Laut und leise bzw. hoch und tief sind Empfindungen, die sich nur schwer beschreiben lassen. Jeder Mensch empfindet sie anders. Wir sagen, diese Empfindungen sind subjektiv. Deine Eltern sagen dir schon mal, dass die Musik deiner Stereoanlage zu laut eingestellt ist, während du sie als eher zu leise empfindest. Ähnlich ist es mit hohen und tiefen Tönen. Es fällt uns leicht, zwei Tonhöhen miteinander zu vergleichen, aber wir können nicht mit Worten beschreiben, was denn ein hoher Ton ist und wie sich ein höherer Ton anhört.
Die Empfindungen „laut" und „leise" bzw. „hoch" und „tief" können wir durch Amplitude und Frequenz ersetzen. Diese Größen fanden wir bei unseren Untersuchungen mit dem Computer.
Mit dem Lineal kann man auf dem Bildschirm die Amplitude als Länge in der Einheit 1 cm messen. Jeder kommt beim gleichen Ton so zum selben Ergebnis. Auch die Frequenz lässt sich mit dem Lineal an der Schwingungslinie bestimmen. Diese Messergebnisse sind objektiv.
Das objektive Messen von Größen ist eine der wichtigen Errungenschaften der Physik. Möglich wurde dies beim Schall für uns dadurch, dass wir mit der Stimmgabel experimentiert haben. Sie erzeugt unabhängig vom Anschlagen immer einen Ton der gleichen Frequenz. So konnten wir die unterschiedlichen Amplituden als Maß für „laut" und „leise" entlarven. Im zweiten Schritt haben wir mit unterschiedlichen Stimmgabeln im Wesentlichen die Tonhöhe verändert und so die Frequenz als ihr Maß entdeckt.

Mach's selbst

A1 Das Computerbild zeigt die Schwingungslinie eines bestimmten Tons.

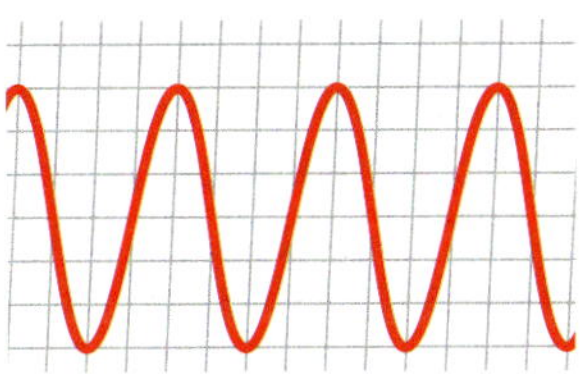

Übertrage diese Linic in dcin Heft und zeichne drei weitere Schwingungslinien mit
a) gleicher Lautstärke aber tieferem Ton,
b) gleicher Tonhöhe wie beim Ausgangston, aber etwas leiser,
c) größerer Lautstärke und höherem Ton als beim Ausgangston.

A2 Staubsauger kann man auf unterschiedliche Stufen einstellen. Sie hören sich dann unterschiedlich an.
Beschreibe und erkläre die unterschiedliche Tonhöhe.

A3 Du kannst Schwingungslinien auch selbst zeichnen.
Nimm ein Blatt Papier und einen Bleistift.
Zeichne mit dem Bleistift immer rauf und runter und ziehe dabei das Papier gleichmäßig unter dem Bleistift zur Seite hin weg.
a) Zeichne Schwingungslinien zu einem leisen und einem lauten Ton.
b) Es gibt zwei Möglichkeiten Schwingungslinien zu zeichnen, die zu einem höheren Ton gehören. Nenne beide Möglichkeiten.

A4 Das Computerbild zeigt eine Schallaufnahme. Handelt es sich dabei um einen Ton, einen Knall oder um das Geräusch eines Automotors? Begründe deine Antwort.

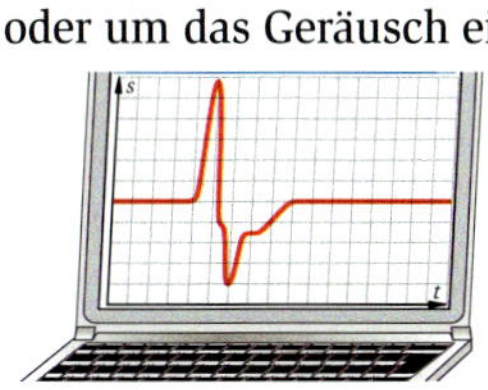

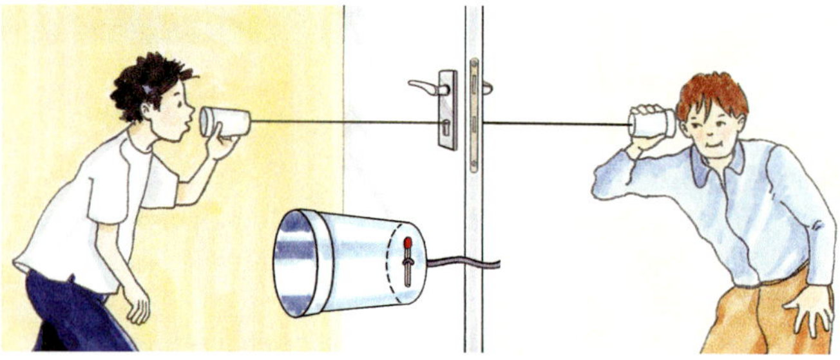

B1 Mit dem Fadentelefon hören wir durch Türen.

B2 Ohne Medium (Luft) hören wir nichts.

Projekt

Wir bauen ein „Fadentelefon" → B1

Du benötigst zwei Joghurtbecher, einen Faden und zwei Streichhölzer. Mit einem Nagel stößt du ein kleines Loch in den Boden jedes Bechers. Dann ziehst du den Faden durch die Löcher und verknotest sie mit den Streichhölzern. Die Streichhölzer befinden sich nun innerhalb der Becher, der Faden lässt sich nicht mehr herausziehen.
Mit einem Freund kannst du nun telefonieren. Du musst dazu den Joghurtbecher vor deinen Mund halten und in den Becher hineinsprechen. Dein Freund muss den anderen Becher an sein Ohr halten. Er versteht dich selbst dann noch, wenn du flüsterst. Wenn ihr wie in → B1 noch eine verschlossene Tür dazwischen habt, könnt ihr euch sogar von einem Raum in den anderen verständigen.

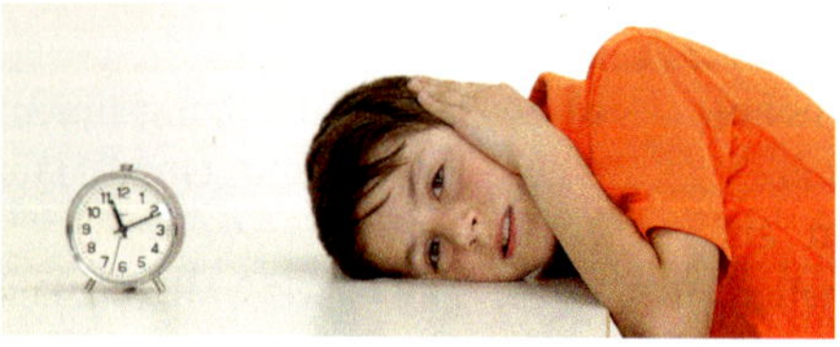

V1 Wir legen das rechte Ohr auf die Tischplatte und verschließen das linke Ohr.

V2 Das Ticken des Weckers wird durch das Wasser auf unser Ohr übertragen.

1. Schall braucht einen Träger

Mit einem Fadentelefon → B1 können wir uns durch Türen unterhalten. Wir hören die gesprochenen Sätze ziemlich laut, obwohl die Tür verschlossen ist. Schneiden wir den Faden durch, funktioniert unser Telefon nicht mehr. Der Faden transportiert also den Schall in das andere Zimmer.
Sprechen wir in den Joghurtbecher hinein, so schwingt der Boden des Bechers. Der straff gespannte Faden überträgt die Schwingung auf den zweiten Becherboden, der dann ebenfalls schwingt. Dadurch erzeugt er auf der anderen Seite der Tür selbst wieder Schall, den wir dann laut hören können. Ohne gespannten Faden schwingt der zweite Becherboden nicht.

Aber auch sonst, bei jeder Unterhaltung, gelangt Schall vom Sprecher zum Zuhörer – auch ohne Faden als Vermittler. Außer der Luft gibt es nichts zwischen Sprecher und Zuhörer. Überträgt also die Luft den Schall? Wenn das stimmt, dann dürften wir ohne Luft nichts hören können. In einem Versuch nach → B2 überprüfen wir diese Vermutung. Zunächst hören wir das Klingelgeräusch eines Weckers unter einer Glasglocke. Pumpen wir jedoch die Luft in der Glasglocke ab, ist der Klingelton nicht mehr zu hören. Damit ist klar: Die Luft überträgt den Schall. Man sagt, Luft ist ein **Schallträger.**

Gibt es weitere Schallträger außer der Luft und dem Faden? In → V1 hören wir das Ticken des Weckers deutlich, auch wenn wir das linke Ohr verschließen und damit den Weg durch die Luft ausschließen. Also ist die Tischplatte ebenfalls ein Schallträger. Metallrohre sind auch Schallträger. Ein Klopfen an den Heizungsrohren im Keller ist im ganzen Haus zu hören. Aus → V2 wird deutlich, dass auch Flüssigkeiten, wie etwa Wasser, Schall übertragen können. Dies ermöglicht Walen und Delphinen unter Wasser über große Entfernungen Kontakt miteinander aufzunehmen. Fehlt ein Schallträger, so ist die Ausbreitung des Schalls unmöglich.

Merksatz

Schall kann sich nur mithilfe eines Schallträgers ausbreiten. Für uns ist die Luft der wichtigste Schallträger.

2. La Ola – die Welle

Schall wird durch eine Schwingung z. B. einer Lautsprechermembran erzeugt. Luft überträgt ihn zwischen Sender und Empfänger. In der Physik hat man eine Vorstellung entwickelt, wie Luft den Schall transportiert.

Du kennst aus dem Fußballstadion sicher La Ola (deutsch: die Welle) → B3 : Die Zuschauer reißen nacheinander die Arme hoch und stehen auf. La Ola läuft durch die Ränge, die Zuschauer selbst bleiben an ihren Plätzen. Damit La Ola funktioniert, muss jeder Zuschauer auf seinen Nachbarn achten. Sobald dieser die Arme hochreißt und aufsteht, muss er es etwas später genauso nachmachen. Die Luft besteht aber nicht aus Menschen, die beobachten und mitdenken, und trotzdem ist eine **Welle** durch die Luft möglich.

B3 La Ola läuft durch das Stadion.

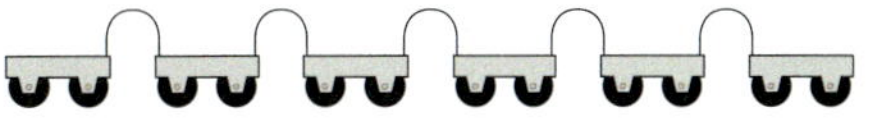

B4 Eine Kette kleiner Wägelchen mit Federn verbunden

3. Die Schallwelle

In → B4 ist eine Kette von Eisenbahnwägelchen dargestellt, die durch Federn miteinander verbunden sind. Wir stoßen mit der Hand → V3 das erste Wägelchen kurz nach rechts und halten es dann fest. Die Feder zwischen erstem und zweitem Wägelchen wird kurz zusammengedrückt. Sie entspannt sich und bewegt dadurch das zweite Wägelchen nach rechts. Die nächste Feder wird zusammengedrückt und bewegt beim Entspannen das dritte Wägelchen. Nacheinander bewegen sich so alle Wägelchen ein wenig nach rechts. Wie bei La Ola pflanzt sich die Bewegung der Wägelchen fort.

V3 **a)** Wir bewegen das erste Wägelchen etwas nach rechts und halten es anschließend fest. **b)** Wir erkennen, dass sich nacheinander, **c)** alle Wägelchen um die gleiche Strecke nach rechts bewegen.

Beim Schall reicht es nicht aus, dass sich Bewegung einmal fortpflanzt. Vielmehr muss die andauernde Schwingung des Senders durch die Luft auf den Empfänger übertragen werden. In → V4 bewegen wir deshalb das erste Wägelchen mit der Hand andauernd hin und her. Wir erkennen, dass ein Wägelchen nach dem anderen die Bewegung des ersten genau nachmacht. Jedes Wägelchen schwingt mit der Frequenz des ersten. Dabei bleiben die Wägelchen selbst bis auf die kleine Hin- und Herbewegung an ihren Plätzen und fahren nicht selbst vom Sender zum Empfänger. Die Luft besteht natürlich nicht aus Wägelchen, die mit Federn verbunden sind. Wir haben uns lediglich eine Vorstellung von der Schallübertragung gemacht. Man nennt sie **Schallwelle.**

Es bleibt zu prüfen, ob die Schallwelle die Beobachtungen zur Schallausbreitung erklären kann:

- Die Wägelchen übernehmen die Bewegung nacheinander, d. h. es dauert ein wenig, bis die Bewegung beim letzten an-kommt. Dass die Schallausbreitung tatsächlich Zeit benötigt, werden wir bald genauer untersuchen.
- Die Wägelchen bleiben an ihren Plätzen. Auch die Luft bleibt zwischen Sender und Empfänger an ihrem Platz. Du spürst vor dem Lautsprecher keinen Wind.

V4 Wir bewegen das erste Wägelchen mit der Hand andauernd hin und her.

Schall wird reflektiert

B1 Touristen auf dem Königssee vor hoher Felswand hören das Echo einer Trompete oder einer Stimme.

Anstoß

Ein Elektroboot fährt mit Touristen über einen See, vorbei an einer hohen glatten Felswand. Mit einer Trompete spielt der Bootsführer eine kleine Melodie. Kurze Zeit später hören die Touristen die Melodie aus der Richtung der Felswand noch einmal.

1. Nenne ähnliche Situationen, in denen man ein Echo hört.
2. Beschreibe für das Echo den Weg des Schalls von der Trompete bis zu den Ohren → B1.
3. Beim Licht gibt es ein vergleichbares Phänomen. Beschreibe es ausführlich. Was entspricht beim Licht der Felswand?

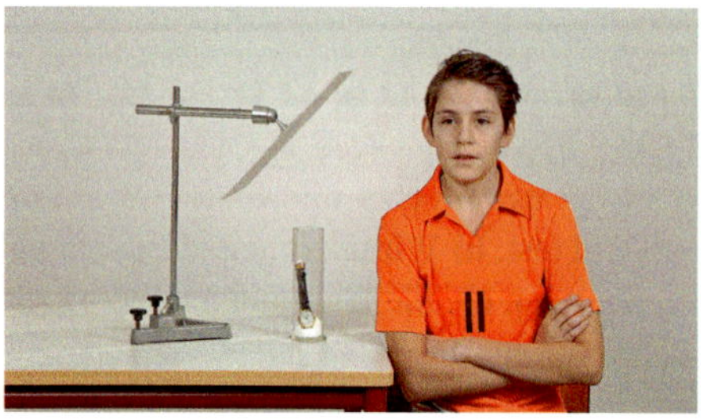

V1 Wir legen eine tickende Uhr auf eine Watteschicht am Boden eines hohen Becherglases. Eine Metallplatte wird schräg über dem Becher angebracht. Erst bei einer bestimmten Neigung der Platte hören wir das Ticken laut und deutlich.

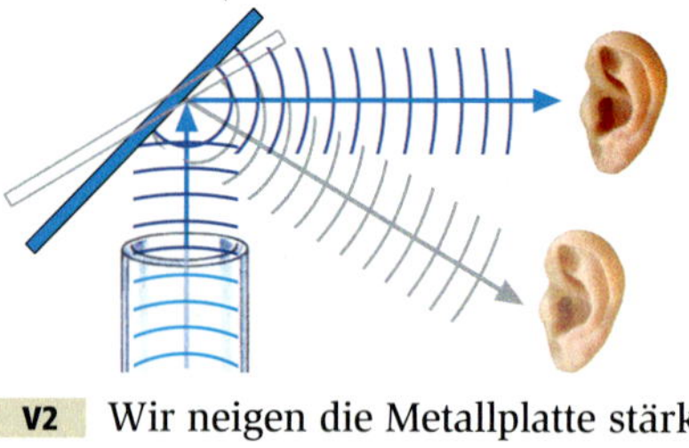

V2 Wir neigen die Metallplatte stärker.

1. Echo – der Schall kehrt zurück

„Wie heißt der Bürgermeister von WESEL?", rufen wir vor einer Felswand. „ESEL" nennt die Wand als Antwort. Dieses bekannte Spiel beruht auf der Reflexion des Schalls. Von der Ruferin ausgehend, breitet sich der Schall nach allen Richtungen aus. Ein Teil davon trifft die Felswand, die ihn zurückprallen lässt wie einen Ball – zurück zur Ruferin → B1. Man nennt Schall, der zur Quelle zurückgeworfen wird, **Echo.** Unsere Vorstellung der Schallwelle verdeutlicht, dass Schall Zeit braucht, bis er zur Felswand und wieder zurückgelaufen ist. Wir hören das Echo verspätet. Bei passendem Abstand zur Wand ist das Wort „Esel" klar zu verstehen. Das „W" wird schwächer gesprochen und von uns überhört.

2. Schall wird reflektiert wie Licht

Beim Licht wissen wir bereits, dass es von einem Spiegel zurückgeworfen wird. Vom Spiegel kommt ein Lichtbündel so zurück, als wenn eine zweite Lichtquelle in der Spiegelwelt stehen würde. Ein schmales Lichtbündel fällt allerdings nur dann genau auf den Sender zurück, wenn es senkrecht die Spiegeloberfläche trifft. Andernfalls wird es zur Seite gelenkt. In → V1 prüfen wir, ob Schall an einer glatten Fläche nach ähnlichen Regeln reflektiert wird. Eine Watteschicht verhindert, dass die Uhr die Glaswand berührt und das Glas selbst als Schallträger die Schwingungen überträgt. So kann sich der Schall nur nach oben hin ausbreiten. Trifft Schall schräg auf eine glatte Metallplatte, so hören wir um die Ecke.
Gilt für die Reflexionsrichtung das Gleiche wie beim Licht?
In → V2 verändern wir die Neigung der Metallplatte:
Um das Ticken der Uhr deutlich zu hören, müssen wir das Ohr nun etwas tiefer halten. Das Schallbündel wird also in eine andere Richtung reflektiert. Die Reflexionsrichtung lässt sich wie bei der Reflexion eines Lichtbündels am Spiegel bestimmen.

Merksatz

Schall wird an festen Wänden reflektiert. Auch hier können wir die Richtung vorhersagen wie bei der Lichtreflexion.

Interessantes

Reflexionen

A. Physik hilft der Technik

Ein **Sprachrohr,** auch Megafon genannt, nutzt die Reflexion des Schalls aus. Der Schall wird an den trichterförmigen Wänden reflektiert, sodass er praktisch nur nach vorne das Sprachrohr verlässt und sich nicht in alle Richtungen verteilt. Steht der Hörer in dieser Richtung, so hört er die Ansage lauter als wenn der Sprecher ohne Sprachrohr seine Ankündigungen macht. Auch manche Lautsprecher auf Bahnsteigen haben einen trichterförmigen Vorsatz.

Will man eine Nachricht nur einem Zuhörer zukommen lassen, so kann man zwei Metallschalen verwenden, die die Form von Satellitenschüsseln haben. Der Schall wird an der ersten Schale reflektiert, läuft „gebündelt" zur zweiten Schale, die den Schall auffängt und zum Ohr des Zuhörers reflektiert. Man kann so bis in eine Entfernung von 80 m den Schall übertragen und kein Außenstehender versteht etwas.

In alten Gebäuden befinden sich oft Gewölbe, die eine ähnliche Form haben. In solchen „Flüstergewölben" kann man je nach Standort auch ein Flüstern einer anderen Person deutlich hören.

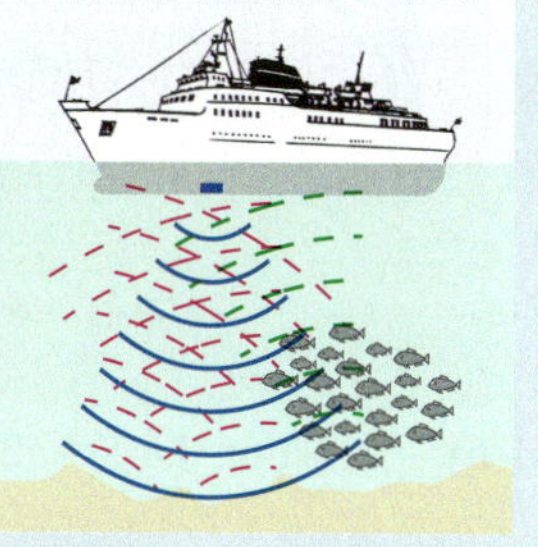

Um Meerestiefen zu bestimmen, rüstet man Schiffe mit einem Sender aus, der den Schall durchs Wasser bis zum Meeresboden schickt. Dort wird er reflektiert und kommt zum Schiff zurück. Man misst die Laufzeit des Schalls und kann so die Tiefe des Meeresbodens oder z. B. eines Fischschwarmes berechnen. Bei einem solchen **Echolot** verwendet man meist *Ultraschall.* Die Schwingungen sind hierbei so schnell, dass unser Ohr sie nicht mehr hören kann. Mikrofone können ihn allerdings registrieren.

B. Physik in der Natur

Fledermäuse gehen nachts auf Beutejagd. Sie orientieren sich mithilfe von Ultraschall. Sie senden ihn beim Fliegen mit der Nase gezielt in eine Richtung aus. Mit ihren Ohren können sie ihn im Gegensatz zu uns Menschen auch wieder empfangen. Aus dem Echo können sie die Entfernung abschätzen. Außerdem erkennen sie an der Art des Echos, ob der Schall an einer festen Wand oder etwa an einem kleinen beweglichen Insekt (einer möglichen Beute) reflektiert wurde.

C. Reflexionen können auch stören

Wenn dein Zimmer vollständig ausgeräumt ist, klingt es anders als sonst. Von allen Wänden, von der Decke und vom Fußboden wird jeder Schall reflektiert und läuft so mehrmals kreuz und quer durchs Zimmer. Liegt dagegen ein weicher Teppich auf dem Boden, oder hängen Vorhänge an den Fenstern, verhindern diese Gegenstände störende Schallreflexionen.

Kompetenz – Präsentieren

Auf dieser Seite sind Anwendungen der Schallreflexion in Technik und Natur beschrieben. Dabei wird zunächst beschrieben, worum es geht, und dann wird erklärt, wie die Schallreflexion genutzt wird. Ihr sollt nun selbst anhand eines Posters einen Kurzvortrag vor der Klasse halten. Dazu geht ihr z. B. in folgenden Schritten vor:

- Beschafft euch Informationen über das Thema in Büchern oder im Internet.
- Wählt ein einziges, typisches Beispiel aus.
- Entwerft eine bildliche Darstellung.
- Schreibt auf das Poster nur wenig Text.
- Notiert euch für den Kurzvortrag Stichworte.
- Verweist während des Kurzvortrags auf das Poster und redet möglichst frei.

Mögliche Themen können sein:

- Über Kanzeln in Kirchen befindet sich oft ein Dach.
- Um besser hören zu können, benutzt man die Hände.
- Über der Stadt fliegt ein Hubschrauber. Aus welcher Richtung hört man ihn?

B1 Messung der Schallgeschwindigkeit mit Startbrettern und Stoppuhren

V1 400 m entfernt steht eine Schülerin mit zwei Startbrettern. Wie beim Sprintstart im Sport schlägt sie die Bretter zusammen → **B1**. Die Schülerinnen und Schüler im Vordergrund starten ihre Stoppuhren, wenn sie das Zusammenschlagen der Bretter *sehen*. Sie stoppen ihre Uhr, wenn sie den Zusammenknall der Bretter *hören*.

Gemessene Schallaufzeiten für 400 m							
1,2 s	1,3 s	1,0 s	1,2 s	1,3 s	1,2 s	1,1 s	1,2 s
1,1 s	1,2 s	1,0 s	1,3 s	1,2 s	1,1 s	1,1 s	1,3 s

T1 Schalllaufzeiten (gerundet)

Kompetenz – Umgang mit Messwerten

Bei Messungen mit einer Stoppuhr sind die Ergebnisse in der Regel nicht sehr genau. Sowohl das Starten der Uhr als auch das Stoppen müsste genau in dem Augenblick geschehen, in dem man einen Vorgang beobachtet. Dies ist jedoch kaum möglich. Die Folge ist, dass der angezeigte Wert der Stoppuhr von dem tatsächlichen Wert abweicht. Er kann etwas zu groß sein, oder aber etwas zu klein.

In der Physik wiederholt man deshalb die Messung unter gleichen Bedingungen mehrmals oder man misst einen Vorgang mit mehreren Uhren unabhängig voneinander. Man hat dann leicht unterschiedliche Werte, die um den exakten Wert streuen. Der Mittelwert aller Messwerte ist dann der vertrauenswürdigste Wert.

1. Schall benötigt für einen Kilometer drei Sekunden

Jeder hat schon einmal ein heftiges Gewitter erlebt mit Blitz und Donner. Schlägt der Blitz in unmittelbarer Nähe ein, hört man den Donner sofort. Sieht man ihn in der Ferne, hört man den Donner erst einige Minuten später – der Schall benötigt Zeit bis zum Ziel. Dies kann man nutzen, um die Entfernung eines Gewitters abzuschätzen. Sicher kennst du dieses Verfahren schon: „Wenn man den Blitz sieht, zählt man vor sich hin, bis man den Donner hört. Zählt man langsam z. B. bis 15, so sind Donner und Blitz in 5 km Entfernung entstanden.“ Das bedeutet: In etwa 15 Sekunden breitet sich der Schall 5 Kilometer weit aus, in 3 Sekunden also 1 Kilometer.

2. Messung der Schallgeschwindigkeit

Die obige Merkregel überprüfen wir nun in einem Experiment. Statt eines Gewitters genügt auch ein Knall, dessen Auslösung gut sichtbar ist, z. B. ein kräftiges in die Hände-klatschen oder ein Zusammenschlagen zweier Bretter. Wie bei der Geschwindigkeitsmessung eines Fahrzeugs benötigen wir Weg und Zeit. Aus der obigen Merkregel folgt, dass die **Schallgeschwindigkeit** relativ hoch ist. Eine Messung im Klassenraum führt zu extrem kleinen Zeitspannen, die wir mit einer Stoppuhr nicht messen können. Wir müssen das Schulgebäude verlassen und im Freien einen langen Weg markieren. Diesen Weg s messen wir und die zugehörige Zeit t. Der daraus errechnete Quotient s/t ist dann der Betrag der Schallgeschwindigkeit in Luft.

In → **V1** stoppen 16 Schülerinnen und Schüler die Zeit für denselben Vorgang. Ihre Messwerte sind in → **T1** aufgelistet. Die unterschiedlichen Messwerte hängen sicher damit zusammen, dass nicht alle gleich schnell reagiert haben. Eine Stoppuhr wurde zufällig etwas zu früh gedrückt, die andere etwas zu spät. Der Mittelwert gleicht diese Abweichungen aus: $18{,}8\ \text{s}/16 \approx 1{,}2\ \text{s}$. Wir berechnen mit dem gerundeten Wert den Betrag der Schallgeschwindigkeit zu

$$v = \frac{400\ \text{m}}{1{,}2\ \text{s}} \approx 330\ \text{m/s}.$$

Die Lautstärke des Schalls nimmt mit der Entfernung ab, das wissen wir aus Erfahrung. Man könnte nun vielleicht denken, dass auch die Geschwindigkeit des Schalls mit der Entfernung abnimmt. Verhält sich der Schall etwa wie ein ungeübter Läufer, der immer müder wird?
Auch hier schafft ein Versuch Klarheit. Für den halben Weg messen wir tatsächlich die halbe Zeit, d.h. die Schallgeschwindigkeit in Luft ist konstant und nimmt nicht ab. Mit genaueren Messverfahren hat man den Betrag der Schallgeschwindigkeit in Luft bei 20 °C zu 340 m/s bestimmt.

Merksatz

Schall breitet sich in Luft mit konstanter Geschwindigkeit aus, die Schallgeschwindigkeit beträgt 340 m/s.

Unsere Messung im Freien bezog sich auf die Schallausbreitung in Luft. Für andere Schallträger ergeben sich andere Werte. Die → T2 zeigt die Messwerte für einige Schallträger.

3. Ausbreitung von Licht und Schall – ein Vergleich

Wir haben erkannt, dass sich Licht und Schall jeweils vom Sender zum Empfänger ausbreiten. Es gibt weitere Gemeinsamkeiten, aber auch Unterschiede.

Gemeinsamkeiten:
- Licht und Schall breiten sich von der Quelle in alle möglichen Raumrichtungen aus.
- Licht- und Schallbündel breiten sich geradlinig aus.
- Licht und Schall werden an geeigneten Flächen nach dem Reflexionsgesetz reflektiert.
- Licht und Schall werden beim Übergang von einem Medium zum anderen teilweise gebrochen (für Schall haben wir dies nicht nachgewiesen).
- Licht und Schall brauchen für die Ausbreitung Zeit.

Unterschiede:
- Schall braucht einen Träger, Licht breitet sich im Vakuum aus.
- Die Lichtgeschwindigkeit ist viel größer als die Schallgeschwindigkeit.

Die Lichtgeschwindigkeit ist zu groß, als dass wir sie im täglichen Leben wahrnehmen könnten. In unserem Versuch → V1 zur Bestimmung der Schallgeschwindigkeit haben wir zu Recht die Lichtlaufzeit nicht berücksichtigt. Auch Wissenschaftler haben erst im Jahre 1676 durch Beobachtungen an Jupitermonden nachweisen können, dass Licht zur Ausbreitung tatsächlich Zeit braucht.
Die Schallausbreitung in Luft konnten wir durch die Schallwelle modellhaft erklären. Auf Licht kann man diese Vorstellung nicht übertragen, weil Licht sich auch ohne Träger ausbreitet. Es hat in der Physikgeschichte lange gedauert, bis man eine geeignete Vorstellung für die Lichtausbreitung fand.

Schallträger	Schallgeschwindigkeit
Luft (20 °C)	340 m/s
Wasser	1480 m/s
Gummi	40 m/s
Kork	500 m/s
Holz	etwa 4000 m/s
Stahl	5500 m/s

T2 Betrag der Schallgeschwindigkeit in verschiedenen Schallträgern

Mach's selbst

A1 In → V1 wurde die Schallgeschwindigkeit durch eine Schulklasse gemessen. Bei diesem Versuchsaufbau sind mindestens zwei Personen notwendig, die sich im großen Abstand voneinander aufstellen. Wenn man das Echo ausnutzt, kann man die Schallgeschwindigkeit in Luft auch alleine messen.
Entwirf einen geeigneten Versuchaufbau und beschreibe die Versuchsdurchführung.

A2 Du beobachtest eine Schulklasse auf dem Parkplatz vor einem Hochhaus:
Die Schüler klatschen rhythmisch in die Hände, etwa zweimal je Sekunde. Die Schulklasse vergrößert nun den Abstand zum Hochhaus bis die Schüler das Echo des Klatschens nicht mehr getrennt hören.
a) Erkläre, warum man mit diesem Versuch auch die Schallgeschwindigkeit in Luft messen kann.
b) Berechne den Abstand der Klasse von der Hochhauswand.

A3 Du hörst den Donner etwa zwölf Sekunden, nachdem du den Blitz gesehen hast.
Bestimme die Entfernung zwischen dir und der Gewitterwolke.

A4 Jemand schlägt mit dem Hammer auf eine Eisenbahnschiene. Berechne die Schallaufzeit für 1,2 km in Stahl und in der Luft.

A5 Recherchiere, wer im Jahr 1676 zum ersten Mal die Lichtgeschwindigkeit messen konnte. Halte einen Kurzvortrag in der Klasse.

A6 Unser Modell der Schallwelle besteht aus Wägelchen, verbunden mit Federn. Entwickle Vorschläge, wie man in diesem Modell die Ausbreitungsgeschwindigkeit der Bewegung verändern kann.

Vertiefung

Ton und Klang

Die Stimmgabel ist uns als Schallquelle mit besonders reinem Ton aufgefallen. Drücken wir am Klavier eine einzelne Taste, so hören wir ebenfalls ein angenehmes Geräusch. Er klingt jedoch „voller“ als eine angeschlagene Stimmgabel. Man sagt: Die Klaviersaite erzeugt einen Klang, die Stimmgabel dagegen einen Ton. Im Folgenden untersuchen wir den Unterschied mit Mikrofon und Computer.

Wir schlagen eine Stimmgabel an. Auf dem Computerbildschirm erscheint die uns bekannte Schwingungslinie. Schlagen wir zwei Stimmgabeln mit verschieden langen Zinken kurz hintereinander an, so hören wir keinen reinen Ton mehr. Auf dem Bildschirm sehen wir eine kompliziertere Form der Schwingungslinie.

Unser Computerprogramm kann sogar aus so einem Tongemisch die unterschiedlichen Frequenzen wiedererkennen. Dazu wird eine andere Funktion des Computerprogramms eingestellt. Wir schlagen jetzt sogar drei unterschiedliche Stimmgabeln an. Es entsteht ein Dreiklang, bekannt aus dem Musikunterricht. Auf dem Computerschirm erscheint folgendes Bild:

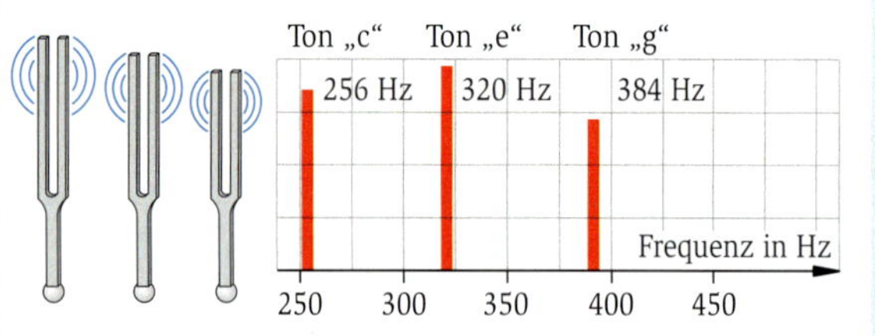

Der Computer zeigt keine geschwungene Linie mehr, sondern nebeneinander nur drei etwa gleich hohe Striche. Unten auf der Koordinatenachse lesen wir bei den Strichen die Zahlen 256 Hz, 320 Hz und 384 Hz ab. Dies sind die Frequenzen zu den Tönen c, e und g.

Das Computerprogramm erkennt also die drei ursprünglichen Tonhöhen. Die Länge der Striche ist ein Maß für die Lautstärke des entsprechenden Tons. Man nennt diese Darstellung auf dem Bildschirm ein Klangspektrum.

Projekt

Wer spricht?

Das Klangspektrum verrät uns aus einem Gemisch von Tönen die beteiligten Tonhöhen (Frequenzen) mit ihren Lautstärken. Bisher haben wir es für einzelne Töne und den Dreiklang untersucht. Wie aber sieht es bei Geräuschen aus?

Wir untersuchen Klangspektren von Geräuschen und halten sie jeweils in einer Skizze fest. Danach vergleichen wir sie und schreiben die wichtigsten Unterschiede auf. Wir untersuchen z. B. folgende Geräusche:

- das Zerknüllen eines Papiers,
- das Plätschern von Wasser,
- das Entweichen der Luft aus einem Ballon,
- das Klatschen mit den Händen.

Klangspektren der menschlichen Stimme sind der Polizei nützlich, um z. B. anonyme Anrufer zu entlarven. Es wird dazu ein Klangspektrum des Anrufs erstellt. Ein Verdächtiger muss den Text später nachsprechen, auch hiervon wird ein Klangspektrum aufgenommen. Experten der Polizei vergleichen dann diese beiden Klangspektren, der Anrufer kann so überführt werden.

Wir wollen dies nachmachen. Nacheinander sprechen drei Mitschülerinnen und Mitschüler ein „aaaaaa“ in das Mikrofon. Wir drucken jedes Klangspektrum aus und erkennen deutliche Unterschiede.

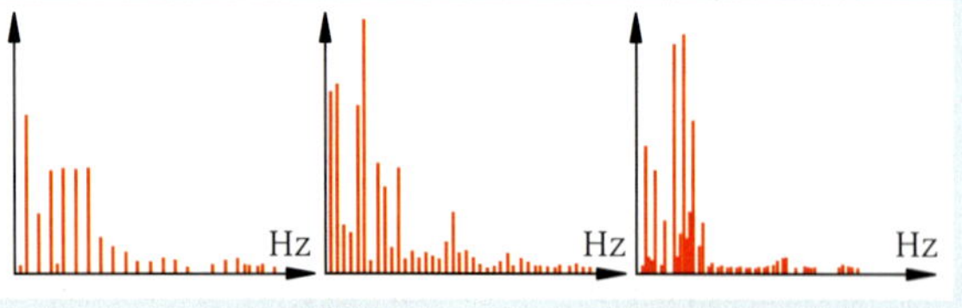

Gelingt es uns wie der Polizei eine Stimme wiederzuerkennen? Wir spielen es nach. Ein „Experte“ verlässt den Raum während einer der drei Schüler noch einmal ein „aaaaaa“ spricht. Der Experte betritt den Raum und versucht nun, den „Täter“ mithilfe der aufgenommenen Klangspektren zu überführen.

Vertiefung

Der Klang macht die Musik

Ein Klavierton klingt voller als der Ton einer angeschlagene Stimmgabel. Spielt jemand den gleichen Ton auf einer Geige so klingt es wieder anders. Man sagt, jedes Musikinstrument hat seine eigene Klangfarbe. Wir untersuchen dies anhand ihrer Klangspektren.

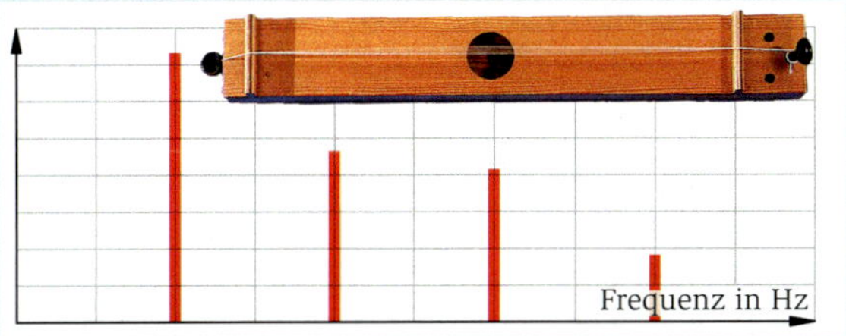

Die Saite eines Monochords wird einmal angezupft. Obwohl hier nur eine einzige Saite schwingt, zeigt uns das Klangspektrum, dass gleichzeitig mehrere Töne mit unterschiedlicher Lautstärke erklingen. Der Ton mit der kleinsten Frequenz hat die größte Lautstärke. Man nennt ihn den *Grundton*. Er bestimmt den Klang am stärksten. Die Töne höherer Frequenz nennt man *Obertöne*. Sie geben dem Klang die Fülle. Vergleicht man die Frequenzen, so fällt auf, dass die Frequenzen der Obertöne Vielfache der Frequenz des Grundtons sind. Auch die Mathematik macht also Musik.

Beim Monochord und bei der Gitarre erzeugt die schwingende Saite den Klang durch Anzupfen. Wir zupfen eine Saite einer Gitarre an und nehmen das Klangspektrum auf. Obwohl wir den gleichen Ton gespielt haben, erhalten wir ein etwas anderes Klangspektrum.

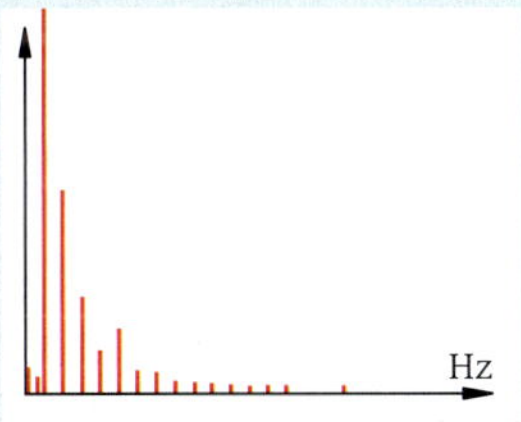

Die Obertöne sind mit anderen Lautstärken vertreten. Wir hören dies auch. Die Gitarre erzeugt einen anderen Klang als das Monochord. An der Saite kann es nicht liegen. Vergleichen wir die Instrumente als Ganzes: Auffallend bei der Gitarre ist der große Hohlkörper (Korpus aus Holz) mit der Öffnung (Schallloch). Die schwingende Saite versetzt den kompletten Körper und die Luft in seinem Inneren in Schwingungen. Je nach Größe und Form der Gitarre klingen einige Obertöne etwas stärker oder schwächer.

Wir untersuchen nun verschiedene Musikinstrumente. Zunächst eine Blockflöte, dann eine selbst gebaute Gummi-Schuhkarton-Gitarre. Als drittes „Instrument“ blasen wir über den Rand eines Reagenzglases. Bei allen Instrumenten spielen wir jedes Mal nur einen Ton.

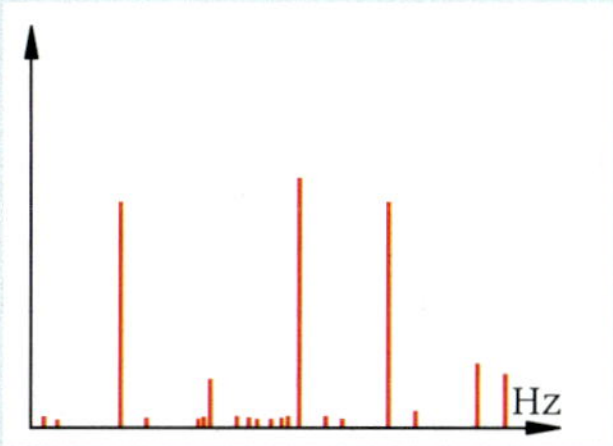

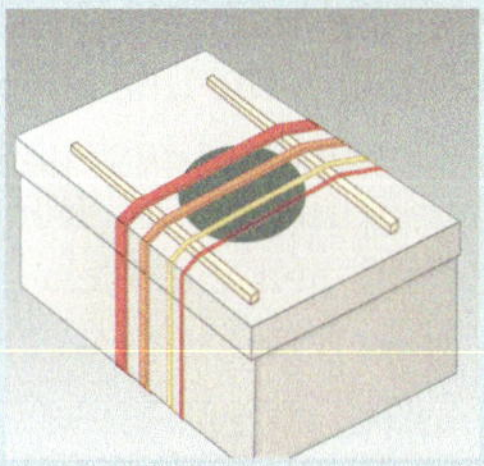

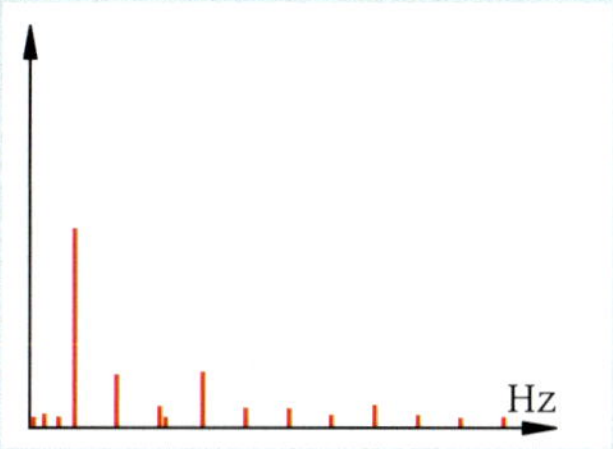

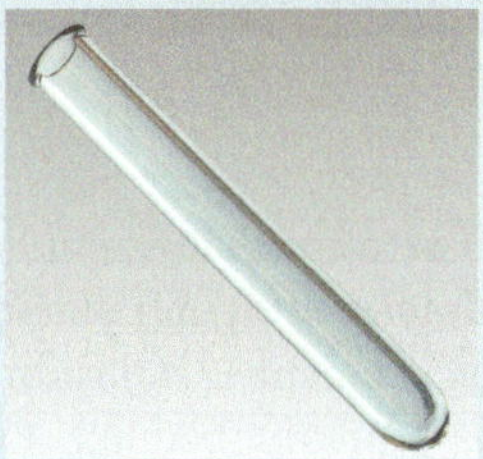

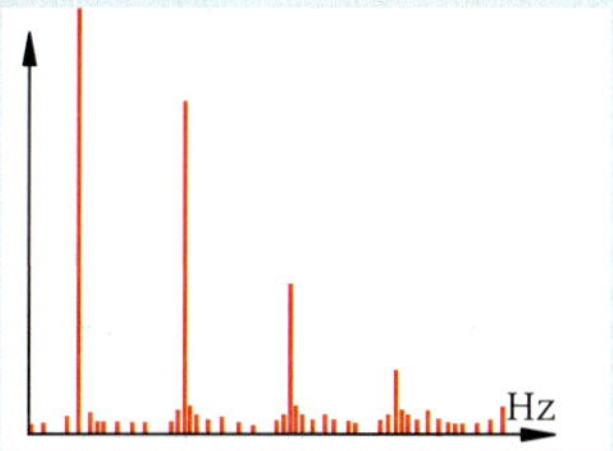

Obwohl immer nur ein „Ton“ angespielt wurde, unterscheiden sich die Klangspektren erheblich. Alle unsere Instrumente zeigen ähnlich wie das Monochord im Klangspektrum eine ganze Reihe von Tönen. Sie unterscheiden sich stark in ihrer Anzahl. Die Obertöne sind auch unterschiedlich laut.

Eine Besonderheit bildet also die Stimmgabel. Wie wir bereits erkannt haben, erzeugt sie keine Obertöne. Dies gilt nahezu auch für einen Pfeifton. Sein Klangspektrum besteht fast nur aus einer einzigen Frequenz. In einem kleinen Wettbewerb können wir die beste Pfeiferin oder den besten Pfeifer der Klasse küren.

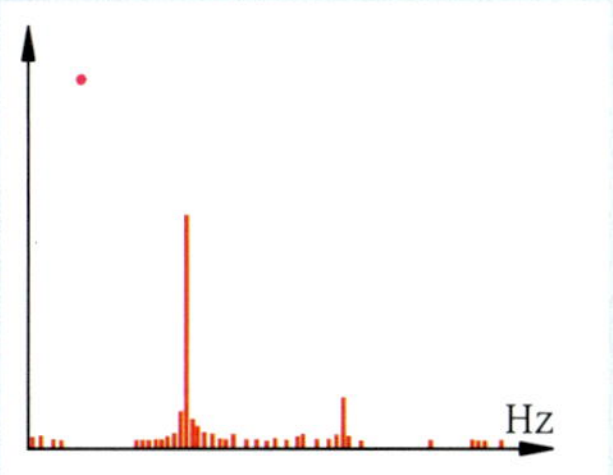

Physik und Biologie

Unser Ohr

Das **Ohr** ist unser natürlicher Schallempfänger. Wir wollen uns hier mit seiner Funktionsweise näher befassen. Vielleicht kennst du den Aufbau des Ohres bereits aus dem Biologieunterricht.
Das Bild zeigt die wesentlichen Bestandteile. Die **Ohrmuschel** fängt den Schall auf. Die Luft im **Gehörgang** überträgt die Schallschwingungen an das **Trommelfell.** Es besteht aus einer dünnen Haut. Diese ist die Trennwand zwischen dem äußeren Ohr (Ohrmuschel und Gehörgang) und dem Mittelohr. Die Schwingungen des Trommelfells werden durch drei **Gehörknöchelchen** (Hammer, Amboss, Steigbügel) erfasst und auf die Schnecke übertragen. Diese ist mit einer Flüssigkeit gefüllt. Sie überträgt den Schall auf die **Hörzellen,** die sich ebenfalls in der Schnecke befinden. Die Hörzellen selbst sind kleine Härchen unterschiedlicher Länge und Dicke. Sie übernehmen die Schwingungen. Der **Hörnerv** leitet diese dann als Informationen zur Weiterverarbeitung an das Gehirn. Das Gehirn entscheidet dann, ob wir eine Stimme erkennen oder ob wir z.B. ein Geräusch als angenehm empfinden oder nicht.

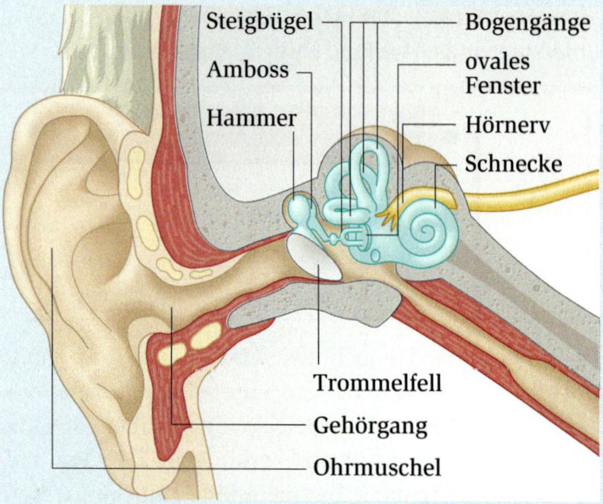

Physik und Technik

Technische Hilfen für das Ohr

Bei vielen älteren Menschen lässt die Schallempfindlichkeit des Ohres nach. Eine Unterhaltung mit einem Gesprächspartner wird schwierig. Ab dem 17. Jahrhundert hat man als Hilfsmittel das **Hörrohr** benutzt. Es besteht aus einem Trichter mit großer Öffnung und einem Rohr, das ins Ohr geführt wird. Seine Funktionsweise können wir gut verstehen.

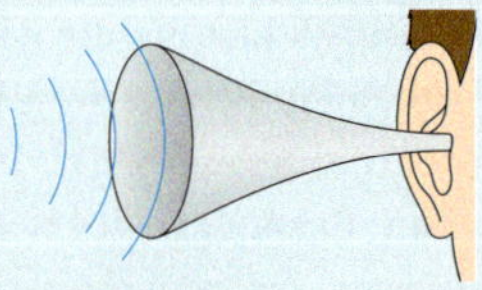

Der Trichter fängt den Schall auf. Er hat eine größere Querschnittsfläche als unsere Ohrmuschel. Er fängt also einen größeren Anteil der ankommenden Schallwelle auf als die Ohrmuschel. Der Trichter ist so geformt, dass der Schall durch Reflexionen an den Wänden zum Gehörgang geleitet wird.

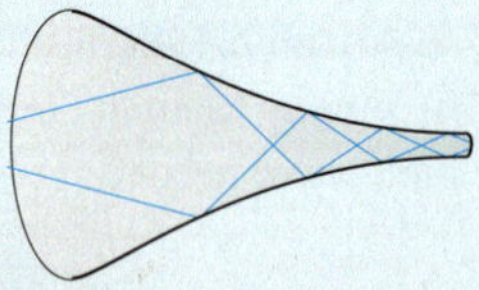

Seit etwa 50 Jahren benutzt man sogenannte **Hörgeräte** als Hörhilfen. Mithilfe der Elektronik konnte eine deutlich bessere Hörhilfe konstruiert werden. Ein Hörgerät setzt sich aus vier Hauptbestandteilen zusammen: Mikrofon, Verstärker, Lautsprecher und Batterie.
Das kleine Mikrofon registriert den Schall und wandelt die Informationen in elektrische Signale um. Über den elektronischen Verstärker wird das Signal von dem kleinen Lautsprecher in der Nähe des Gehörgangs wieder in Schall umgewandelt. Die kleine Batterie versorgt das Gerät mit Energie.

Das Gehirn kann aus den vielen Geräuschen, denen wir alltäglich ausgesetzt sind, die Sprache eines Menschen deutlich heraushören. Ein Mikrofon dagegen nimmt alle Geräusche gleich intensiv auf. Die Elektronik verstärkt nun speziell die Frequenzen, die für das Verstehen von Sprache besonders wichtig sind. Solche modernen Hörgeräte unterstützen also das Gehirn.
Auch Störgeräusche von hinten können das Zuhören erschweren. Auch hier gibt es einen technischen Trick. Manche Hörgeräte haben zwei spezielle Mikrofone, die gezielt nur Schall aus einer Richtung auffangen. Die Elektronik im Verstärker vergleicht die beiden Lautstärken und verstärkt den Schall der von vorne kommt gegenüber dem, der von hinten kommt. Träger von Hörgeräten empfinden dies als angenehm – eine Unterhaltung mit Mitmenschen wird dadurch einfacher.

Forscherwerkstatt

Hören hat Grenzen

Das menschliche Ohr kann nicht jeden Ton hören. Es hängt von der Lautstärke und von der Frequenz des Tons ab. Mit einem **Tongenerator**, der an einen Lautsprecher angeschlossen ist, können wir die Tonhöhe und die Lautstärke beliebig verändern. In einem Vorversuch machen wir uns mit dem Versuchsaufbau vertraut:

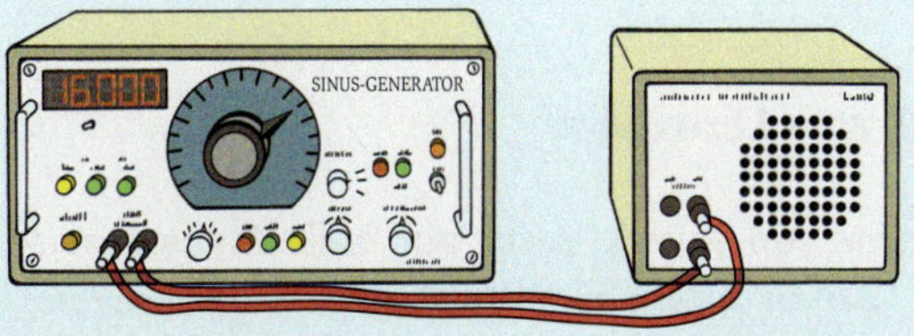

1 Auf einer Stimmgabel ist oft die Frequenz ihres Tons angegeben. Überprüft in einem geeigneten Versuch diese Angabe mithilfe des Tongenerators. Beschreibt eure Vorgehensweise. Stimmen eure Ergebnisse mit der Angabe auf der Stimmgabel überein? Überlegt euch Gründe für mögliche Abweichungen.

Die obere Hörgrenze ist von Mensch zu Mensch verschieden, im Alter sinkt sie zusätzlich ab. In Büchern wird sie mit etwa 16 000 Hz bis 20 000 Hz angegeben, wobei Kinder auch noch Töne höherer Frequenzen hören können. Eure Lehrer hören also hohe Töne nicht, die ihr noch hören könnt.

Im folgenden Versuch könnt ihr herausfinden, wie hoch die Hörgrenzen der Schüler und der Lehrer eurer Klasse liegen.

2 Eine Schülerin erhöht die Frequenz am Tongenerator in Stufen. Alle anderen im Raum, auch eure Lehrer, schließen die Augen und hören auf den Lautsprecher. Jeder, der bei zunehmender Frequenz keinen Ton mehr hört, steht auf und öffnet die Augen. Der Protokollant notiert Namen und die eingestellte Frequenz.
Alle, die sich am Versuch beteiligen, notieren sich ihre Hörgrenze.
Fertigt ein Diagramm an, aus dem abzulesen ist, wie viele Schüler eurer Klasse eine bestimmte Hörgrenze haben.

3 Es gibt auch eine untere Hörgrenze. Beim Menschen liegt sie bei etwa 16 Hz. Versucht auch diese für eure Klasse im Experiment zu bestimmen.

Mach's selbst

A1 Einem Teilnehmer im Straßenverkehr ist es grundsätzlich nicht erlaubt, die Ohren durch einen Kopfhörer oder auf andere Weise zu verschließen.
Beschreibe, warum dieses Verhalten für Radfahrer und Fußgänger gefährlich sein kann.

A2 **a)** Nenne die unterschiedlichen Schallträger im Ohr.
b) Das Trommelfell kann durch einen lauten Knall (etwa ein explodierender Feuerwerkskörper in der Nähe des Ohres) zerreißen. Erkläre, warum dies geschehen kann. Warum ist das Hören nach einem solchen Schaden erschwert?

A3 Das Diagramm unten zeigt die Hörbereiche für Mensch, Hund, Delfin und Fledermaus. Diese Lebewesen können nur Tonhöhen mit ihren Ohren wahrnehmen, die innerhalb der blauen Balken liegen.
Beispiel: Menschen können nur Tonhöhen zwischen 16 Hz und 20 000 Hz erkennen.
a) Lies den Hörbereich für den Hund aus dem Diagramm ab.
b) Gib den Hörbereich an, den Hund und Mensch gemeinsam wahrnehmen können.
c) Ein Hund kann beim Bellen nur Töne der Frequenzen von 450 Hz bis etwa 1000 Hz erzeugen. Wie reagiert eine Fledermaus auf das Bellen?

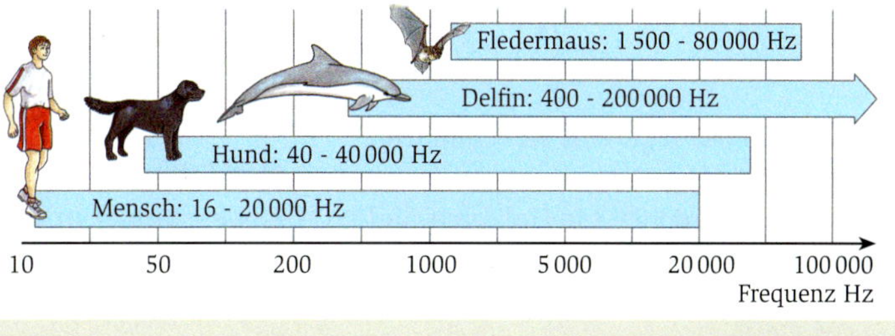

B1 Eine Schallschutzwand verhindert, dass sich Schall in voller Lautstärke hinter einer Wand ausbreiten kann.

Anstoß

„Lärm macht krank", mit dieser Überschrift beginnt ein Zeitungsartikel, der auf eine neue Untersuchungsreihe einer Klinik hinweist.

1. Nenne Beispiele, wo Menschen dauerhaft starkem Lärm ausgesetzt sind.
2. In dem Zeitungsartikel wird empfohlen, starken Lärm zu meiden. Ist dies nicht möglich, wird empfohlen, sich vor Lärm zu schützen. Diskutiert in einer Kleingruppe, welche Möglichkeiten ihr persönlich habt, um euch vor starkem Lärm zu schützen.

B2 Bauarbeiter tragen eine **Gehörschutzkapsel.** Sie besteht aus weichem Gummi, gefüllt mit Schaumstoff. Der Rest ist mit Gehörschutzwatte gefüllt.

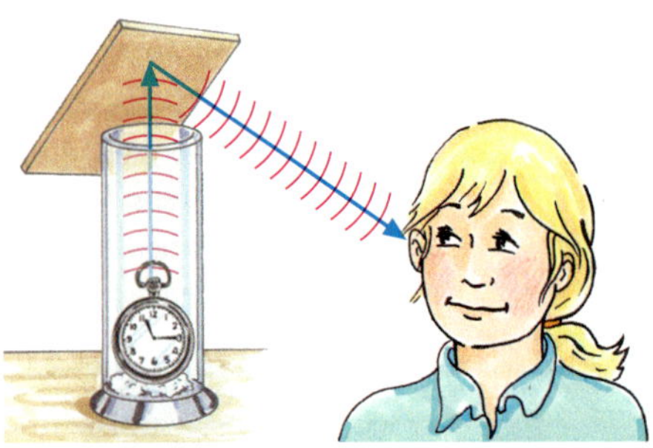

V1 Im Becherglas liegt eine tickende Uhr. Wir halten nacheinander einen Schwamm, eine Platte aus Styropor®, ein Holzbrett und eine Schaumstoffplatte schräg darüber.

1. Wenn Schall zum Lärm wird

Schall in Form von Musik wirkt auf viele Menschen sehr beruhigend. Schall kann aber auch genau das Gegenteil bewirken. Wohnst du etwa an einer viel befahrenen Straße, so empfindest du die Geräusche der vorbeifahrenden Autos als sehr störend. Ist man diesem Lärm dauerhaft ausgesetzt, so kann dies sogar zu Krankheiten führen. → B1 zeigt, wie man durch den Bau von Schallschutzwänden versucht, den Straßenlärm von Menschen fernzuhalten. Der größte Teil des Schalls wird reflektiert bzw. geht über die Wand hinweg.

2. Manche Gegenstände schlucken den Schall

Eine Schallschutzwand hilft bei Straßenlärm. Was ist aber zu tun, wenn z. B. der Nachbar die Musik zu laut aufgedreht hat oder von der Straße der Lärm von Baumaschinen unerträglich ist? Bauarbeiter selbst schützen sich durch eine Gehörschutzkapsel → B2. Wichtigstes Material beim Gehörschutz ist Schaumstoff oder die Watte, die aus mit Kunststoff überzogenen Fasern besteht.
In → V1 untersuchen wir, wie Schall von unterschiedlichen Gegenständen reflektiert wird. Von den getesteten Gegenständen reflektiert nur das Holzbrett den Schall recht gut. Der Schwamm, die Styroporplatte und die Schaumstoffplatte verschlucken dagegen den Schall. Was ist die Ursache hierfür?

Styropor®, Schwamm und Schaumstoff haben eine gemeinsame Eigenschaft. Sie sind nicht so fest wie Holz oder Metall. Sie bestehen aus weichen, verformbaren Fasern oder Wänden. Außerdem haben sie viele Lufteinschlüsse. Der Schall dringt in diese Materialien ein, bringt die Fasern und Wände zum Schwingen. Die Lufteinschlüsse leiten den Schall zu den nächsten Wänden, die dann wieder zu schwingen beginnen. Das setzt sich immer weiter fort, der Schall selbst schwächt sich dabei immer mehr ab.

Merksatz

Gegenstände mit Lufteinschlüssen und weichen Wänden schlucken Schall. Man verwendet sie zum Schallschutz.

Interessantes

Physik hilft beim Schallschutz

Um den Verkehrslärm zu vermindern, versucht man bereits beim Schallerzeuger, dem Auto, Maßnahmen zu ergreifen. Das Motorgeräusch gelangt durch den Auspuff nach außen. Unter dem Auto befindet sich im Auspuffrohr ein sogenannter Schalldämpfer.

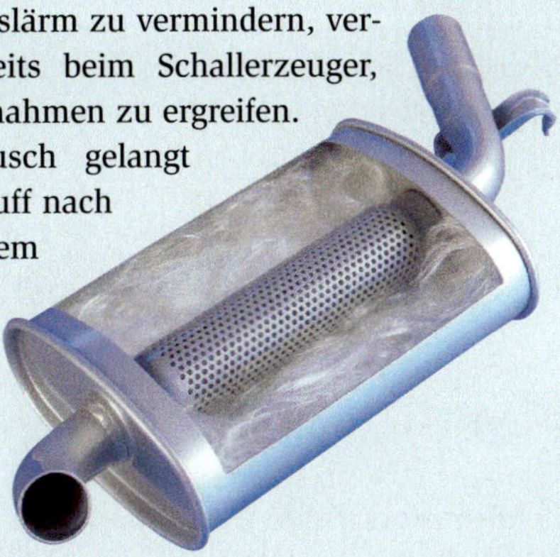

Im aufgeschraubten Zustand erkennen wir, dass zur Schalldämpfung die Hohlräume mit Glaswolle gefüllt sind. In der Glaswolle gibt es viele Lufteinschlüsse.

Um den Lärm in Wohnungen zu reduzieren, kann man bereits beim Bau auf die Schalldämmung achten. So wird z. B. der Fußboden zunächst mit Styropor®-Platten belegt, bevor eine Schicht aus dünnem Beton oder Holzplatten aufgebracht wird.

Dadurch versucht man, den Schall, der beim Gehen oder beim Stühlerücken entsteht, für die in unterer Etage wohnenden Nachbarn zu verringern.

Physik und Biologie

Mit einem MP3-Player kann jeder überall und ständig seine Lieblingsmusik hören. Viele Jugendliche tragen daher viele Stunden am Tag kleine Kopfhörer im Ohr. Allerdings haben sie die Lautstärke oft so weit aufgedreht, dass sie weder eine Fahrradklingel noch das Rufen ihrer Freunde hören.

Zudem wird oft die Lautstärke unterschätzt, die das Gehör dauerhaft schädigen kann. Die Gehörknöchelchen im Ohr können den Schall dann nicht mehr so gut vom Trommelfell ins Innerohr leiten. Auch das Innenohr selbst erleidet Schäden, seine Hörzellen (Härchen) knicken zum Teil ab oder versteifen.

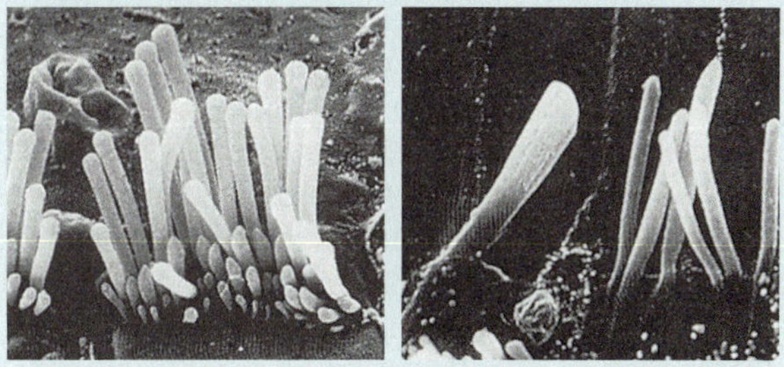

Diese Hörschäden lassen sich nicht mehr beheben, man wird und bleibt schwerhörig. Mit der Folge, dass die Musik noch lauter eingestellt werden muss, um sie so laut wie früher zu hören.
Häufiger Besuch von Diskos oder lauten Konzerten hat eine ähnliche Wirkung. Eine Untersuchung hat ergeben, dass bereits mehr als 25 von 100 Jugendlichen hörgeschädigt sind.
Auch ein einziger Knall kann schon einen schlimmen Hörschaden verursachen. Die Luftschwingungen können so stark sein, dass sich das Trommelfell bis zum Zerreißen dehnt. Auslöser kann z. B. ein Knallkörper an Silvester sein, der in der Nähe eines Ohres explodiert.

Mach's selbst

A1 Verkehrslärm ist eine Belästigung für viele Menschen. Es gibt einige Möglichkeiten, ihn zu verringern, unter anderem
- Umgehungsstraßen,
- Lärmschutzwände,
- Tempolimit.

a) Nenne Gründe, warum aus physikalischer Sicht jede dieser drei Maßnahmen sinnvoll ist.

b) Im Stadtrat wird diskutiert, welche der drei Möglichkeiten in einem Wohngebiet umgesetzt werden soll. Nennt Gründe, die jeweils gegen eine der drei Maßnahmen sprechen könnten.

A2 Du musst selbst entscheiden, wie du mit einem MP3-Player umgehen willst.

a) Nenne Gründe, die für und gegen seine Benutzung sprechen.

b) Wäge ab und formuliere selbst Regeln für die Verwendung eines MP3-Players.

A3 Musikaufnahmen für CDs werden in Tonstudios gemacht. Die Wände und Decken sind mit dicken Schaumstoffplatten ausgekleidet. Erkläre, welchen Zweck man damit verfolgt.

Projekt

Schallstärke messen

„Die Musik ist zu laut“, ruft der Vater. „Ich finde sie ist leise“, entgegnet Katharina. Sie will die Lautstärke am Radio nicht verändern. Katharina und ihr Vater empfinden die Lautstärke derselben Musik sehr unterschiedlich. Will man jedoch unabhängig vom persönlichen Empfinden unterscheiden, was laut und leise ist, so muss man die Energie messen, die der Schall transportiert. – Ein sogenannter **Schallpegelmesser** macht dies elektrisch. Er zeigt die ankommende Energie in dB (Dezibel) an.

Man hat die Skala für die Einheit Dezibel so gewählt, dass sie einen weiten Bereich erfasst, ohne dass die Maßzahlen zu groß werden: Angepasst an das menschliche Gehör hat man Schall, den man gerade noch hören kann, den Schallpegel 0 dB zugeordnet. Bei einem Schallpegel von über 120 dB entstehen schon unerträgliche Schmerzen im Innenohr.

Wir legen einen MP3-Player vor das Mikrofon des Schallpegelmessgerätes und stellen die Lautstärke so ein, dass gerade 50 dB gemessen werden. Einen zweiten Player stellen wir genauso laut ein. Wir messen nun die Schallstärke bei beiden eingeschalteten Geräten. Wir erwarten 100 dB, es werden aber nur etwa 53 dB angezeigt. Wir wiederholen den Versuch, stellen aber die Lautstärke nun bei jedem einzelnen auf 60 dB. Zusammen gemessen erhalten wir nun den Schallpegel 63 dB und nicht etwa 120 dB. Jede Verdopplung der Schallintensität erhöht den Schallpegel also um 3 dB.

Mit diesem Schallpegelmesser wollen wir nun die Schallstärke in verschiedenen Situationen messen. Wir bilden dazu mehrere Teams. Jedes Team erhält einen Schallpegelmesser und wählt eine Protokollführerin oder einen Protokollführer. Die Messaufträge lauten:

Team A
Besucht eine Klasse und messt den Schallpegel während einer Gruppenarbeitsphase.
Bittet die Klasse im Abstand von etwa 5 Meter vom Messgerät einen Schreirekord aufzustellen.
Wiederholt die Messungen in zwei weiteren Klassen.

Team B
Messt den Schallpegel in der Pausenhalle,
a) wenn sich keine Schüler dort aufhalten,
b) während einer großen Pause.

Wiederholt den Versuch in einer weiteren Pause. Messt auch den Schall im Flur bzw. im Lehrerzimmer.

Team C
Führt unter Aufsicht Messungen des Schallpegels durch:
a) in der Fußgängerzone,
b) in einem Wohngebiet, fast ohne Autoverkehr,
c) neben einer Hauptverkehrsstraße,
- wenn gerade kein Auto vorbeifährt,
- ein Pkw vorbeifährt,
- ein Lkw vorbeifährt.

Team D
Untersucht den Schallpegel eines MP3-Players im Ohr. Dazu baut ihr ein Modellohr. Es besteht aus einem Kunststoffrohr und dem Mikrophon des Schallpegelmessers. Das Rohr (∅ etwa 1 cm) hat die Länge des Gehörgangs von der Ohrmuschel bis zum Trommelfell.

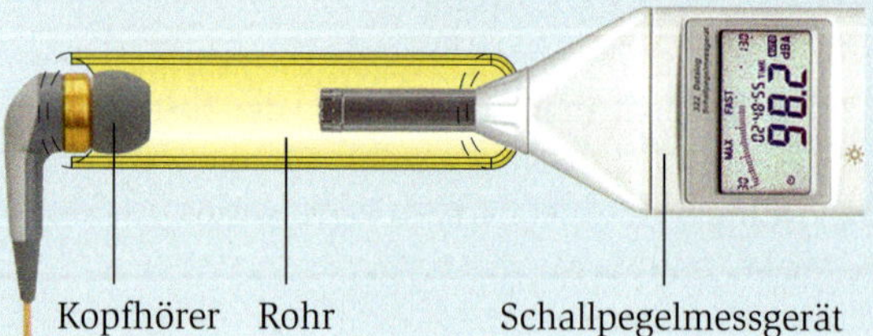

Ein Mitschüler stellt seinen MP3-Player auf die Lautstärke, mit der er normalerweise Musik hört.
Ihr legt den Kopfhörer des MP3-Players von links ins Rohr. Nun messt ihr die Schallstärke am „Trommelfell“. Wiederholt die Messung mit der Lautstärkeeinstellung verschiedener Schüler.

Alle Teams
Jedes Team entwirft anschließend ein Plakat mit den Versuchen und den Ergebnissen.

Kompetenz – Sachtexte lesen und bewerten

Ein Sachtext enthält viele Informationen. Um alle Inhalte vollständig zu verstehen, muss man ihn öfters lesen und versuchen das Wichtige vom Unwichtigen zu unterscheiden. Die nach dem folgenden Zeitungsartikel aufgelisteten Arbeitsaufträge zeigen dir eine Möglichkeit auf, wie man sich einen solchen Text schrittweise erarbeiten kann:

Warnung vor Gehörschäden

FRANKFURT (df) Diskokrach kann ohrenbetäubend sein. „Die Folge von zu lautem und zu langem Hören können taube Ohren, Ohrensausen und im schlimmsten Fall ein unumkehrbarer Hörschaden sein", warnte der Präsident des Landesgesundheitsamtes in Frankfurt. Schon jetzt nähmen Gehörschäden bei Kindern und Jugendlichen zu. Am heutigen Mittwoch findet bundesweit der „Tag für die Ruhe – gegen Lärm" statt.

Stundenlanges lautes Hören mit dem MP3-Player kann für das sensible Gehör ebenfalls zum Stress werden. Hörschäden entstünden auch durch Impulslärmquellen wie Computerspiele, Kinderpistolen oder Knallfrösche. Diese seien sogar noch risikoreicher, da wegen der Kürze die tatsächliche Lautstärke subjektiv gar nicht wahrgenommen werde.

Bei „Freizeitlärm in Innenräumen" beginne das Risiko von Gehörschäden mit 85 Dezibel, warnte der Chef des Amtes. „Und bei spätestens 100 Dezibel hört die Gemütlichkeit auf." Während der Lärmpegel am Arbeitsplatz bis ins letzte Detail geregelt sei, fehle es für Freizeiteinrichtungen an Grenzwerten. „In den Diskotheken erreicht der durchschnittliche Schallpegel zwischen 92 und 111 Dezibel." Die Befragung von 347 Berufsschülern habe ergeben, dass fast 60 Prozent regelmäßige Musik von 85 Dezibel und mehr hörten.

Das Sozialministerium sieht auch in dem zunehmenden Verkehrslärm ein gesundheitliches Risiko. Über zwei Drittel der Bevölkerung fühlten sich dadurch belästigt. Verschiedene Untersuchungen gäben Hinweise darauf, dass chronische Lärmbelästigung neben Schlafstörungen und Minderung der Leistungsfähigkeit auch Herz- und Kreislauferkrankungen verursachen könne. So werde vermutet, dass bei ständigen Lärmbelästigungen über 65 Dezibel das Herzinfaktrisiko ansteige.

Arbeitsaufträge

1 Lies eine Zeitungsartikel-Kopie in Ruhe durch.

2 Unterstreiche alle im Text genannten unter Umständen „schädlichen" Schallquellen mit roter Farbe (das letzte Beispiel ist bereits unterstrichen).

3 Unterstreiche alle im Text genannten gesundheitlichen Schäden mit blauer Farbe (die ersten drei Beispiele sind bereits unterstrichen).

4 Erfinde zu jedem der vier Abschnitte eine eigene Überschrift. Vorschlag für den ersten Abschnitt: „Gehörschäden bei Kindern durch lautes Hören".

5 Die Informationen im Text kann man z. B. mithilfe des abgebildeten „Lärmometers" darstellen. Es ist einem Thermometer nachempfunden. Du erkennst die Hörschwelle und die Schmerzschwelle. Rechts sind einige Lärmquellen mit den entsprechenden Schallpegeln aus dem Alltag aufgetragen.
a) Übertrage das Lärmometer in dein Heft und trage möglichst viele der im Text erwähnten Werte ein und markiere die entsprechenden Bereiche.
b) Nenne die Lärmquellen, die bei ständiger Belästigung das Herzinfarktrisiko vermutlich ansteigen lassen.

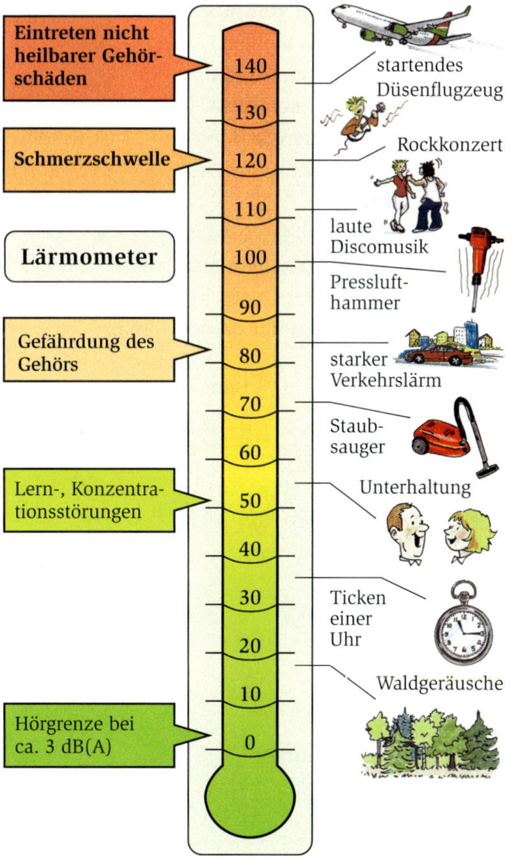

Das Auge und seine Hilfen

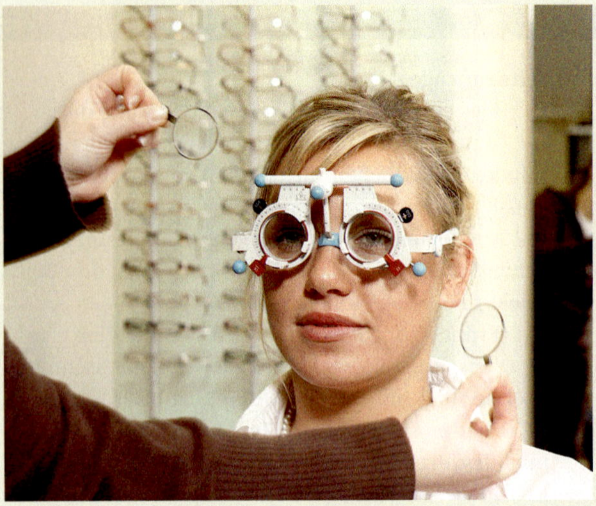

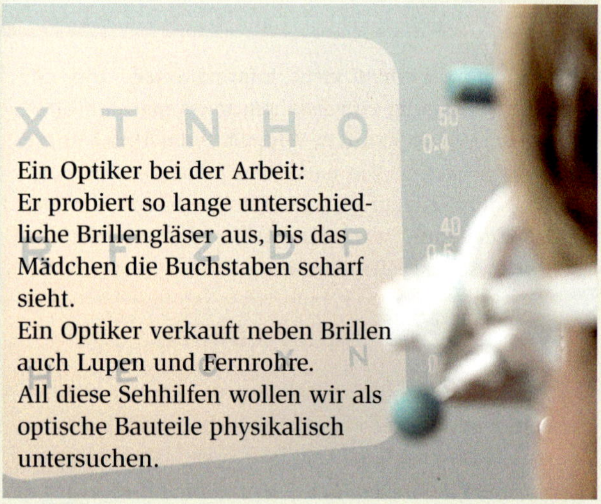

Ein Optiker bei der Arbeit:
Er probiert so lange unterschiedliche Brillengläser aus, bis das Mädchen die Buchstaben scharf sieht.
Ein Optiker verkauft neben Brillen auch Lupen und Fernrohre.
All diese Sehhilfen wollen wir als optische Bauteile physikalisch untersuchen.

A1 Die Linse ist ein wichtiges optisches Bauteil. Sie besteht aus Glas oder durchsichtigem Kunststoff. Notiere Geräte, die eine oder mehrere Linsen enthalten.

A2 Vielleicht hat die Verdunklung in eurem Physiksaal ein kleines Loch. Haltet ein milchiges Glas im Abstand von etwa 30 cm im verdunkelten Saal hinter das Loch. Beschreibt eure Beobachtungen.

A4 In der Physiksammlung befindet sich eine Vielzahl von Linsen.

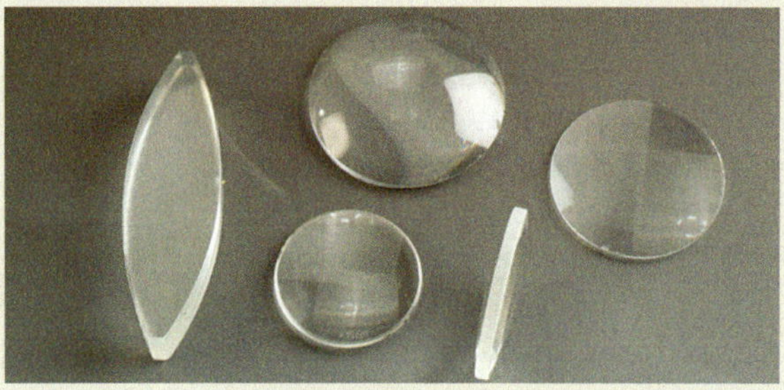

a) Beschreibt die Unterschiede in ihrer Bauart.
b) Untersucht ihre Wirkung auf das Licht einer Taschenlampe. Wie ändern sich die Lichtflecke an der Wand?

A3 Die Bilder unten zeigen den Querschnitt des Auges eines Nautilus und den vereinfachten Querschnitt eines menschlichen Auges. Vergleicht den Aufbau der beiden Augen.

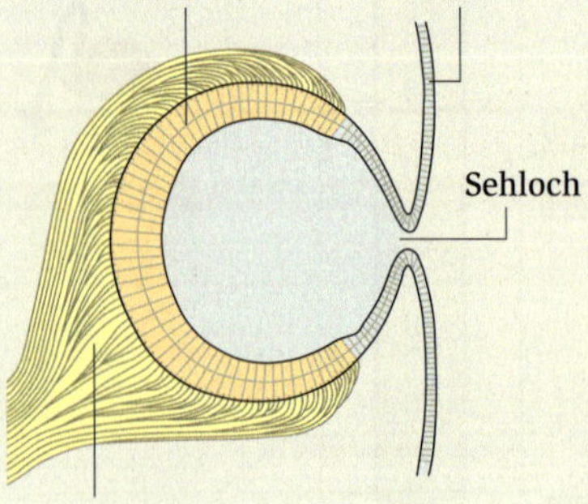

Auge des Nautilus

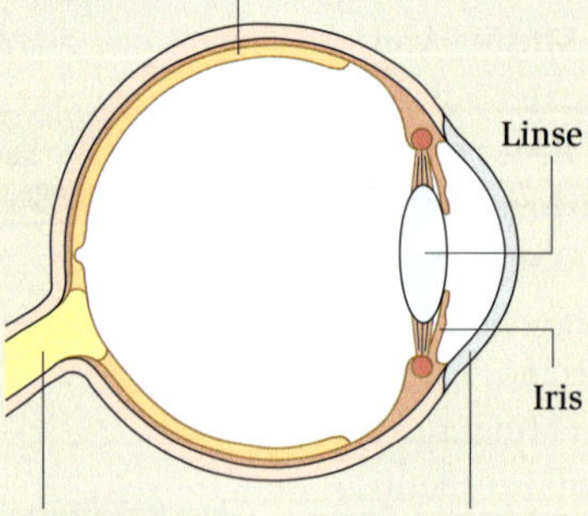

Auge des Menschen

A5 Das längste voll bewegliche Linsenfernrohr der Welt – auch „Himmelskanone" genannt – steht in Berlin. Recherchiere im Internet alle wichtigen Informationen dazu und fertige einen Steckbrief an.

Linsen erzeugen Bilder

1. Eine Lochblende erzeugt Bilder

Im Folgenden beschäftigen wir uns mit der Optik des Auges und einiger Geräte. Zum besseren Verständnis wiederholen wir die Bildentstehung in der **Lochkamera.**

Das Gehirn erhält beim Sehen Informationen über einen Gegenstand durch das Auge. Es sammelt dazu Licht, das vom Gegenstand kommt. Um Einzelheiten zu erkennen, benötigt das Gehirn Informationen von jedem einzelnen Gegenstandspunkt. Aus den Positionen und der Farbe der Gegenstandspunkte erkennt das Gehirn dann Muster: So bilden in → V1 links fünf farbige Lämpchen den Buchstaben „L" als sehr einfaches Muster. Im Auge entsteht ein Bild dieses Musters.

→ V1 zeigt ein Experiment zu dieser Bildentstehung: Das aus den farbigen Lämpchen gebildete „L" (der Gegenstand) steht vor einer Lochblende. Auf einer milchigen Glasplatte (auch Schirm genannt) erkennen wir ein Bild dieses „L". Im Vergleich zum Gegenstand ist sein Bild höhen- und seitenverkehrt. Die Größe des Bildes können wir verändern, indem wir die Abstände zwischen Schirm und Lochblende oder zwischen Gegenstand und Lochblende variieren.

Nehmen wir die Lochblende weg, so verschwindet das höhen- und seitenverkehrte Bild. Also erzeugt erst die Lochblende das Bild. Man nennt den Aufbau aus Lochblende und Schirm Lochkamera. Die Bildentstehung in der Lochkamera erläutert → B1 mit der geradlinigen Ausbreitung des Lichts.

Betrachten wir zunächst die Verhältnisse für einen einzigen leuchtenden Punkt, auch Punktlichtquelle genannt. Die Lochblende erzeugt ein Lichtbündel. Seine Randlinien sind wie beim Schatten geradlinig begrenzt. Wir verwenden für diese Linien den Begriff (Rand-)Strahl, den du bereits aus der Mathematik kennst. Das von diesen Randstrahlen begrenzte Lichtbündel trifft auf den Schirm auf und erzeugt dort einen Lichtfleck. Der Lichtfleck hat die Farbe der Lichtquelle.

In → B2 erzeugen drei Punktlichtquellen drei Lichtbündel hinter der Lochblende und damit drei Lichtflecke auf dem Schirm, die sich zu einem Bild anordnen. Verschieben wir in Gedanken den Schirm → B3 oder den Gegenstand, so können wir uns die Änderung der Bildgröße sofort vorstellen. Je kleiner der Abstand zwischen Lochblende und Schirm, desto kleiner ist das Bild. Je kleiner der Abstand zwischen Gegenstand und Lochblende, desto größer ist das Bild.

Merksatz

Lochblenden erzeugen höhen- und seitenverkehrte Bilder.
Das Bild wird größer, wenn
- wir den Schirm weiter von der Lochblende wegschieben,
- wir den Gegenstand näher zur Lochblende schieben.

V1 Fünf farbige Lämpchen sind auf einer schwarzen Pappe montiert. Zusammen bilden sie den Buchstaben „L". Im abgedunkelten Raum stellen wir eine Lochblende im Abstand von etwa 10 cm davor. Hinter der Lochblende erkennen wir auf einem Schirm ein höhen- und seitenverkehrtes Bild.

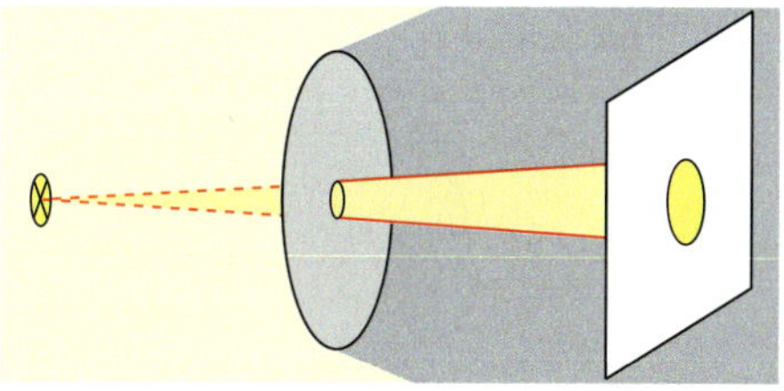

B1 Hinter der Lochblende erkennen wir ein Lichtbündel. Begrenzt wird es durch die Randstrahlen. Auf dem Schirm entsteht ein Lichtfleck.

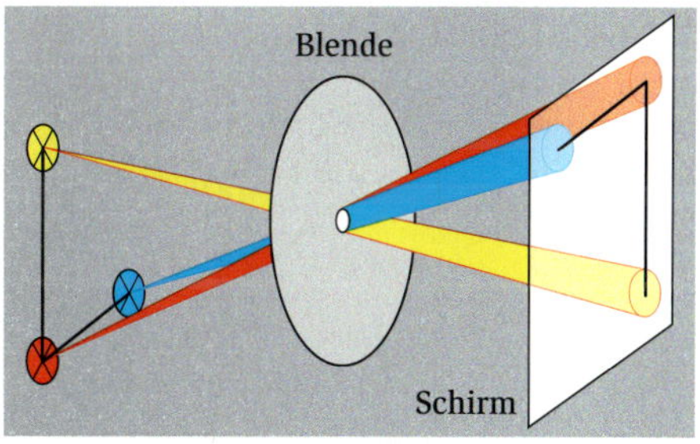

B2 Die Lochblende erzeugt bei drei Lämpchen drei Lichtflecke, die ein Bild zeigen.

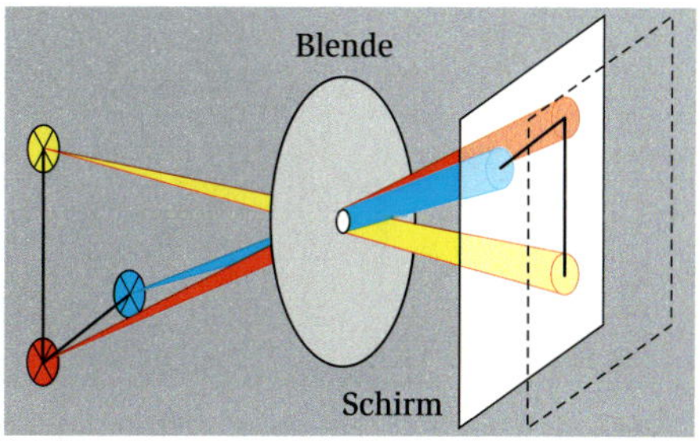

B3 Je kleiner der Abstand Blende – Schirm, desto kleiner das Bild.

V1 **a)** Wir stellen eine Kerze vor eine Lochblende. Im verdunkelten Physiksaal sehen wir auf dem Schirm das Bild der Flamme. Das Bild ist ziemlich dunkel.
b) Wir benutzen eine größere Blendenöffnung. Das Bild der Kerze wird jetzt heller, aber auch unschärfer.

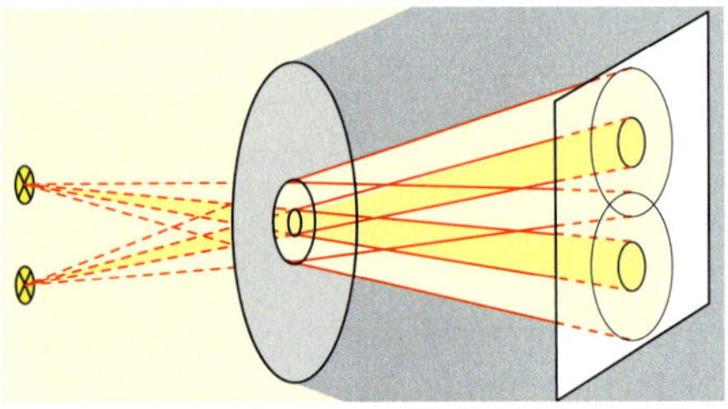

B1 Größere Blendenöffnungen erzeugen größere Lichtflecke.

B2 Ein aufgeschnittener Fotoapparat

V2 Wir bauen einen Modellfotoapparat: Kerze (Gegenstand) – Linse – Schirm (Film).

2. Der Nachteil der Lochkamera

In → **V1a** verwenden wir als Gegenstand eine Kerze. Auch hier entsteht in unserer Lochkamera ein Bild – diesmal das der Kerze. Wir erklären uns die Bildentstehung mithilfe vieler gedachter Punktlichtquellen in der Kerze. Jeder Lichtpunkt wird von der Lochkamera auf einen kleinen Lichtfleck in Form des Loches abgebildet. Diese Lichtflecke ordnen sich zum höhen- und seitenverkehrten Bild an.

Jeder der beteiligten Lichtflecke erhält in jeder Sekunde eine bestimmte Energiemenge von „seinem“ Gegenstandspunkt. Vergrößern wir in → **V1b** die Blendenöffnung, so werden die einzelnen Lichtflecke größer. Das Bild wird heller, da von jedem Gegenstandspunkt mehr Energie in die Lochkamera kommt. Allerdings überlappen sich alle Lichtflecke auf dem Schirm jetzt stärker als vorher, wie uns → **B1** zeigt. Dadurch wird das Bild unschärfer, wie → **V1b** bestätigt.

Merksatz

Eine Lochkamera ordnet jedem Gegenstandspunkt einen Lichtfleck zu. Kleine Öffnungen in der Blende erzeugen scharfe, aber dunkle Bilder. Große Öffnungen erzeugen helle, aber unscharfe Bilder.

3. Linsenbilder sind scharf

Das Lochkamerabild ist also entweder dunkel oder unscharf. Zum Fotografieren verwenden wir heute daher keine Lochkamera mehr. → **B2** zeigt einen aufgeschnittenen einfachen **Fotoapparat.** Im Unterschied zur Lochkamera ist die Lochblende nicht leer, sondern durch einen Glaskörper gefüllt. Wegen seiner Form (innen dick und außen dünn) wird er nach einer Hülsenfrucht **Linse** genannt. Heute verwendet man zum Fotografieren digitale Kameras oder Handys. Auch sie verwenden Linsen, anstelle des Films befindet sich dort ein Chip.

Wir bauen in → **V2** einen Modellfotoapparat und verwenden wieder als Gegenstand eine Kerze. Statt der Lochblende der Lochkamera verwenden wir diesmal eine Linse. Das Bild der Kerze wird auf einem Schirm sichtbar.

Das Versuchsergebnis ist erstaunlich. Das so erzeugte Bild ist selbst bei Tageslicht deutlich zu erkennen. Wie bei der Lochkamera ist das Bild höhen- und seitenverkehrt. Aber es ist diesmal gleichzeitig hell und scharf. Wie ist das möglich?

Im Unterschied zur Lochkamera, in der nur ein kleines Loch Licht hindurch lässt, ist die Linsenöffnung viel größer. Von jedem Gegenstandspunkt gelangt also mehr Lichtenergie auf den Schirm. Das kennen wir schon von der Lochkamera. Wie kann es sein, dass das Bild trotzdem scharf bleibt?

In der Lochkamera wurde das Bild durch die Überlappung von Lichtflecken unscharf. Bei Linsenbildern ist dies offenbar nicht der Fall. Woran das liegt, müssen wir klären.

Wie bei der Lochkamera untersuchen wir wieder zunächst das Bild einer einzigen punktförmigen Lichtquelle → V3. Das Lichtbündel, das von P ausgehend durch die Linse geht, wird in einem Punkt P´ gesammelt. Hier schneiden sich die Randstrahlen. Stellt man also den Schirm hinter der Linse genau an die Stelle P´, so entsteht auf dem Schirm kein Lichtfleck, sondern ein heller Punkt. Ein zweites Lichtbündel eines zweiten Punktes würde einen anderen hellen Punkt auf dem Schirm erzeugen.

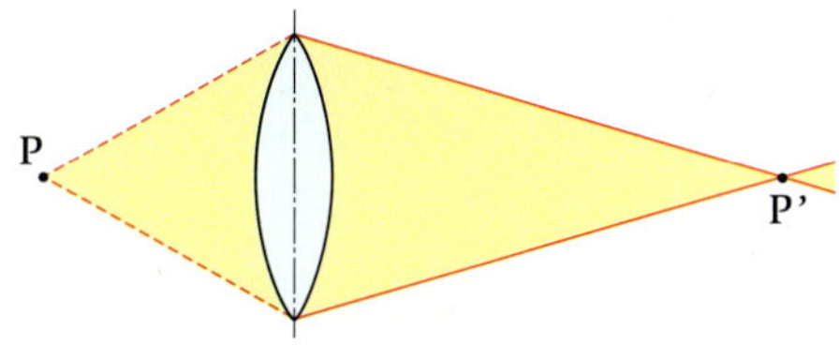

V3 Ein punktförmiges Lämpchen P erzeugt Licht. Hinter der Linse hat das Lichtbündel einen besonderen Verlauf: Die Randstrahlen schneiden sich in einem Punkt P´, das Lichtbündel verengt sich also, um dann wieder auseinander zu laufen.

Damit verstehen wir die Entstehung von Linsenbildern → B3: Von jedem Punkt des Gegenstandes gelangt ein Lichtbündel durch die Linse (in → B3 sind nur die beiden von den Enden der Kerzenflamme gezeichnet). Auf dem Schirm erzeugt jedes dieser Lichtbündel jeweils einen hellen Punkt. Alle diese Punkte setzen sich zum Bild zusammen. Punkte können sich nicht überlappen – das Bild ist scharf. Die Linsenöffnung ist relativ groß – also gelangt von jedem Gegenstandspunkt viel Lichtenergie in den jeweiligen Bildpunkt. Das Linsenbild ist also gleichzeitig hell und scharf.

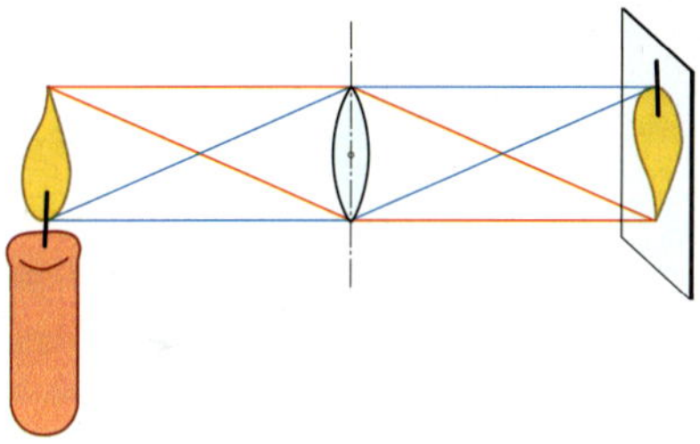

B3 Entstehung eines Linsenbildes

Merksatz

Linsen erzeugen helle und scharfe Bilder. Jedem Gegenstandspunkt wird durch die Linse ein Bildpunkt zugeordnet.

4. Abstand von Linse zum Schirm muss passen

Wir haben beim Linsenbild den Schirm an genau die Stelle geschoben, an der die Linse die Lichtbündel jeweils in einem Punkt sammelt. Schieben wir in → V4 den Schirm etwas weiter von der Linse weg oder etwas näher an die Linse heran, so wird das Bild unscharf: Ist der Schirmabstand zu groß, so trifft das wieder auseinander laufende Lichtbündel als Fleck auf den Schirm. Steht der Schirm zu nah an der Linse, so trifft das noch nicht vollständig gebündelte Licht als Lichtfleck auf den Schirm.

Die meisten modernen Fotoapparate übernehmen diese Scharfstellung automatisch, bevor das Bild aufgenommen wird. Dazu wird mit einem eingebauten Motor der Linsenabstand vom Film bzw. Speicherchip verändert. Bei älteren Modellen muss man die Scharfstellung mit der Hand erledigen.

Im Auge entstehen auch Bilder. Lochkamerabilder sind entweder dunkel oder unscharf. Linsenbilder dagegen sind scharf und hell. Allerdings muss der Abstand zwischen Linse und Auffangschirm genau passen. Wie die Natur diese Probleme gelöst hat, werden wir später sehen.

a)

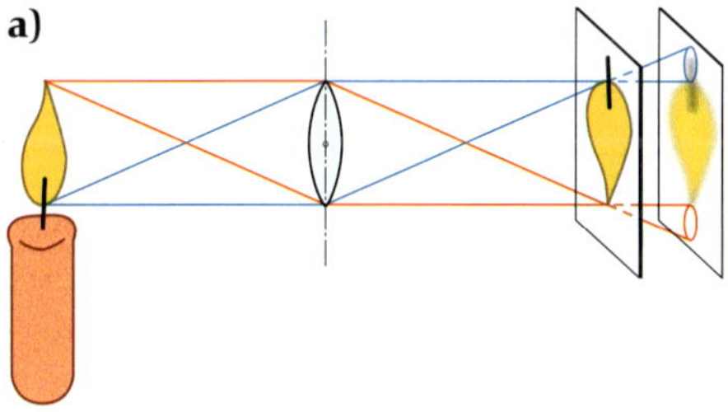

b)

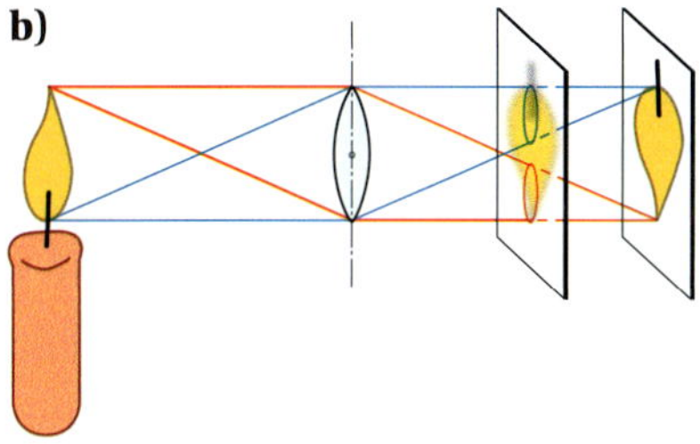

V4 Wir verschieben den Schirm aus der richtigen Position. Bei **a)** zu großem bzw. bei **b)** zu kleinem Abstand zwischen Linse und Schirm entstehen Lichtflecke.

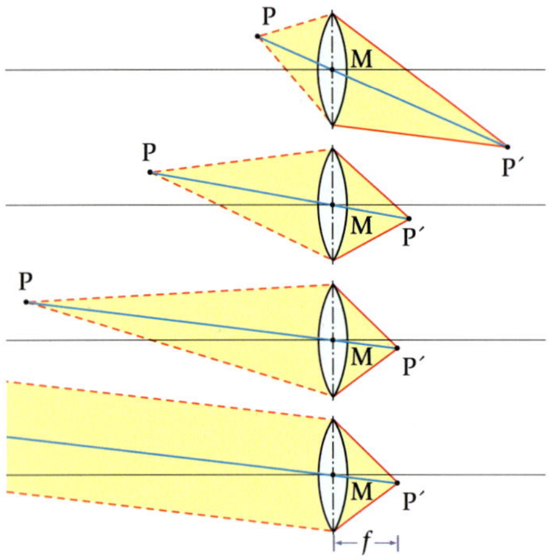

V1 Wir vergrößern den Abstand zwischen einer punktförmigen Lichtquelle und einer Sammellinse.

V2 Mit einer Sammellinse bündeln wir das Sonnenlicht. Holzspäne im Abstand der Brennweite werden im Sammelpunkt P´ so heiß, dass sie sich entzünden.

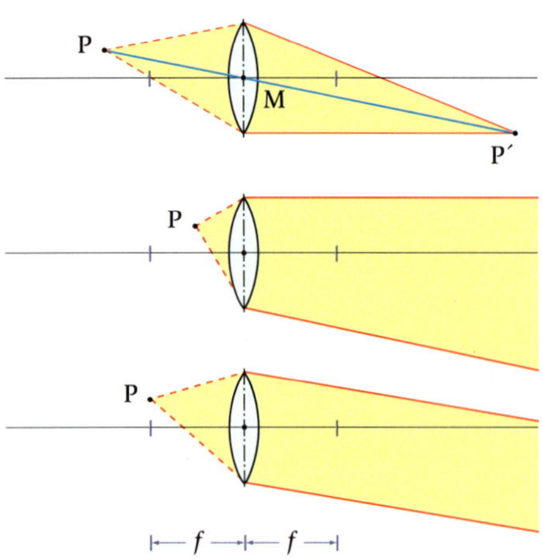

V3 Wir rücken die Lichtquelle näher an die Linse heran.

5. Bildpunkt gesucht

Wie wir bereits für eine punktförmige Lichtquelle festgestellt haben, kann eine Linse das von ihr ausgehende Lichtbündel in einem Punkt sammeln. Linsen dieser Art nennt man **Sammellinsen.** Wo liegt eigentlich dieser Sammelpunkt?

In → **V1** vergrößern wir den Abstand unserer punktförmigen Lichtquelle P und einer Sammellinse und sehen, dass P´ wandert:

- Je weiter wir die Lichtquelle von der Linse entfernen, desto näher rückt P´ auf der anderen Seite an die Linse.
- Dieses Näherrücken hat eine Grenze: Selbst bei großer Entfernung der Lichtquelle von der Linse rückt P´ nicht näher als 5 cm an die Linse heran.

In Gedanken rücken wir die Lichtquelle immer weiter weg. Die Randstrahlen vor der Linse verlaufen dann nahezu parallel. In diesem Fall liegt P´ genau 5 cm hinter der Linse.

Die Sonne ist eine extrem weit entfernte Lichtquelle. Wir lassen in → **V2** das Sonnenlicht durch die Linse auf Holzspäne fallen. Im Abstand 5 cm hinter der Linse erscheint das Linsenbild der Sonne. Nach einigen Sekunden beginnen die Holzspäne dort zu verbrennen. Aus diesem Grund nennt man eine Sammellinse auch *Brenn*glas, die Entfernung des Sammelpunkts von der Linse heißt *Brenn*weite.

Die kürzeste Entfernung des Sammelpunkts P´ von der Linse nennt man **Brennweite *f*** der Linse. Unsere benutzte Linse hat also die Brennweite $f = 5$ cm.

In → **V3** verkleinern wir den Abstand zwischen Lichtquelle und Linse. Wir stellen fest:

- Je näher die Lichtquelle an die Linse heranrückt, desto weiter entfernt sich P´ von der Linse.
- Ist die Lichtquelle näher an der Linse als ihre Brennweite f, so kann die Linse das Licht nicht mehr in einem Bildpunkt sammeln.
- Hat die Lichtquelle genau die Entfernung f, so verlaufen die Randstrahlen hinter der Linse exakt parallel. Auch dann kann die Linse das Licht nicht in einem Punkt sammeln. Es entsteht ein paralleles Lichtbündel.

Wir stellen in allen Fällen fest: Die Gerade PP´ verläuft jeweils durch den Linsenmittelpunkt M. Der Strahl PM, **Mittelpunktstrahl** genannt, markiert die Richtung, in der P´ liegt.

Merksatz

Eine Sammellinse kann das Licht einer punktförmigen Lichtquelle in einem Bildpunkt sammeln, wenn die Lichtquelle weiter als die Brennweite der Linse von der Linse entfernt ist. Der Sammelpunkt liegt auf dem Mittelpunktsstrahl.

6. Die Wölbung bestimmt die Brennweite

Wie bei der Lochkamera liegt der Bildpunkt auch bei der Linsenabbildung auf dem Mittelpunktsstrahl. Bei der Lochkamera spielt die Entfernung des Schirmes zur Lochblende eine Rolle. Die Linse dagegen gibt hier keine Einschränkung vor.

In → V4 verwenden wir unterschiedliche Linsen und ein achsenparalleles Lichtbündel. Das Lichtbündel wird stets auf der optischen Achse in einem Punkt F gesammelt. Dieser Punkt heißt auch **Brennpunkt F** der Linse. Die beiden ersten Linsen haben eine gleich starke Wölbung aber unterschiedlichen Durchmesser. Die untere Linse ist stärker gewölbt.

Der Versuch zeigt: Die Brennweite einer Linse hängt nicht vom Durchmesser der Linse ab, wohl aber von der Stärke ihrer Wölbung. Je stärker eine Linse gewölbt ist, desto kleiner ist ihre Brennweite. Eine solche Linse kann das Licht also in kürzerer Entfernung hinter der Linse bündeln.

Merksatz

Stark gewölbte Linsen haben eine kürzere Brennweite als schwach gewölbte.

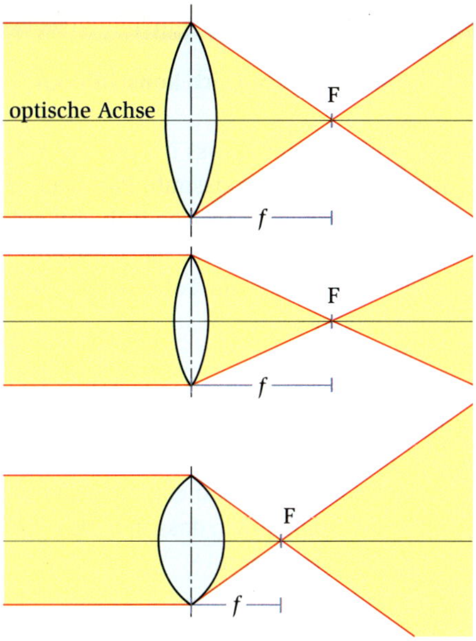

V4 Wir schicken ein achsenparalleles Lichtbündel durch unterschiedliche Linsen. Jeweils im Abstand der Brennweite f wird es hinter der Linse gesammelt.

Praktikum

Bildgröße bei der Linsenabbildung

Im folgenden Praktikumsversuch soll der Zusammenhang zwischen der Bildgröße und dem Abstand des Gegenstands von der Linse untersucht werden. Der Versuchsaufbau ist im folgenden Bild dargestellt:

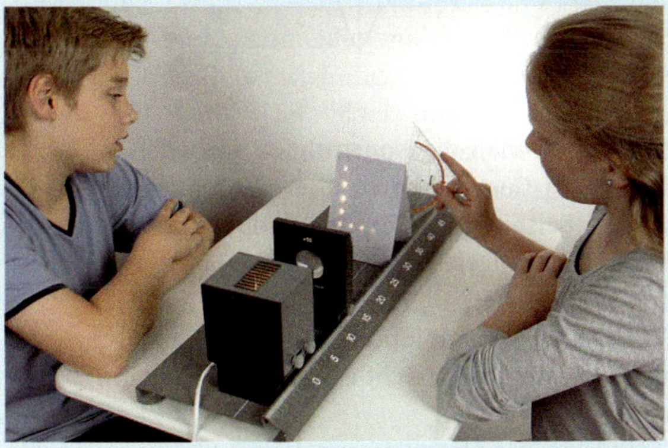

Als Gegenstand wird ein von der Lampe beleuchteter Buchstabe „L“ benutzt. Der Schirm ist immer so weit zu verschieben, bis das Bild scharf ist (notiert die Fälle, falls ihr kein scharfes Bild erzielen könnt).

Begriffe: Den Abstand Linse–Schirm nennt man die Bildweite, den Abstand Gegenstand–Linse Gegenstandsweite.

Arbeitsaufträge:

1 Baut den Versuch wie abgebildet auf.

2 Bestätigt mit Linsen unterschiedlicher Brennweite folgende Aussage: Wenn die Gegenstandsweite doppelt so groß ist wie die Brennweite, dann ist die Bildweite ebenfalls doppelt so groß wie die Brennweite. Außerdem sind Bild und Gegenstand dann gleich groß.

3 Verwendet nun eine Linse mit $f = 5$ cm.
- Stellt nacheinander sechs Gegenstandsweiten zwischen 3 cm und 30 cm ein.
- Messt jeweils die Bildgröße in Abhängigkeit von der Gegenstandsweite. Tragt die Messwerte in eine Tabelle ein.
- Erstellt ein Diagramm, das den Zusammenhang zwischen Gegenstandsweite und Bildgröße darstellt (Gegenstandsweite auf der Rechtsachse, Bildgröße auf der Hochachse).
- Formuliert eine Aussage der Form „je – desto“.
- Es entsteht nicht bei jeder Gegenstandweite ein scharfes Bild. Nennt eine Zusatzbedingung.

4 Wiederholt die Versuchsreihe von **3** mit einer Linse anderer Brennweite. Wählt auch hier sechs sinnvolle Gegenstandsweiten.

Das Auge

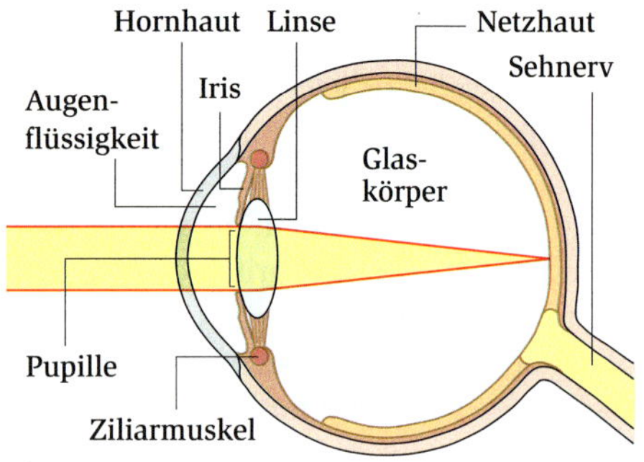

B1 Schnitt durch das menschliche Auge

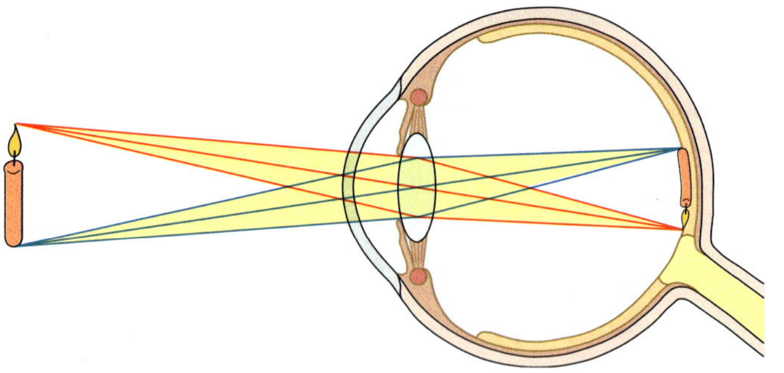

B2 Bildentstehung im Auge

Anstoß

1. Unter der „Augenfarbe" eines Menschen versteht man die Farbe der Iris. Notiere die Augenfarbe deiner Familienmitglieder und deiner Freunde.
2. Von außen betrachtet sieht man vom Auge: Augenbraue, Augenlid (mit Wimpern), Lederhaut, Iris und Pupille. Informiere dich über den biologischen Sinn dieser Bestandteile.
3. Das Auge wird oft als das wichtigste Sinnesorgan des Menschen bezeichnet. Nimm zu dieser Aussage Stellung.

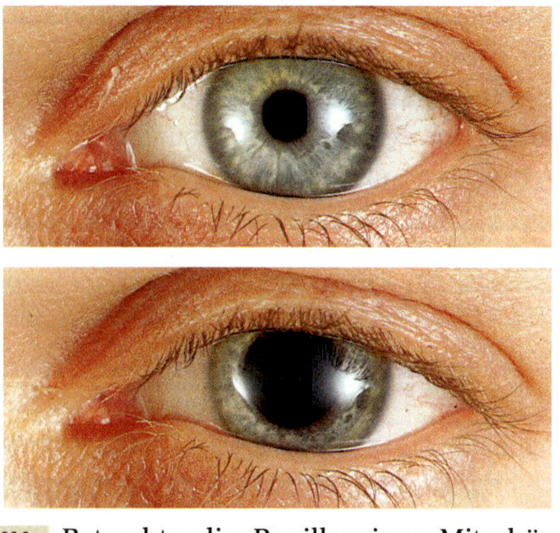

V1 Betrachte die Pupille eines Mitschülers. Sie ist zunächst nur wenig geöffnet. Bitte nun deinen Mitschüler ein Auge mit der hohlen Hand etwa eine Minute lang zuzuhalten. Nachdem er die Hand entfernt hat, betrachtest du wieder seine Pupille – sie ist jetzt weit geöffnet. Über einen Muskel wurde die Pupillenöffnung gesteuert. Das Gehirn versucht so, mehr Licht auf die Netzhaut zu lassen, damit die Netzhautbilder möglichst hell werden.

1. Die Optik des menschlichen Auges

Du kennst den Aufbau des menschlichen Auges vielleicht schon aus dem Biologieunterricht. → B1 zeigt die wichtigsten Bestandteile in vereinfachter Form. Das Auge des Menschen ist nicht so aufgebaut wie die einfache Lochkamera, sondern verwendet Linsenbilder. Unser Auge ähnelt aus physikalischer Sicht eher einem Fotoapparat.

Das Licht durchdringt beim Eintritt ins Auge die Hornhaut, die Augenflüssigkeit, die Linse und den Glaskörper. Diese vier einzelnen, durchsichtigen Bestandteile wirken zusammen wie eine einzige Linse. Diese bündelt Licht eines weit entfernten Gegenstandes im Abstand von etwa 23 mm hinter der Hornhaut, wo sich die Netzhaut befindet. Auf ihr entsteht dann das optische Bild des Gegenstandes → B2.
Die **Netzhaut** besteht aus einer Vielzahl lichtempfindlicher Elemente. Diese empfangen das Licht und leiten die Information über viele Verästelungen zum **Sehnerv,** der sie zum Gehirn weiterleitet.

Je nachdem, ob wir bei Sonnenschein oder in der Dämmerung unsere Umwelt betrachten, gelangt viel oder wenig Licht ins Auge. Die Bilder sind also unterschiedlich hell. Diese verschiedenen Helligkeiten kann das Auge mithilfe der Pupillenöffnung etwas ausgleichen → V1.
Die Pupille ist eine kreisförmige Öffnung, gebildet von einer farbigen Haut, der Iris. Mit einem Muskel kann die Pupille verkleinert werden. Das Gehirn steuert mit ihr also die Lichtmenge, die pro Sekunde auf die Netzhaut fällt.

Bei Kameras ist dies ähnlich: Vor die Linse ist hier eine Lochblende eingebaut, deren Durchmesser verändert werden kann.

Merksatz

Im menschlichen Auge werden Linsenbilder auf der Netzhaut erzeugt. Über die Iris steuert das Gehirn die Lichtmenge, die pro Sekunde ins Auge fällt.

2. Das Scharfstellen beim Auge

→ V2 zeigt: Das Auge kann nahe und ferne Gegenstände nicht gleichzeitig scharf erkennen. Das wissen wir eigentlich schon von der Linsenabbildung. In Versuchen hatten wir festgestellt: Rückt ein Gegenstand näher an die Linse, müssen wir den Schirm weiter wegschieben, um scharfe Bilder zu erhalten. Das Auge kann dies nicht tun, weil die Netzhaut fest im Augapfel sitzt und damit der Abstand zwischen Hornhaut und Netzhaut unveränderbar ist.

Das Auge muss das Scharfstellen also auf anderem Wege erreichen. Wir wissen bereits, dass der Abstand des Bildes von der Linse auch von der Brennweite der Linse abhängt. In → V3 wechseln wir die Linsen aus. Steht der Gegenstand in großer Entfernung, so erzeugt eine Linse mit großer Brennweite ein scharfes Bild auf dem Schirm. Bei gleichem Schirmabstand gelingt dies der Linse bei einem nahen Gegenstand nicht. Eine Linse mit kleinerer Brennweite kann dies allerdings leisten.

In unserem Auge wird beim Scharfstellen aber nicht wirklich die Linse ausgetauscht. Wie hat die Natur dieses Problem bewältigt?

Eine Linse mit *veränderlicher* Brennweite ist die geniale Lösung. Dazu muss die Augenlinse aus einem elastischen Stoff bestehen. Diese elastische Linse will sich stets von selbst wie ein Gummiband zusammenziehen. Dem wirken die Aufhängebänder entgegen, die sie flach ziehen, gesteuert von einem Ziliarmuskel. Ist dieser Muskel entspannt, so ziehen die Aufhängebänder die Augenlinse flach → B3a. Sie ist nur ein wenig gewölbt, hat also eine große Brennweite. Das Auge kann weit entfernte Gegenstände scharf sehen.
Ist der Ziliarmuskel dagegen angespannt, so sind die Aufhängebänder gelockert, die Linse wölbt sich, die Brennweite ist klein → B3b. Das Auge kann nahe Gegenstände scharf sehen. Dieser Anpassungsvorgang heißt **Akkommodation.** Er läuft, vom Gehirn gesteuert, unbewusst ab.

Das Auge kann nicht in jede beliebige Nähe scharf stellen. Bei einem Abstand zum Gegenstand von ca. 10 cm, dem sogenannten **Nahpunkt,** ist die Grenze erreicht. So nahe Gegenstände zu betrachten ist sehr anstrengend, man ermüdet dabei rasch. Ohne merkliche Anstrengung kann man Gegenstände ab einer Entfernung von etwa 25 cm betrachten.

Merksatz

Die Augenlinse ist elastisch und kann ihre Brennweite mithilfe von Muskeln verändern und damit das Bild auf der Netzhaut scharf stellen. Das Auge kann Gegenstände ab einer Entfernung von 25 cm ohne Anstrengung scharf betrachten.

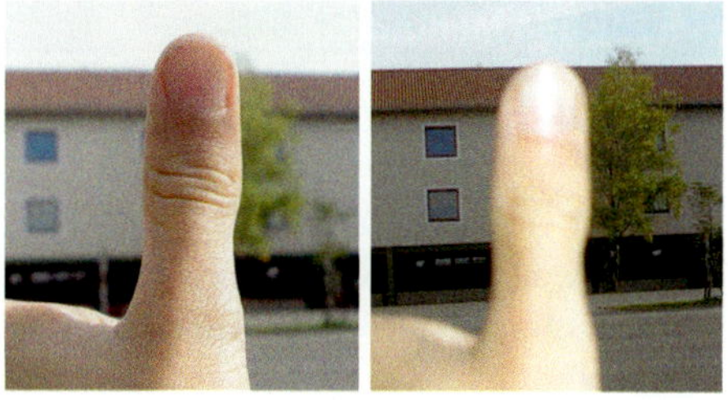

V2 Schließe ein Auge. Halte einen Daumen mit angewinkeltem Arm etwa 30 cm vor dein anderes, geöffnetes Auge.
a) Betrachte deinen Daumen. Du siehst den Hintergrund unscharf.
b) Betrachte nun den Hintergrund. Dabei stellst du fest, dass nun der Daumen unscharf erscheint.

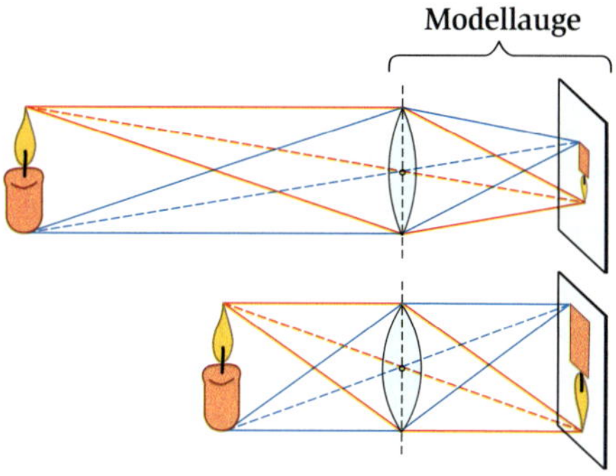

V3 **a)** Eine Linse der Brennweite 15 cm und ein Schirm ersetzen unser Auge. Eine Kerze wird in großer Entfernung (etwa 4 m) vor das „Modellauge" gestellt. Auf dem Schirm entsteht ein scharfes Bild der Flamme. „Unser Modellauge blickt entspannt in die Ferne."
b) Wir schieben nun die Kerze bis auf 30 cm an die Linse heran, das Bild wird unscharf. Ersetzen wir die Linse durch eine andere mit der Brennweite 10 cm, so erhalten wir wieder ein scharfes Bild, ohne den Schirm zu verschieben.

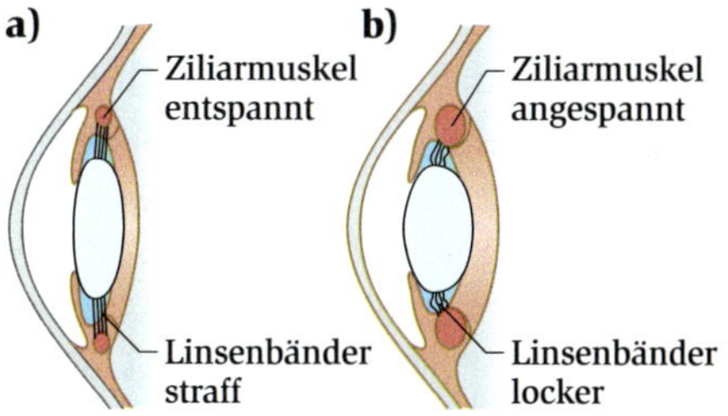

B3 **a)** Der Ziliarmuskel ist entspannt.
b) Der Ziliarmuskel zieht sich zusammen.

Physik und Medizin

Die Brille

Viele Menschen haben Augenfehler. Sie tragen eine Brille, weil diese die Augenfehler ausgleicht. Die häufigsten Augenfehler sind **Kurzsichtigkeit** und **Übersichtigkeit.**

Beim übersichtigen Auge ist die Netzhaut zu nah an der Linse. Das scharfe Bild würde selbst bei sehr weit entfernten Gegenständen noch hinter der Netzhaut entstehen. Also muss der Ziliarmuskel schon jetzt die Linse etwas wölben. Bei nahen Gegenständen entsteht selbst bei der stärksten Linsenwölbung noch kein scharfes Bild auf der Netzhaut. Das Bild bleibt verschwommen. Eine zusätzliche Sammellinse vor dem Auge korrigiert diese Fehlsichtigkeit.

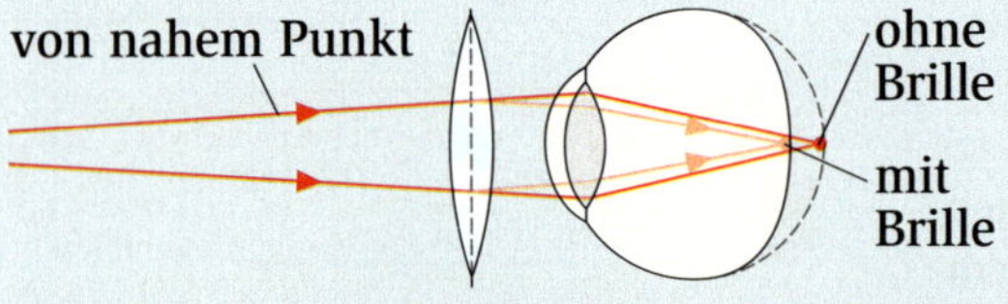

Die Linse der Brille zusammen mit der Augenlinse haben eine kürzere Brennweite als die Augenlinse allein. So gelingt die Lichtbündelung besser. Auch nahe Gegenstände werden damit im übersichtigen Auge scharf abgebildet.

Beim kurzsichtigen Auge ist die Netzhaut zu weit von der Hornhaut entfernt. Nahe Gegenstände können mit einer geringeren Wölbung der Linse als beim normalen Auge scharf gesehen werden. Aber die Linse bündelt Licht ferner Gegenstände etwas vor der Netzhaut, d. h., die Bilder sind wie bei einem zu weit entfernten Schirm unscharf.

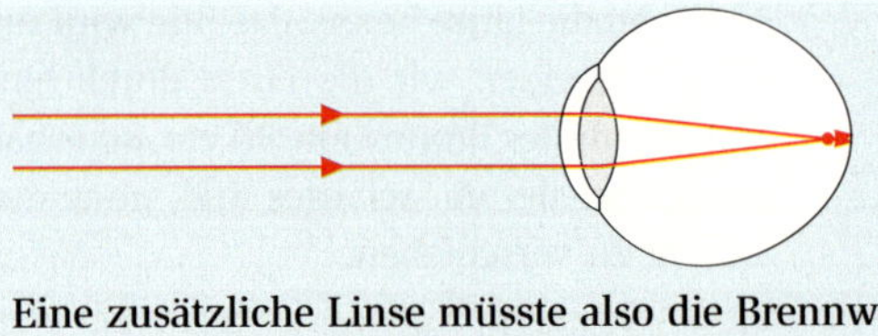

Eine zusätzliche Linse müsste also die Brennweite insgesamt verlängern. Unsere bisher besprochenen Linsen verengen jedes Lichtbündel und bewirken das Gegenteil. Linsen, deren Wölbung nach innen gerichtet ist, weiten das Lichtbündel auf – wie gewünscht.

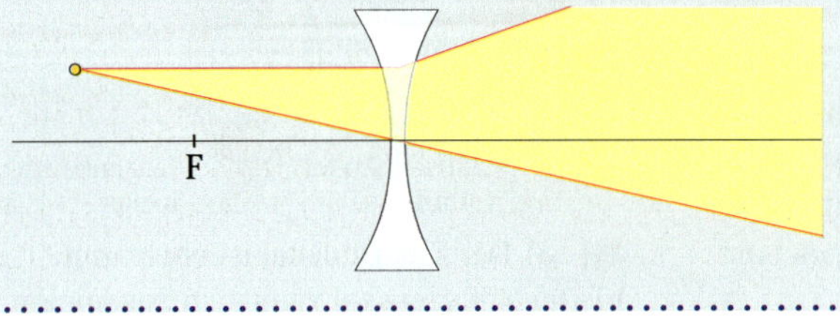

Benutzt man eine solche **Zerstreuungslinse** mit der entsprechenden Wölbung in der Brille, so kann der Augenfehler behoben werden.

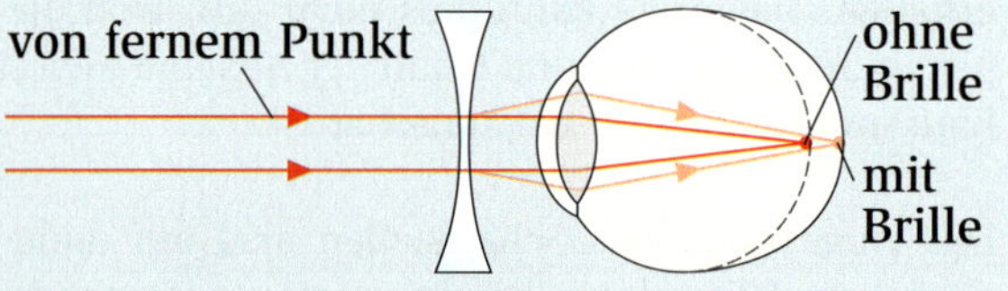

Das schmale Lichtbündel eines weit entfernten Gegenstandes wird von der Zerstreuungslinse etwas aufgeweitet, dadurch bündelt das Auge das Licht jetzt genau auf der Netzhaut.

Die Aufgabe einer Brille kann auch durch Kontaktlinsen erfüllt werden. Diese Linsen sitzen dicht vor der Pupille und sind deshalb für Außenstehende kaum sichtbar.

Mit steigendem Alter verringert sich die Elastizität der Augenlinse:
Der Nahpunkt des Auges entfernt sich. Insbesondere beim Lesen macht sich diese **„Altersweitsichtigkeit"** bemerkbar. Um scharfe Bilder zu erhalten, muss man dann den Abstand zum Buch vergrößern. Dadurch werden die Linsenbilder kleiner und damit Texte unlesbar. Eine Lesebrille mit Sammellinse wie für das übersichtige Auge hilft. Die Brennweite wird kürzer, auch ohne dass die Augenlinse sich selbst sehr stark wölben muss.

Brillengläser unterscheiden sich also:
Es gibt Sammellinsen, die das Licht stärker bündeln, und Zerstreuungslinsen, die das Lichtbündel aufweiten – jeweils mit unterschiedlicher Wölbung. Optiker beschreiben die Eigenschaft einer Linse meist nicht durch ihre Brennweite, sondern durch die Angabe **Dioptrie *D*.** Berechnet wird D aus der Brennweite f durch Kehrwertbildung, dabei wird f in m angegeben. $D = 1/f$ bekommt die Einheit 1 dpt = 1/m.

Beispiel einer Linse mit der Brennweite $f = 0{,}5$ m:

$$D = \frac{1}{0{,}5\text{ m}} = 2\text{ dpt.}$$

Der Vorteil der Einheit Dioptrie besteht darin, dass eine größere Maßzahl eine stärkere Wirkung der Linse ausdrückt. Bei Zerstreuungslinsen ergänzt man die Angabe durch ein Minuszeichen.

Lupe und Fernrohr

1. Die Lupe

Du willst dir eine Pflanze genau anschauen. Um auch die kleinsten Feinheiten zu erkennen, hältst du die Pflanze möglichst nahe vor dein Auge. In → B1 erkennen wir: Je näher der Gegenstand ans Auge rückt, desto größer wird der Sehwinkel α, unter dem wir den Gegenstand betrachten. Ein großer Sehwinkel bedeutet, dass viele Sehzellen vom Bild getroffen werden, dadurch können wir viele Einzelheiten erkennen.

Wir müssten also den Gegenstand immer näher an das Auge heranführen, um den Sehwinkel so groß wie möglich zu machen. Aber dies hat Grenzen. Wir können nämlich die Entfernung zum Gegenstand nicht kleiner als 25 cm (deutliche Sehweite) wählen, weil wir ihn dann nicht mehr ohne Anstrengung über längere Zeit betrachten können. Ohne Anstrengung sieht man bei der deutlichen Sehweite, weil das Auge hier nur schwach akkommodieren muss.

Mit einer **Lupe** → B2 dagegen erkennen wir ohne Anstrengung des Auges mehr Einzelheiten. Eine Lupe vergrößert offenbar den Sehwinkel, ohne dass das Auge akkommodieren muss. Dies können wir mit unseren Kenntnissen über die Linsenabbildung leicht verstehen: Die Lupe ist eine einfache Linse mit einer Brennweite, die deutlich kleiner als 25 cm ist. Wir rücken den Gegenstand bis in die Brennebene der Lupe. Das von einem Punkt ausgehende Lichtbündel wird durch die Linse zum Parallelbündel → B3. Das Lichtbündel trifft also das Auge, als käme es von einem sehr weit entfernten Gegenstand. Ohne Akkommodation, d.h. völlig ohne Anstrengung, kann das Auge dieses Licht wieder zu einem Punkt auf der Netzhaut bündeln.

Wir erkennen außerdem in → B3, dass der Sehwinkel mit Lupe größer ist als ohne. Auch das Netzhautbild B_m (mit Lupe) ist viel größer als B_o (ohne Lupe).

Merksatz

Eine Lupe ist eine Sammellinse mit einer Brennweite, die kleiner als 25 cm ist. Wenn sich der betrachtete Gegenstand in der Brennebene der Lupe befindet, so ist das Netzhautbild vergrößert.

Dazu fotografieren wir in → V1 ein Lineal zweimal – einmal mit und einmal ohne Lupe. Auf dem Display der Digitalkamera (oder des Handys) vergleichen wir nun den Strichabstand. In der Aufnahme mit Lupe ist er etwa 5-mal so groß wie auf der anderen. Man nennt diesen Faktor die **Vergrößerung** der Lupe. Der Gegenstand erscheint dem entspannten Auge mit Lupe 5-mal so hoch und 5-mal so breit wie ohne Lupe. Wir können also 25-mal so viele Einzelheiten erkennen.

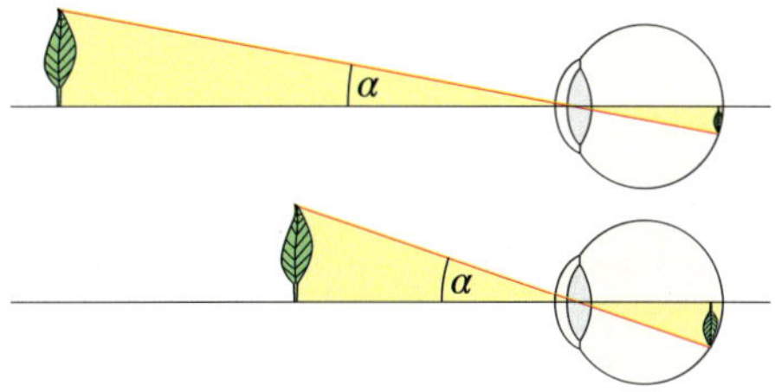

B1 Je näher der Gegenstand rückt, desto größer wird der Sehwinkel und damit das Bild auf der Netzhaut.

B2 Mit einer Lupe erkennt man mehr Einzelheiten.

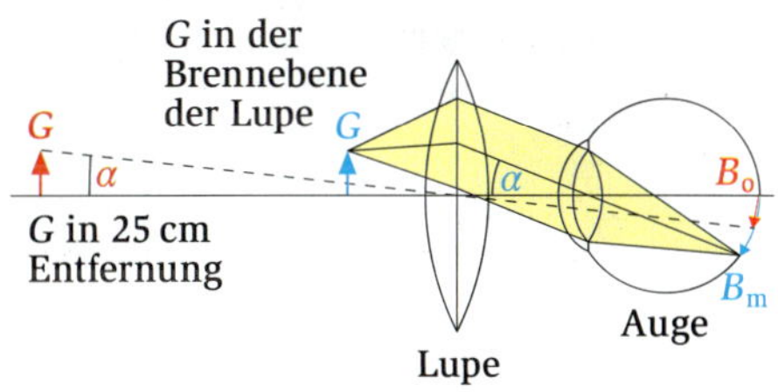

B3 Der Sehwinkel und damit das Netzhautbild sind mit Lupe deutlich größer.

V1 Wir fotografieren ein Lineal aus 25 cm Entfernung. Anschließend durch eine Lupe mit der Brennweite 5 cm.

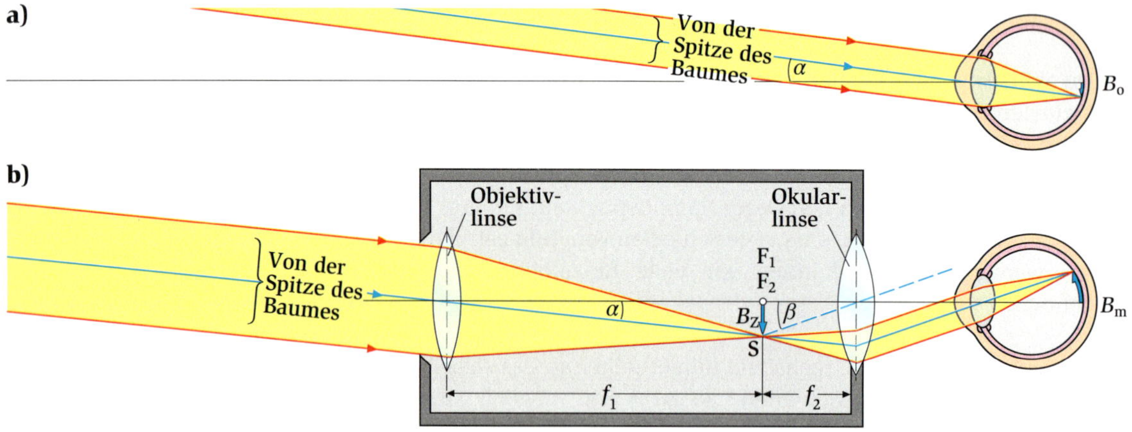

B1 Das von einer Baumspitze ausgehenden Lichtbündel fällt **a)** unmittelbar, **b)** durch ein Fernrohr ins Auge.

V1 **a)** Eine Linse mit der Brennweite 30 cm erzeugt etwa im Abstand der Brennweite auf einem Schirm ein Bild des weit entfernten Baumes. Wir betrachten dieses Bild hinter dem durchscheinenden Schirm durch eine Lupe mit der Brennweite 10 cm. Die optimale Vergrößerung erzielen wir, wenn wir dazu die Linse 10 cm weit hinter den Schirm stellen – also im Abstand ihrer Brennweite.
b) Uns stört beim Beobachten der milchige Schirm. Wir entfernen ihn. Das Bild wird dadurch klarer. Wir sehen den Baum jetzt ungetrübt. Unser Fernrohr besteht jetzt nur aus zwei Linsen. Wir erhalten ein scharfes Bild, wenn ihr Abstand etwa so groß ist wie die Summe ihrer Brennweiten.

2. Das Fernrohr

Du willst dir den Mond genauer anschauen. Weil er zu weit weg ist, kannst du mit bloßem Auge keine Einzelheiten erkennen. Betrachtest du ihn dagegen mit einem Fernrohr oder einem Fernglas, so erkennst du viele Krater, Berge und Täler. Das ist möglich, weil du beim Blick durchs Fernrohr den Eindruck hast, dass der Mond näher herangerückt sei.

Wie ist das möglich? Ein Fernrohr besteht im Prinzip aus zwei Bestandteilen: einem Fotoapparat und einer Lupe. In → **V1a** bauen wir das nach.
In → **B1b** ist gezeigt, wie die Sammellinse mit der Brennweite f_1 das Bild (der Spitze des Baumes) erzeugt. Dieser Teil des Fernrohrs ist physikalisch gesehen der entscheidende Teil eines Fotoapparats. Das Bild des Baumes B_Z ist umso größer, je größer die Brennweite f_1 ist.

Wir schauen uns das Bild („Zwischenbild“) B_Z nun mit einer Lupe an (kleine Brennweite f_2). Jetzt ist der Sehwinkel β im Vergleich zum ursprünglichen Sehwinkel α größer. Statt B_o entsteht mit Fernrohr also ein größeres Netzhautbild B_m.

Das Bild ist in → **V1a** durch den milchigen Schirm gestört. In → **V1b** lassen wir ihn einfach weg. Die Bildgröße bleibt unverändert, das Bild ist jetzt aber klar. In → **B1b** erkennen wir: Das Lichtbündel in S des Bildes B_Z läuft hinter dem Sammelpunkt wieder auseinander, als wenn es von einem selbst leuchtenden Punkt käme. Das Bild verhält sich also wie ein leuchtender Gegenstand, der Schirm ist nicht nötig.

Merksatz

Das Fernrohr besteht aus zwei Linsen. Eine Linse mit großer Brennweite erzeugt ein Zwischenbild. Dieses wird durch eine Linse mit kleiner Brennweite wie mit einer Lupe betrachtet.

Vertiefung

Das Mikroskop

Die Vergrößerung durch Lupen ist höchstens 20. Mit Mikroskopen erzielt man Vergrößerungen bis 800.

Zunächst wird mit einer Linse ein vergrößertes (Zwischen-)Bild eines Gegenstandes erzeugt. Dieses wird dann mit einer Lupe beobachtet, um so ein noch größeres Netzhautbild zu erhalten. Wir benötigen also zwei Linsen. Vereinfachend verwenden wir als zu beobachtenden Gegenstand (Objekt) ein selbst leuchtendes „F". Wir stellen es 5,5 cm vor eine Sammellinse mit Brennweite 5 cm. In etwa 55 cm Entfernung hinter der Linse können wir auf einem durchscheinenden Schirm ein vergrößertes Bild auffangen. Hinter dem Schirm befestigen wir im Abstand ihrer Brennweite eine zweite Linse (Lupe) und betrachten durch sie das Zwischenbild auf dem Schirm. Es erscheint dadurch nochmals vergrößert.

Leider sehen wir auch die milchige Struktur des durchscheinenden Schirms. Wir entfernen ihn – das Zwischenbild bleibt, diesmal erscheint es jedoch ungetrübt. Wie wir schon beim Fernrohr beobachtet haben, verhält sich das Zwischenbild wie ein selbst leuchtender Gegenstand – auch ohne Schirm.

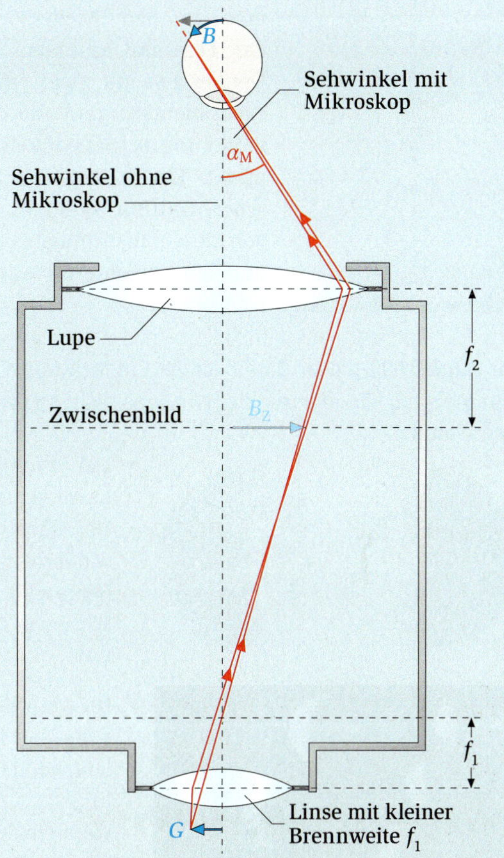

Das Mikroskop vergrößert stärker als die Lupe. Beim Mikroskop betrachten wir das vergrößerte Zwischenbild mit der Lupe und nicht den kleineren Gegenstand. Beim gekauften Mikroskop befinden sich die beiden Linsen in einem Metallrohr (Tubus). Es verhindert, dass störendes Licht von der Seite eindringt.

Oft will man lichtschwache Objekte mikroskopieren. Man schneidet aus ihnen eine sehr dünne Schicht, legt sie auf eine Glasplatte („Objektträger") und beleuchtet sie von unten mit einer Lampe.

Mach's selbst

A1 Begründe: Das besprochene Fernrohr liefert höhen- und seitenverkehrte Bilder.

A2 Du beobachtest mit einem Fernrohr (2 Linsen, Brennweiten 50 cm und 5 cm) den Mond.

a) Berechne die Fernrohrlänge.

b) Du willst mit dem gleichen Fernrohr einen Vogel im Baum eures Gartens beobachten. Erkläre, warum man das Fernrohr etwas verlängern muss.

A3 Eine Lupe vergrößert um den Faktor 4. Erkläre, was damit gemeint ist.

A4 Nimm kritisch Stellung zu der Aussage: Ein Fernrohr liefert vergrößerte Bilder.

A. Fernrohre erweitern unsere Vorstellung von der Welt im Großen

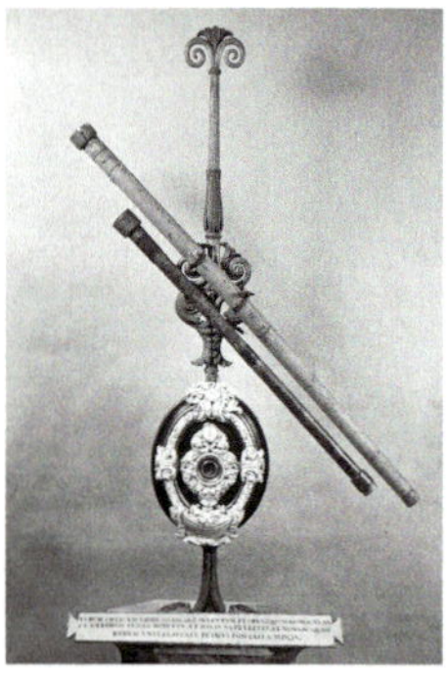

Etwa um das Jahr 1600 hat man in den Niederlanden das Fernrohr erfunden. Ein Optiker hat mit zwei Linsen experimentiert und die Vergrößerung des Sehwinkels bemerkt. Der italienische Forscher Galileo GALILEI hat von diesem Instrument gehört und ein verbessertes Modell nachgebaut.

Im Jahre 1609 hat er damit einige Entdeckungen am Himmel gemacht, die mit bloßem Auge nicht zu erkennen waren:

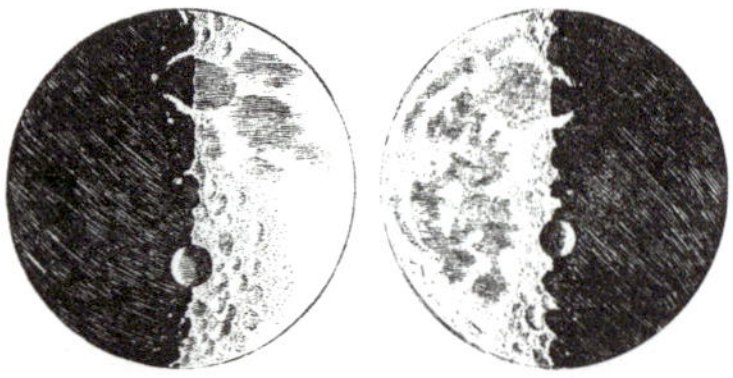

- Der Mond hat keine glatte Oberfläche, sondern er hat Berge und Täler wie die Erde.

- Die Venus ist keine selbst leuchtende Kugel, vielmehr wird sie von der Sonne beleuchtet.

- Jupiter hat Monde, die ihn im Weltall umrunden.

- Die Milchstraße besteht aus sehr vielen einzelnen Sternen.

Diese Beobachtungen und weitere Überlegungen von vielen Wissenschaftlern führten damals zu einer neuen Vorstellung der Welt:

- Himmelskörper wie der Mond und die Planeten sind der Erde ähnlich und keine völlig anderen Körper.
- Planeten umrunden wie die Erde die Sonne, nur der Mond umrundet die Erde.
- Die Milchstraße zeigt, dass es enorm viele Sterne gibt.

Mithilfe von Fernrohren hat man später weitere Planeten und Planetenmonde unseres Sonnensystems entdeckt.

Bis heute werden immer leistungsfähigere Fernrohre gebaut. Mit ihnen macht man immer wieder neue Entdeckungen. So hat man in den letzten Jahren herausgefunden, dass es außer unserem Sonnensystem viele weitere Systeme gibt, die ähnlich aufgebaut sind – mit einem hellen Stern als Sonne und Planeten, die ihn umrunden. Man weiß schon lange, dass diese Sterne wie unsere Sonne selbst leuchten, also ständig riesige Mengen an Energie abstrahlen. Die Planeten eines Sterns erkennt man zum Beispiel daran, dass der Stern in regelmäßigen Abständen ein wenig verdunkelt wird.

Weil die Erdatmosphäre durch Wolken, Verunreinigungen und unregelmäßige Luftbewegungen die Beobachtungen erschwert, hat man Teleskope im Weltraum stationiert. Sie umrunden die Erde oberhalb der Atmosphäre und funken ihre gestochen scharfen Bilder zur Erdstation.

Milliarden von Sternen bilden unsere Milchstraße. Im Jahre 1923 hat der amerikanische Astronom Edwin HUBBLE eine zweite Milchstraße (Galaxie) entdeckt. Heute weiß man, dass jede Galaxie aus vielen Milliarden Sternen besteht und dass es viele Milliarden Galaxien gibt. Das Foto rechts zeigt einige tausend Galaxien.

B. Lupe und Mikroskop erweitern unsere Vorstellung von der Welt im Kleinen

Mit der Lupe oder noch besser mit dem Mikroskop kann man vergrößerte Bilder von der Mikrowelt erzeugen. Dadurch können mehr Einzelheiten bei größeren Gegenständen sichtbar gemacht werden. Du hast vielleicht schon einmal im Biologieunterricht den Aufbau eines menschlichen Haares, Einzelheiten am Körper von Insekten oder die Struktur von Blättern und Stängeln von Pflanzen selbst durch ein Mikroskop betrachtet.

Kleine Lebewesen wie das Pantoffeltierchen sind ohne Hilfsmittel für das menschliche Auge unsichtbar klein. Erst mithilfe des Mikroskops wurden sie entdeckt.

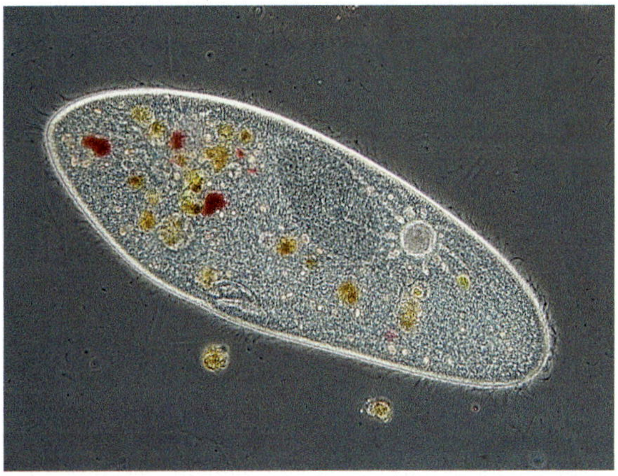

Großen Nutzen konnte die Medizin aus den Erkenntnissen gewinnen. So wurde sichtbar, dass der menschliche Körper aus Zellen aufgebaut ist. Man erforschte Unterschiede und Gemeinsamkeiten der verschiedenen Zellen. Dadurch hat man gelernt, wie körperliche Vorgänge ablaufen. Medikamente, die bei Erkrankungen helfen, konnten entwickelt werden.

Mikroskope machten aber auch die Entdeckung von Krankheitserregern wie Bakterien und Viren möglich. Der vielleicht bekannteste Bakteriologe war Robert KOCH, der u. a. 1882 den Tuberkulose-Erreger und 1884 den Cholera-Erreger identifiziert hat. Damit war die Basis für die Entwicklung von Impfstoffen geschaffen. In vielen Teilen der Welt konnten durch die neuen Kenntnisse Seuchen, Elend und Not gelindert werden. Zusammen mit Hygienemaßnahmen wie Händewaschen und Zähneputzen führte dies zu einer besseren Gesundheitsvorsorge und damit zu einer höheren Lebenserwartung der Menschen.

Wir erkennen, dass Entdeckungen in der Physik (z. B. Bau von optischen Geräten) zu Entdeckungen in anderen Wissenschaften wie Astronomie, Biologie und Medizin führten. Dadurch gewannen sie neue Kenntnisse. Die Naturwissenschaften arbeiten eng zusammen und tragen so zum Fortschritt bei.

Vertiefung

Lichtbrechung erklärt die Linsenwirkung

Eine Linse, Hauptbestandteil optischer Geräte, verändert ein Lichtbündel, wenn dieses durch sie hindurch geht. Betrachten wir den Vorgang genauer, so erkennen wir, dass ein Lichtbündel beim Durchgang durch eine Linse zweimal gebrochen wird. Dabei schafft es die Linse, ein breites Lichtbündel in einem Punkt zu sammeln. Wie ist dies möglich?

Wir denken uns ein breites Lichtbündel in viele schmale parallele Lichtbündel aufgeteilt. Das Lichtbündel, das die Linse am Rand durchläuft, muss also viel stärker abgelenkt werden als das, das durch die Mitte der Linse verläuft. Im Bild ist die Erklärung angedeutet: Wir können uns die Linse näherungsweise aus mehreren Prismenstücken zusammengesetzt denken. Die zwei äußersten Prismen am Rand der Linse sind Prismen mit dem größten Winkel an der Spitze, sie lenken das Lichtbündel stark ab. Zur Mitte hin nimmt der Prismenwinkel ab. Entsprechend weniger werden die Lichtbündel abgelenkt. Das „Prisma“ in der Mitte ist eine Glasplatte, das Lichtbündel wird gar nicht abgelenkt.

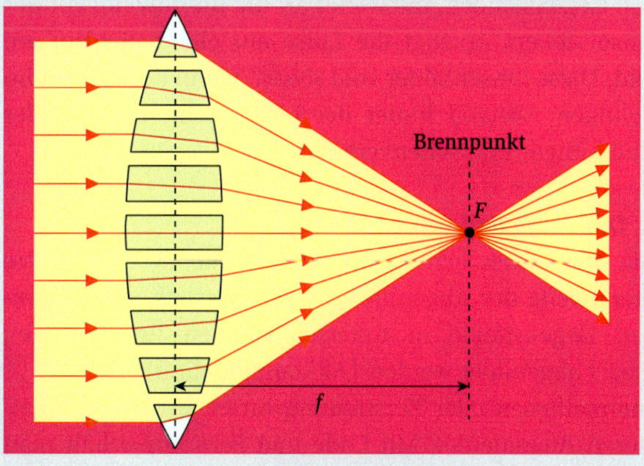

Das ist wichtig

1. Schall
Schall breitet sich vom Sender zum Empfänger aus. Lautsprecher, Musikinstrumente und unsere Stimme sind Beispiele für Schallquellen (Sender). Schallquellen erzeugen Schall durch schnelle Schwingungen. Das Ohr ist unser natürlicher, das Mikrofon ist ein künstlicher Schallempfänger.

2. Laut und leise, hoch und tief
Die größte Auslenkung bei einer Schwingung heißt Amplitude. Je größer die Amplitude bei einer Schallquelle ist, desto lauter hören wir den Ton. Die Frequenz beschreibt, wie oft der Schallerzeuger pro Sekunde schwingt. Je größer die Frequenz, desto höher hören wir den Ton. An den Schwingungslinien erkennen wir ebenfalls laut und leise, hoch und tief:

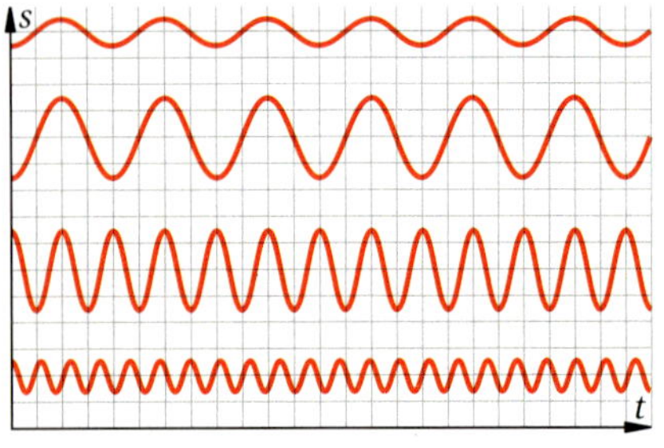

3. Schallausbreitung
Schall breitet sich mithilfe eines Schallträgers aus. Die Luft ist ein wichtiger Schallträger. Die Schallwelle beschreibt die Ausbreitung. In Luft beträgt die Schallgeschwindigkeit 340 m/s bei 20 °C. Trifft Schall auf eine harte Wand, so wird er reflektiert.

4. Linsen erzeugen Bilder
Linsen verformen Lichtbündel. Licht einer weit entfernten Lichtquelle wird hinter der Sammellinse im Abstand ihrer Brennweite in einem Punkt gebündelt.
Von Gegenständen, die weiter als die Brennweite vor der Linse stehen, erzeugt die Linse auf einem Schirm ein Bild. Diese Linsenbilder sind scharf, wenn der Schirm im richtigen Abstand hinter der Linse steht. Linsenbilder sind höhen- und seitenverkehrt.

5. Das Auge und seine Hilfen
Die Augenlinse erzeugt ein Bild auf der Netzhaut. Die Brennweite der Augenlinse ist veränderlich, damit können Gegenstände in unterschiedlichen Entfernungen scharf abgebildet werden (Akkommodation).
Sammellinsen oder Zerstreuungslinsen in Brillen korrigieren Augenfehler. Mit Lupe und Fernrohr erhält man größere Netzhautbilder.

Darauf kommt es an

Erkenntnisgewinnung
Trifft ein Lichtbündel auf eine Linse, so verformt diese das Lichtbündel. Durch gezieltes Beobachten und Experimentieren mit Linsen und Lichtbündeln lassen sich Linseneigenschaften für optische Abbildungen untersuchen.
Durch die Wahl einer großen Entfernung zwischen Schallquelle und Schallempfänger konnten wir die Schallgeschwindigkeit mit unseren Mitteln bestimmen.

Kommunikation
Linsenbilder lassen sich im Heft konstruieren.

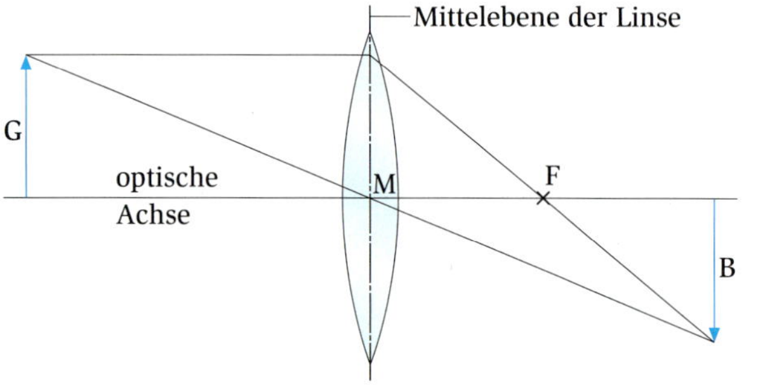

Optische Achse, Mittelebene der Linse und Gegenstand G sind vorgegeben. Man zeichnet den Brennpunkt F und den Parallelstrahl bis zur Mittelebene, der dann weiter durch F verläuft. Der Mittelpunktstrahl schneidet den ersten Strahl dann im Bildpunkt.

Bewertung
Schall in Form von Musik ist oft sehr angenehm und beruhigend. Eine zu große Lautstärke dagegen kann sogar gesundheitsschädlich sein.
Verkehrslärm wird in Wohnungen durch geeignete bauliche Schalldämmungen verringert. Das zu laute Einstellen des MP3-Players kannst du eigenverantwortlich vermeiden.
Mikroskope und Fernrohre haben Entdeckungen ermöglicht, die zu großen Fortschritten in Medizin und Astronomie führten.

Nutzung fachlicher Konzepte
Eine Linse kann ein Lichtbündel in einem Punkt sammeln. Dies ist die physikalische Grundlage für Linsenbilder. Die Natur hat dies im Auge umgesetzt. Im Fotoapparat nutzen wir dies technisch. Die Entfernung des Sammelpunktes von der Linse hängt von der Brennweite der Linse und von der Gegenstandweite ab.
Beim Fotografieren wird der Abstand zwischen Linse und Chip mechanisch angepasst. Die Natur löst dies im Auge dadurch, dass Muskeln die Brennweite der Linse verändern.

Das kannst du schon

Fragen stellen
Du kennst deine Empfindungen für hohe und tiefe Töne sowie für laut und leise und fragst nach Möglichkeiten, sie objektiv zu unterscheiden.

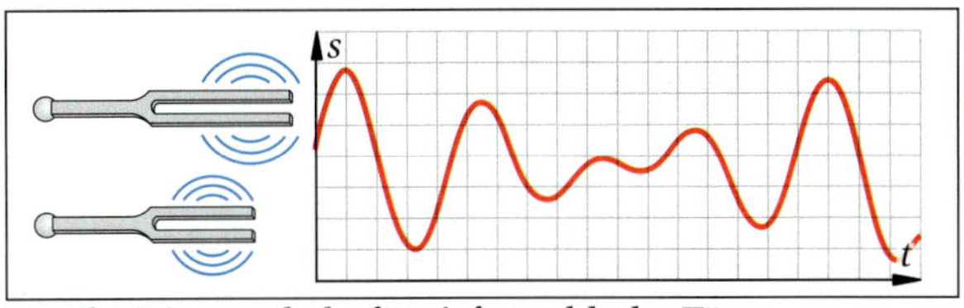

Es gibt Stimmgabeln für tiefe und hohe Töne.

Mit Messgeräten experimentieren
Du misst die Messgrößen Frequenz und Amplitude und ersetzt so die Empfindungen hoch und tief bzw. laut und leise.

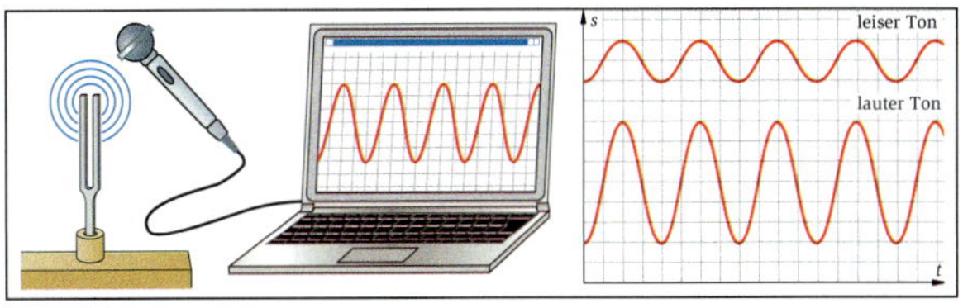

Experimente mit Mikrofon und Computer liefern Diagramme zur Untersuchung von Tönen.

Diagramme interpretieren
Du kannst den Unterschied von hohen und tiefen Tönen benennen. Auch der Vergleich von lauten und leisen Tönen gelingt dir mithilfe der Schwingungslinien.

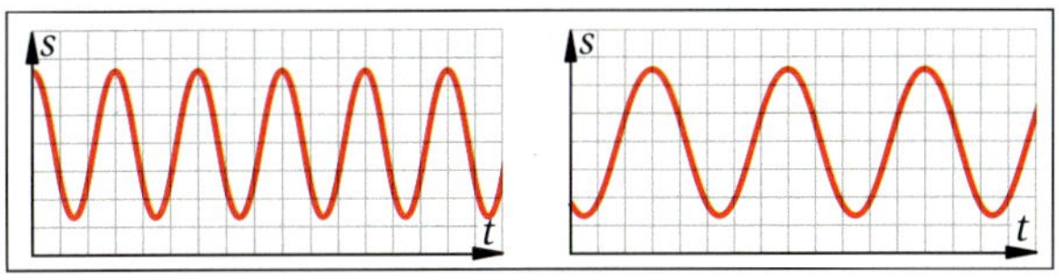

Hohe und tiefe Töne kann man vergleichen.

Die Bildentstehung erforschen
Du experimentierst mit Lichtbündeln und Linsen und erkennst unter welchen Bedingungen eine Linse von einem Gegenstand Bilder erzeugen kann.
Du findest darüber hinaus einen Zusammenhang zwischen Bildgröße und Entfernung des Gegenstandes. Zeichnerisch kannst du die Bildgröße bestimmen.

Mit Modellen arbeiten
Du vergleichst die Bestandteile des Auges mit Laborgeräten und baust daraus ein Modellauge. Mit dem Modellauge kannst du bequem experimentieren und weitere physikalische Sachverhalte untersuchen und verstehen.

Die Bildentstehung kann man mit dem Modellauge untersuchen.

Optische Geräte erklären und ...
Brille, Lupe, Mikroskop und Fernrohr benutzen Linsen. Mithilfe der Linseneigenschaften kannst du die Geräte bauen und die Funktion der Linsen in ihnen erklären.

... ihren Nutzen bewerten
Du kennst die Anwendungen der optischen Geräte. Sie reichen vom täglichen Leben (Brille, Lupe) über das Labor (Mikroskop) bis in Großforschungsanlagen (Fernrohre) oder sogar in den Weltraum (Weltraumteleskop). Du beurteilst ihren Nutzen nicht nur für unser Leben, sondern auch für weitreichende Entdeckungen.

Fernrohre führen zu Entdeckungen im Weltall.

Kennst du dich aus?

A1 Es ist möglich, mithilfe eines lauten Pfiffs die Entfernung zur Felswand zu bestimmen. Beschreibe, wie du vorgehst.

A2 Lärm kann krank machen. Menschen sollen deshalb vor Verkehrslärm geschützt werden.

a) Nenne Maßnahmen, mit denen man den Lärm beim Verursacher reduzieren kann.

b) Nenne Maßnahmen, mit denen man z.B. Patienten in Krankenhäusern an einer viel befahrenen Straße vor Verkehrslärm schützen kann.

A3 Das Summen einer Biene wird durch den Flügelschlag erzeugt. Den Flügelschlag eines Schmetterlings hören wir dagegen nicht. Erkläre.

A4 Das Bild zeigt jeweils die Schwingungslinie eines Tons. Vergleiche die zugehörigen Töne mit dem Ton, der zur Schwingungslinie a) gehört.

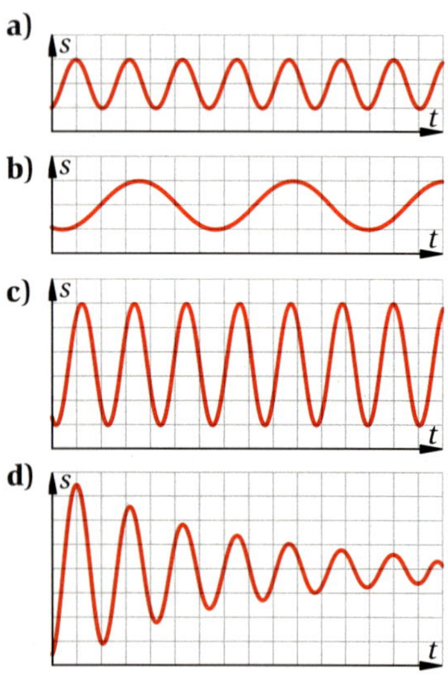

A5 Baue mit einem Schlauch ein Schlauchtelefon. An beiden Enden befestigst du dazu jeweils einen Trichter aus Papier. Verlege nun den Schlauch von einem Zimmer in ein anderes. Es sind auch Bögen erlaubt. Beschreibe, wie das Schlauchtelefon funktioniert.

A6 Interpretiere die Karikatur am Beispiel eines Feuerwerks.

A7 Eine Linse hat eine Brennweite von 5 cm. Eine Kerze steht 10 cm vor der Linse. Auf einem Schirm, der 10 cm hinter der Linse steht, ist ein Flammenbild entstanden.

a) Du willst ein größeres Flammenbild auf dem Schirm erzeugen. Wie musst du vorgehen?

b) Die Kerze wird immer weiter vom Schirm entfernt. Beschreibe, wie sich die Bildgröße ändert.

A8 Die Brennweite einer Linse beträgt 4 cm, der Gegenstand, ein Pfeil, befindet sich 12 cm vor der Linse. Er ist 3 cm hoch.

a) Konstruiere das Bild und bestimme die Bildgröße und die Entfernung des Bildes von der Linse.

b) Von der Brechung und der Reflexion weißt du, dass der Lichtweg umkehrbar ist. Überprüfe dieses Naturgesetz bei der Linsenabbildung.

A9 Gegeben sind Gegenstand und Bild.
Gesucht sind die Position der Linse und ihre Brennweite. Gehe wie folgt vor:

a) Bestimme zeichnerisch die Position der Lochblende, die bei der Lochkameraabbildung das Bild erzeugt hätte.

b) Überprüfe, dass eine Linse an der gleichen Position ebenfalls das Bild erzeugen würde.
Bestimme dann auch ihre Brennweite.

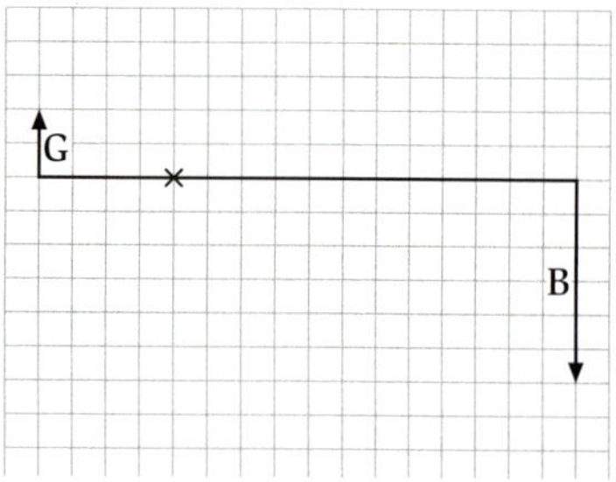

A10 Das Zwischenbild der Sonne ist im Fernrohr so hell, dass man es keinesfalls direkt beobachten darf. Stattdessen kann man die zweite Linse (die Lupe) etwas herausziehen und dann das Zwischenbild auf einen Schirm projizieren.
Begründe die Vorgehensweise.

A11 Klara beobachtet mit ihrem neuen Fernrohr den Mond. Ihr Bruder will sie ärgern und klebt in die Mitte der vorderen Linse einen kleinen runden Papieraufkleber. Gib eine begründete Vermutung ab, wie sich der Aufkleber bei der Mondbeobachtung bemerkbar machen wird.

A12 *Gruppenarbeit*
Im Buch ist ein Fernrohr mit zwei Sammellinsen beschrieben. Man nennt diese Art Fernrohr auch astronomisches oder keplersches Fernrohr. Daneben gibt es auch das *galileische Fernrohr*, das *Prismenfernglas* oder das *Spiegelteleskop*.
Recherchiert über diese drei Geräte und bereitet einen Vortrag vor. Beachtet dabei die baulichen Unterschiede im Vergleich zum astronomischen Fernrohr. Nennt ihre Vorteile und ihren Anwendungsbereich.

Projekt

Richtungshören

Untersuchungen haben gezeigt, dass die Menschen die meisten ihrer Sinneseindrücke durch die Augen aufnehmen. Etwa 80 % aller Eindrücke sind optisch und nur etwa 10 % akustisch. Schließen wir jedoch die Augen, oder ist es dunkel, dann wird die Aufnahme durch die Ohren sehr wichtig. Dann merken wir, dass wir nicht nur laut und leise, hoch und tief mit den Ohren wahrnehmen, sondern wir erkennen auch aus welcher Richtung der Schall kommt.
Wie ist dies möglich?
Wir wissen, dass sich der Schall in Luft nach allen Richtungen hin ausbreitet. Das Außenohr fängt ihn auf, über das Innenohr und die Nerven kommt dann die Information zum Gehirn. Dabei spielt die Richtung, aus der der Schall kommt, keine Rolle. Bei dieser Betrachtung haben wir nicht beachtet, dass wir Menschen zwei Ohren haben. Wird ein Pfeifton etwa links von uns erzeugt, so gelangt der Schall zuerst in unser linkes Ohr und erst etwas später in unser rechtes Ohr. Wird der Schall auf der anderen Seite von uns erzeugt, ist es genau umgekehrt. Der Zeitunterschied ist allerdings sehr klein, weniger als eine tausendstel Sekunde.
Kann das Gehirn diesen kleinen Unterschied überhaupt feststellen, um dann daraus die Schallrichtung zu bestimmen?

Arbeitsaufträge:

1 Eine Testperson (Zuhörer) stellt sich mit verschlossenen Augen im Klassenraum auf und hält sich ein Ohr zu. Eine zweite Person (Rufer) flüstert dem Zuhörer aus irgendeiner Stelle im Raum etwas zu. Der Zuhörer zeigt dann mit dem Arm in Richtung des Rufers.

2 Der Rufer verändert seine Position. Der Versuch wird 10-mal wiederholt.

3 Ein Schiedsrichter zählt, wie oft der Zuhörer die Richtung richtig erkannt hat.

4 Ihr wiederholt den Versuch nochmals 10-mal, diesmal allerdings ohne ein Ohr zuzuhalten.

Die deutlich höhere Trefferquote zeigt, dass zwei Ohren das Richtungshören verbessern. Aber ist wirklich die etwas längere Schalllaufzeit dafür verantwortlich?

Wir machen dazu folgenden Versuch mit einem Schlauch und wieder mit geschlossenen Augen.

Wir klopfen mit einem Bleistift leicht auf eine beliebige Stelle auf den Schlauch. Marie erkennt fast immer, ob Jan links oder rechts von der Schlauchmitte auf den Schlauch geklopft hat.
Erklärt, was die Ursache dafür ist.

Vor der Erfindung des Radars war es gefährlich bei starkem Nebel ein Schiff sicher in einen Hafen einzufahren. Man behalf sich mit einem speziellen Gerät und einigen Helfern, die rufend auf den Kaimauern standen. Das Bild zeigt einen Matrosen auf einem Schiff mit dieser Erfindung.

Beschreibe das vom Matrosen benutzte Gerät und erläutere seine Funktionsweise.

Kennst du dich aus? – Hinweise und Lösungen

A1 Tipp: Echo. Messe die Entfernung und die Schalllaufzeit.

A2 Hinweis: Die im Lehrbuch beschriebenen Schallschutzmaßnahmen helfen.

A3 Tipp: Frequenz.

A4 Vergleiche Amplitude und Frequenz.

A5 Betrachte die Bedeutung der Bauteile in Bezug auf die Schallausbreitung.

A6 Arbeite Unterschied heraus.

A7 Beachte die Abbildungseigenschaft der Linse.

A8 **a)** Befolge die Konstruktionsschritte; $b = 6$ cm, $G = 1{,}5$ cm.
b) Vertausche Bild und Gegenstand.

A9 **a)** Zeichne zwei Lichtbündel.
b) Zeichne weitere Lichtbündel.

A10 Das Zwischenbild wird zum Gegenstand. Beachte die Entfernung Gegenstand – Linse.

A11 Entscheide, ob etwas fehlt oder ob es nur dunkler wird.

A12 Benutze Internet, Lexika oder Fachbücher als Quelle.

Elektrizität im Alltag

Das kannst du in diesem Kapitel erreichen:

- Du wirst dir und anderen erklären können, warum es beim Überstreifen von Pullovern oft knistert, warum deine Haare danach abstehen und wie es zu Funken und Blitzen kommt.
- Du wirst mit selbst gebauten Nachweisgeräten Eigenschaften von Elektrizität untersuchen.
- Du wirst in eigenen Experimenten Stromstärken und Spannungen messen und Widerstände bestimmen können.
- Du wirst bei elektrischen Schaltungen notwendige Spannungen, Widerstände und resultierende Stromstärken berechnen können.
- Du wirst erklären können, wie nichtelektrische Größen, z. B. Temperatur und Kraft, elektrisch gemessen werden können.
- Du wirst die Elektroinstallation in eurem Haushalt durchschauen.
- Du wirst die schützende Funktion von Sicherungen und FI-Schaltern verstehen und wissen, wozu in Steckdosen der dritte Anschluss dient.
- Du wirst mögliche Gefahren beim Umgang mit Elektrizität beurteilen können und Grundregeln zur Vermeidung von Gefahren kennen lernen.

HAIBIKE
XDURO RX
SCHWALBE
DT SWISS
27.5

Knistern, Funken, Blitzen

Ob in der Natur oder im Labor – bei der Entstehung von Blitzen spielt Elektrizität eine wichtige Rolle. Diese wollen wir mithilfe der Physik genauer untersuchen und verstehen.

A1 Beschreibe Situationen, in denen es knistert, funkt oder blitzt. In welchen Fällen kannst du einen Zusammenhang mit Elektrizität herstellen?

A2 Das Phänomen Elektrizität wurde schon früh durch einfache Reibungsversuche entdeckt. Recherchiere in Büchern und im Internet zur Entwicklung der Elektrizitätslehre und stelle ihren zeitlichen Verlauf übersichtlich dar.

A3 An manchen Tagen stellen sich die Haare auf, wenn man den Pullover an- bzw. auszieht. Finde weitere Möglichkeiten, diesen Effekt herbeizuführen und beschreibe sie.

A4

Befestige zwei kleine Luftballons an etwa 50 cm langen, dünnen Fäden (z. B. Zwirn).
a) Reibe beide rundum aneinander, sodass sie an möglichst vielen Stellen miteinander in Kontakt kommen. Greife die Ballons an ihren Fäden und nähere sie einander an. Beobachte genau und beschreibe.
b) Reibe nun beide Ballons mit dem gleichen Stück Woll- oder Fleecestoff und wiederhole das Experiment.
c) Reibe nun die Ballons mit zwei unterschiedlichen Stoffen. Gelingt es dir nun, die Beobachtung aus a) herbeizuführen? Führe den Effekt vor.

A5 Reibe den durchsichtigen Teil eines Schnellhefters mit einem Wollpulli und halte ihn über kleine Papierschnipsel. Beobachte ganz genau und beschreibe deine Beobachtung.

A6 Unangenehm aber ungefährlich ist es, wenn ein Funke wie im Bild überspringt. Zu beobachten ist das Phänomen nur an bestimmten Tagen. Nenne Bedingungen, unter denen du solche Funken erwarten musst.

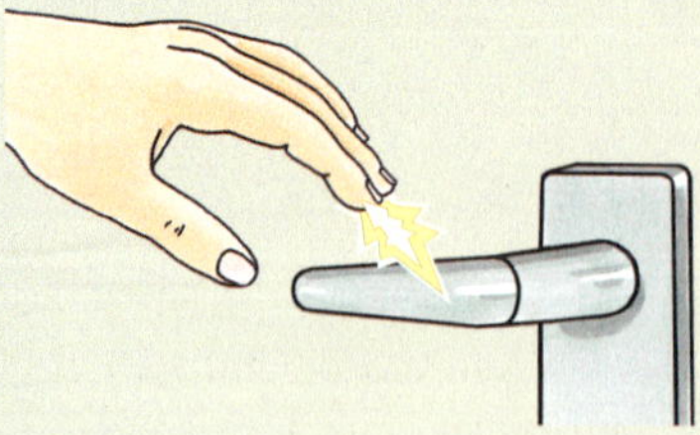

1. Bernstein und Elektrizität

An einem trockenen Wintertag hast du sicherlich schon folgendes Phänomen beobachten können: Du streifst dir einen Wollpullover über den Kopf und stellst bei einem Blick in den Spiegel fest, dass dir deine Haare zu Berge stehen. Wir stellen diese Situation in → V1 nach: Mit einem Stück Wollstoff reiben wir zwei Streifen Kunststofffolie. Sie stoßen sich wie die geriebenen Haare gegenseitig ab.

Ein weiteres Phänomen, das durch Reibung verursacht wird, hast du ebenfalls schon erlebt: An bestimmten Tagen bekommt man beim Berühren von Türklinken, Autotüren oder anderen leitenden Gegenständen einen leichten elektrischen Schlag. Im Dunkeln kann man sogar kleine Funken sehen.

Diese Effekte kamen den Menschen früher so geheimnisvoll vor, dass sie in einer Zaubershow vorgeführt wurden → B1: Die Dame in der Mitte wird durch Berühren einer drehenden Walze „elektrisiert". Von der Person rechts springt ein Funke zum Löffel über, den die elektrisierte Dame in der Hand hält, und entzündet so den Alkohol. Weil erste Experimente dieser Art gut mit geriebenen Bernsteinstäben funktionierten, gab man der unsichtbaren Ursache der Beobachtungen den Namen **Elektrizität** (gr. élektron: Bernstein).

2. Elektrisches Laden von Körpern

Um die Ursache der Abstoßung der Kunststoffstreifen in → V1 genauer zu untersuchen, führen wir → V2 durch. Anstelle eines Streifens wird ein Kunststoffstab mit einem Stück Wollstoff abgezogen. Den Stab streifen wir, zunächst nur wenige Zentimeter, auf dem metallischen Teller eines Elektroskops ab. Dabei kann man ein leises Knistern hören. Der Zeiger des Elektroskops schlägt aus und behält seinen Ausschlag auch bei, wenn wir den Stab wieder entfernen. Streifen wir den Stab noch etwas weiter ab, so nimmt der Zeigerausschlag noch zu. Anscheinend wird jeweils etwas Elektrizität von dem geriebenen Stab auf das Elektroskop übertragen. Nachdem sie sich über dessen metallischen Träger und Zeiger verteilt hat, stoßen sich die Zeiger gegenseitig ab, der drehbar gelagerte Zeiger spreizt sich zur Seite – ähnlich wie die Kunststoffstreifen in → V1. Das Elektroskop wurde also mit Elektrizität „beladen". Diese Vorstellung legt es nahe, statt von Elektrizität von elektrischer Ladung zu sprechen. Wir sagen auch, das Elektroskop wurde elektrisch geladen.

Der Begriff Elektrizität ist nicht neu für dich. Beim elektrischen Stromkreis hatten wir gesagt, dass in den metallischen Leitungen eines geschlossenen Stromkreises Elektrizität fließt. Auch in → V2 dienen die metallischen Teile des Elektroskops als Leiter. Dies ist ein erster Hinweis darauf, dass es sich in beiden Fällen um dieselbe Elektrizität handelt.

V1 Zwei Streifen aus Kunststoff (z. B. Müllbeutel) wurden mit einem Stück Wollstoff gerieben. Danach stoßen sie sich ab.

B1 Der Alkohol im Löffel wird durch einen elektrischen Funken entzündet.

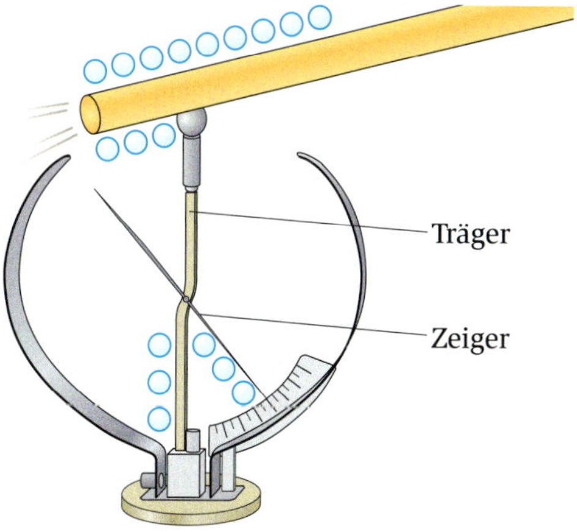

V2 Ein Teil der Ladung des Stabes wird abgestreift und verteilt sich auf Träger und Zeiger. Sie stoßen sich gegenseitig ab.

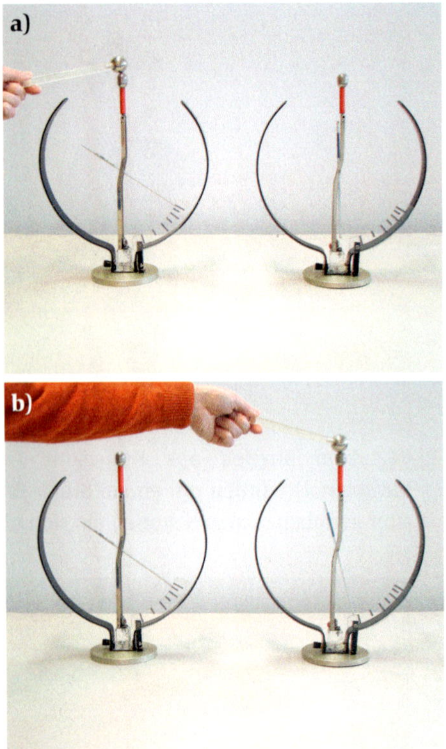

V1 Mit einer Metallkugel an einem isolierenden Stiel lässt sich Ladung portionsweise von einem Elektroskop auf das andere übertragen.

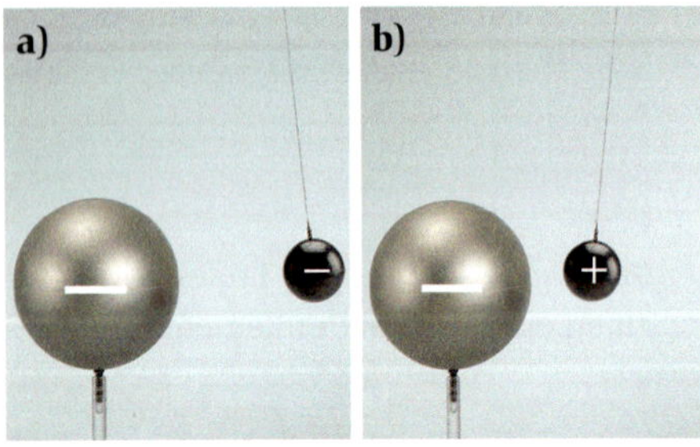

V2 Wir hängen ein leichtes, leitendes Kügelchen an einen dünnen Seidenfaden und befestigen eine große Metallkugel auf einem isolierenden Stiel.
a) Wir laden die große Kugel mit einem geriebenen Kunststoffstab negativ auf. Sobald die kleine Kugel die große berührt, stoßen sie sich ab. Dies geschieht auch, wenn wir die Kugeln mit einem Glasstab aufladen.
b) Wir laden die große Metallkugel erneut mit dem Kunststoffstab negativ, die kleine Kugel aber mit einem Glasstab positiv auf. Jetzt ziehen sich die Kugeln an. Die Kräfte werden mit größerem Abstand der Kugeln kleiner.

3. Jede Menge Ladung

In **→ V1** benutzen wir zwei baugleiche Elektroskope. Eines laden wir derart auf, dass sein Zeiger fast Vollausschlag zeigt. Wir berühren nun mit einer kleinen Metallkugel das geladene Elektroskop. Der Zeigerausschlag geht etwas zurück. Berühren wir mit dieser Metallkugel den Teller des ungeladenen Elektroskops, so schlägt dessen Zeiger etwas aus. Es wurde also Ladung übertragen.

Wir wiederholen den Vorgang mehrmals, bis beide Elektroskope den gleichen Ausschlag zeigen. Diesen Ausschlag können wir auch erhalten, wenn wir mit dem ungeladenen Elektroskop direkt den Teller des geladenen berühren. Die Ladung, die wir zuerst in kleinen Portionen übertragen haben, fließt nun als eine große Portion auf das zweite Elektroskop.

Merksatz
Mit einer isolierten Metallkugel lässt sich elektrische Ladung portionsweise übertragen. Man sagt, sie besitzt Mengencharakter.

4. Positive und negative Ladung

In **→ V2** laden wir zwei Metallkugeln nacheinander in unterschiedlicher Weise auf. **→ V2** zeigt zunächst: Werden die Kugeln mit demselben geriebenen Stab (Kunststoff oder Glas) aufgeladen, so stoßen sich die Kugeln ab.
Laden wir dagegen eine Kugel mittels Glasstab, die andere mittels Kunststoffstab, so ziehen sich die Kugeln an. Glasstab und Kunststoffstab tragen anscheinend unterschiedliche Arten von Ladung.

Wie könnte man die beiden in **→ V2** gefundenen Ladungsarten sinnvoll benennen? Wir laden in **→ V3** zwei gleiche Elektroskope bis zum gleichen Ausschlag des Zeigers, eines mit einem geriebenen Glasstab, das andere mit einem Kunststoffstab. Bringt man die Teller der Elektroskope in Kontakt, so verschwinden beide Ausschläge. Die Ladungen haben sich in ihrer Wirkung **neutralisiert.** Wir gehen dann von gleichen Mengen der unterschiedlichen Ladung aus. Das erinnert an die Addition von ganzen Zahlen:

$$5 + (-5) = 0$$

Dieser Vergleich mit der Addition ganzer Zahlen legt auch nahe, die beiden Ladungsarten als **positiv** und **negativ** zu bezeichnen. Weitere Ladungsarten sind nicht bekannt und ließen sich alleine anhand ihrer Kraftwirkung auch nicht entdecken.

Ladungen gleichen Vorzeichens heißen **gleichnamig.** Ein Elektroskop ohne Zeigerausschlag bezeichnen wir als **elektrisch neutral.**

Außerdem zeigt → V2: Je größer der Abstand der zwei geladenden Körper, desto kleiner sind die beobachteten Kräfte.

Merksatz

Es gibt positive und negative Ladung. Gleichnamig geladene Körper stoßen sich ab, ungleichnamig geladene ziehen sich an. Bringt man positive und negative Ladungen in gleichen Mengen zusammen, so üben sie nach außen hin keine Wirkung mehr aus. Wir sagen, sie neutralisieren sich.

Doch welche Ladung ist nun negativ, die des Glases oder die des Kunststoffstabes? Diese Frage lässt sich durch unsere Experimente nicht beantworten. Sie zeigen lediglich, ob zwei Körper unterschiedlich oder gleich geladen sind.
Die Festlegung kann also willkürlich erfolgen: Benjamin FRANKLIN (amerikanischer Physiker, 1706–1790) hat vorgeschlagen, die Ladung eines geriebenen Bernsteinstabes als negativ zu bezeichnen. Andere folgten diesem Vorschlag. Über den Vergleich mit einem geriebenen Bernsteinstab sind dadurch auch die Ladungsarten anderer Körper festgelegt.

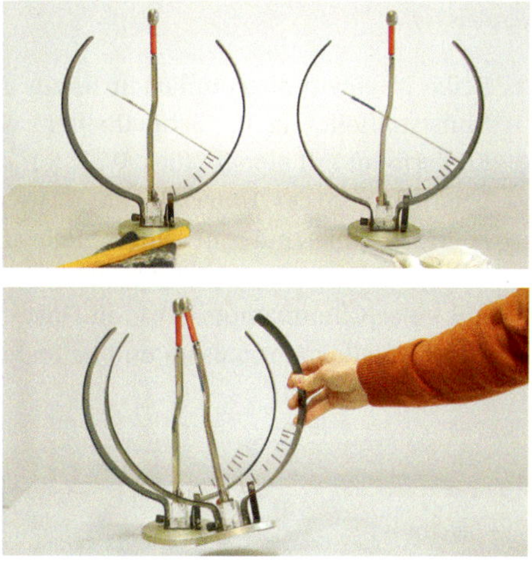

V3 Zwei Elektroskope tragen unterschiedliche Arten elektrischer Ladung.
Bringt man sie in Kontakt, so neutralisieren sich die Ladungen bei gleichen Ladungsmengen.

Projekt

Selbst gebautes Elektroskop

Du benötigst:

- ein Glas mit Kunststoffdeckel
- eine Reißzwecke und Alufolie
- Zwirn (kein Kunststofffaden!)
- verschiedene Gegenstände zum Reiben

Lege ein Stück Alufolie auf den Deckel und drücke die Reißzwecke durch die Mitte des Deckels. Forme locker zwei erbsengroße Kugeln aus Alufolie und knote sie an ein ca. 10 cm langes Stück Zwirn.

Biege die Spitze der Reißzwecke um, sodass im Deckel ein Haken entsteht, an dem du die Kugeln aufhängst. Forme aus dem quadratischen Stück Alufolie eine Spitze.

Arbeitsaufträge:

1 Reibe verschiedene Gegenstände (Kamm, Kugelschreiber, Glas, Porzellan usw.) mit Wolle oder anderen Stoffen und streife sie auf dem Elektroskop ab. Sind die Zwirnfäden zu trocken, befeuchte sie mit etwas Wasser. Eventuell ist auch eine Reinigung des Deckels mit Spiritus nötig.

2 Nähere dich mit einer Fingerspitze vom Rand des Deckels langsam der Spitze des geladenen Elektroskops. Halte deine Beobachtungen fest und formuliere eine mögliche Erklärung.

3 Plane ein Experiment, das den Mengencharakter der elektrischen Ladung zeigt, führe es durch und fertige ein Versuchsprotokoll an.

Anstoß

1. Reibe in einem abgedunkelten Raum eine Kunststofffolie (z. B. Schnellhefter oder Kopierfolie) mit einem Stück Wollstoff und hebe sie von der Unterlage ab. Taste die Folie anschließend mit einem Polprüfer, dessen oberen Kontakt du berührst, oder mit einer Glimmlampe → V1 ab. Taste die gleiche Stelle mehrmals ab und halte deine Beobachtung fest.

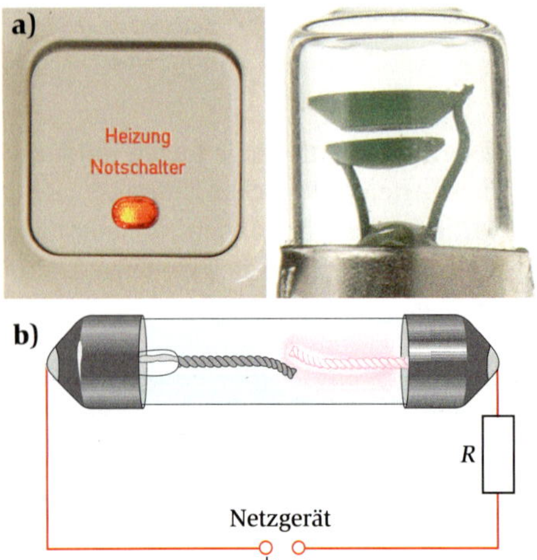

B1 **a)** In die Schalter von Heizungsanlagen (und Badezimmern) sind oft Glimmlampen eingebaut. Ihr Leuchten zeigt an, dass elektrische Ladung fließt.
b) Eine Stabglimmlampe besteht aus zwei Drähten (Elektroden), die in ein Glasrohr eingeschmolzen sind und sich nicht berühren. Das Röhrchen enthält Neongas. Im Stromkreis leuchtet das Gas um die Elektrode rötlich, die mit dem Minuspol verbunden ist.

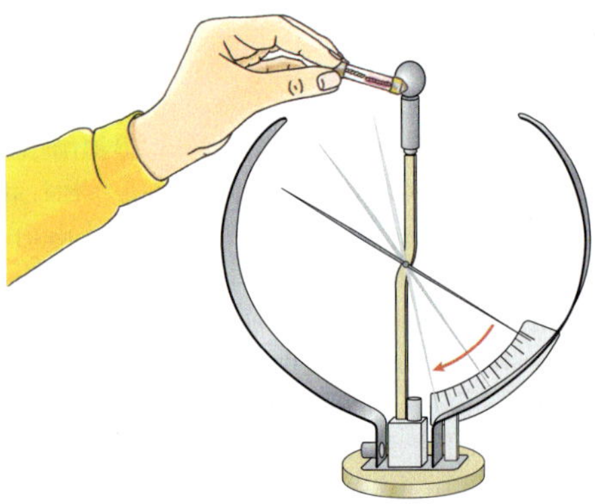

V1 Lichtblitz und Zeigerrückgang zeigen: Die Ladung des Elektroskops fließt über die Glimmlampe ab.

1. Im Stromkreis fließt elektrische Ladung

Ist die gefundene elektrische Ladung tatsächlich das, was wir als „Elektrizität" im geschlossenen elektrischen Stromkreis fanden? Das möchten wir noch stärker absichern. Dazu experimentieren wir jetzt mit einer speziellen Lampe, der Glimmlampe. Sie zeigt uns schon sehr schwache Ströme an.

Solche Glimmlampen werden oft als Funktionsanzeigen benutzt. Der Notschalter einer Heizungsanlage in → B1 besitzt eine eingebaute Glimmlampe, die dann leuchtet, wenn der Schalter geschlossen ist. Dabei kommt es nicht auf große Helligkeit an. Im Gegenteil, da die Lampe fast dauernd leuchtet, sollte sie sich mit einem schwachen Strom begnügen – gerade dadurch zeichnen sich Glimmlampen aus.

In → V1 laden wir ein Elektroskop durch Abstreifen eines geladenen Kunststoffstabes. Wir fassen dann eine Glimmlampe an einem Ende an und berühren mit dem anderen Ende das Elektroskop. Ein kurzes Aufblitzen der Lampe zeigt uns, dass die Ladung vom Elektroskop über die Glimmlampe und unseren Körper in die Erde abfließt → Vertiefung. Gleichzeitig geht der Zeigerausschlag zurück. Wir wissen schon länger, dass der menschliche Körper ein elektrischer Leiter ist. Der Versuch ist also schon ein weiterer Hinweis darauf, dass der Kunststoffstab die gleiche elektrische Ladung besitzt, die wir sonst im Stromkreis finden.

Wir gehen jetzt noch einen Schritt weiter und wollen elektrische Ladung auch an der Stromquelle abzapfen. In → V2 ist der Stromkreis nie geschlossen. Dennoch blitzt die Glimmlampe jeweils kurz auf, wenn die Metallkugel bei A und anschließend bei B an die Glimmlampe gehalten wird. Wir vermuten, dass zunächst eine Ladungsportion vom Minuspol der Stromquelle durch die Glimmlampe auf die Kugel geflossen ist. Später wurde sie bei B wieder über die Glimmlampe abgegeben, deshalb blitzte auch diese auf. Insgesamt wurde eine Ladung über die Lücke von A nach B transportiert.

Das probieren wir zuletzt noch ohne unser Zutun. Dazu stellen wir zwei Metallplatten zwischen die Glimmlampen und verbinden sie mit jeweils einer Lampe. Zwischen die Platten hängen wir einen Tischtennisball, der mit einer leitenden Grafitschicht überzogen ist → V3a. Schalten wir nun die Stromquelle ein und schubsen den Ball zu einer Platte, so wird er von dieser – nach Berührung – abgestoßen und bewegt sich danach zwischen den Platten hin und her.

Bei der ersten Berührung wird Ladung von der Platte auf die Kugel übertragen. Aufgrund der gleichartigen Ladung wird die Kugel von der Platte abgestoßen (und von der gegenüberliegenden Platte angezogen). Bei Berührung der zweiten Platte wird erneut eine Ladungsportion übertragen usw.

Verringern wir den Abstand der beiden Platten, so folgen Berührung und Blitze schneller aufeinander. Wenn schließlich beide Platten den Ball sogar einklemmen, leuchten die Lampen ununterbrochen hell auf → V3b. Der Stromkreis ist geschlossen. Durch ihn strömt ununterbrochen Ladung, wir sprechen von **elektrischem Strom.**

Die Ladung ist also die schon bekannte Elektrizität. Während die Metallkugel ruhende Ladung trägt, benutzen wir die Bezeichnung Strom nur für strömende Ladung.

Merksatz

Was wir früher Elektrizität genannt haben, bezeichnet man als elektrische Ladung. Fließende elektrische Ladung wird als elektrischer Strom bezeichnet.

Vertiefung

A. Elektrische Ladung entsteht nicht

Bringt man einen Kunststoffstab in engen Kontakt mit Wolle, so ist er nach der Trennung negativ geladen. Hat der Kontakt auch Auswirkungen auf die Wolle? Zur Beantwortung dieser Frage befestigen wir ein Stück Wollstoff an einem Isolierstab und streichen damit über einen Kunststoffstab. Anschließend streifen wir den Wolllappen an einem Elektroskop ab. Dessen Zeiger schlägt aus. Streifen wir zusätzlich die Ladung des Kunststoffstabes ab, so geht der Zeigerausschlag wieder vollständig zurück, der Wolllappen trug also positive Ladung.

Positive und negative Ladung waren bereits vor dem Kontakt vorhanden, sie wurden nur vorübergehend getrennt. Bringt man sie wieder zusammen, vermischen sie sich und der neutrale Ausgangszustand wird wieder hergestellt – bis zur erneuten Trennung.

B. Die Erde als Ladungsreservoir

In → V1 war das Stück Wolle nicht an einem Isolierstab befestigt, sondern stand in Kontakt mit der Hand. Streifen wir die Wolle nach → V1 auf einem Elektroskop ab, so schlägt der Zeiger nicht aus. Anders als im Versuch mit Isolierstiel bleibt die Wolle also neutral. Es muss schon während des Versuchs negative Ladung darauf gelangt sein. Sie stammt aus der Erde und konnte über unseren Körper auf die Wolle gelangen.

In → V1 wird also beim Reiben von Wolle und Stab zunächst Ladung getrennt. Die positive Ladung der Wolle wird durch negative Ladung aus der Erde neutralisiert. Die negative Ladung des Stabes geht auf das Elektroskop über und fließt anschließend durch eine Glimmlampe und unseren Körper zur Erde ab. Danach sind die Erde und alle beteiligten Gegenstände wieder elektrisch neutral.

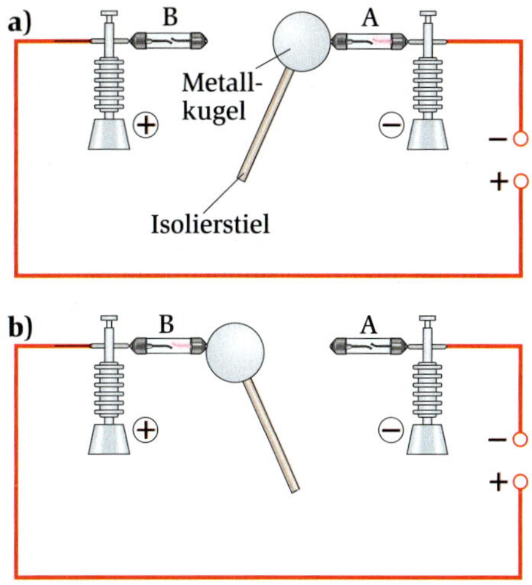

V2 Der Stromkreis zwischen den Glimmlampen ist unterbrochen.
a) Berühren wir die Glimmlampe A mit einer Metallkugel, so blitzt die Lampe kurz auf.
b) Bringen wir die Metallkugel zur Glimmlampe B, so blitzt diese ebenfalls kurz auf. Es wurde Ladung von A nach B transportiert.

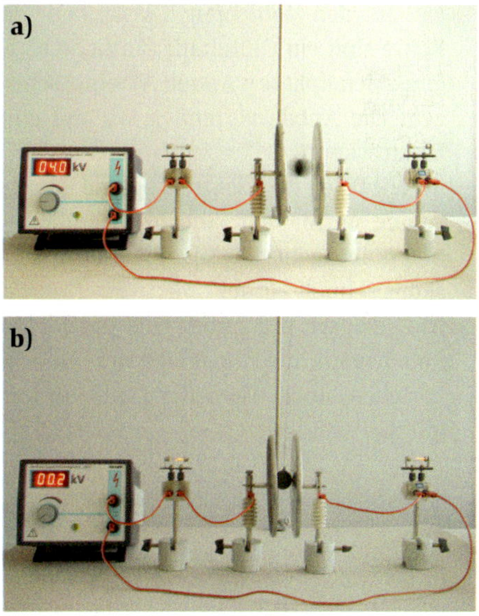

V3 **a)** Je nachdem, welche Platte die Kugel berührt, wird sie positiv oder negativ geladen und von der entsprechenden Platte abgestoßen. Das Aufblitzen der Glimmlampe zeigt an, dass – ohne unser Zutun – Ladung transportiert wird.
b) Der Stromkreis ist geschlossen. Es fließt kontinuierlich elektrische Ladung.

Anstoß

1. Den Begriff „Elektron“ hast du sicher schon gehört, doch worum handelt es sich dabei, welche Eigenschaften hat ein Elektron? Recherchiere im Internet über Elektronen und stelle die Informationen übersichtlich dar, die du im Zusammenhang mit Elektrizität für wichtig erachtest. Dazu bietet sich eine Mindmap an.

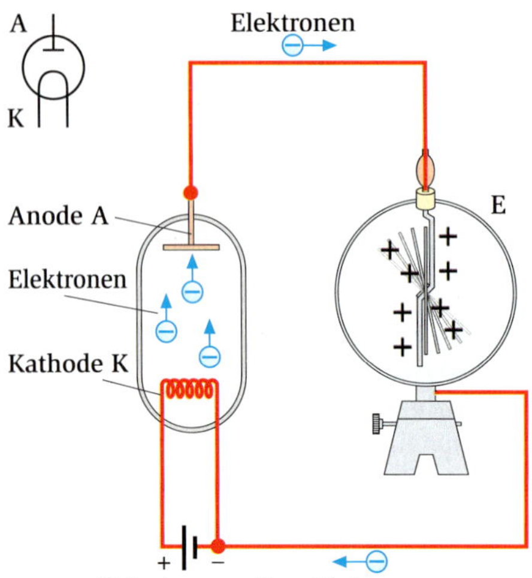

V1 In den luftleeren Glaskolben einer Röhre sind ein Glühdraht (Kathode K) und eine Metallplatte (Anode A) eingeschmolzen. Die Anode verbinden wir mit einem Elektroskop E.

a) Wir laden das Elektroskop und damit die Anode positiv auf. Sobald der Glühdraht hell glüht, geht der Ausschlag des Elektroskops schnell zurück.

b) Laden wir die Anode und das Elektroskop negativ auf, so bleibt der Ausschlag bestehen, auch wenn der Draht weiterhin glüht.

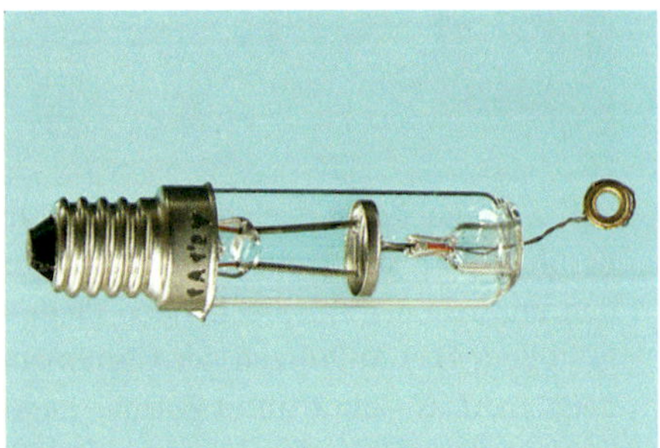

V2 Der Glühdraht in dieser Röhre kann vorübergehend überhitzt werden.

1. Elektronen tragen negative Ladung

Ladung verteilt sich auf dem Metall von Elektroskopen. Metallkugeln werden durch Berühren elektrisch neutral. Die Leitungen von Stromkreisen bestehen aus Metall. Soll elektrische Ladung fließen, so sind Metalle erste Wahl.
Auf nicht leitenden Materialien dagegen scheinen die Ladungen zu ruhen: Glas- und Kunststoffstäbe müssen abgestreift werden, Plastikfolien entladen sich nur an den berührten Stellen. Wie lässt sich erklären, dass sich Ladung in Metallen leicht bewegen kann, auf anderen Materialien dagegen „wie angewurzelt“ erscheint?

Um uns ein genaueres Bild von Ladung zu machen, beginnen wir mit Metallen: In → V1 benutzen wir eine spezielle Glühlampe. In ihrem Glaskolben herrscht Vakuum, der Stromkreis zwischen Glühdraht (Kathode genannt) und Metallplatte (Anode) ist unterbrochen. Doch sobald der Glühdraht hell glüht, geht der Ausschlag eines positiv geladenen Elektroskops zurück. Da es nicht berührt wurde, ist seine Ladung nicht abgeflossen. Also müssen negative Ladungsträger aus dem glühenden Draht ausgetreten sein, die die positive Ladung auf dem Elektroskop neutralisieren. Diese negativen Ladungsträger werden **Elektronen** genannt. Treten sie aus glühenden Metallen aus, so spricht man vom **glühelektrischen Effekt.**

2. Positive Ladung ist an Materie gebunden

Können auch positive Ladungsträger den Glühdraht verlassen? In → V1b lädt man die Anode und das Elektroskop negativ auf. Auch wenn der Draht hell glüht, bleibt der Ausschlag bestehen. Aus dem glühenden Draht kommen also keine positiven Ladungsträger. Solche werden erst frei, wenn man den Glühdraht stark überhitzt → V2. Dann geht der Ausschlag des negativ geladenen Elektroskops langsam zurück und es bildet sich im Innern des Glaskolbens ein Wolframniederschlag. Der Draht verdampft langsam. Die beim Glühen abgedampfte positive Ladung ist also an Materie gebunden; in Metallen wandern nicht die positiven Ladungsträger, dort findet man keinen Materietransport.

Merksatz

Aus glühendem Metall treten Elektronen aus (glühelektrischer Effekt). Sie sind negativ geladen und sitzen in Metallen verhältnismäßig locker. Die positive Ladung dagegen ist in Metallen fest an Materie gebunden.

3. Elektronen im Kreislauf

Legt → V1 nicht nahe, dass die Elektronen sich als bewegliche Ladungsträger im Metall befinden und von der Kathode nur abgedampft werden?

Dies untermauert auch → V3a. Die Elektronen wandern vom Minuspol der Quelle durch Leiter und Glimmlampe G_1 zur Kathode, überbrücken die Vakuumlücke zur Anode und laufen über die Glimmlampe G_2 zurück zum Pluspol der Quelle. Von dort aus pumpt die Stromquelle S die Elektronen durch die Quelle zum Minuspol, wo sie den Kreislauf erneut beginnen können.

Polen wir die Stromquelle um → V3b, so bleiben beide Lampen dunkel. Aus der Kathode austretende Elektronen werden zwischen nun negativ geladener Anode und positiver Kathode „zurückgezerrt". Aus der kalten Anode selbst können keine Elektronen austreten. Der Kreis bleibt unterbrochen.

4. Stromrichtung

In den metallischen Leitern des Stromkreises fließen Elektronen vom Minuspol zum Pluspol der Quelle. Diese Richtung des Elektronenstroms nennen wir künftig **Stromrichtung.** Sie weist im Stromkreis vom Minuspol zum Pluspol und im Innern der Stromquelle selbst vom Pluspol zum Minuspol. Früher hatte man willkürlich vereinbart, „der Strom fließe im äußeren Stromkreis von Plus nach Minus", also den Elektronen entgegen. Diese Richtung heißt heute technische (konventionelle) Stromrichtung.

Merksatz

Stromquellen sind Elektronenpumpen.

Kompetenz – Experimente durchführen und auswerten

Wie so oft in der Physik bleibt auch bei der Elektrizität die Ursache des Beobachteten für unsere Augen im Verborgenen. Weder an den geriebenen Kunststoff- oder Glasstäben noch an den metallischen Leitungen lässt sich elektrische Ladung direkt erkennen. Lediglich die *Wirkungen* der Ladung können wir beobachten: Elektrisierte Haare stoßen sich ab, Elektroskope schlagen aus, Funken sprühen.

Um unsere Beobachtungen erklären zu können, haben wir durch *Experimente* elektrische Ladung und ihre Eigenschaften entdeckt: Kraftwirkung, Mengencharakter, Vorzeichencharakter. Weitere Experimente mussten folgen, um eine Vorstellung zu entwickeln, wie sich elektrische Ladungsträger in den Isolatoren und Leitern verhalten.

Aber nicht jede Frage konnten wir mit einem Experiment beantworten. Welche Ladung als negativ anzusehen ist, mussten wir festlegen (definieren): Die Ladung von mit Wolle geriebenem Bernstein wird als negativ bezeichnet. Erst danach kann die Ladungsart anderer Körper durch vergleichende Experimente bestimmt werden.

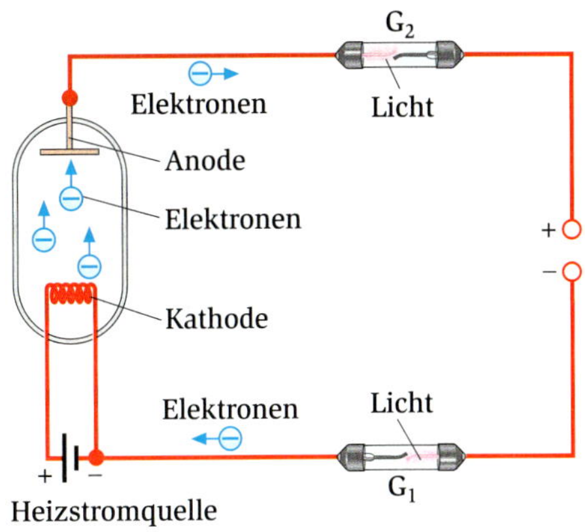

V3 **a)** Die Glimmlampe G_1 liegt zwischen dem Minuspol der Quelle und der Kathode. Der Stromkreis ist also zwischen Kathode und Anode unterbrochen. Bringen wir aber die Kathode zum Glühen, leuchten beide Glimmlampen G_1 und G_2 gleich hell. Wie G_1 zeigt, kommen Elektronen vom Minuspol der Quelle. Sie dampfen von der Kathode ab und überbrücken die Vakuumlücke zwischen Kathode und Anode. Glimmlampe G_2 zeigt, dass die Elektronen zum Pluspol der Quelle zurückkehren.
b) Wir polen die Quelle um. Ihr Minuspol ist nun mit der Anode verbunden und lädt diese negativ auf. Auch jetzt dampfen von der glühenden Kathode Elektronen ab. Sie werden jedoch im Raum zwischen negativ geladener Anode und positiver Kathode zurückgestoßen. Die Glimmlampen leuchten nicht. Der Stromkreis bleibt unterbrochen.

Mach's selbst

A1 Könnte man in → V3a die Quelle auch zwischen Anode und Glimmlampe G_2 legen? Begründe deine Aussage.

A2 Man berührt mit einer Metallkugel
a) den Minuspol und
b) den Pluspol einer Stromquelle. Erläutere, wie die Kugel elektrisch geladen wird.

A3 In einem Stromkreis liegen zwei Glühlampen
a) in Reihe,
b) parallel an einer Stromquelle.
Beschreibe den Weg der Elektronen und ihre Anzahl beim Durchfließen der Kreise.

A4 Defekte Glühlampen zeigen an der Innenfläche des Glaskolbens oft einen silbrig-grauen Niederschlag. Erkläre dies deiner Klasse.

Spannung durch Ladungstrennung

Anstoß

1. Es gibt viele verschiedene Arten von Stromquellen. Zähle einige auf und erläutere ihre Gemeinsamkeiten. Gib auch Unterschiede an.

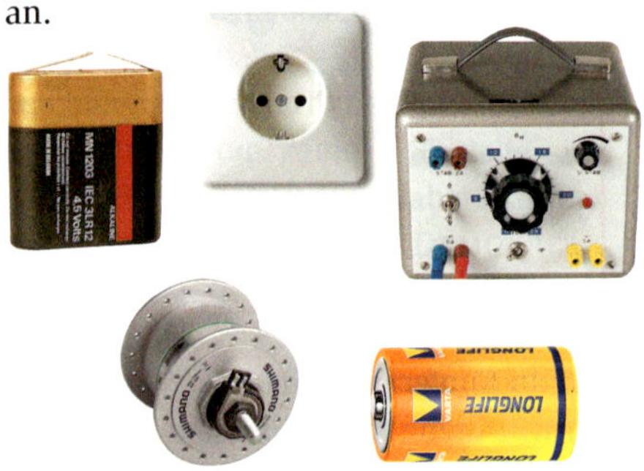

2. „Die Batterie ist leer", heißt es schnell, wenn die Fernbedienung nicht mehr funktioniert. Werden Batterien wirklich leer? Stelle den Sachverhalt richtig dar.

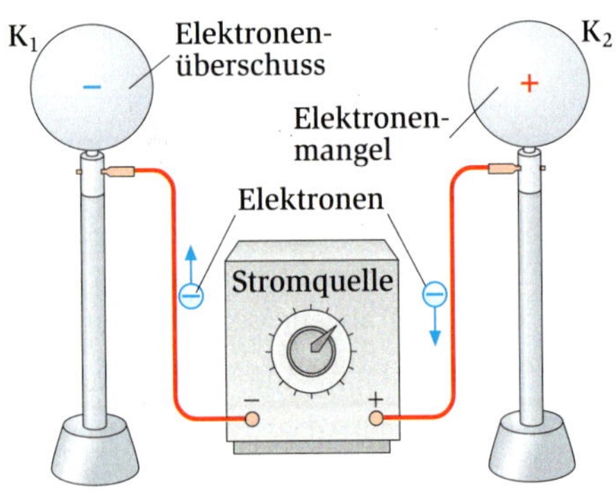

B1 Die Stromquelle pumpt Elektronen gegen elektrische Kräfte von der Kugel K_2 auf die Kugel K_1. Das erfordert Energie.

1. Ladungstrennung in Stromquellen

In Metallen sind die negativen Ladungsträger, die Elektronen, beweglich und die positiven Ladungsträger ortsfest an die Materie gebunden. Schließen wir zwei neutrale, isoliert aufgestellte Metallkugeln K_1 und K_2 an eine Stromquelle an, so pumpt die Quelle Elektronen von der Kugel K_2 auf die Kugel K_1 **→ B1**. Kugel K_1 erhält einen Elektronenüberschuss und wird somit negativ geladen. Auf der Kugel K_2 entsteht Elektronenmangel, die ortsfeste positive Ladung überwiegt.

Durch die Ladungstrennung entstehen im Draht rücktreibende Kräfte auf die Elektronen. Schließlich kommt es zum Gleichgewicht zwischen treibender Kraft der Quelle und rücktreibender Kraft, sodass keine weiteren Elektronen mehr nachgeschoben werden können.
Auch ohne Kugeln entsteht an jeder Stromquelle Ladungstrennung schon zwischen den Anschlusspolen. So wird der eine Pol zum Minuspol, der andere zum Pluspol. Zwischen den Polen der Quelle – wie auch zwischen den Kugeln – herrscht eine **elektrische Spannung.**

Verbindet man die beiden Kugeln in **→ B1** über eine Lampe, so fließen Elektronen von Kugel K_1 zur Kugel K_2 zurück und in der Lampe wird dabei Energie gewandelt. Um währenddessen die Spannung zwischen den Kugeln zu erhalten, muss die Stromquelle dauernd Elektronen pumpen – unter erneutem Energieaufwand.

Merksatz

Wenn entgegengesetzte Ladungen unter Aufwand von Energie getrennt werden, besteht elektrische Spannung.
Bei geschlossenem Stromkreis sorgt die elektrische Spannung für den Antrieb der Elektronen. Dabei wird Energie gewandelt und wieder abgegeben.

Vertiefung

Spannung durch Ladungstrennung ...

... kann man die sichtbar machen? Wir laden mit einer Stromquelle zwei Metallplatten auf und trennen sie vom Netzgerät. Dann verbinden wir sie über eine Glimmlampe. Das kurze Aufblitzen lässt sich kaum beobachten. Wir wiederholen den Versuch, ziehen jetzt aber die Platten vor dem Entladen auseinander. Diesmal blitzt die Glimmlampe beim Verbinden heller auf. Die Ladung der isolierten Platten kann sich nicht geändert haben, d.h. in beiden Fällen ist die gleiche Ladungsmenge durch die Glimmlampe geflossen. Doch im zweiten Fall wurde mehr Energie bei der Trennung aufgewendet und so die Spannung vergrößert.

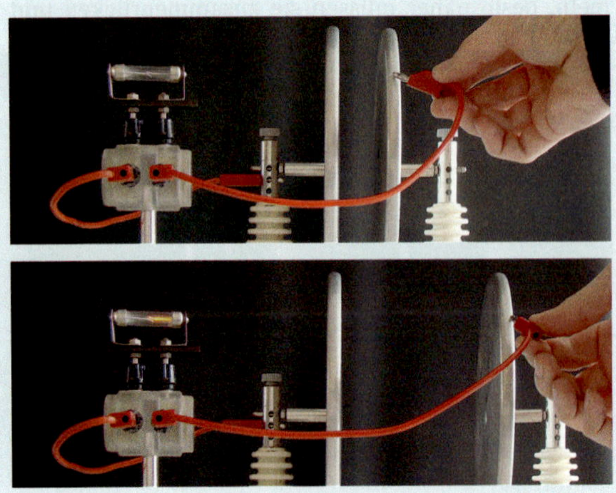

Kompetenz – Mit Modellen veranschaulichen

Die in → B1 dargestellte Situation können wir mit einem Wassermodell nachstellen. Bei dem in → Bild rechts dargestellten Experiment sind die zwei Glaszylinder unten durch ein Rohr verbunden, welches durch einen Hahn gesperrt ist, sodass noch kein Wasser fließen kann. Der Höhenunterschied der beiden Wassersäulen symbolisiert die Spannung im elektrischen Fall. Er sorgt dafür, dass Wasser aus dem rechten Zylinder in den linken fließen könnte, so wie Elektronen in → B1 von der linken auf die rechte Kugel fließen könnten, wenn eine leitende Verbindung bestünde.

Öffnet man den Hahn, so fließt Wasser vom rechten Gefäß in das linke und treibt dabei das Flügelrad an. Je größer der Höhenunterschied ist, desto stärker wird das Flügelrad angetrieben (dies kannst du nachweisen, wenn du alle zwei Sekunden den Hahn kurz sperrst und den Wasserspiegel markierst).
Möchte man den Höhenunterschied konstant halten, muss während des Fließens Wasser vom linken in das rechte Gefäß gehoben werden – mit Schöpflöffel oder Pumpe.

Das erfordert Energie, die im Bild von Tina aufgewendet wird. Sobald Tina erschöpft ist, gleicht sich der Höhenunterschied aus und der Wasserstrom kommt zum Erliegen.

*Im **Wassermodell** können wir beobachten:*

a) Wenn der Hahn geschlossen ist, kann Wasser nicht fließen – trotz des Höhenunterschieds der beiden Wasserspiegel.

b) Zu Beginn ist der Höhenunterschied der Wasserspiegel groß. Das Rädchen rotiert schnell.

c) Je geringer der Höhenunterschied wird, desto langsamer dreht sich das Rädchen.

d) Stehen die Wasserspiegel gleich hoch, fließt kein Wasser.

e) Wenn wir einen gleichmäßigen Wasserfluss haben wollen, müssen wir das durchgeströmte Wasser wieder hochheben. Mit einem Schöpflöffel sorgen wir für einen gleich bleibenden Höhenunterschied. Dazu müssen wir Energie aufbringen.

*Wir übertragen dies ins **Elektrische:***

a) Wenn der Stromkreis durch einen Schalter unterbrochen wird, fließen keine Elektronen – trotz bestehender Spannung.

b) Bei großer Spannung leuchtet die Lampe heller, der Elektronenstrom ist stärker.

c) Bei kleiner Spannung ist die Stromstärke bei der gleichen Lampe kleiner.

d) Ist die Spannung „null“, fließen keine Elektronen.

e) Die Stromquelle pumpt die Elektronen in ihrem Innern vom Pluspol zum Minuspol und sorgt für gleichbleibende Spannung. Dabei muss der Stromquelle laufend Energie zugeführt werden. Bei Batterien stammt die Energie aus einem Energiereservoir in ihrem Innern. Ist es erschöpft, sagen wir, sie sei „leer“.

Mach's selbst

A1 **a)** Erläutere, welche Auswirkungen sich in unserem Wassermodell ergeben, wenn wir Leitungen mit größerem Querschnitt verwenden.

b) Auch im elektrischen Fall gibt es verschieden dicke Leitungen. Beschreibe die Auswirkungen, die sich ergeben, wenn man eine Glühlampe durch eine mit einer dickeren (aber gleich langen) Glühwendel ersetzt.

c) Begründe, dass eine Batterie im Falle der dickeren Glühwendel schneller erschöpft ist. Warum erschöpfen Netzgeräte nicht?

A2 In elektrischen Geräten werden verschieden große Zellen eingesetzt: Mono- und Babyzellen, Mignon- und Microzellen. Alle tragen die Aufschrift 1,5 V, sie sind also alle gleich starke Elektronenpumpen. Wodurch unterscheiden sich die Zelltypen?

Anstoß

1. Setze dich auf einen Stuhl mit Kunststoffbezug, stehe auf und berühre eine Türklinke oder einen Wasserhahn. Beschreibe deine Beobachtung und suche Erklärungen hierfür.
Anmerkung: Am besten funktioniert der Versuch im Winter, wenn die Raumluft durch die Heizung richtig trocken ist. Du musst dich auch nicht unbedingt am Stoff reiben, um dich aufzuladen.

V1 Eine Kunststofffolie wird von ihrer Unterlage abgehoben und mit einer Glimmlampe abgetastet. Die (negative) elektrische Ladung fließt über die Glimmlampe, die Hand und den Körper zur Erde ab. Dabei bringt sie die Glimmlampe zum Leuchten.

B1 Bei speziellen Teppichböden verhindern dünne Metallfasern die Aufladung.

2. Elektrostatische Aufladung ist Ladungstrennung

Nachdem die Kunststofffolie in → V1 in engem Kontakt mit ihrer Unterlage war, heben wir sie ab und streifen mit einer Glimmlampe über sie. Dabei blitzt die Lampe immer wieder auf, gerade so, als wäre die abgehobene Folie der Minuspol einer Stromquelle. Offensichtlich hat die Folie beim engen Kontakt mit ihrer Unterlage Elektronen von der Unterlage übernommen.

Auch bei anderen Isolatoren reicht der enge Kontakt mit der Unterlage und das Wiederabziehen schon aus, damit Ladungen getrennt werden. Das Reiben in unseren früheren Versuchen diente lediglich dazu, einen besonders engen Kontakt zwischen zwei Materialien herzustellen.

Verschiedene Stoffe müssen sich berühren, damit diese sogenannte **elektrostatische Aufladung** auftritt. Nur dann gelangen Elektronen von der Oberfläche des einen Stoffs auf die des anderen. Es ist naheliegend, dass verschiedene Stoffe unterschiedlich große Kräfte auf Elektronen ausüben. Ein Stoff, der auf Elektronen stärkere Kräfte ausübt, verschafft sich bei engem Kontakt mit einem anderen einen Elektronenüberschuss, der andere verliert Elektronen. Bei ihm macht sich dann die positive Kernladung auch nach außen hin bemerkbar. Diesen Sachverhalt nennt man **Kontaktelektrizität.**

Merksatz

Elektrostatische Aufladung: Bringt man zwei Körper in engen Kontakt, so können Elektronen von einem Körper auf den anderen übergehen.

3. Elektrostatik im Alltag

Die elektrostatische Aufladung findet man bei guten Isolatoren, da dort die übergetretene Ladung nur langsam abfließt. Streifst du einen Pullover über den Kopf, so reicht der Kontakt mit deinen Haaren aus, um sie (und den Pullover) statisch aufzuladen. Die Haare zeigen ihre Ladung an, indem sie sich aufgrund der Abstoßung gleichnamiger Ladungen aufstellen. In dunkler Umgebung kann man während des Überstreifens des Pullis sogar Funken sehen, er entlädt sich stellenweise.

Die elektrostatische Aufladung lässt sich im Winter, wenn die Luft durch die Heizung richtig trocken ist, besonders gut beobachten. Durch hohe Luftfeuchtigkeit dagegen wird die Aufladung vermieden, da sich die Leitfähigkeit der „feuchten" Haare soweit erhöht, dass sich auf ihnen keine Ladung halten kann. Sind deine Schuhsohlen aus einem entsprechenden Material, so können beim Kontakt mit Teppichboden ebenfalls Ladungen getrennt werden. Will man diese Aufladung vermeiden, so macht man die Teppichböden durch Zusätze etwas leitend → B1. Man sagt dann, der Teppich sei **antistatisch.**

Interessantes

Ladung am laufenden Band

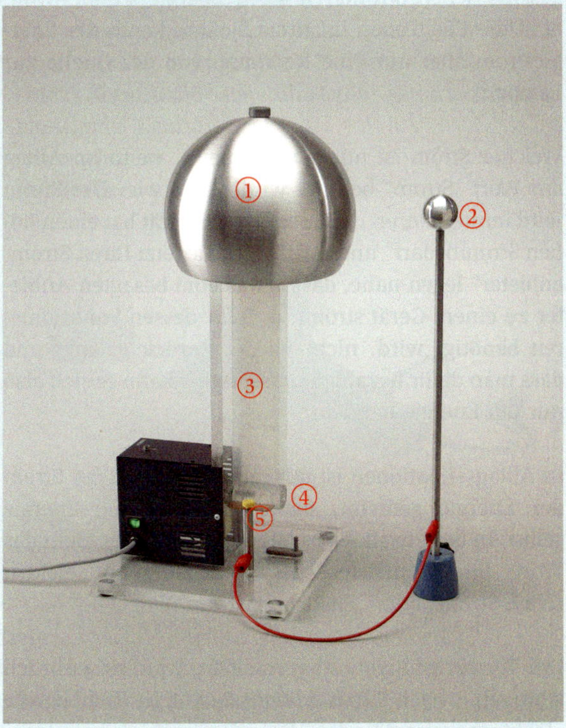

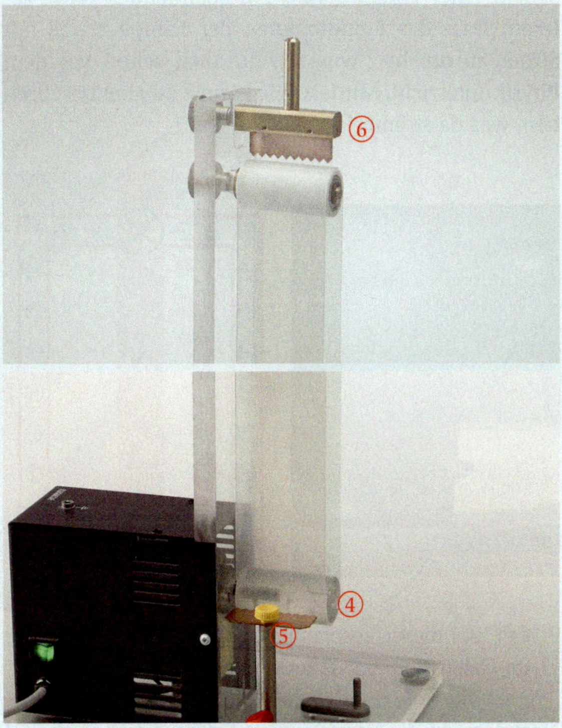

Der **Bandgenerator** ist eine wirkungsvolle Ladungspumpe. Im Bild steht seiner großen Metallschale ① eine Metallkugel ② gegenüber, die leitend mit seinem Fuß verbunden ist. Läuft das Gummiband ③ um, bilden Schale und Kugel die Pole einer Stromquelle.

Bei dem engen Kontakt des Gummibandes mit der unteren Walze ④ gehen Elektronen von der Walze auf die Innenseite des Bandes über und werden von ihm mitgeführt. Die Walze lädt sich dadurch positiv auf und wirkt anziehend auf die beweglichen Elektronen des unteren Metallkamms ⑤. Sie sprühen aus dem Kamm auf die Außenseite des Gummibandes und werden zum oberen Metallkamm ⑥ transportiert. Dieser ist leitend mit der Metallschale ① verbunden, sodass die Elektronen über ihn auf die Oberfläche der Schale wandern und sich dort verteilen. Dieses Abstreifen der Elektronen wird durch die negative Ladung auf der Innenseite des Bandes noch unterstützt.

Durch Drehen der Rollen werden also Elektronen von der mit dem Metallkamm verbundenen Kugel auf die Metallschale des Bandgenerators gepumpt. Da die Schale nach kurzer Zeit stark negativ geladen ist, muss die abstoßende Kraft zwischen gleichartigen Ladungen (Elektronen) überwunden werden. Es muss also Energie aufgewendet werden. Wenn du selbst kurbelst, dann liefern deine Muskeln die zur Ladungstrennung benötigte Energie. Übernimmt ein Motor das Drehen für dich, dann stammt die Energie aus dem Stromnetz.

Mach's selbst

A1 Bei der Übergabe empfindlicher, elektronischer Bauteile sollen sich beide Personen kurz anfassen bevor sie gleichzeitig das Bauteil berühren. Erläutere den Grund und den Nutzen dieser Sicherheitsmaßnahme.

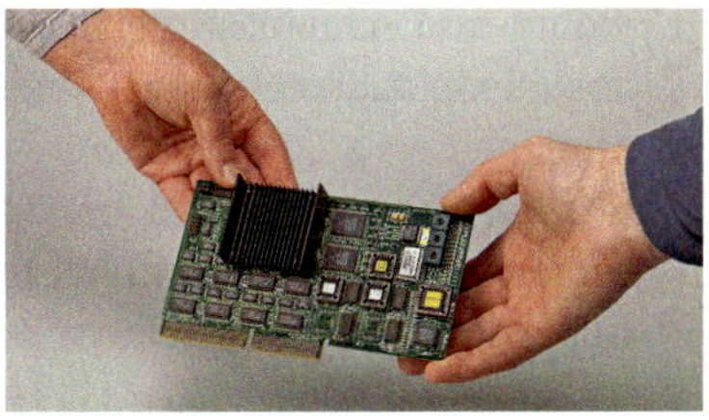

Mit Sensoren elektrisch messen

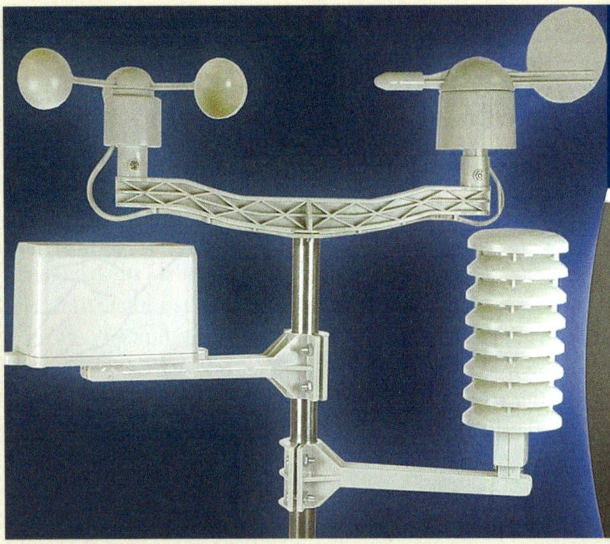

Wetterstationen zeigen zahlreiche Messwerte an. Um diese zu ermitteln, benötigen sie Messfühler, auch Sensoren genannt. Solche Sensoren finden sich in einer Vielzahl von Geräten in unserem Alltag. Einige davon wollen wir genauer untersuchen.

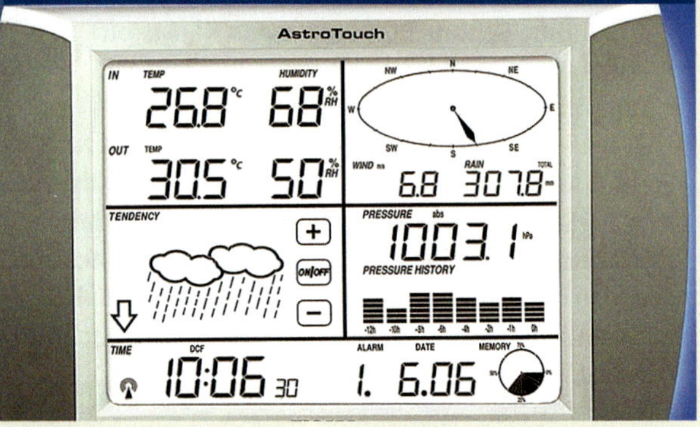

A1 **a)** Die Wetterstation (oben) zeigt eine Fülle von Messwerten an. Zähle die Größen auf, die mit der Station gemessen werden können.
b) Zum Messen benötigt die Station Messfühler (Sensoren). Einige sind abgebildet. Ordne sie der physikalischen Größe zu, die mit ihrer Hilfe gemessen wird.

A2 Wasser kann den elektrischen Strom leiten. Fertige eine Mindmap zum Thema „Wasser und der elektrische Strom" an, in der du übersichtlich darstellst, was du bereits alles zu diesem Thema weißt.

A3 Überprüfe, ob euer Wasserzähler genau misst. Notiere dir dazu die Stellung aller Anzeigen und entnimm der Leitung dann genau einen Liter Wasser. Kontrolliere die neue Anzeige. Finde heraus, an welchen Stellen des Leitungssystems im Laufe der Wasserentnahme genau ein Liter vorbeigeflossen ist.

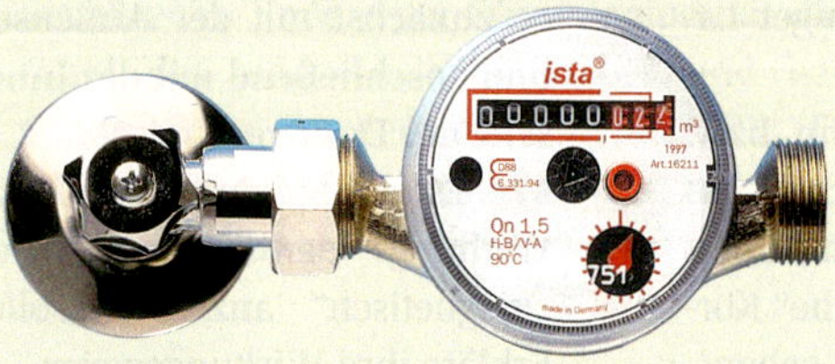

A4 Überlege dir ein Verfahren, mit dem sich die Stärke des Menschenstroms auf der Brücke bestimmen lässt und beschreibe es. Vergleiche mit der Stromstärke vor oder hinter der Brücke.

A5 Die Helligkeit von Glühlampen hängt von der Stromstärke ab. Sind Glühlampen damit geeignete Messgeräte für die Stromstärke? Begründe deine Meinung. Wie verhält es sich mit Elektromotoren?

A6 Nenne Alltagsgeräte, die elektrisch messen. Recherchiere, welche physikalischen Größen jeweils mit ihnen bestimmt werden.

A7 In einem Pkw werden viele Größen elektrisch gemessen. Zähle einige auf. Überlege und schaue nach, wo sich die Messfühler befinden. Wozu werden die Messwerte benötigt? Wie stellt das elektrische Steuergerät des Scheibenwischers fest, ob es regnet?

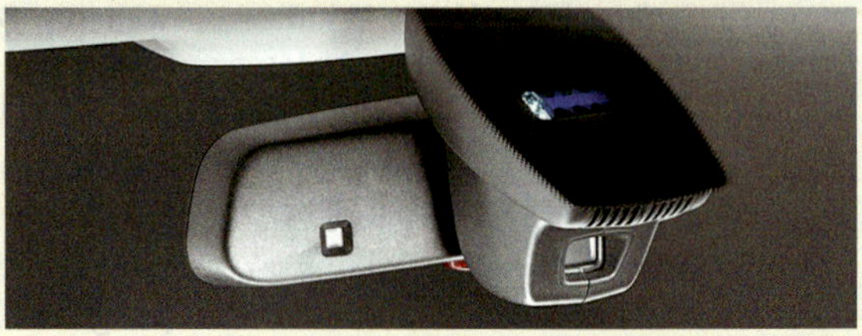

Ein Maß für die elektrische Ladung

B1 Ein „Wasserzähler“ zeigt an, wie viel Wasser seit seinem Einbau durch ihn hindurch geflossen ist. Die Wassermenge kann in l (1 l = 1 dm^3) oder m^3 abgelesen werden.

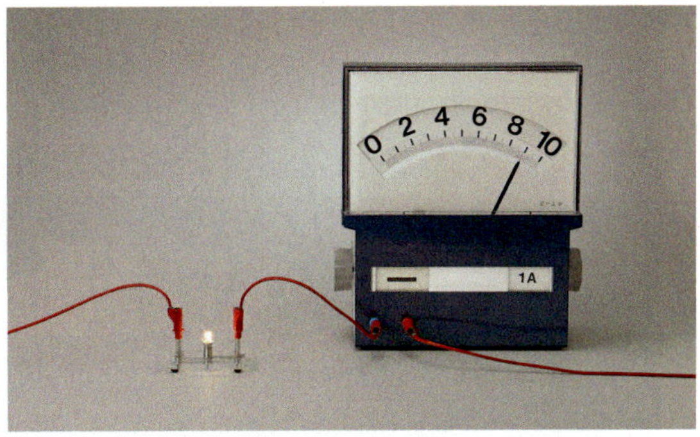

B2 Durch die Leitungen und die Glühwendel strömen Elektronen. Sie transportieren in gleicher Zeit durch jeden Querschnitt dieselbe Ladungsmenge. Elektrische Ladung wird in Coulomb gemessen.

1. Was zeigt der Wasserzähler an?

Wird ein Wasserhahn geöffnet, so dreht das durchströmende Wasser im Wasserzähler → B1 ein Flügelrad. Mit ihm verbunden, drehen sich in der Anzeige Scheiben. Sie zeigen die am Flügelrad vorbei geflossene Wassermenge Liter für Liter an. Sind die Leitungen dicht und frei von Luft, so misst der Wasserzähler exakt die Menge des entnommenen Wassers. Füllt man einen Wassereimer, so fließen 10 l sowohl durch die Öffnung des Hahnes als auch das Anschlussstück des Wasserzählers und jeden anderen Querschnitt der Leitung.

Im elektrischen Stromkreis → B2 füllen Elektronen als bewegliche Ladungsträger die Kupferleitungen wie ein Elektronengas. Wenn die Elektronen fließen, bringen sie die Glühwendel der Lampe zum Leuchten. Die gleiche Ladungsmenge, die sie durch die Anschlussbuchse der Lampe transportieren, strömt in derselben Zeitspanne durch jeden anderen Leiterquerschnitt.

2. Elektrische Ladung und ihre Einheit

Ein Liter Wasser besteht aus unzähligen Teilchen. Niemand käme auf die Idee, die durchfließenden Wasserteilchen zu zählen. Deren Volumen ist so klein, dass es keine Bedeutung für unseren Alltag hat. Deshalb misst man die Wassermenge üblicherweise in Litern (l) oder Kubikmetern (m^3).
Bei der Messung der elektrischen Ladung betrachtet man auch nicht die Ladung eines einzelnen Elektrons. Man fasst die Ladung von $6{,}24 \cdot 10^{18}$ (6,24 Trillionen) Elektronen zusammen und nennt diese Ladungsmenge 1 C (Charles Augustin DE COULOMB, 1736–1806, französischer Physiker).

Merksatz

Wenn durch einen Leitungsquerschnitt $6{,}24 \cdot 10^{18}$ Elektronen geflossen sind, dann wurde durch ihn die Ladung 1 C transportiert.

Kompetenz – Grenzen bei Analogien

Über Ähnlichkeiten zwischen Wasser- und Stromkreis konnten wir uns eine bessere Vorstellung von den Vorgängen im elektrischen Stromkreis machen. Schließlich können wir durch die Ähnlichkeit zwischen Wasservolumen und Ladungsmenge sogar einen Vergleich zwischen den Einheiten Kubikmeter und Coulomb anstellen.

Bei allen Ähnlichkeiten dürfen wir aber einige Unterschiede zwischen Wasserkreis und Stromkreis nicht außer Acht lassen:
Das Volumen einer Wassermenge kann man relativ einfach mit einem Messbecher ermitteln. Elektrische Ladung zu messen, ist viel schwieriger. Die elektrische Ladung ist schließlich unsichtbar und nimmt keinen Raum ein. Auf den vorhergehenden Seiten konnten wir die Ladung eines Elektroskops lediglich am Ausschlag des Zeigers erkennen. Die abstoßende Wirkung gleichnamiger Ladungen gibt uns die Möglichkeit, Ladungsmengen auf gleichartigen Elektroskopen zu vergleichen.
Lässt man Wasser in einen Gartenschlauch fließen, so dauert es eine Weile, bis die ersten Wassertropfen aus dem Schlauchende kommen. Elektrische Leitungen sind dagegen immer schon voller Elektronen. Sie können die Leitungen auch nicht verlassen. Schließt man einen Stromkreis, so setzen sich die beweglichen Elektronen überall im Kreis sofort in Bewegung.

Umgang mit Amperemetern

Du benötigst:
- mindestens drei Amperemeter
- zwei Glühlampen (Nennspannung 6 V)
- zwei Lampenfassungen, eine Stromquelle (6 V)

Der Messbereich der Instrumente gibt an, welche Stromstärke einen Vollausschlag liefert. Je kleiner der Messbereich, desto empfindlicher ist das Gerät. Der gewählte Messbereich muss zur erwarteten Stromstärke passen. Deshalb sind die folgenden Regeln für den Umgang mit diesen Geräten wichtig:
- Schalte den Strommesser nie allein zwischen die Pole einer Quelle. Dies käme einem Kurzschluss gleich. Die Stromstärke im Amperemeter könnte dann so groß werden, dass das Gerät zerstört würde. Baue deshalb erst den Stromkreis mit z. B. einer Glühlampe auf, öffne ihn an einer Stelle und füge dort das Messgerät ein. So vermeidest du, was in → B1b als FALSCH markiert ist.
- Prüfe, ob Wechselstrom (ACA) oder Gleichstrom (DCA) eingestellt werden muss. Unter der geeigneten Stromart findest du mehrere Messbereiche. Wähle zunächst den größten, also unempfindlichsten Messbereich → B2.

a)

b)

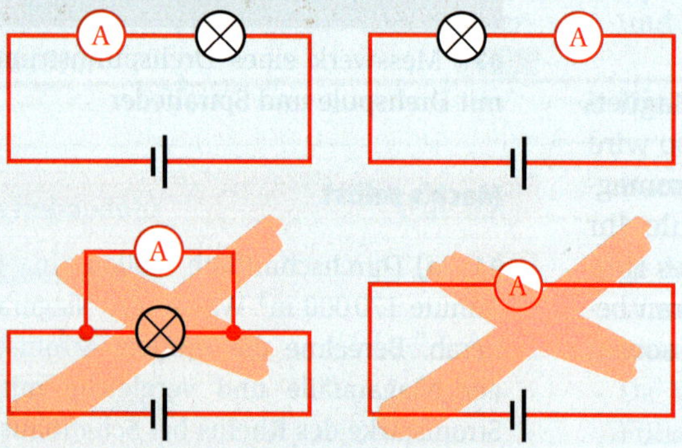

B1 a) richtige, b) falsche Schaltung

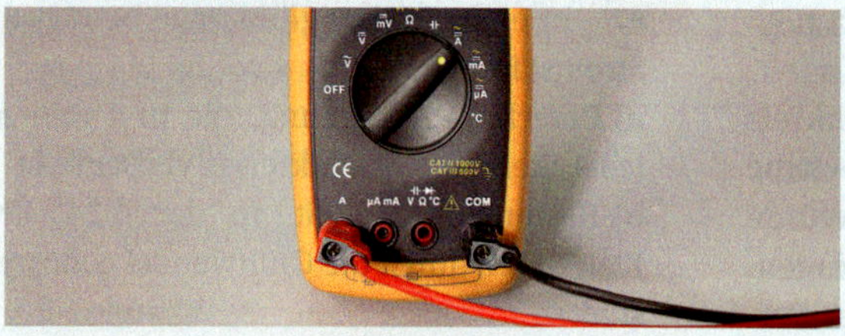

B2 Viele Messgeräte besitzen für den größten Messbereich eine eigene Buchse, hier 20 A. Beim Schalten in einen kleineren Messbereich muss dann umgesteckt werden.

- Bei Gleichstrom musst du die mit COM bezeichnete Buchse zum Minuspol der Stromquelle hin anschließen, um einen Zeigerausschlag nach rechts bzw. eine positive Anzeige zu erhalten.
- Schalte vorsichtig in den nächstkleineren Messbereich und behalte dabei die Anzeige im Auge. Bei analogen Messgeräten soll der Zeiger das Ende der Skala nicht überschreiten. Digitale Messgeräte zeigen eine Überschreitung des Messbereichs durch eine 1 am linken Rand des Displays an.

A. Stromstärken im unverzweigten Stromkreis

Im Gegensatz zu Wasser, das z. B. aus einem defekten Rohr ausläuft, können Elektronen den Stromkreis nicht verlassen. An jeder Stelle des (unverzweigten) Stromkreises ist die Stromstärke I deshalb gleich groß. Du kannst das leicht überprüfen, indem du I an verschiedenen Stellen misst.

Arbeitsaufträge:

1 Baue den Stromkreis in → B3 zunächst ohne Strommesser auf. Wenn die Lampe leuchtet, sind alle Bauteile funktionstüchtig.

2 Wir wollen die Stromstärke vor und hinter der Glühlampe vergleichen. Um sie im Stromkreis zu messen, muss der Strom durch das Amperemeter geleitet werden. Schalte das Amperemeter also in den Stromkreis (Anschluss z. B. vom Minuspol ausgehend erst vor der Lampe wie in → B1a links und danach hinter der Lampe wie in → B1a rechts). Miss jeweils den Wert für die Stromstärke und notiere beide Messwerte in der Tabelle wie in → T1.

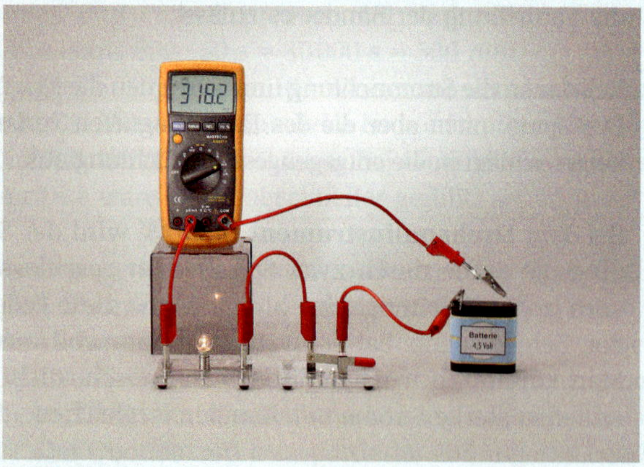

B3 Unverzweigter Stromkreis mit Lampe und Amperemeter

B. Stromstärken im verzweigten Stromkreis
Dreht man in der Küche den Wasserhahn auf, während im Badezimmer ein Bad einläuft, so vergrößert sich der Wasserstrom durch den Wasserzähler am Hausanschluss. Dieser Vergrößerungseffekt lässt sich auch im Stromkreis beobachten.

Arbeitsaufträge:

3 Baue eine Verzweigung in den Stromkreis ein, indem du eine zweite Lampe parallel zur ersten schaltest → **B4**. Miss nun die Stromstärke zwischen Minuspol und Verzweigung (Knoten) und die beiden Stromstärken hinter dem Knoten. Notiere deine Messwerte in einer Tabelle wie in → **T1**.
Die Summe der Stromstärken hinter dem Knoten ergibt gerade die Stromstärke davor (Knotenregel). Wenn du an die fließenden Elektronen denkst, findest du eine Erklärung für dieses Ergebnis: Der Elektronenstrom teilt sich an der Verzweigung auf – wie der Wasserstrom im Haushalt an einer Verzweigung der Wasserleitung. Miss zur Überprüfung die Stromstärken vor dem zweiten Knoten, danach zwischen ihm und dem Pluspol.

4 Wiederhole das Experiment mit drei parallel geschalteten Lampen. Sie können unterschiedlich sein, müssen aber zur Spannung der Stromquelle passen. Notiere deine Ergebnisse übersichtlich in Tabellenform. Vergleiche mit deinen Mitschülern.

Stelle	vor der Lampe	hinter der Lampe
Stromstärke I	0,31 A	0,31 A

T1 Messwerttabelle

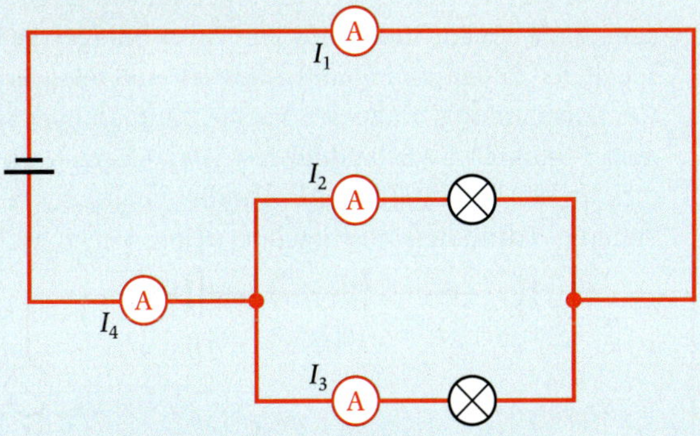

B4 Schaltbild eines verzweigten Stromkreises mit zwei parallelen Lampen und vier Amperemetern

C. Stromstärken im Haushalt
Auch im Stromnetz von Haushalten finden sich Verzweigungen, z.B. bei Mehrfachsteckdosen. Mit ihrer Hilfe werden mehrere Haushaltsgeräte parallel angeschlossen. Aufgrund der Netzspannung von 230 V wäre es lebensgefährlich, die Stromstärken wie bisher mit losen Kabeln zu messen.

Gefahrlos lässt sich die Stromstärke dagegen mit einem Energiekostenmessgerät → **B5** bestimmen. Manche dieser Geräte zeigen neben den Energiekosten auch die Netzspannung der Steckdose und die Stromstärke in der angeschlossenen Leitung an. Dazu muss das Messgerät zwischen Steckdose und Stecker des entsprechenden Haushaltsgeräts geschaltet werden.

Arbeitsaufträge:
Achtung: Die folgenden Versuche dürfen nur mit Netzsteckern und Energiekostenmessgerät durchgeführt werden, keinesfalls mit losen Kabeln oder Amperemetern!

5 Plane ein Experiment, mit dem sich die Knotenregel an einer Mehrfachsteckdose überprüfen lässt.

6 Fertige eine Versuchsbeschreibung an, in der du ein übersichtliches Schaltbild der verwendeten Mehrfachsteckdose zeichnest. Dabei kannst du dich an den Schaltbildern der vorigen Seiten orientieren.

7 Führe das Experiment durch und halte deine Ergebnisse in einer Tabelle ähnlich der in → **T1** fest. Formuliere das Ergebnis deines Experiments.

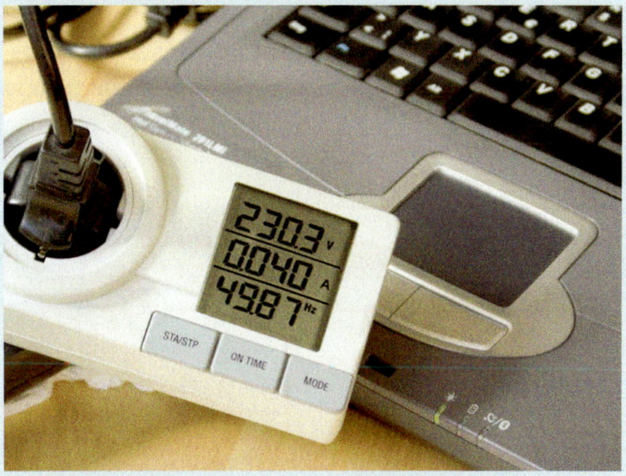

B5 Einige Energiekostenmessgeräte zeigen auch die Stromstärke im angeschlossenen Gerät an.

Projekt

Umgang mit Voltmetern

Spannungen misst man mit einem Voltmeter. Meistens sind die Funktionen von Amperemeter und Voltmeter in einem Gerät vereint (Multimeter). Zum Messen von Spannungen müssen die Messleitungen in die Buchsen COM (schwarz) und V (rot) eingesteckt werden, bei Analoggeräten − (schwarz oder blau) und + (rot).

- Stelle die richtige Spannungsart ein – Wechselspannung (ACV) oder Gleichspannung (DCV). Du findest jeweils mehrere Messbereiche. Sie bezeichnen die größte Spannung, die noch angezeigt werden kann. Wähle einen Messbereich, den die zu messende Spannung nicht überschreitet → **B1**. Spannungen über 24 V können lebensgefährlich sein und dürfen nur von Fachleuten gemessen werden!
- Spannungsmesser werden immer parallel zum Stromkreis zwischen zwei Punkte geschaltet, zwischen denen die Spannung gemessen werden soll. Dies können z. B. die Anschlüsse einer Stromquelle sein → **B2**. Anders als bei den Amperemetern wird der Stromkreis dazu nicht geöffnet.
- Ist der Ausschlag des Zeigers bzw. die Zahl in der Anzeige sehr klein, so kannst du den nächstkleineren Messbereich wählen.

B1 Bei der Spannungsmessung stecken die Messleitungen in den Buchsen COM (schwarz) und V/Ω (rot).

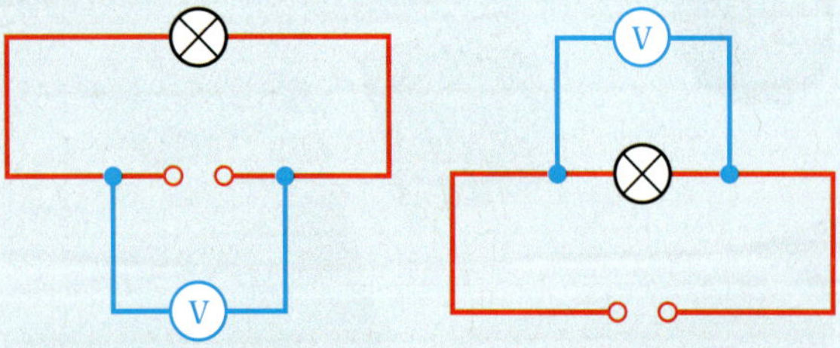

B2 Im Gegensatz zu Amperemetern können Voltmeter auch direkt mit den Anschlüssen von Stromquellen verbunden werden.

Reihen- und Parallelschaltung von Zellen

Du benötigst:
- ein Voltmeter
- eine Glühlampe (Nennspannung 6 V) mit Fassung
- drei Zellen („Batterien", ca. 1,5 V)
- Verbindungsleitungen

In vielen batteriebetriebenen Geräten, z. B. Stabtaschenlampen, werden die Zellen hintereinander eingelegt, jeweils Plus- an Minuspol. In anderen Geräten liegen sie nebeneinander im Batterieschacht, auch hier liegt über Metallkontakte wieder Plus- an Minuspol. Warum muss beim Einlegen der Zellen genau auf deren Polung geachtet werden?

Arbeitsaufträge:

1 Nimm zwei Zellen und miss zunächst die Spannung zwischen den Polen jeder Zelle und notiere die Messwerte. Verbinde nun den Minuspol der einen Zelle mit dem Pluspol der anderen. Schließe das Voltmeter an die noch freien Pole an und notiere auch diesen Wert. Du wirst bemerken, dass sich die Einzelspannungen zur Gesamtspannung addieren. Überprüfe diese Behauptung an drei Zellen.

2 Verbinde die drei hintereinander geschalteten Zellen aus → **1** mit einer Glühlampe. Ändere die Polung einer Zelle gemäß → **B3** und miss die Gesamtspannung. Wie hängt diese mit den Spannungen der einzelnen Zellen zusammen? Protokolliere deine Beobachtung und deute sie schriftlich. Dabei kann ein Vergleich mit dem Wasserkreis helfen.

3 Gleichspannungsquellen mit gleicher Spannung können auch parallel geschaltet werden. Dazu werden die gleichnamigen Pole miteinander verbunden. Baue einen Stromkreis mit zwei parallel geschalteten Zellen und einer Lampe auf und miss die Gesamtspannung. Halte den Versuchsaufbau in deinem Protokoll als Schaltbild fest. Dazu kannst du dich an den Schaltbildern zur Parallelschaltung orientieren. Formuliere das Ergebnis deines Versuchs.

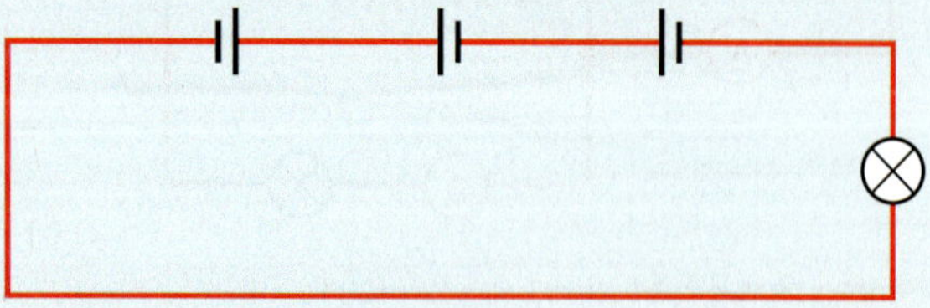

B3 Gegeneinanderschaltung von Zellen

Projekt

Spannung und Stromstärke: *U-I*-Kennlinien

Du benötigst:
- eine Glühlampe, 0,2 A bei 6 V (1,2 W), mit Fassung
- eine LED
- 1 m Eisendraht, Dicke 0,2 mm
- 1 m Konstantandraht, Dicke 0,2 mm
- ein regelbares Netzgerät
- zwei Krokodilklemmen
- einen Stromstärkemesser (Amperemeter)
- einen Spannungsmesser (Voltmeter)
- Verbindungskabel

Spannung und Stromstärke sind zwei verschiedene physikalische Größen:
- Spannung besteht zwischen zwei Polen einer Quelle oder zwei Leitungsdrähten.
- Die Angabe einer Stromstärke bezieht sich auf eine Stelle (einen Leiterquerschnitt).
- Spannungsmesser legt man parallel zu dem Gerät geschaltet, zwischen dessen Anschlüssen man die Spannung messen will.
- Stromstärkemesser werden in Reihe mit dem Gerät geschaltet.
- Zwischen den Polen einer Quelle besteht Spannung auch bei nicht geschlossenem Stromkreis.
- Ohne Spannung gibt es keinen Strom. Spannung ist die Ursache für einen elektrischen Strom.

Trotz der Unterschiede besteht aber ein Zusammenhang zwischen Spannung und Stromstärke. Mit der Spannung ändert sich auch die Stromstärke. In welcher Art, hängt allerdings vom Gerät im Stromkreis ab.

B4 Schaltung zur Messung von *U-I*-Kennlinien, hier einer Glühlampe

In den folgenden Experimenten soll dieser Zusammenhang an den „einfachen Geräten" untersucht werden: Eisendraht, Konstantandraht, Glühlampe und LED.

Arbeitsaufträge:

1 Das Netzgerät bleibt zunächst ausgeschaltet (hat das Gerät eine Strombegrenzung, so kann diese auf den Maximalwert eingestellt werden).
Baut die Schaltung wie in → B4 abgebildet auf.
Beachtet dabei die Hinweise zum → **Umgang mit Amperemetern** und → **Umgang mit Voltmetern**.

2 Testet die Schaltung, indem ihr das Netzgerät auf eine Spannung von 0 V einstellt und danach einschaltet. Stellt den richtigen Messbereich ein. Erhöht die Spannung langsam auf 1 V und beobachtet dabei die Anzeigen der Messgeräte.
Sollte sich eine Anzeige nicht ändern, so überprüft noch einmal den Aufbau, bittet eventuell eine andere Gruppe um Hilfe bei der Fehlersuche.
Sollte sich kein Fehler finden lassen, so bittet euren Lehrer, die Schaltung zu prüfen – vielleicht ist ja ein Gerät defekt.

3 Nehmt jetzt die *U-I*-Kennlinie der Glühlampe auf. Stellt die Spannung U bei 0 V beginnend ein (sie darf 6 V nicht übersteigen) und lest jeweils die Stromstärke I ab.
Legt eine Tabelle an.
In einem Vorversuch könnt ihr die Spannung einmal grob variieren und so eine geeignete Schrittweite für die genaue Messung finden.

4 Tauscht die Glühlampe gegen die LED.
Achtung: Die LED verträgt keine hohe Stromstärke – meist nur bis zu 20 mA. Fragt euren Lehrer nach der maximalen Stromstärke. LEDs lassen den Strom nur in einer Richtung durch. Wenn sich die Stromstärke stark ändert, sollte die Spannung in kleinen Schritten verändert werden.

5 Nehmt nun die Messwerte für die Drähte auf.
Achtung: Die Drähte erwärmen sich!
Die Drähte sollten auf keinen Fall glühen. Benutzt trotzdem zur Sicherheit eine feuerfeste Unterlage.

6 Fertigt auf einer Folie ein Versuchsprotokoll an, dazu gehört ein Schaltbild des Aufbaus. Zur Beobachtung gehören die Tabellen mit den Messwerten. Stellt die Messwerte grafisch dar. Tragt die Spannung U auf der Rechtsachse auf. Eine Gruppe sollte ihre Ergebnisse präsentieren, damit alle vergleichen können.

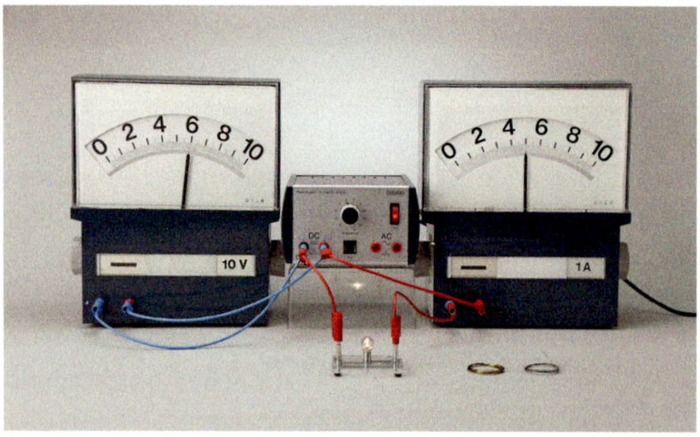

V1 In Abhängigkeit von der Spannung U wird die Stromstärke I gemessen.

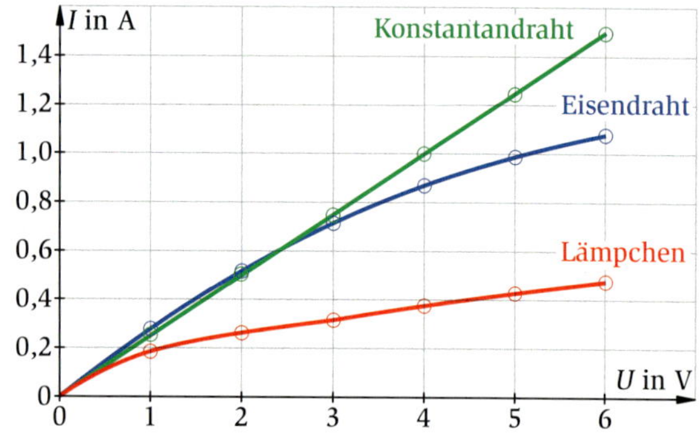

B1 Die Stromstärke wächst mit der Spannung. Für Konstantan ergibt sich eine Ursprungsgerade.

Anstoß

1. Mit einem Wasserhahn lässt sich die Wasserstromstärke stufenlos einstellen. Die Stärke eines Windzugs wird größer, wenn man das Fenster weiter öffnet. Finde weitere Beispiele und beschreibe Unterschiede.
2. In der Wettervorhersage ist oft von Luftströmen die Rede. Diskutiert den Grund für verschiedene Windstärken.

B2 Lehrerversuch: Die Glühwendeln der Lampen unterscheiden sich in ihren Dicken. Nimmt man die dickere Wendel, ist die Stromstärke bei gleicher Spannung größer.

***U* in V**	***I* in A**	***U/I* in V/A**
0	0	–
1	0,25	4
2	0,50	4
3	0,75	4
4	1,00	4
5	1,25	4

T1 Messwerte in → **V1** für Konstantan

1. Wovon hängt die Stromstärke ab?

Die Helligkeit einer Glühlampe ist ein Indiz für die Stromstärke, das wissen wir schon lange. „Die Spannung bestimmt den Antrieb", wird dir wohl wieder einfallen, denn betreibt man eine Glühlampe mit zwei gleichen Zellen in Reihe – also mit doppelter Spannung, so leuchtet sie heller als mit nur einer Zelle.

Es muss aber noch einen anderen Einfluss auf die Stromstärke geben. Scheinwerfer und Rücklicht einer Fahrradbeleuchtung werden am selben Dynamo mit der gleichen Spannung betrieben. Allerdings leuchtet die Lampe im Scheinwerfer heller als die Lampe im Rücklicht. Bei genauerem Betrachten der Glühwendel wirst du feststellen, dass die Glühwendel in der helleren Lampe dicker ist → **B2**. Das lässt uns vermuten, dass auch der Draht einen Einfluss auf die Stromstärke hat.

Die Stromstärke hängt also von
- der angelegten Spannung U und
- dem Gerät im Stromkreis ab.

Zunächst untersuchen wir die Abhängigkeit der Stromstärke I von der angelegten Spannung U. In → **V1** werden neben der Glühlampe auch Drahtstücke aus Eisen und aus Konstantan (Legierung aus Kupfer und Nickel) verwendet.
Die Diagramme in → **B1** zeigen, dass die Stromstärke für alle drei Materialien mit der Spannung zunimmt. Konstantan spielt eine Sonderrolle: Die U-I-Kennlinie ist eine Ursprungsgerade, d. h. für dieses Material ist die Stromstärke I proportional zur angelegten Spannung U. Das lässt sich auch an den Messwerten in → **T1** erkennen:

- Bei der doppelten (dreifachen, ...) Spannung U wird am Konstantandraht die Stromstärke I auch verdoppelt (verdreifacht, ...).
- Deshalb ist der Quotient U/I für alle Wertepaare von U und I konstant.

Georg Simon OHM (1789-1854, deutscher Physiker) fand diese Proportionalität zwischen I und U 1826. Wenn sie vorliegt, sagt man, es gilt das **ohmsche Gesetz.**

Merksatz

Bei einem Konstantandraht ist die Stromstärke I zur Spannung U proportional, es gilt das ohmsche Gesetz:

$$I \sim U.$$

2. Der elektrische Widerstand

Bei den Glühlampen in → B2 hatten wir vermutet, dass die Stromstärke bei gleicher Spannung von der Dicke des Wendeldrahtes abhängt. Da wir nicht sicher wissen, ob sich die Drähte nicht zusätzlich in ihrer Länge oder sogar dem Material unterscheiden, prüfen wir unsere Vermutung an zwei unterschiedlich dicken Konstantandrähten gleicher Länge → V2. Wir gehen dazu vor wie in → V1.
Die Messwerte in → T2 und das zugehörige U-I-Diagramm → B3 zeigen: Bei gleicher Spannung ist im doppelt so dicken Draht die Stromstärke viermal so groß wie im dünneren. Wir deuten das so: „Der dickere Draht bietet dem Elektronenstrom einen viermal kleineren Widerstand". Dazu passen die Quotienten U/I: Beim dickeren Draht ist $U/I = 4$ V/A nur etwa ein Viertel im Vergleich zum dünneren Draht (15 V/A). Es ist deshalb sinnvoll, den Quotienten U/I als Widerstand des Drahtes zu definieren.

Als Symbol für den **elektrischen Widerstand** wählt man R (lat: resistere – widerstehen), die Maßeinheit für $R = U/I$ ist 1 V/A = 1 Ω (Ohm, Ω: griechischer Buchstabe Omega). Für große Werte wählt man oft 1 kΩ = 1000 Ω oder 1 MΩ = 10^6 Ω.

Merksatz

Der elektrische Widerstand R eines Leiters ist definiert als Quotient aus der Spannung U zwischen den Enden eines Leiters und der Stromstärke I:

$$R = \frac{U}{I}.$$

Die Einheit des elektrischen Widerstandes ist 1 V/A = 1 Ω.

Aus $R = U/I$ folgen durch Umformen zwei weitere, oft benötigte Formeln:

$I = \frac{U}{R}$, wenn Spannung und Widerstand bekannt sind und

$U = R \cdot I$, wenn man Widerstand und Stromstärke kennt.

Für einen Konstantandraht gilt $U \sim I$, d. h. sein Widerstand R ist konstant. Für ihn gilt das ohmsche Gesetz. Für die Glühwendel in → V1 gilt das ohmsche Gesetz nicht. → T3 zeigt, dass ihr Widerstand $R = U/I$ mit steigender Spannung U zunimmt.

V2 Wir wiederholen → V1 mit zwei Konstantandrähten gleicher Länge, von denen der eine doppelt so dick ist wie der andere.

	Durchmesser 0,2 mm		Durchmesser 0,4 mm	
U in V	**I in A**	**U/I in V/A**	**I in A**	**U/I in V/A**
0	0	–	0	–
1	0,06	15	0,25	4
2	0,13	15	0,50	4
3	0,20	15	0,75	4
4	0,26	15	1,00	4
5	0,32	15	1,25	4

T2 Messwerte aus → V2. Die beiden Konstantandrähte haben die Länge 1 m.

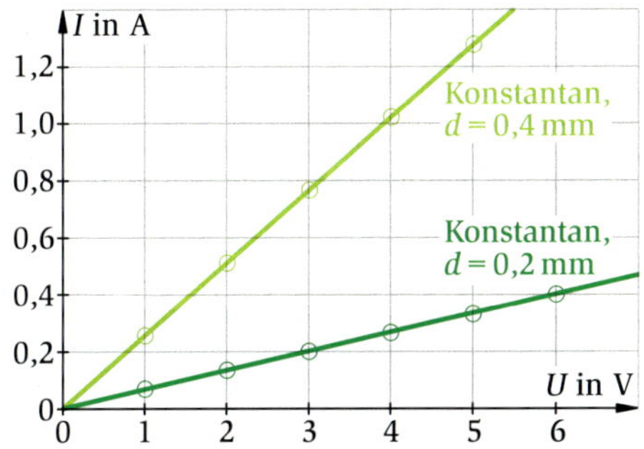

B3 Die U-I-Kennlinien zeigen, wie I von U abhängt (vgl. → T2).

U in V	I in A	U/I in V/A
0	0	–
1	0,17	5,9
2	0,25	8
3	0,32	9,4
4	0,37	10,8
5	0,43	11,6

T3 Messwerte aus → V1. Die Lampe trägt die Aufschrift 6 V; 0,5 A.

Mach's selbst

A1 An verschiedenen Drähten werden zwei der drei Größen Spannung, Stromstärke, Widerstand gemessen. Berechne die fehlenden Werte.

U	6 V	12 V	?
I	0,4 A	?	8 mA
R	?	200 Ω	1 kΩ

Elektroinstallation im Haus

Damit die elektrischen Haushaltsgeräte funktionieren, müssen sie mit elektrischer Energie versorgt werden. Verfolgt man die meterlangen und meist verdeckt verlegten Leitungen, so führen sie alle zum Zähler. Von dort gehen nur wenige Leitungen nach außen. Diese führen den gesamten Strom.

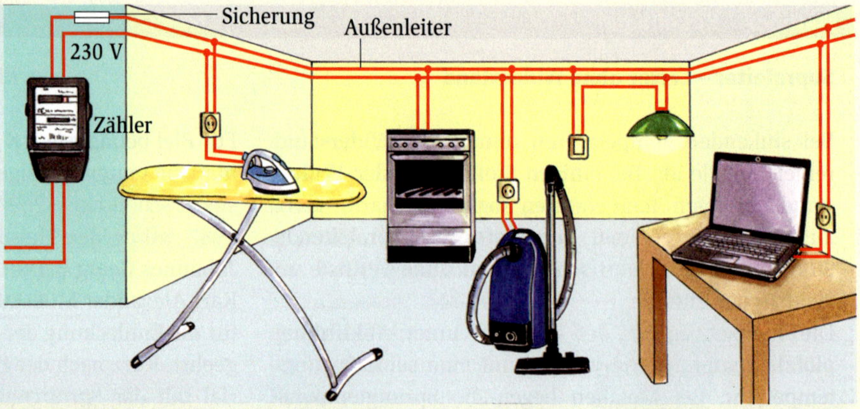

A1 Der Amazonas ist der mit Abstand wasserreichste Fluss der Welt. Die Wasserstromstärke im Bereich der Mündung beträgt durchschnittlich 175 000 m^3/s. Erläutere, wie es zu diesem gewaltigen Wasserstrom kommt.

A2 Lass dir von deinen Eltern den Stromzähler eures Haushaltes zeigen. Beobachte und beschreibe die Veränderungen, wenn du **a)** eine Lampe und **b)** einen Haarfön zusätzlich einschaltest. Finde eine Erklärung.

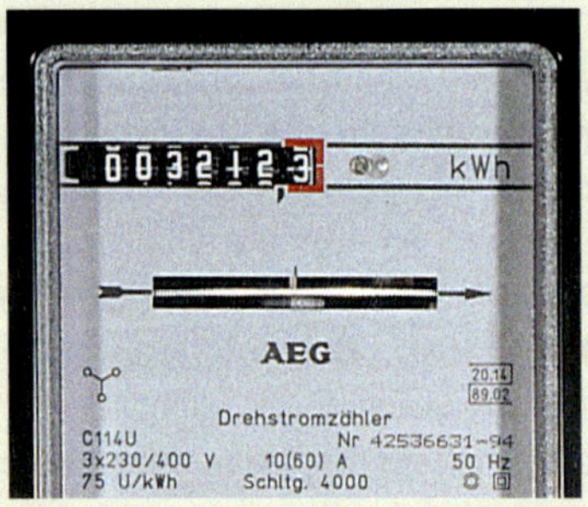

A3 Alle Steckdosen eines Wohnzimmers werden gewöhnlich von derselben Sicherung geschützt. Von dieser Sicherung führt eine Leitung zu einer – meist unter Putz verborgenen – Verteilerdose im Zimmer. Von dort werden die Steckdosen über eventuell weitere Verteiler versorgt. Skizziere einen Anschlussplan für euer Wohnzimmer.

A4 Der Kontakt mit Strom führenden Leitungen kann lebensgefährlich sein. Deshalb trifft man im Haushalt bestimmte Sicherheitsvorkehrungen. Zähle einige auf und erläutere, wenn möglich, ihren Sinn.

A5 In der Zeitung stand folgender Bericht über einen Stromunfall:

> […] Einige Wochen später wollte ein im Haushalt lebendes Mädchen ein Bad nehmen. Dazu ließ es Wasser in die Badewanne ein und stieg hinein als diese zur Hälfte gefüllt war. Bereits im Wasser stehend zog das Mädchen seinen Armreif ab, um ihn auf dem Spiegelschrank neben der Badewanne abzulegen. Als das Mädchen den Spiegelschrank berührte, wurde es stark elektrisiert: der ganze Schrank stand unter Spannung. Bei diesem Stromunfall erlitt das Mädchen einen Herzstillstand und wurde bewusstlos, nach kurzer Zeit erholte es sich aber wieder ohne fremde Hilfe. Die gut sichtbaren Stromeintrittsmarken an der Hand erinnern das Mädchen seitdem an den Stromunfall. […]

Erkläre, wie es zu diesem Unfall gekommen sein könnte. Von welchen Schäden berichtet der Text? Erläutere, wie es zu diesen Schäden kommen kann.

Der verzweigte Stromkreis

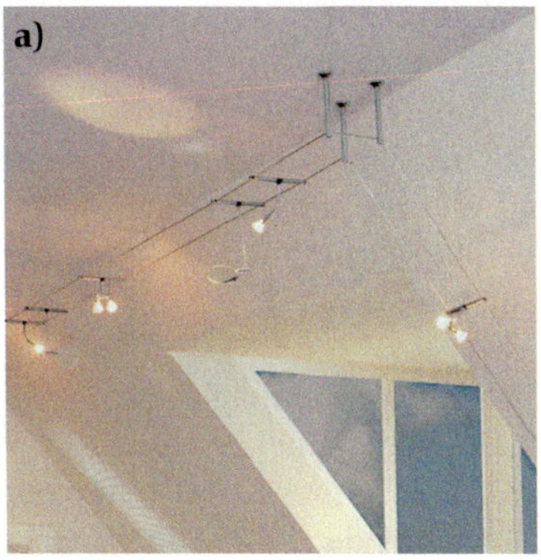

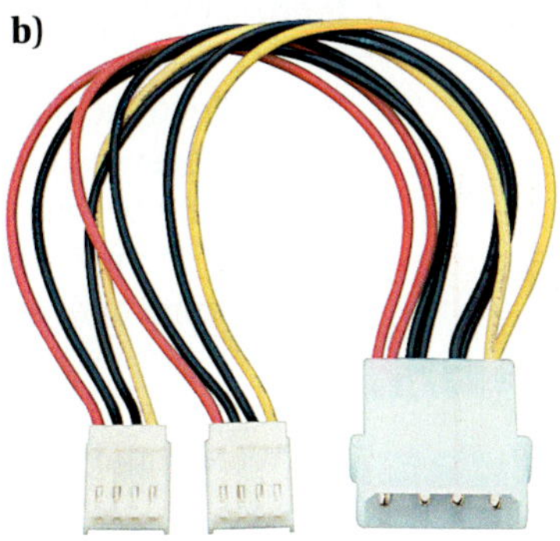

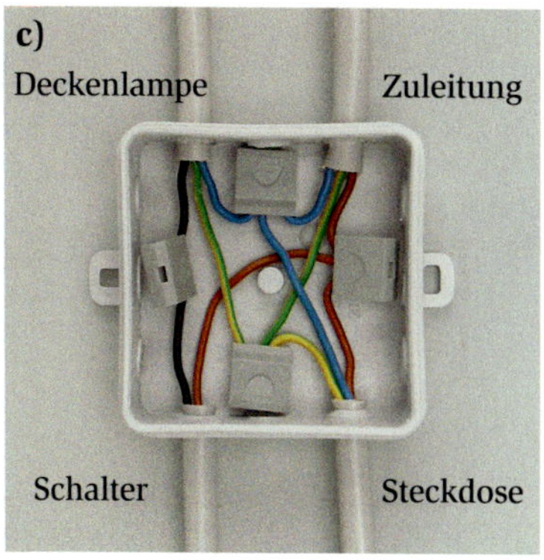

B1 In den Stromnetzen von Haushalten und Kraftfahrzeugen gibt es zahlreiche Verzweigungen: **a)** Halogen-Seilsystem, **b)** Stromverteiler im PC, **c)** Verteilerdose im Haushalt.

1. Stromkreisverzweigungen

Im Haushalt können alle Geräte unabhängig voneinander ein- und ausgeschaltet werden. Sie sind direkt an die beiden Netzleitungen des Hausanschlusses angeschlossen, es liegt eine **Parallelschaltung** vor → Bild oben, Seite 88. Die elektrischen Leitungen müssen sich deshalb an manchen Stellen verzweigen. Was ergibt sich für die Stromstärke, wenn der Stromkreis eine Verzweigung enthält? Um dies zu untersuchen, verwenden wir in → V1 die Glühlampen einer Fahrradbeleuchtung. Du weißt schon, dass sie parallel an den Dynamo angeschlossen sind. Zunächst betreiben wir die Glühlampe des Rücklichts allein. Die Stromstärke beträgt 0,1 A. Dann schalten wir die Lampe des Scheinwerfers parallel zum Rücklicht und messen die Stromstärke in der Hauptleitung sowie in den beiden Zweigen. Die Stromstärke in der Hauptleitung ist auf 0,6 A gestiegen. Dies entspricht der Summe der beiden Zweigstromstärken I_1 und I_2 (**Knotenregel**):

$$I = I_1 + I_2 = 0{,}1\ \text{A} + 0{,}5\ \text{A} = 0{,}6\ \text{A}.$$

Das Versuchsergebnis lässt sich mit unserer Vorstellung vom Strom erklären: Die Elektronen in der Leitung gehen an der Verzweigung A → B2 verschiedene Wege. Der kleinere Teil fließt durch die dunklere Lampe, der größere Teil durch die hellere Lampe. Messen wir bei B die Stromstärke, so erhalten wir wieder 0,6 A. Nicht ein Elektron ist verloren gegangen.

Merksatz

Bei einer Parallelschaltung ist die Gesamtstromstärke I_{ges} im unverzweigten Teil gleich der Summe der Teilstromstärken I_1 und I_2 in den Zweigen:

$$I_{ges} = I_1 + I_2.$$

Für das Haushaltsnetz bedeutet dies: Mit jedem weiteren parallel geschalteten Gerät erhöht sich die Gesamtstromstärke im Hausanschluss.

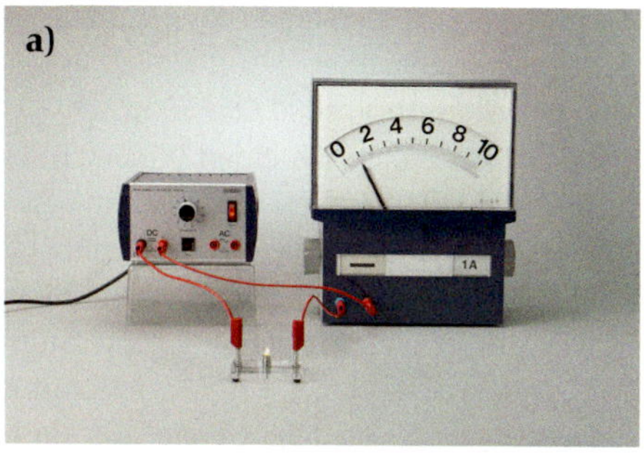

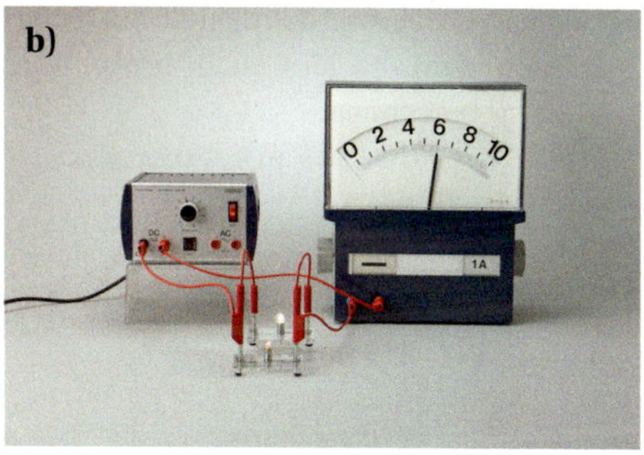

V1 **a)** Unverzweigter und **b)** verzweigter Stromkreis. Die Summe der Stromstärken in den Zweigen ergibt die Stromstärke in der Hauptleitung.

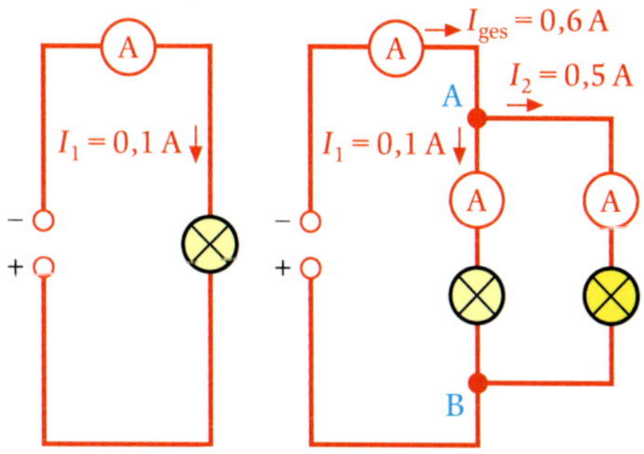

B2 Die zweite Lampe erhöht die Stromstärke in der Hauptleitung.

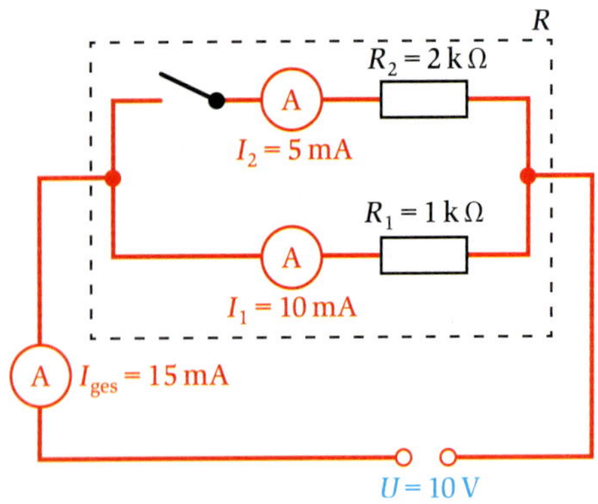

V1 Elektrogeräte ersetzen wir durch Widerstände, die gefährliche Netzspannung durch eine Spannung von 10 V.
a) Zunächst schließen wir den Stromkreis mit dem Widerstand $R_1 = 1{,}0\ k\Omega$. Die Stromstärke beträgt
$I_1 = U/R_1 = 10\ V/1000\ \Omega = 10\ mA$.
b) Dann schalten wir einen Widerstand mit $R_2 = 2{,}0\ k\Omega$ parallel. In diesem Zweig messen wir nur die halbe Stromstärke $I_2 = 5\ mA$. Im unverzweigten Teil lesen wir als Gesamtstromstärke I_{ges} die Summe $I_{ges} = I_1 + I_2 = 10\ mA + 5\ mA = 15\ mA$ ab. Fassen wir die beiden „Geräte" als ein einziges auf, das wie die beiden mit 10 V betrieben wird, so lässt sich dessen Widerstand R berechnen:
$R = U/I_{ges} = 10\ V/15\ mA = 0{,}66\ k\Omega$.

Beispiel

In einem Saal ist die Leitung für die Beleuchtung mit 10 A abgesichert. Gib an, wie viele Lampen mit jeweils 529 Ω gleichzeitig parallel betrieben werden dürfen ($U = 230$ V).

Lösung über Teilstromstärken:
Stromstärke in einer Lampe:
$I_1 = U/R_1 = 230\ V/529\ \Omega = 0{,}435\ A$.
10 A/0,435 A = 23. Es dürfen bis zu 23 Lampen betrieben werden.

Lösung über den Ersatzwiderstand:
Damit bei $U = 230$ V die Stromstärke $I = 10$ A beträgt, muss der Ersatzwiderstand
$R = U/I = 230\ V/10\ A = 23\ \Omega$ sein.
Aus $R_1 = R_2 = \ldots = R_n$ folgt
$1/R = 1/R_1 + 1/R_2 + \ldots + 1/R_n = n \cdot 1/R_1$.
$n = R_1/R = 529\ \Omega/23\ \Omega = 23$.

2. Mehr Geräte – weniger Widerstand

Viele Elektrogeräte (z. B. Lampen, Bügeleisen, Herd usw.) haben Eigenschaften, die im Wesentlichen durch ihren Widerstand bestimmt sind. Wie wir bereits wissen, steigt die Stromstärke in der Hauptleitung, wenn man ein Gerät parallel zu einem anderen schaltet.

Größere Stromstärke bei gleicher Spannung bedeutet, dass der Widerstand im Stromkreis jetzt kleiner geworden ist. Wir untersuchen diese Frage an der Schaltung in → V1 nun quantitativ. Anstelle von Geräten verwenden wir Widerstandsbausteine („Widerstände"). Schalten wir den zweiten Widerstand parallel zum ersten, steigt die Stromstärke wie erwartet an.

Den Widerstand, den beide Geräte zusammen haben, können wir berechnen: Dazu denken wir uns die parallel geschalteten Widerstände durch *einen einzigen* Widerstand ersetzt – den sogenannten **Ersatzwiderstand** mit dem Widerstandswert R (vereinfacht sagen wir „Ersatzwiderstand R"). Spannung und Gesamtstromstärke sollen sich dabei nicht ändern. Um R zu bestimmen, berechnen wir zunächst die Gesamtstromstärke I_{ges}:

$$I_{ges} = I_1 + I_2 = 10\ mA + 5\ mA = 15\ mA$$

Zwischen den Anschlüssen des Ersatzwiderstandes R liegt dieselbe Spannung U wie zwischen den Enden der Einzelwiderstände R_1 und R_2. Deshalb ergibt sich R zu

$$R = U/I_{ges} = 10\ V/15\ mA = 0{,}66\ k\Omega.$$

Die Rechnung bestätigt also unsere Vorüberlegung:
Bei der Parallelschaltung ist der Ersatzwiderstand kleiner als jeder der beiden Zweigwiderstände.

Mithilfe der Gesamtstromstärke können wir auch einen Term zur Berechnung des Ersatzwiderstandes finden. Da die Spannungen zwischen den Widerstandsenden gleich sind, ergibt sich aus $I_{ges} = I_1 + I_2$:

$$U/R = U/R_1 + U/R_2.$$

Nach Division durch U erhält man den Kehrwert $1/R$ des Ersatzwiderstandes: $1/R = 1/R_1 + 1/R_2$.

Merksatz

Der Kehrwert $1/R$ des Ersatzwiderstandes R einer Parallelschaltung ist gleich der Summe der Kehrwerte der Zweigwiderstände:

$$\frac{1}{R} = \frac{1}{R_1} + \frac{1}{R_2}.$$

Schaltet man weitere Widerstände parallel, so wird der Ersatzwiderstand R immer kleiner (der Kehrwert $1/R$ wird größer).

3. Die Geräte bestimmen die Stromstärke

In → **V1** hängt die Stromstärke in der Hauptleitung von der Anzahl der zugeschalteten Widerstände ab. Dieselbe Stromquelle liefert beim Betrieb mehrerer parallel geschalteter Widerstände einen stärkeren Strom als beim Betrieb mit nur einem Widerstand. Die Stromstärke lässt sich aber nicht beliebig steigern. Die maximal mögliche Stromstärke hängt von der Art der Quelle ab. Ein Netzgerät kann gewöhnlich einen größeren maximalen Strom liefern als eine Monozelle.

Der Hausanschluss, über den das Haushaltsnetz mit dem Stromnetz verbunden ist, stellt eine sehr leistungsfähige Stromquelle dar. Schaltet man zu viele Haushaltsgeräte ein, so kann die Stromstärke in der Hauptleitung so groß werden, dass die Leitung heiß wird und sogar einen Brand auslösen kann. Zu hohe Stromstärken werden durch Sicherungen in den Hauptleitungen verhindert.

4. Welcher Zweigstrom ist am stärksten?

In → **V1** ist die Stromstärke im Zweig mit dem doppelten Widerstand $R_2 = 2\ \text{k}\Omega$ halb so groß wie in dem Zweig mit dem Widerstand $R_1 = 1\ \text{k}\Omega$. Verhalten sich die Stromstärken in den Zweigen immer umgekehrt wie die Widerstände? Diese Vermutung lässt sich durch eine Rechnung prüfen.

Bestimmendes Merkmal für die Parallelschaltung ist die gleiche Spannung U an allen Widerständen. Die Spannung lässt sich als Produkt aus Widerstand und Stromstärke schreiben. Größerer Widerstand bedeutet damit immer kleinere Stromstärke. Die Rechnung liefert:

$$U = R_1 \cdot I_1 = R_2 \cdot I_2 \Rightarrow \frac{I_1}{I_2} = \frac{R_2}{R_1}.$$

Kompetenz – Mathematisieren

Physikalische Größen lassen sich mithilfe mathematischer Formeln und Gesetzmäßigkeiten berechnen:
Kennt man die Definition des elektrischen Widerstandes $R = U/I$, so lässt sich aus den Angaben $U = 10\ \text{V}$ und $I = 0{,}01\ \text{A}$ der Widerstand eines Leiterstücks berechnen.

Im Falle der Parallelschaltung von Widerständen gelingt es sogar, eine allgemeingültige Formel für deren Ersatzwiderstand herzuleiten → **Abschnitt 2**.

Auch Vermutungen lassen sich mithilfe der Mathematik beweisen oder widerlegen. Im Falle der Parallelschaltung von Widerständen legt → **V1** eine Vermutung über das Verhältnis der Zweigstromstärken nahe. Mithilfe der bekannten Beziehung $U = R \cdot I$ gelingt es, das Verhältnis I_1/I_2 zu bestimmen. Dies führt zur allgemein gültigen Relation $\frac{I_1}{I_2} = \frac{R_2}{R_1}$.

Alternativ hätten wir weitere Messungen mit anderen Widerständen durchführen können. Experimentell lassen sich allerdings nicht alle möglichen Verhältnisse testen. Man kann die mathematisch gewonnene Beziehung nur exemplarisch testen.

Mach's selbst

A1 Zwei Widerstände mit $R_1 = 50\ \Omega$ und $R_2 = 0{,}5\ \Omega$ liegen parallel an der Spannung 0,1 V. Berechne I_1, I_2 und I_{ges} sowie den Ersatzwiderstand R.

A2 Bei einer Fahrradbeleuchtung ist der Widerstand der Lampe im Rücklicht 60 Ω, der einer Scheinwerferlampe beträgt 12 Ω.
a) Zeichne ein Schaltbild der Beleuchtungsanlage.
b) Berechne die jeweiligen Stromstärken im Scheinwerfer- und Rücklichtzweig sowie die Gesamtstromstärke, für den Fall, dass eine Spannung von 6 V anliegt.

A3 Einem Widerstand mit $R_1 = 50\ \Omega$ wird ein unbekannter Widerstand parallel geschaltet. Berechne dessen Wert R_2, sodass beim Anlegen einer Spannung von 6 V ein Gesamtstrom der Stärke 0,6 A entsteht.

A4 **a)** Berechne die Stromstärken in den abgebildeten Geräten und die gemeinsam durch alle drei Geräte verursachte Stromstärke im unverzweigten Teil der Hauptleitung.
b) Bestimme das Verhältnis der Stromstärken in Lampe und Herd.
c) Berechne den Ersatzwiderstand R der gesamten Anlage.
d) Welche Sicherung ist zu wählen, damit alle Geräte gleichzeitig in Betrieb sein können? Handelsübliche Sicherungen begrenzen die Stromstärke auf 16 A, 20 A oder 40 A.

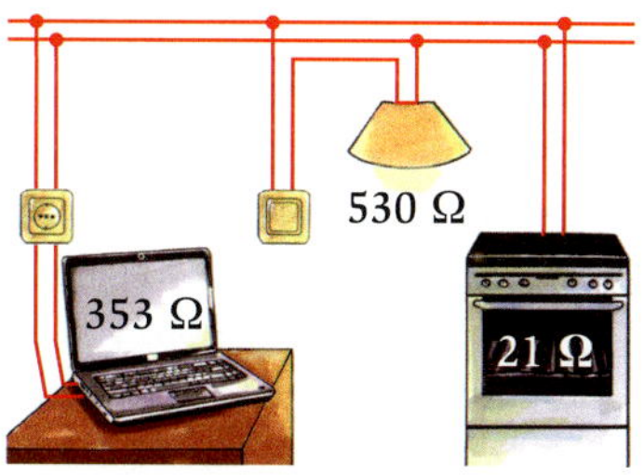

Anstoß

1. Benutzt ihr an Weihnachten auch eine elektrische Lichterkette wie in → B1? Dann findet heraus, für welche Spannung eine einzelne Glühlampe geeignet sein muss und aus wie vielen Lampen die Kette besteht. Findet ihr einen Zusammenhang zwischen euren Angaben und der Netzspannung U = 230 V?
Achtung: Kein Experiment mit 230 V!

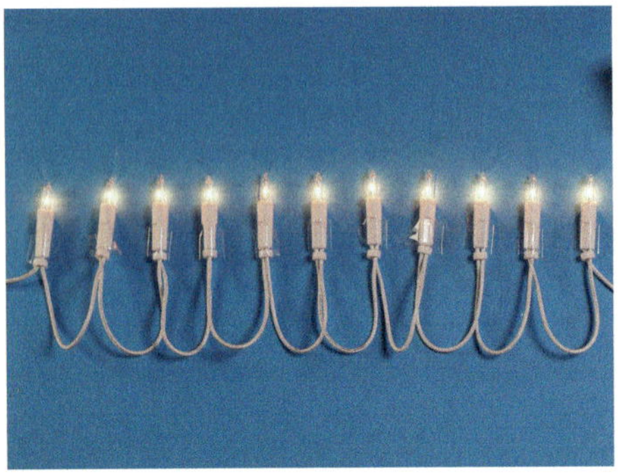

B1 Bei dieser Lichterkette sind alle Lämpchen in Reihe geschaltet.

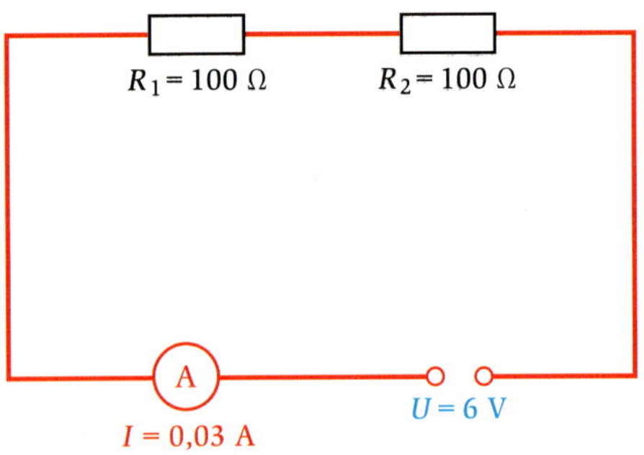

V2 **a)** Wir schalten zwei gleiche Widerstände ($R_1 = R_2$ = 100 Ω) in Reihe und legen eine Spannung von U = 6 V an. Am Amperemeter lesen wir die Stromstärke I = 0,03 A ab. Damit können wir den Ersatzwiderstand unserer Schaltung ermitteln: $R_{ges} = U/I$ = 6 V/0,03 A = 200 Ω. Dies ist gleich der Summe R = 100 Ω + 100 Ω = 200 Ω der Einzelwiderstände. Der Ersatzwiderstand ist größer als jeder Teilwiderstand.
b) Auch an anderen Stellen, z. B. zwischen den Widerständen, beträgt die Stromstärke I = 0,03 A, also ist der Strom vor einem Widerstand nicht schwächer als hinter ihm. Das kennen wir schon: Die Stromstärke ist im unverzweigten Stromkreis überall gleich groß.

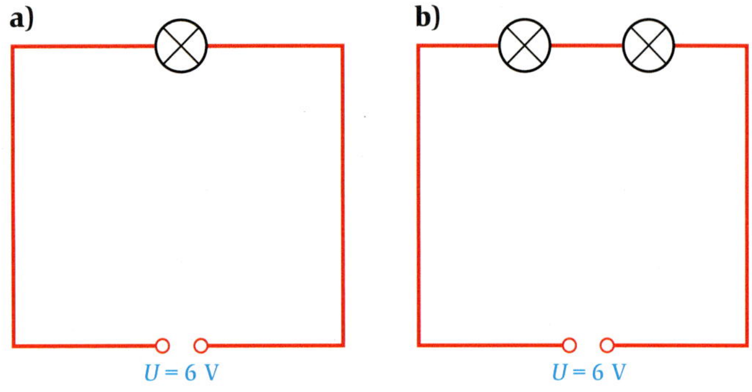

V1 Stromkreis mit **a)** einer Glühlampe und **b)** mit zwei Glühlampen in Reihe

1. Mehr Geräte – mehr Widerstand

Bei der Lichterkette in → B1 sind alle Lampen in Reihe geschaltet. Entfernt man eine Lampe, so bleibt die ganze Kette dunkel, ebenso wenn eine Glühwendel durchbrennt. Warum die ausgefallene Lampe nur durch eine baugleiche mit gleichem Widerstand ersetzt werden darf und warum die defekte Lampe auf keinen Fall mit einem Leiter überbrückt werden darf, zeigen die folgenden Versuche mit ungefährlicher Spannung U = 6 V (keine Experimente mit Netzspannung!):

In → V1 stellen wir das Überbrücken einer Lampe mit einer Minimal-Lichterkette nach:
Während die beiden in Reihe geschalteten Lampen nicht besonders hell leuchten, ist die einzelne Lampe bei gleicher Spannung deutlich heller. Die Stromstärke ist im Kreis mit den beiden in Reihe geschalteten Lampen also niedriger als im Kreis mit einer Lampe. Folglich ergeben zwei in Reihe geschaltete Geräte zusammen einen größeren Widerstand als ein einzelnes Gerät.

Diesen Sachverhalt klären wir in → V2 mit zwei gleichen Widerständen. Der Versuch zeigt nicht nur, dass der Gesamtwiderstand mit jedem zusätzlichen Widerstand zunimmt, sondern auch noch genauer: Den Gesamtwiderstand in Reihe geschalteter Widerstände erhält man, indem man die Werte der Einzelwiderstände addiert. Für verschiedene Widerstände kann man diese Gesetzmäßigkeit genauso nachweisen → A3.

Merksatz

Bei der Reihenschaltung ist die Stromstärke in allen Teilwiderständen gleich. Der Ersatzwiderstand ist gleich der Summe der Einzelwiderstände:

$$R = R_1 + R_2.$$

Der Ersatzwiderstand ist bei einer Reihenschaltung größer als jeder Teilwiderstand.

Bei einer Reihenschaltung von mehr als zwei Widerständen addieren sich entsprechend alle Teilwiderstände zum Ersatzwiderstand. Wird bei unserer Lichterkette also eine ausgefallene Lampe überbrückt, so sinkt der Gesamtwiderstand der Kette. Die Stromstärke steigt und jede Lampe leuchtet etwas heller. Dadurch können weitere Glühwendeln schmelzen.

2. Die Spannung teilt sich den Widerständen gemäß auf

Die 20 Glühlampen unserer Lichterkette tragen die Aufschrift 12 V, d. h. sie sind für einen Betrieb an dieser Spannung ausgelegt. Es fällt auf, dass die Spannungen aller Lampen zusammen etwa die Netzspannung ergeben: $20 \cdot 12\ \text{V} = 240\ \text{V}$. Alle Widerstände sind gleich, alle Teilspannungen sind gleich. Sie addieren sich jeweils zum Gesamtwert.

Was aber gilt bei unterschiedlichen Widerständen? In → V3 ist $R_1 = 100\ \Omega$ und $R_2 = 200\ \Omega$. Die Gesamtspannung $U = 6$ V teilt sich hier auf zu $U_1 = 2$ V und $U_2 = 4$ V, also im gleichen Verhältnis von 1 : 2 wie die Widerstände. Eine mathematische Überlegung bestätigt dies allgemein. Benutzt wird, dass die Stromstärke in beiden Widerständen gleich groß ist:

$$I = \frac{U_1}{R_1} \quad \text{und} \quad I = \frac{U_2}{R_2} \quad \text{liefert} \quad \frac{U_1}{R_1} = \frac{U_2}{R_2} \quad \text{bzw.} \quad \frac{U_1}{U_2} = \frac{R_1}{R_2}.$$

Die Teilspannungen verhalten sich wie die Widerstände.

Dass die Summe der Teilspannungen immer die Gesamtspannung ergeben muss, können wir ebenso aus unserem bisherigen Wissen herleiten. Für die Widerstände R_1 und R_2 haben wir gezeigt: $R = R_1 + R_2$. Mit der Definition des Widerstandes folgt (bei gleicher Stromstärke in den Widerständen):

$$\frac{U}{I} = \frac{U_1}{I} + \frac{U_2}{I} \quad \text{bzw.} \quad U = U_1 + U_2.$$

Die angelegte Spannung U verteilt sich also auf die einzelnen Widerstände. Man sagt, sie fällt an den Widerständen ab.

Merksatz

In einer Reihenschaltung ist die Gesamtspannung gleich der Summe der Teilspannungen an den Widerständen:

$$U = U_1 + U_2.$$

Für die Teilspannungen an den Widerständen der Reihenschaltung gilt:

$$\frac{U_1}{U_2} = \frac{R_1}{R_2}.$$

Achtung: Eine herausgedrehte Glühlampe einer Lichterkette wirkt wie ein geöffneter Schalter. Der Widerstand der Unterbrechung ist unendlich hoch, d. h. zwischen den Kontakten fällt die gesamte Spannung ab → V4. Im Fall der Lichterkette in → B1 herrscht eine Spannung von 230 V!

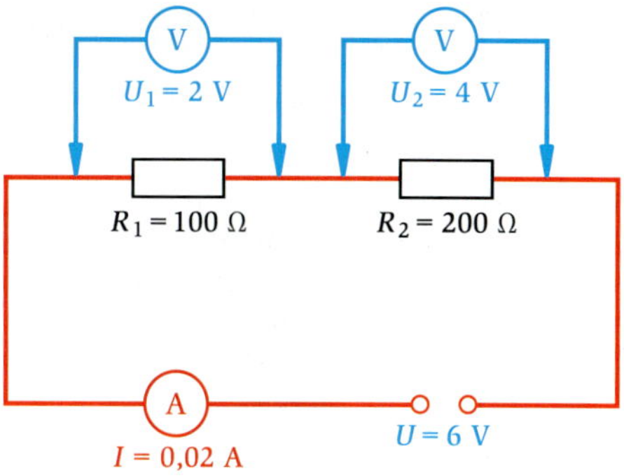

V3 In der Schaltung messen wir zusätzlich die Teilspannungen zwischen den Enden der Widerstände.

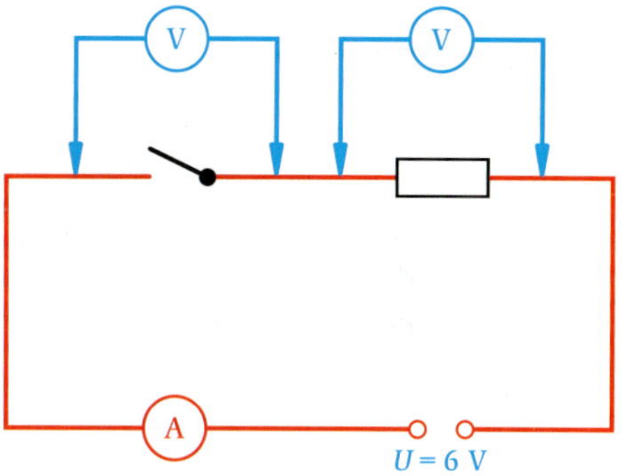

V4 Zwischen den Kontakten des geöffneten Schalters fällt die gesamte Spannung der Quelle ab.

Mach's selbst

A1 Die Widerstände $R_1 = 20\ \Omega$ und $R_2 = 100\ \Omega$ liegen in Reihe an der Spannung $U = 10$ V. Berechne den Gesamtwiderstand, die Stromstärke sowie die Teilspannungen.

A2 Die Widerstände $R_1 = 20\ \Omega$ und $R_2 = 100\ \Omega$ sind in Reihe geschaltet. Die Stromstärke beträgt $I = 0{,}2$ A.
a) Berechne die angelegte Spannung.
b) Bestimme die Teilspannungen U_1 und U_2.
c) Vergleiche das Verhältnis der Teilspannungen mit dem Verhältnis der Widerstände.

A3 Baue eine Reihenschaltung mit drei unterschiedlichen Widerständen auf.
Weise in einem Experiment nach, dass gilt: $R = R_1 + R_2 + R_3$.

A4 Drei Widerstände mit 20 Ω, 30 Ω und 50 Ω liegen in Reihe an einer Spannungsquelle mit $U = 50$ V. Berechne den Gesamtwiderstand, die Stromstärke und die Teilspannungen.

Ergänzung

Gefahren des elektrischen Stroms

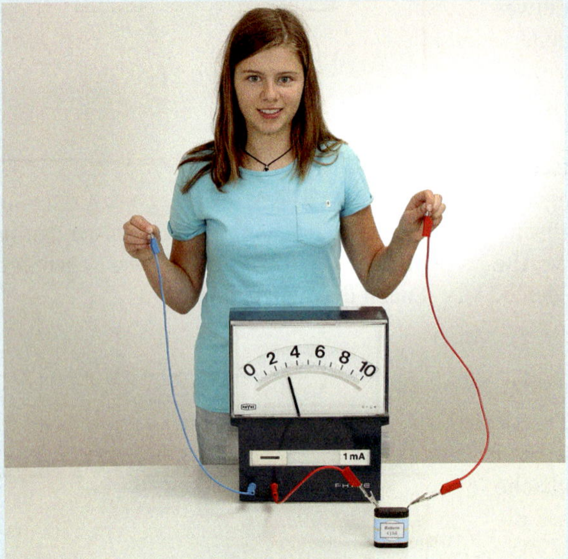

B1 Auch der menschliche Körper leitet den Strom.

Wie du an → **B1** erkennst, leitet der menschliche Körper den elektrischen Strom. Dies ist dir schon bekannt. Früher hatten wir gesehen, dass Wasser zum Leiter wird, wenn in ihm Salze gelöst sind. Unser Körper besteht zu 80 % aus Wasser, in dem auch Salze enthalten sind (denke an salzige Tränen oder Schweiß).

Elektrischer Strom kann sehr gefährlich sein!
Die Größe der Gefahr wird durch die Stromstärke bestimmt:
$I < 0{,}5$ mA: Solche Ströme nehmen wir nicht wahr.
$0{,}5 \text{ mA} < I < 20$ mA: Bei wachsender Stromstärke spüren wir ein Kribbeln, schließlich ein Verkrampfen der Muskeln.
$20 \text{ mA} < I < 70$ mA: Ab etwa 20 mA ist die Verkrampfung so stark, dass man den Strom führenden Leiter nicht mehr loslassen kann.
$I > 70$ mA: Führt der Stromweg über das Herz, so kann es ab 70 mA zum Herzstillstand kommen.

Wie bei jedem Leiter hängt die Stromstärke durch unseren Körper vom Widerstand und der anliegenden Spannung ab. Der Widerstand setzt sich aus dem Körperwiderstand (etwa 1,2 kΩ) und dem Übergangswiderstand zusammen. Dabei spielt die Größe der Berührungsfläche von Haut und Leiter ebenso eine Rolle wie der Feuchtigkeitsgrad der Haut.
Man hat herausgefunden, dass die Stromstärke durch den menschlichen Körper ungefährlich bleibt, wenn die Spannung 24 V nicht überschreitet. Die 230 V des Hausnetzes können dagegen tödliche Folgen haben!

Achtung: Du darfst nie mit der Steckdose als Spannungsquelle arbeiten!
Taschenlampenbatterien und Netzgeräte bis 24 V kannst du benutzen.

So verhältst du dich richtig:

- **Blanke Leitungen des Hausnetzes nicht berühren!**
- **Benutze kein Gerät mit Isolationsschäden!**
- **Elektrogeräte nie mit nassen Händen oder barfuß auf feuchtem Boden stehend berühren!**
- **In der Nähe der Badewanne haben Elektrogeräte nichts zu suchen!**

B2 Was wird hier falsch gemacht?

Mach's selbst

A1 In den beiden Zweigen eines Stromkreises liegen zwei Strommesser. Der eine zeigt 1,8 A. Was zeigt der andere, wenn man im unverzweigten Teil 2,4 A misst?

A2 Bestimme in folgenden Schaltungen die fehlenden Stromstärken:

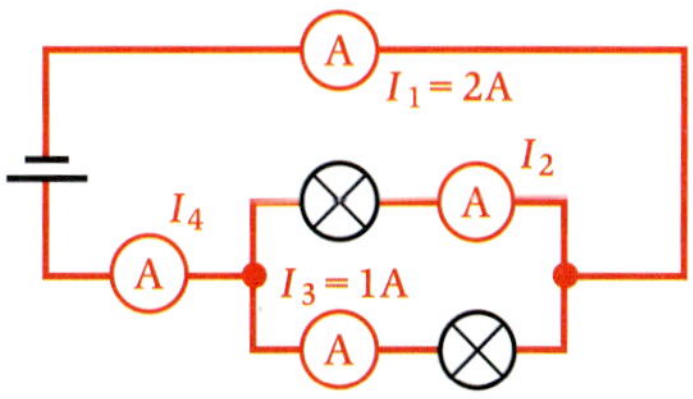

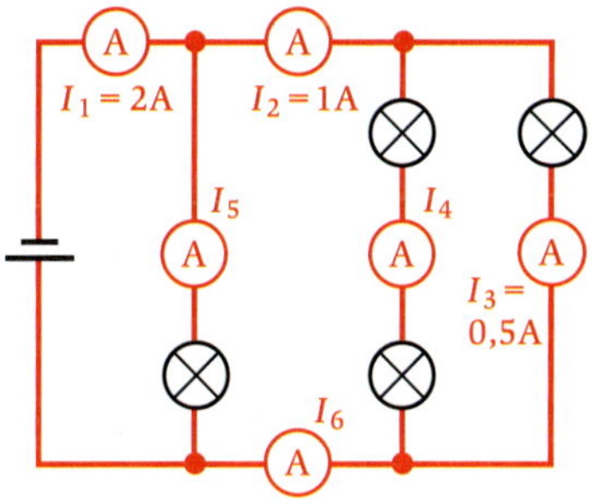

A3 **a)** Drückt man einen Wasserschlauch am Ende etwas zusammen, so vergrößert sich die Reichweite des Wasserstrahls, weil sich die Wasserteilchen innerhalb der Verengung schneller bewegen als davor.
Vergleiche die Wasserstromstärke innerhalb der Verengung mit der Wasserstromstärke an einer Stelle davor. Begründe deine Aussage.
b) Wir stellen uns vor, dass die beweglichen Elektronen in einer Leitung mit bestimmtem Querschnitt gleich schnell sind.
Begründe damit die Zeichnung.

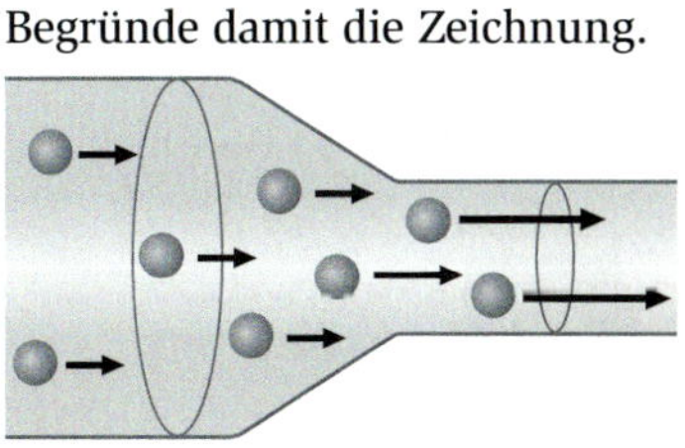

A4 Die Verkehrsstromstärke bestimmt man durch Zählen der Fahrzeuge, die in einer bestimmten Zeitspanne eine Kontrollstelle passieren. Erkläre, warum sich die Angaben von zwei Kontrollstellen, die in 5 km Abstand hintereinander liegen, unterscheiden können. Was gilt dagegen für unverzweigte elektrische Stromkreise? Vergleiche.

A5 Finde Situationen, in denen vom Stromverbrauch die Rede ist. Auch in diesen Fällen wird der Strom natürlich nicht verbraucht. Stelle die Situationen physikalisch richtig dar.

A6 Die drei Widerstände $R_1 = 150\ \Omega$, $R_2 = 200\ \Omega$ und $R_3 = 260\ \Omega$ sind in Reihe geschaltet. An die Schaltung wird die Spannung $U = 230$ V gelegt.
a) Berechne den Ersatzwiderstand und die Stromstärke.
b) Berechne die Teilspannungen U_1, U_2 und U_3.

A7 Die drei Widerstände $R_1 = 30\ \Omega$, $R_2 = 20\ \Omega$ und $R_3 = 10\ \Omega$ werden parallel geschaltet. Berechne für $U = 9$ V den Ersatzwiderstand R, die Gesamtstromstärke I_{ges} sowie die Stromstärken I_1, I_2 und I_3.

A8 Die Widerstände $R_1 = 8\ \Omega$ und $R_2 = 12\ \Omega$ sind parallel geschaltet. Die Gesamtstromstärke ist 2,6 A. Berechne die angelegte Spannung und die Stromstärken in den Zweigleitungen.

A9 Vier Lämpchen werden in Reihe an eine Quelle mit 17 V angeschlossen. Die Stromstärke beträgt 0,2 A. An drei Lämpchen misst man jeweils die Teilspannung 4 V. Bestimme die Widerstände der vier Lampen.

A10 In den Kabeln von Elektrogeräten haben die einzelnen Leiter verschiedene Farben. Der Schutzleiter ist stets gelb-grün → **Ergänzung**, Seite 96. Kein anderer Leiter darf so markiert sein. Begründe.

A11 Bei Elektrounfällen wird der menschliche Körper Teil eines Stromkreises. Sein Widerstand sei 1,2 kΩ. Berechne die Stromstärke bei der Spannung 230 V. Ein Elektriker meint, ein solcher Unfall sei lebensgefährlich.
Diskutiere.

A12 Es gibt zwei Arten von Lichterketten für eine Spannung von 230 V. Die einen haben 10, die anderen 16 in Reihe geschaltete „Kerzen".
a) Berechne die Spannung an jeweils einer Kerze.
b) Die Nennstromstärke in der 10er-Kette beträgt 130 mA, die der 16er-Kette ist 209 mA. Welchen Widerstand hat jeweils eine Kerze, welchen die gesamte Kette?

A13 Bei einem Schiebewiderstand ist ein Widerstandsdraht um ein Keramikrohr gewickelt. Die Isolation des Drahtes ist oben entfernt, sodass Draht und „Schleifer" Kontakt haben. Durch Verschieben des Schleifers wird der Widerstand des Gerätes verändert.
Wie funktioniert das Gerät?
Entwirf eine Schaltung (mit Batterie), bei der man die Helligkeit einer Lampe mit einem Schiebewiderstand regeln kann.

A14 Auf einer Lampe eines Overhead-Projektors steht 25 V/10 A. Sie soll an 230 V angeschlossen werden. Bestimme den Vorwiderstand, den man in Reihe schalten muss, damit die Lampe nicht durchbrennt.

A15 Ein Taschenrechner hat die Daten 3 V/0,1 mA. Du möchtest ihn aber mit dem 5-V-Netzgerät deines Handys betreiben. Entwickle eine mögliche Lösung.

Schutzmaßnahmen

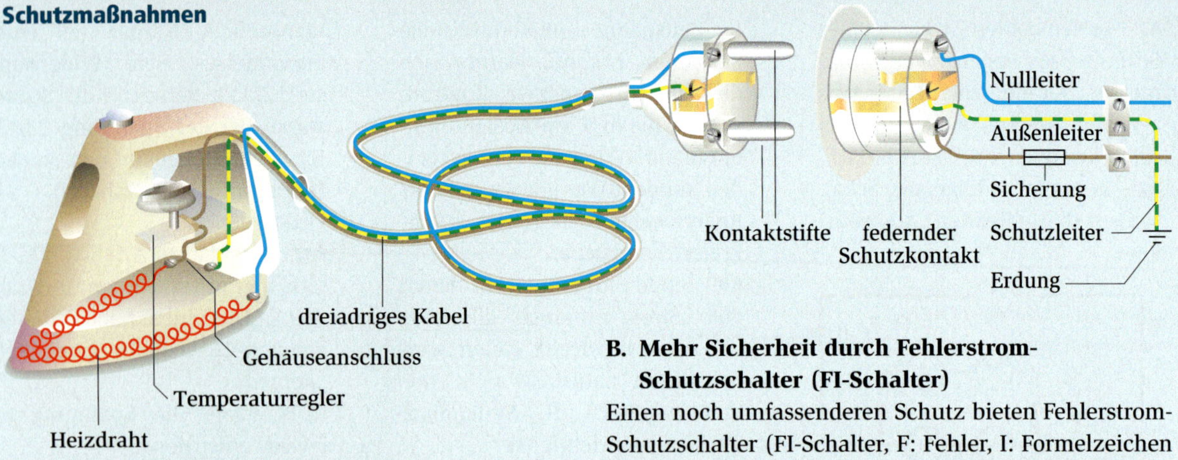

A. Schutzleiter sorgen für unsere Sicherheit

Beim Betrieb des Bügeleisens führen nur der blaue und der braune Leiter Strom, nicht aber der grün-gelbe Schutzleiter. Dieser hat eine Sicherheitsfunktion im Gefahrenfall. Er verbindet das Metallgehäuse des Bügeleisens über die gelb gezeichneten **Schu**tz**ko**ntakte im Schukostecker mit der Erdung am Hausanschluss. Es ist gleichgültig, wie man den Stecker in die Dose steckt, der grün-gelbe Schutzstecker behält seine Funktion.

Nimm an, es gäbe keinen Schutzleiter und der Außenleiter bekäme Kontakt zum Metallgehäuse (defekte Keramikisolation des Heizdrahtes, brüchige Isolation alter Kabel, lockere Befestigung des Außenleiters). Durch diesen Gehäuseschluss herrscht Spannung zwischen Gehäuse und Erde. Über die bügelnde Person kann ein Stromkreis zum Fußboden geschlossen werden. Es kann zu einem lebensgefährlichen Körperstrom kommen. Auf ihn spricht die Sicherung nicht an, sie ist auf den viel stärkeren Strom durch das Bügeleisen ausgelegt.

Ist ein Schutzleiter vorhanden, bleibt die Person ungefährdet: Beim Gehäuseschluss wird ein Stromkreis über Außenleiter, Gehäuse und Schutzleiter geschlossen. Aufgrund des geringen Widerstandes der beteiligten Leiter ist die Stromstärke so groß, dass die Sicherung im Außenleiterstrang anspricht. Die Gefahr ist beseitigt.

Auch der Nullleiter hat Kontakt zur Erde. Zwischen ihm und dem Schutzleiter herrscht keine Spannung. Würden Außenleiter und Schutzleiter vertauscht, so würde die Netzspannung von 230 V zwischen Metallgehäuse und Erde herrschen!

B. Mehr Sicherheit durch Fehlerstrom-Schutzschalter (FI-Schalter)

Einen noch umfassenderen Schutz bieten Fehlerstrom-Schutzschalter (FI-Schalter, F: Fehler, I: Formelzeichen für elektrischen Strom). Sie überprüfen, ob die Stromstärken in Außenleiter und Nullleiter gleich groß sind.

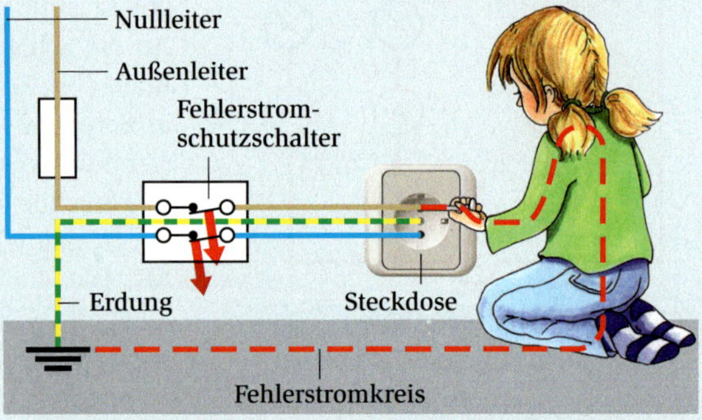

In unserem Beispiel wird durch das Berühren des Außenleiters in der Steckdose der Stromkreis Steckdose–Kind–Boden geschlossen. Der Außenleiter führt Strom, der Nullleiter nicht. Beträgt der Unterschied der Stromstärken mindestens 30 mA („Fehlerstrom"), wird der Stromkreis innerhalb von 0,03 s vom Netz getrennt. Dank des schnellen Abschaltens ist das Kind nicht gefährdet.

Die Funktionsweise eines FI-Schalters wird im abgebildeten Versuch gezeigt: Die Elektronen fließen in entgegengesetzter Richtung durch die beiden Spulen. Ihre Magnetfelder neutralisieren sich, bis vor einer der beiden Spulen Elektronen abgezweigt werden. Dann wird der Eisenkern magnetisiert und zieht den Nagel an – der Stromkreis wird unterbrochen.

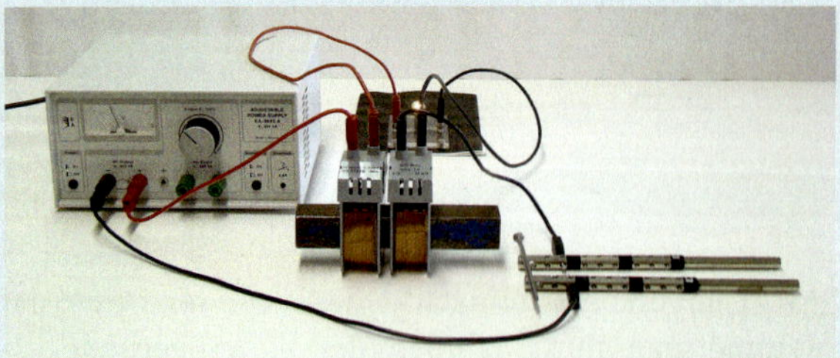

C. Weitere Schutzmaßnahmen

Kindersicherungen in Steckdosen verhindern, dass Kinder mit Nägeln oder anderen leitenden Gegenständen den Außenleiter berühren können. Man sollte diese Abdeckungen stets benutzen. Auch moderne Schutzeinrichtungen könnten einmal versagen.

Küchenmaschinen und viele andere Haushaltsgeräte sind mit einem zweiadrigen Kabel ausgerüstet – sie haben also keinen Schutzleiter. Eine Schutzisolierung sorgt für Sicherheit. Alle Außenteile sind meist aus isolierendem Kunststoff. Nach außen führende Metallteile sind durch Kunststoffteile unterbrochen.

Mit einem Pilzdrucktaster (Notausschalter) können sofort alle Steckdosen vom Netz getrennt werden. Bei einem Stromunfall kannst du mit ihm Menschenleben retten.

Interessantes

Blitzschutz

Bei einem Gewitter ist man am sichersten in einem geschlossenen Auto. Die Gewitterwolke ist unten negativ geladen, der Erdboden positiv. In der Karosserie werden dadurch Elektronen nach unten in die Bodenplatte gedrängt, das Dach wird positiv. Auf ein Elektron im Wageninneren wirken jetzt zwei Kräfte, eine Kraft nach unten (wegen der Ladungen in Wolke und Erde) und eine nach oben (wegen der Ladungen in Dach und Boden des Autos). Beide Kräfte gleichen sich aus, es entsteht im Autoinneren kein Strom, wohl aber durch die Karosserie.

Zum Schutz von Häusern genügt es aber schon, entlang der Kanten des Daches dicke Leitungen zu legen. Diese Fangleitungen sowie zusätzliche Fangstäbe werden über dicke Ableiter mit der sogenannten Potenzialausgleichsschiene des Hausanschlusses verbunden. Diese muss über einen Ring- oder Fundamenterder leitend mit dem feuchten Erdreich verbunden werden. Personen und elektrische Geräte innerhalb des gesicherten Gebäudes sind dann vor den Folgen des Blitzeinschlags geschützt.

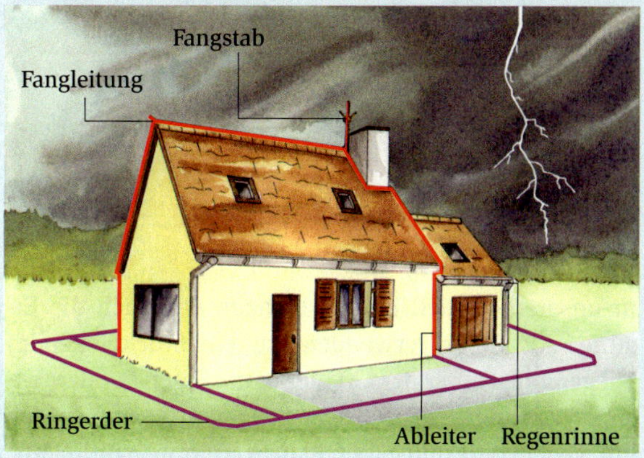

Fortbewegung und Mobilität

Das kannst du in diesem Kapitel erreichen:

- Du wirst Bewegungen experimentell untersuchen und sie beschreiben können.
- Du wirst Kräfte messen können und ihre Wirkung in Experimenten erfahren.
- Du wirst den Unterschied zwischen Masse und Gewichtskraft erklären können.
- Du wirst die Bedeutung von Kraft und Masse für Bewegungsänderungen erklären und für Risiken im Straßenverkehr beurteilen können.
- Du wirst mithilfe des Wechselwirkungsprinzips erklären können, wie der Antrieb einer Rakete funktioniert.

Bewegung und Kräfte

A1 Beschreibt die Bewegung des Fahrradfahrers im oberen Bild möglichst genau. Zeichnet ein zum Bild passendes *t-v*-Diagramm.

A2 Legt eine Melone in einen alten Fahrradhelm und zurrt den Kinngurt fest zu. Lasst eine Melone mit und eine ohne Fahrradhelm aus etwa einem Meter Höhe fallen. Beschreibt physikalisch, wie der Fahrradhelm die Melone schützt.

A3 Kannst du aufgrund des Fotos entscheiden, wie stark der Schuss des Pucks ist? Begründe deine Antwort.

A4 Ziehe an dem Papier der Rolle Toilettenpapier einmal langsam und einmal ruckartig.
Beschreibe deine Beobachtungen und formuliere eine Erklärung.

A5 Vergleicht mithilfe eines Expanders oder Thera-Bandes® die Kraft, die jeder von euch ausüben kann. Legt eine Tabelle an, aus der ersichtlich ist, wie stark jeder im Vergleich zu den anderen gezogen hat. Stellt dies in einem Schaubild dar.

A6 Eine Astronautin befindet sich in einer Raumstation in der „Schwerelosigkeit". Sie möchte einige Gegenstände abwiegen, die sie zum Experimentieren benötigt. Überlege, ob eine Briefwaage hierfür geeignet ist.

1. Die Geschwindigkeit im Diagramm

Früher haben wir schon die Geschwindigkeit in verschiedenen Situationen untersucht. Mithilfe eines Bewegungswandlers haben wir das *t*-*s*-Diagramm einer Modelleisenbahn auf dem Computer dargestellt.

In → V1 durchläuft eine Modelleisenbahn vier Bewegungsphasen. In → B1 ist das *t*-*s*-Diagramm der Modelleisenbahn dargestellt. Das Diagramm besteht aus vier unterschiedlichen Geradenabschnitten.
Wir erinnern uns: Bei einer gleichförmigen Bewegung nennen wir den Quotienten aus zurückgelegtem Weg s und der dazu benötigten Zeit t die Geschwindigkeit v. Die Geschwindigkeit in den vier Abschnitten ist also:

$$v_{\mathrm{I}} = \frac{s_2 - s_1}{t_2 - t_1} = \frac{0{,}6\ \mathrm{m} - 0\ \mathrm{m}}{2\ \mathrm{s} - 0\ \mathrm{s}} = 0{,}30\ \frac{\mathrm{m}}{\mathrm{s}}\,,$$

$$v_{\mathrm{II}} = \frac{1{,}2\ \mathrm{m} - 0{,}6\ \mathrm{m}}{6\ \mathrm{s} - 2\ \mathrm{s}} = 0{,}15\ \frac{\mathrm{m}}{\mathrm{s}}\,,$$

$$v_{\mathrm{III}} = \frac{1{,}2\ \mathrm{m} - 1{,}2\ \mathrm{m}}{6\ \mathrm{s} - 8\ \mathrm{s}} = 0{,}00\ \frac{\mathrm{m}}{\mathrm{s}}\,,$$

$$v_{\mathrm{IV}} = \frac{0{,}4\ \mathrm{m} - 1{,}2\ \mathrm{m}}{12\ \mathrm{s} - 8\ \mathrm{s}} = -0{,}20\ \frac{\mathrm{m}}{\mathrm{s}}\,.$$

Die Geschwindigkeit v_{I} ist am größten. Daher ist die Steigung der *t*-*s*-Geraden im Abshnitt I am größten. Danach fährt die Modelleisenbahn langsamer, $v_{\mathrm{II}} < v_{\mathrm{I}}$, die Steigung der *t*-*s*-Geraden ist im Abschnitt II also kleiner. In Abschnitt III hält die Modelleisenbahn für 2 s an. Der Graph im *t*-*s*-Diagramm verläuft horizontal, die Geschwindigkeit ist Null, der Ort des Zuges ändert sich in dieser Zeit nicht. Anschließend fährt der Zug in Abschnitt IV mit konstanter Geschwindigkeit zurück. Die Gerade im Diagramm fällt in diesem Abschnitt, der Zug bewegt sich mit gleichbleibender Geschwindigkeit in entgegengesetzter Richtung.

In → B2 ist das *t*-*v*-Diagramm dieser Bewegung dargestellt. Da die Geschwindigkeit in den einzelnen Abschnitten konstant ist, besteht die Kurve des Zuges im *t*-*v*-Diagramm aus horizontalen Geradenstücken. Während der Zug hält, ist die Geschwindigkeit null. Im letzten Abschnitt wird der Wert der Geschwindigkeit negativ, da die Bewegung nun in umgekehrter Richtung verläuft. Aus diesem Diagramm können wir die Geschwindigkeit des Zuges zu einem beliebigen Zeitpunkt direkt ablesen.

Beim Beschreiben der Bewegung des Zuges sind wir von idealisierten Bedingungen ausgegangen. Wir haben z. B. nicht berücksichtigt, dass der Zug beim Anfahren zunächst immer schneller wird – bis er seine Geschwindigkeit erreicht hat. Dies wollen wir nun genauer untersuchen.

V1 Die Lok einer Modelleisenbahn fährt mit hoher, konstanter Geschwindigkeit, dann fährt sie langsamer, bleibt stehen und fährt anschließend wieder zurück.

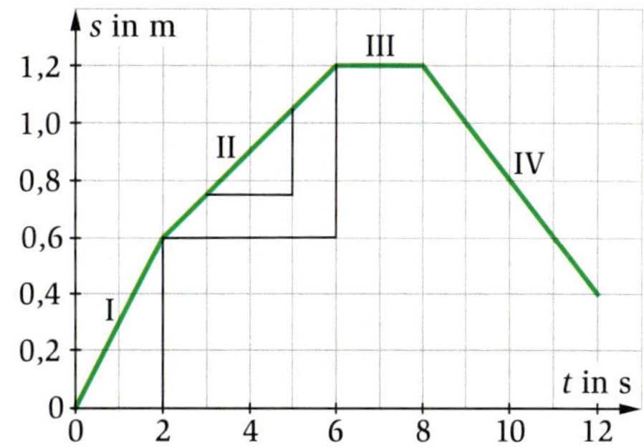

B1 Fahrt einer Modelleisenbahn in einem *t*-*s*-Diagramm

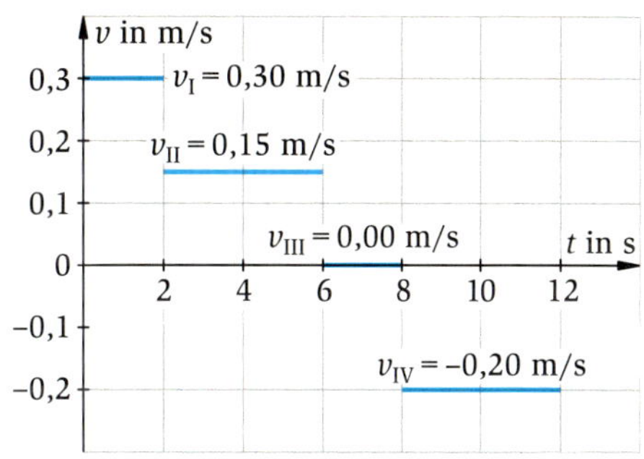

B2 Fahrt einer Modelleisenbahn, dargestellt in einem *t*-*v*-Diagramm

Mach's selbst

A1 Ein Wagen fährt für 5 s mit 8 m/s, in den folgenden 3 s fährt er nur noch mit 3 m/s, bevor er für 2 s stehen bleibt. Zeichne das zugehörige *t*-*s*- und *t*-*v*-Diagramm.

A2 Ein Jogger läuft 60 s mit einer Geschwindigkeit von 2 m/s. 20 s später startet ein Radfahrer mit v = 5 m/s. Zeichne beide Bewegungen in ein *t*-*s*-Diagramm ein und bestimme den Ort, an dem sich die beiden treffen.

B1 Mit voller Kraft geschossen ...

B2 ... und abgewehrt

B3 Ein Ball verformt sich.

Anstoß

1. Untersuche mithilfe eines Haartrockners den Einfluss des Luftstroms auf die Bewegung eines Spielzeugautos. Beschreibe hierzu die Änderung der Geschwindigkeit des Autos, wenn der Luftstrom
   a) in Bewegungsrichtung,
   b) entgegengesetzt zur Bewegungsrichtung,
   c) senkrecht zur Bewegungsrichtung
   gerichtet ist.

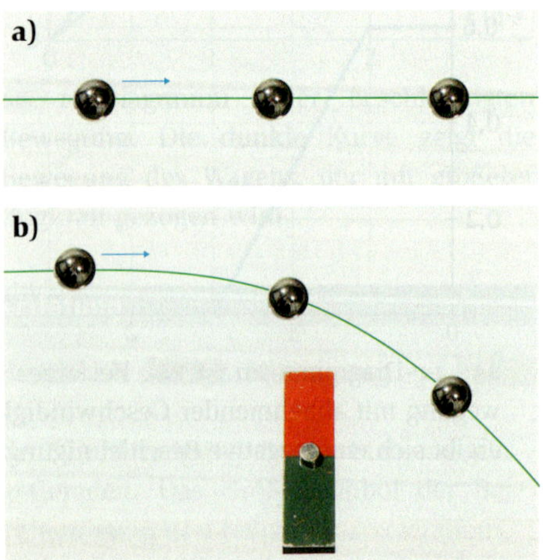

V1 **a)** Wir lassen eine Stahlkugel über eine Glasplatte rollen. Die Bahn der Kugel ist geradlinig, die Kugel wird nicht schneller und nicht langsamer.
b) Nun legen wir zusätzlich einen Magneten auf die Glasplatte. Wenn die Kugel in die Nähe eines Magnetpols kommt, wird sie zunächst etwas schneller, folgt einer gekrümmten Bahn und wird dann langsamer.

1. Kraft – Ursache für die Geschwindigkeitsänderung

Ein Elfmeterschütze muss beim Abschlag kräftig gegen den Ball treten → B1. Will ein Torwart einen aufs Tor geschossenen Ball halten, so muss er ihn mit seinen Händen abbremsen und festhalten oder den Ball so ablenken, dass dieser das Tor verfehlt → B2. In allen Fällen benötigen die Spieler dazu ihre Muskeln. Dies hat einen physikalischen Grund: Sie möchten eine Kraft auf den Ball ausüben.

Kein Zuschauer im Stadion kann eine Kraft sehen. Jeder kann jedoch ihre Wirkung erkennen. Beim Abschlag bewirkt die Kraft, dass der Ball aus der Ruhe in Bewegung gesetzt wird, er wird schneller, d.h. der Betrag seiner Geschwindigkeit nimmt zu. Fängt der Torwart einen Ball, wird dieser abgebremst, der Betrag seiner Geschwindigkeit nimmt ab. Wie wir bereits wissen, besitzt die Geschwindigkeit neben dem Betrag auch eine Richtung. Bei der Faustabwehr wird die Flugrichtung des Balls geändert.
In allen Fällen bewirkt die Kraft also eine Änderung der Geschwindigkeit des Balles. Allgemein kann man sagen:
Ändert sich der Betrag oder die Richtung der Geschwindigkeit eines Körpers, so wirkt auf den Körper eine Kraft.

Die Stahlkugel aus → V1a rollt – einmal in Bewegung gesetzt – mit konstanter Geschwindigkeit über die Glasplatte. Die Kugel ändert weder Betrag noch Richtung ihrer Geschwindigkeit. Rollt sie an einem Magnetpol vorbei, so ändern sich Richtung und Betrag ihrer Geschwindigkeit → V1b. Als Ursache erkennen wir eine quer zur Rollrichtung auf die Kugel wirkende magnetische Kraft.

2. Kräfte verformen Körper

In → B3 tritt ein Fußballspieler auf einen am Boden liegenden Ball. Der Fuß des Spielers übt eine Kraft auf den Ball aus. Es ändert sich jedoch nicht die Geschwindigkeit des Balles, er bleibt in Ruhe am Boden liegen.

Wir erkennen aber eine andere Kraftwirkung: Der Ball verformt sich. Wir haben also neben der Geschwindigkeitsänderung eine weitere Kraftwirkung beobachtet, die Verformung von Körpern.

Merksatz

Ändert sich der Betrag oder die Richtung der Geschwindigkeit eines Körpers oder wird dieser verformt, so ist die Ursache dafür eine Kraft.

3. Lassen sich Kräfte messen?

Ina und Nele wollen herausfinden, wer von beiden die Stärkere ist. Sie wollen „ihre Kräfte messen". Was könnte hierzu ein geeignetes Messinstrument sein? Möglich wäre beispielsweise, beim Werfen eines Balles ihre Kräfte zu vergleichen. Doch spielen hier sicher auch Geschicklichkeit und Übung eine Rolle. Also lassen wir die beiden nacheinander an einem Thera-Band® ziehen → B4. Wir nutzen zur Kraftmessung also die Kraftwirkung der Verformung. Ein Ende des Bandes ist an der Wandtafel sicher befestigt. Der Ort des rechten Bandendes wird an der Tafel durch eine Kreidemarkierung festgehalten.

Wird das Fitnessband von zwei Schülerinnen bis zur gleichen Marke verlängert, dann sagen wir, beide üben gleich große Kräfte aus. In der Sprache der Physik ist damit die **Maßgleichheit** für Kräfte festgelegt.

Zum Messen brauchen wir aber auch noch eine **Einheit.** Wir legen als vorläufige Einheit die Kraft, die die Schülerin Ina ausübt, mit der Bezeichnung „1 Ina" fest.
Was sollen aber „2 Ina" sein? Jetzt brauchen wir Inas gleich starke Mitschülerin. Wir vereinbaren: Wenn beide am Thera-Band® in die gleiche Richtung ziehen, üben sie zusammen die Kraft „2 Ina" aus. Drei Schülerinnen, die sich als gleich stark erwiesen haben, üben gemeinsam in gleicher Richtung die Kraft „3 Ina" aus. Auf diese Weise erzeugen wir eine **Kräfteskala,** die wir zur Kraftmessung benutzen können. Leider liefern die meisten Fitnessbänder eine ungleichmäßig unterteilte Kräfteskala. Wir werden bald bessere Kraftmesser kennen lernen.

Das Prinzip, das wir hier beim Messen von Kräften angewendet haben, wird generell beim Messen physikalischer Größen benutzt. Wer misst, vergleicht eine Größe mit dem Vielfachen einer Einheit. So misst man z. B. die Länge eines Tisches, indem man sie mit einem Maßstab der Länge 1 m vergleicht und so beispielsweise $3 \cdot 1$ m, also 3 m erhält.

Merksatz

Zwei Kräfte, die denselben Körper gleich stark verformen, sind gleich groß.

B4 Thera-Band® als „Maßstab" für Kräfte

Mach's selbst

A1 a) Nenne alltägliche Vorgänge zu den Wirkungen einer Kraft.
b) Stelle eine Liste mit alltagssprachlichen Begriffen zusammen, die jeweils das Wort „Kraft" enthalten.
c) Markiere die Begriffe, die „Kraft" im physikalischen Sinne verwenden.

A2 Beschreibe den Ablauf eines Handballwurfes. Berichte zunächst aus der Sicht des Werfers und dann aus der Sicht einer Zuschauerin. Der Ball kommt auf das Tor – der Torwart hält. Berichte aus seiner Sicht.

A3 Ein Boxer schlägt im Training viele Male auf einen schweren Sandsack. Beschreibe den Vorgang und verwende dabei die Begriffe aus dem oberen Merksatz.

A4 Das Bild zeigt einen Tennisball im Augenblick des Kontaktes mit den Schlägersaiten. Beschreibe den Vorgang. Nenne dabei die auftretenden Kräfte und ihre Wirkung.

A5 Ein Fußballreporter ruft, ein Spieler habe den Ball gehalten, abgewehrt bzw. verlängert. Was hätte der Spieler tun müssen, wenn das wörtlich gemeint wäre? Beschreibe physikalisch den jeweiligen Vorgang sowie die entsprechende Wirkung.

B1 Tauziehen – Kräfte im Vergleich

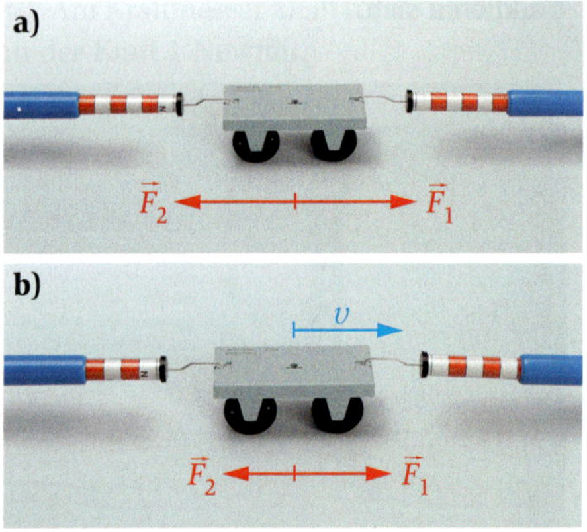

V1 Wir ziehen an dem ruhenden Wagen mit Federkraftmessern in entgegengesetzte Richtungen. Zugleich messen wir die Beträge F_1 bzw. F_2 der beiden Kräfte.
a) Wenn wir mit gleich großen Kräften ziehen, dann bleibt der Wagen in Ruhe.
b) Ziehen wir dagegen mit verschieden großen Kräften, so setzt sich der Wagen in Bewegung – und zwar in Richtung der größeren der beiden Kräfte.

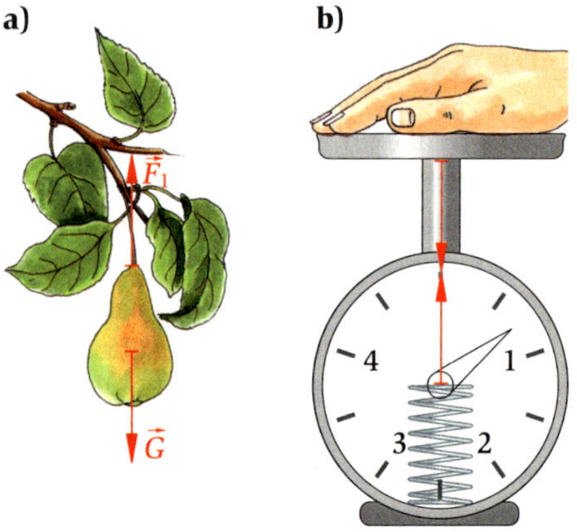

B2 Kräftegleichgewicht an
a) einem Zweig, **b)** einer Druckfeder

1. Kräfte wirken – und doch keine Bewegung

Beim Tauziehen kommt es auf die rote Marke in der Mitte an → B1 : Jede Gruppe versucht mit großer Kraft, die Markierung auf die eigene Seite zu ziehen. Wenn sich die Marke aber trotzdem nicht bewegt, was können wir dann folgern?

Mit → V1 untersuchen wir einen solchen Fall, indem wir die beteiligten Kräfte messen. Es zeigt sich: Bei kleinen wie bei großen Kräften bleibt der Wagen in Ruhe, sofern folgende Bedingung erfüllt ist:
Die Beträge der entgegengesetzt gerichteten Kräfte sind gleich groß, d.h. es gilt: $F_1 = F_2$. Man sagt dann: Die beiden Kräfte befinden sich im **Kräftegleichgewicht.**

Wenn dagegen die Beträge dieser Kräfte nicht gleich, sondern verschieden groß sind, wenn also z.B. $F_1 > F_2$ gilt, so setzt sich der Wagen in Bewegung – in Richtung der größeren Kraft. Dann sind die Kräfte nicht im Kräftegleichgewicht.
Bei einem Körper in Ruhe kann es sein, dass gar keine Kraft an ihm angreift. Es ist aber auch möglich, dass an dem Körper zwei Kräfte angreifen, die sich im Kräftegleichgewicht befinden.

Was gilt nun für eine Birne, die in Ruhe an einem Zweig hängt? Ohne Zweig würde die Birne nach unten fallen, da an der Birne die sogenannte Gewichtskraft nach unten zieht → B2a . Der Zweig wird dadurch gekrümmt und aufgrund dieser Verformung bringt der Zweig eine Kraft nach oben auf. Je größer die Verformung ist, desto größer ist die Kraft des Zweiges. Der Zweig hat sich genau so weit verformt, dass sich die nach oben gerichtete Kraft (Betrag F_1) und die nach unten, also entgegengesetzt gerichtete Gewichtskraft (Betrag G) im Kräftegleichgewicht befinden: $G = F_1$.

Eine gegengleiche Kraft bringt auch die Druckfeder in → B2b auf, wenn z.B. eine Hand auf sie drückt. Wieder sind die Kräfte im Kräftegleichgewicht. Je mehr sich diese Feder verkürzt, desto größer ist die Kraft, die an der Feder angreift.

2. Eine Kraft als Ersatz für zwei Kräfte

Zwei Kinder beim Tauziehen zeigt → B3a. Dabei denken wir uns die gegnerische Mannschaft durch einen Kraftmesser ersetzt. Beide Kinder üben eine Kraft auf dasselbe Tau aus und die Kräfte sind gleichgerichtet. Deshalb addieren sich ihre Beträge. Der Kraftmesser zeigt eine Kraft vom Betrag $F_1 + F_2$ an.

Diesen Fall kennen wir schon, wir wissen auch, dass wir das gleiche Ergebnis erhalten, wenn ein Kind alleine mit einer Kraft vom gleichen Betrag $F_1 + F_2$ in die gleiche Richtung ziehen würde. Das Kind würde die zwei Kräfte durch eine einzige, den beiden gleichwertige Kraft ersetzen. Du weißt, diese Kraft ist die Resultierende.

Haben also die beiden Kräfte die gleiche Richtung, so ist der Betrag der Resultierenden gleich der Summe der Einzelbeträge. Nur dann gilt mit z. B. $F_1 = F_2 = 30$ N, also $F_{Res} = 60$ N.

In → B3b liegt ein neuer Fall vor. Nun ziehen die beiden Kinder gegeneinander. Die Kinder üben Kräfte in entgegengesetzte Richtungen auf das Seil aus. Wer von beiden wird sich durchsetzen?
In → V1b haben wir gesehen, dass sich der Wagen in Richtung der größeren Kraft bewegt. Hier gilt also: Da $F_1 > F_2$ ist, setzt sich das Tau in Richtung der Kraft $\vec{F_1}$ in Bewegung. Es gibt also kein Kräftegleichgewicht. Weiter gilt: Das Tau setzt sich umso rasanter in Bewegung, je größer der Unterschied zwischen den beiden Kräften, je größer also die Differenz $F_1 - F_2$ ist. Wenn die Kraftrichtungen entgegengesetzt sind, dann liefert die Differenz der Einzelbeträge den Betrag der resultierenden Kraft. Sie zeigt in Richtung der Kraft mit dem größeren Betrag. Hier wäre es also falsch, die Summe der Beträge zu berechnen. Gemäß → B3b erhalten wir:

$$F_{Res} = F_1 - F_2 = 30\text{ N} - 20\text{ N} = 10\text{ N}.$$

Auch in → B3c wirken die Kräfte der beiden Kinder in entgegengesetzten Richtungen auf das Seil, nun aber haben die beiden Kräfte gleiche Beträge. Das Tau bleibt in Ruhe, die Kräfte $\vec{F_1}$ und $\vec{F_2}$ befinden sich im Kräftegleichgewicht. Für den Betrag der Ersatzkraft gilt nun:

$$F_{Res} = F_1 - F_2 = 30\text{ N} - 30\text{ N} = 0\text{ N}.$$

Merksatz

Kräfte, die an einem Punkt eines Körpers angreifen, lassen sich durch eine Kraft, die Resultierende, ersetzen.
Ist der Betrag der Resultierenden null, so sind die Kräfte im Gleichgewicht, ein ruhender Körper bleibt dann in Ruhe.
Ist der Betrag der Resultierenden ungleich null, dann wird der Körper in Bewegung gesetzt.

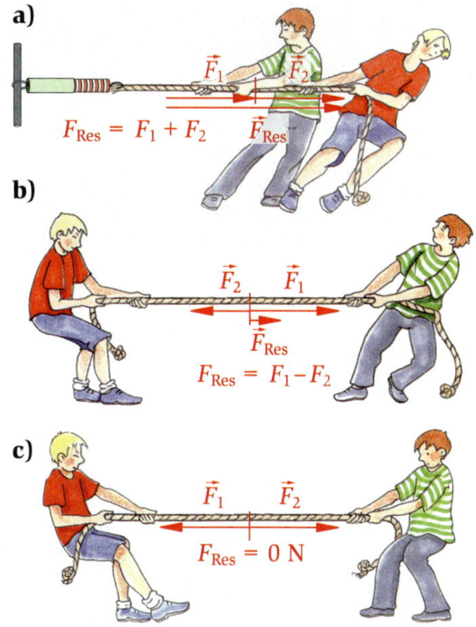

B3 Die an einem Punkt angreifenden Kräfte $\vec{F_1}$ und $\vec{F_2}$ lassen sich durch eine gleichwertige Kraft ersetzen. Man nennt sie resultierende Kraft $\vec{F_{Res}}$ oder Ersatzkraft.

Mach's selbst

A1 Bei einem Wettkampf im Tauziehen besteht jede Mannschaft aus vier Teilnehmern. Die Mitglieder von Mannschaft A ziehen mit den Kräften vom Betrag: 410 N, 295 N, 315 N und 335 N nach rechts. Von Mannschaft B sind die Beträge von drei nach links wirkende Kräfte bekannt: 295 N, 370 N und 365 N. Das Tau soll ruhen. Ermittle für diesen Fall die Kraft mit der der achte Teilnehmer am Tau zieht.

A2 Zwei gleich große Kräfte können im Kräftegleichgewicht sein, d. h. sie ändern nicht die Geschwindigkeit des Körpers, an dem sie angreifen. Trotzdem können sie – wie im Bild – einen Körper verformen. Gib weitere Beispiele an, wo dies beobachtet werden kann.

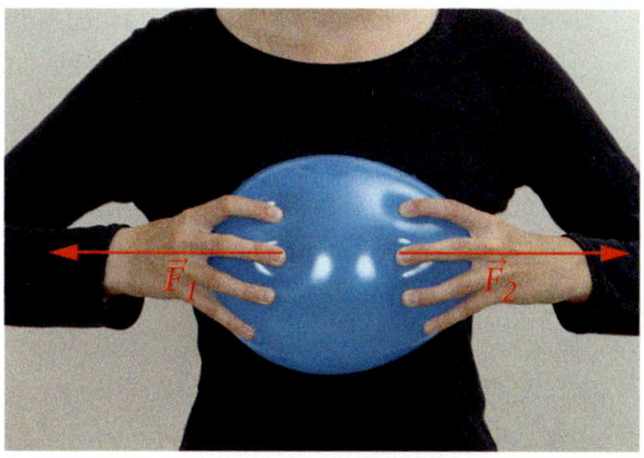

B1 Welche Kraft lässt den Bungeespringer ins Tal fallen?

B2 Die Gewichtskraft ist immer zum Erdmittelpunkt gerichtet.

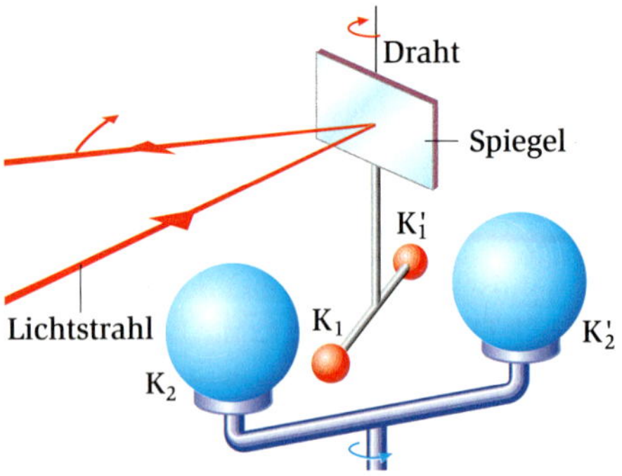

V1 Die Abbildung zeigt schematisch einen Versuchsaufbau zur Untersuchung der Kräfte zwischen den Bleikugeln K_1 und K_2. Die Kugeln K_1 und K_1' hängen zusammen mit einem Spiegel an einem dünnen Draht. Bringt man die großen Kugeln durch Drehen der Auflage in die Nähe der kleinen Kugeln, so bewegen sich die kleinen Kugeln auf die großen zu. Mit ihnen wird auch der Spiegel gedreht. Ein Lichtstrahl wird am Spiegel reflektiert und trifft auf einen einige Meter entfernten Schirm. Schon kleinste, mit bloßem Auge kaum wahrnehmbare Drehungen des Spiegels verursachen eine Ablenkung des reflektierten Strahls und somit eine sichtbare Bewegung des Leuchtpunktes auf dem Schirm.

1. Welche Kraft lässt uns zu Boden fallen?

Beim Bungeesprung geht es im freien Fall in die Tiefe → B1. Während des Sprunges wird man immer schneller, bis ein starkes Gummiseil den Fall abbremst. Um den Betrag der Geschwindigkeit eines Körper zu ändern, ist, wie wir wissen, eine Kraft nötig. Welche Kraft lässt nun den Bungeespringer und auch alle anderen Körper zu Boden fallen? Es ist die sogenannte **Gewichtskraft** oder auch **Schwerkraft.** Sie wirkt an allen Punkten der Erde zum Erdmittelpunkt → B2.

Auch die Astronauten auf dem Mond (1969-1972) erfuhren eine Gewichtskraft, die allerdings viel kleiner war als auf der Erde. Also zieht auch der Mond andere Körper an. Er ist, wie die Erde, ein großer Materiebrocken. Gilt dies vielleicht sogar für jedes andere Materiestück? → V1 beantwortet diese Frage im Labor: Selbst zwischen zwei kleinen Kugeln bestehen Anziehungskräfte. Diese Kräfte sind allerdings viel schwächer als die zwischen Erde und Bungeespringer. Ohne die empfindliche Apparatur würde man sie nicht wahrnehmen.

Merksatz

Beliebige Körper ziehen sich gegenseitig an.

Es ist also irreführend zu sagen, Körper sind schwer. Jeder Körper auf der Erde erfährt nämlich seine Gewichtskraft nur aufgrund der Anziehungskraft der Erde. Im Weltall, weit weg von allen Himmelskörpern, erfahren Körper keinerlei Anziehungskräfte mehr, man spricht von „Schwerelosigkeit“. Die Gewichtskraft ist also keine Eigenschaft eines einzelnen Körpers. Sie tritt nur als **Anziehungskraft** der Erde, des Mondes oder eines anderen Himmelskörpers auf einen Körper auf. Man spricht von einer **Wechselwirkung** zwischen dem Körper und beispielsweise der Erde.

2. Ist die Gewichtskraft überall gleich?

Die Gewichtskraft zeigt nach → B2 zur Erdmitte. Sie hat also am Äquator eine andere Richtung als am Nordpol. Aber auch die Beträge der Kraft unterscheiden sich. Sehr genaue Kraftmesser zeigen, dass ein und derselbe Körper an den Polen eine etwas größere Gewichtskraft erfährt als bei uns. Unabhängig vom Material sind alle Körper an den Polen um 0,5 % schwerer als am Äquator und um 0,25 % schwerer als bei uns in Mitteleuropa.

Wenn ein Körper sich von der Erde entfernt, nimmt die Anziehungskraft auf ihn ab. Im doppelten Abstand vom Erdmittelpunkt, also in 6370 km Höhe, ist sie auf den vierten Teil gesunken, im dreifachen Abstand sogar auf den neunten Teil.

Der Mond hat einen kleineren Radius als die Erde, er ist ein kleinerer Materiebrocken. Er zieht alle Körper auf seiner Oberfläche nur mit dem sechsten Teil der Gewichtskraft an, die sie auf der Erde erfahren würden → B3. Zieht also die Erde einen Körper mit $F = 6$ N an, so würde er auf der Oberfläche des Mondes von diesem nur die Gewichtskraft 1 N erfahren. Deshalb konnten Raumfahrer auf dem Mond mit der gleichen Muskelkraft viel höher springen als bei uns. Dagegen ist auf dem Jupiter, dem größten Planeten unseres Sonnensystems, die Gewichtskraft, die ein Körper erfährt, 2,6-mal so groß wie bei uns.

Merksatz

Die Gewichtskraft, die auf einen Körper wirkt, hängt vom Ort ab. Dies gilt für Betrag und Richtung der Kraft.

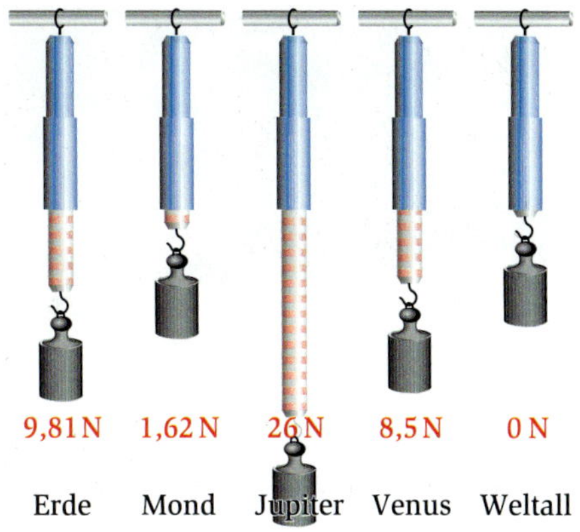

B3 Der Betrag der Gewichtskraft ein und desselben Körpers hängt vom Ort ab.

Kräfte auf die kleinen Kugeln in → V1	$\frac{1}{10^9}$ N
Gewichtskraft eines Normbriefes	0,2 N
Gewichtskraft einer Schokoladentafel	1 N
Gewichtskraft von 1 l Wasser	10 N
Gewichtskraft eines Menschen	700 N
Zugkraft eines Pkw	5 000 N
Zugkraft einer Lokomotive	150 000 N
Kraft der Erde auf den Mond	$2 \cdot 10^{20}$ N

T1 Verschiedene Kräfte

Kompetenz – Vom Beobachten zum Physikgesetz

In der Physik muss man – wie in allen Naturwissenschaften – zunächst Vorgänge in der Natur beobachten, um auf physikalische Gesetzmäßigkeiten zu schließen. Oft versucht man mehrere unterschiedliche Beobachtungen auf ein möglichst grundlegendes Gesetz zurückzuführen.

Wir haben zunächst aus der Beobachtung der Bewegung des Bungeespringers auf das Wirken einer zum Erdmittelpunkt der Erde wirkenden Kraft geschlossen – der Gewichtskraft. Anschließend suchten wir den tieferen Grund für diese Kraft. Wir vermuteten, dass zwischen allen Körpern Anziehungskräfte wirken, was sich durch → V1 bestätigte. So konnten wir also bei Gewichtskräften auf der Erde und Kräften, die Körper auf dem Mond erfahren, die gleiche physikalische Ursache erkennen. Zu dieser fundamentalen Erkenntnis gelangte 1686 als erster Isaac NEWTON, ein englischer Physiker. Er nannte diese grundlegende Kraft, die zwischen allen Körpern wirkt, **Gravitationskraft.**

Mach's selbst

A1 Nach → B2 ist die Gewichtskraft von Körpern am Äquator anders gerichtet als an den Polen. Ein Weitgereister behauptet: Überall wo ich war, zeigte sie nach unten. Erkläre den Widerspruch.

A2 Wir haben mit dem Thera-Band® waagrechte Zugkräfte der Größe „1 Ina", „2 Ina" usw. gemessen. Entwickle ein Experiment, um zu prüfen, ob 1 Ina auch die Gewichtskraft der Schülerin Ina auf der Erde ist. Wäre sie überall gleich groß?

A3 Hänge einen Knetklumpen an ein Gummiband und markiere die Verlängerung. Deine private Krafteinheit heißt nun „1 Knet". Erzeuge die Kräfte 2 und 3 Knet. Überlege, ob dabei die Verlängerung des Bandes unbedingt doppelt bzw. dreifach sein muss.

B1 Der Astronaut Buzz ALDRIN trägt auf dem Mond einen Tornister mit 84 kg Masse.

B2 Astronautin in der Schwerelosigkeit

Anstoß

1. Der Tornister des Astronauten Buzz ALDRIN → B1 würde auf der Erde eine Gewichtskraft von ca. 840 N erfahren, könnte also von einer Person kaum getragen werden. Auf dem Mond ist er viel leichter; die Gewichtskraft beträgt nur noch ein Sechstel. Ändert sich deswegen etwas am Inhalt des Tornisters? Begründe deine Meinung.

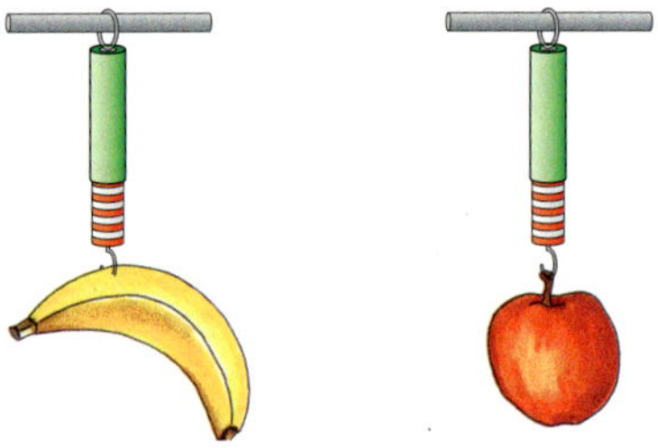

B3 Zwei Körper, die am selben Ort die gleiche Gewichtskraft erfahren, haben dieselbe Masse.

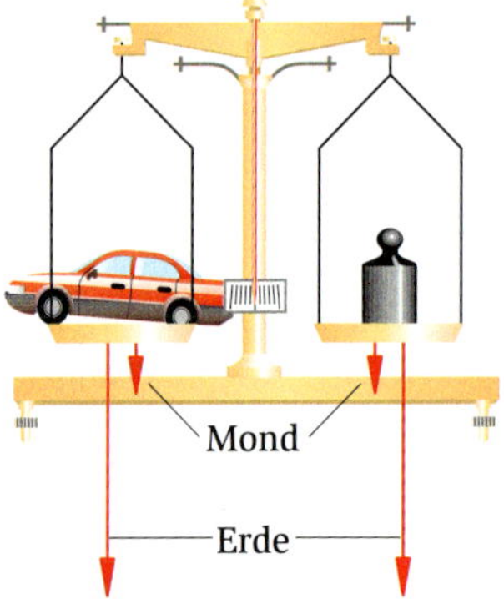

B4 Die Balkenwaage zeigt an jedem Ort an, ob zwei Massen gleich sind.

1. Die Masse als „Besitz" eines Körpers

Eine Schokoladentafel erfährt auf der Erde ungefähr eine Gewichtskraft vom Betrag $G = 1$ N, auf dem Mond dagegen nur 1/6 N und in einer Raumstation → B2 in der Schwerelosigkeit gar keine Gewichtskraft. Kann man deswegen auf dem Mond die sechsfache Menge Schokolade essen, um seinen Bedarf an Süßigkeiten zu decken, oder in der Raumstation so viel man will? Wohl kaum. Geändert hat sich nur die Größe der Anziehungskraft auf die Schokolade, sie ist auf dem Mond geringer als auf der Erde. Dass die Schokolade leichter geworden ist, liegt also am Mond, nicht an der Schokolade.

Die Eigenschaft eines Körpers, schwer zu sein, wird in der Physik durch seine **Masse** beschrieben. Sie bekommt das Größensymbol m. Zwei Körpern, die am selben Ort dieselbe Gewichtskraft erfahren, schreiben wir dieselbe Masse zu. Die Masse als *Eigenschaft* hängt nicht vom Ort ab, die *Größe der Gewichtskraft* ist dagegen vom Ort abhängig.

Auf dem Wochenmarkt könnte man also mit einem Kraftmesser prüfen, ob zwei Gegenstände dieselbe Masse haben → B3. Dies gilt dann, wenn der Kraftmesser auf derselben Markierung steht. Sehr kleine Unterschiede könnten wir aber so nicht erkennen. Kaufleute benutzen deshalb empfindliche Balkenwaagen zum Vergleich der Masse → B4. Pendeln sich die Waagschalen auf gleicher Höhe ein, so sind die Gewichtskräfte auf beiden Seiten gleich groß. Geringste Unterschiede würden das Gleichgewicht sofort stören.

Wiegen bedeutet nun, Ware auf der einen Waagschale mit Wägestücken bekannter Masse auf der anderen Waagschale zu vergleichen, also ins Gleichgewicht zu bringen. Dann sind beide Massen gleich. Daran würde sich auch nichts ändern, wenn man mit Waage und Wägesatz auf den Mond reisen würde, denn die Abnahme der Gewichtskraft auf ein Sechstel wirkt sich auf beide Waagschalen gleich aus.

2. Die Einheit der Masse

Schokoladentafeln tragen gewöhnlich die Aufschrift 100 g. Mit 1 g und 1 kg bezeichnet man die Einheiten der Masse m. Damit unterschieden sie sich von der Einheit der Kraft.

Mit einem Normkörper, dem **Urkilogramm**, wurde die Masse von 1 kg festgelegt. Er wird in Paris aufbewahrt. Viele Länder besitzen hiervon eine Kopie gleicher Masse. Vier Kopien davon, sogenannte nationale Prototypen, befinden sich in Deutschland (Nr. 22, 52, 55 und 70 → B5).
Zwei solcher Körper erfahren am selben Ort die doppelte Gewichtskraft. Damit legt man die Masse 2 kg fest, die die zwei Körper an jedem Ort besitzen. Entsprechend erfahren n solcher Normkörper am gleichen Ort die n-fache Gewichtskraft und besitzen damit überall die n-fache Masse.
Wie wir gesehen haben, müssen wir Masse und Gewichtskraft deutlich unterscheiden. Daher hat die Gewichtskraft im Unterschied zur Masse auch die Einheit 1 N.

Merksatz

Die Masse eines Körpers ist vom Ort unabhängig, die Gewichtskraft, die er erfährt, ist dagegen vom Ort abhängig. Die Grundeinheit der Masse ist das Kilogramm (kg).
Körper, die am gleichen Ort die gleiche Gewichtskraft erfahren, haben die gleiche Masse.
Erfährt ein Körper am gleichen Ort die n-fache Gewichtskraft wie ein anderer, so besitzt er überall die n-fache Masse.

Weitere Einheiten der Masse sind:
1 t (Tonne) = 1000 kg; 1 kg = 1000 g;
1 g = 1000 mg (Milligramm).

3. Welche Gewichtskraft erfährt ein 1-kg-Stück?

Hängen wir einen Körper der Masse m = 1 kg an einen Kraftmesser, so zeigt dieser uns – wie überall in Mitteleuropa – die Gewichtskraft von etwa dem Betrag 9,81 N an.
Einer Gewichtskraft von G = 1 N entspricht somit eine Masse von m = 1 kg/9,81 = 102 g ≈ 0,1 kg.
Das ist ziemlich genau die Masse einer Tafel Schokolade mit Verpackung.
Ein Grammstück erfährt also in Mitteleuropa die Gewichtskraft 1 N/102 ≈ 1 cN (Zenti-Newton).

Umgangssprachlich wird oft der Begriff „Gewicht" verwendet, wenn eigentlich die Masse gemeint ist (z. B. Körpergewicht 45 kg). Um Verwechslungen mit der Gewichtskraft zu vermeiden, wäre es besser von der Körpermasse zu sprechen.

Merksatz

Ein Körper der Masse 1 kg erfährt in Mitteleuropa die Gewichtskraft vom Betrag 9,81 N ≈ 10 N.

B5 Dieser Prototyp besteht wie das Urkilogramm aus einer Legierung aus Platin und Iridium.

Mach's selbst

A1 Man gab dem Urkilogramm die Masse von 1 l (1 dm^3) Wasser (bei 4 °C). Prüfe diesen Zusammenhang zu Hause nach. Gib die Masse und die Gewichtskraft von 1 l Wasser auf dem Mond an.

A2 Diskutiere:
a) Massen lassen sich mithilfe der Verlängerung von Federn vergleichen.
b) Skalen von Kraftmessern lassen sich mit der Einheit kg beschriften.

A3 Gib die Masse und den Betrag der Gewichtskraft an, die dem Urkilogramm auf dem Mond zukommen.

A4 Man sagt: Körper *haben* Masse und Körper *erfahren* Gewichtskräfte. Begründe die unterschiedlichen Formulierungen.

A5 Wenn wir auf einer Badezimmerwaage unser „Körpergewicht" messen, zeigt sie es in kg an. Wäre es sinnvoll, eine solche Waage auf den Mond mitzunehmen?

A6 Das Urkilogramm wird in Paris aufbewahrt. Bewerte, ob dieser Ort für seine Gültigkeit als Normkörper von Bedeutung ist.

A7 Ein Forscher berichtet, er habe mit einer empfindlichen Balkenwaage nachgewiesen, dass die Gewichtskraft eines Körpers auf dem Matterhorn geringer sei als im Tal. Nimm Stellung zu dieser Aussage.

A8 Gib die Gewichtskraft an, die der Tornister von Buzz ALDRIN auf dem Mond erfährt. Ändert sich auch dessen Masse? Begründe deine Aussage.

Masse m in kg	Betrag G der Gewichtskraft in N	$g = \frac{G}{m}$ in $\frac{N}{kg}$
Auf der Erde (Mitteleuropa)		
1,000	9,81	9,81
0,500	4,90	9,81
0,300	2,94	9,81
0,200	1,96	9,81
0,102	1,00	9,81
Auf dem Mond		
1,000	1,60	1,6
0,500	0,80	1,6
0,300	0,50	1,7
0,200	0,32	1,6
0,100	0,16	1,6

T1 Ortsfaktoren auf Erde und Mond

Mitteleuropa	9,81	**Sonne**	274
Äquator	9,78	**Jupiter**	26
Pole der Erde	9,83	**Venus**	8,5
Mond	1,6	**Mars**	3,7

T2 Ortsfaktoren g in N/kg

Beispiel

Wenn deine Masse 60 kg beträgt, erfährst du die Gewichtskraft vom Betrag $G = m \cdot g$
$= 60\ \text{kg} \cdot 9{,}81\ \text{N/kg} \approx 589\ \text{N}$ (auf der Erde),
$= 60\ \text{kg} \cdot 1{,}6\ \text{N/kg} = 96\ \text{N}$ (auf dem Mond),
$= 60\ \text{kg} \cdot 3{,}7\ \text{N/kg} = 222\ \text{N}$ (auf dem Mars).

4. Wir berechnen die Gewichtskraft weltweit

In → T1 findest du die Massen m verschiedener Wägestücke und den Betrag G der Gewichtskräfte, die sie erfahren. Auf der Erde und auf dem Mond ist der Betrag der Gewichtskraft, die ein Körper erfährt, zu seiner Masse proportional. So ist die Vielfachheit der Masse ja auch definiert worden.

Merksatz

Die Masse eines Körpers ist die Ursache für das Erfahren einer Gewichtskraft. Betrag G der Gewichtskraft und Masse m sind am gleichen Ort einander proportional.

Zwei Größen sind dann proportional, wenn ihre Quotienten konstant sind. In der dritten Spalte von → T1 sind die Quotienten G/m errechnet. Sie sind, wie erwartet, für alle Messwertepaare gleich: Für die Erde beträgt der Wert etwa 9,81 N/kg. Wir kürzen ab: $g = G/m = 9{,}81$ N/kg.

Die Einheit N/kg zeigt: Am Quotienten $g = G/m$ können wir insbesondere ablesen, wie groß die Gewichtskraft G (in N) ist, die ein Körper der Masse 1 kg erfährt. Der Quotient liefert bei uns 9,81 N je kg, und zwar unabhängig vom Körper, seinem Volumen und seinem Material.

Auch auf dem Mond sind die Quotienten $g = G/m$ für alle Körper gleich. Der Wert beträgt dort $g = 1{,}6$ N/kg. Ein Körper der Masse 1 kg erfährt auf dem Mond nur die Gewichtskraft 1,6 N. Der Quotient $g = G/m$ hängt also vom Ort ab, wir nennen ihn **Ortsfaktor g.** → T2 gibt Werte für mehrere Orte an. Das Wort „Faktor" zeigt eine weitere Bedeutung von g an: Aus $G/m = g$ folgt nämlich: $G = m \cdot g$.

Merksatz

Wir erhalten den Betrag G der Gewichtskraft eines Körpers an einem bestimmten Ort, wenn wir die nur vom Körper abhängige Masse m mit dem nur vom Ort abhängigen Ortsfaktor g multiplizieren:

$$G = m \cdot g.$$

Gewichtskraft und Masse sind zwei physikalische Größen, die wir streng voneinander unterscheiden müssen.

Mach's selbst

A1 Im Jahr 2035 soll es eine bemannte Weltraummission zum Mars geben. Ein Fußball erfährt auf der Erde eine Gewichtskraft von 4 N.
a) Bestimme Masse und Gewichtskraft des Balls auf dem Mars.
b) Ein Astronaut möchte die Masse des Balls mit einer mitgebrachten Briefwaage bestimmen. Zu welchem Ergebnis wird er kommen?

A2 Astronauten landen auf einem ihnen unbekannten Planeten unseres Sonnensystems. Sie bestimmen die Gewichtkraft eines Körpers der Masse 20 kg zu 74 N. Gib einen möglichen Aufenthaltsort der Astronauten an. Begründe deine Antwort.

A3 Auf der Venus erfährt ein Körper die Gewichtskraft von 43 N. Bestimme seine Masse.

Physik und Chemie

Die Dichte

A. Umgangssprache wird zur Definition

Der Radiosprecher meldet „große Verkehrsdichte“ auf der Autobahn und warnt vor „dichtem Nebel“. Diese Sätze aus der Umgangssprache kommen der physikalischen Auslegung des Begriffs „Dichte“ schon sehr nahe. Betrachte dazu einmal das → **Bild** mit unterschiedlichen Schwammkörpern.

a) m_0, V_0 **b)** $2m_0$, $2V_0$ **c)** $2m_0$, V_0 **d)** m_0, $\frac{1}{2}V_0$

Im Vergleich zu a) sind bei b) zwei Schwämme mit doppeltem Volumen und doppelter Masse zusammengelegt. Das neue Gebilde ist genau so „dicht“ wie das alte. Dagegen liegen bei c) zwei zusammengepresste Schwammkörper. Beide zusammen haben jetzt das Volumen wie in a). Die Dichte ist nun größer als vorher, untereinander aber gleich, wie in d). Das Bild legt nahe, wie man die physikalische Größe **Dichte** definiert: Die Dichte ρ (rho, griech.) eines Stoffes ist der Quotient aus seiner Masse und seinem Volumen:

$$\rho = m/V.$$

Die Einheit dieser abgeleiteten Größe ist 1 kg/m^3 oder oft als handlichere Einheit 1 g/cm^3.
Unsere Körper in a) und b) haben dann dieselbe Dichte $\rho_1 = m_0/V_0 = 2m_0/(2V_0)$. Die beiden Gebilde in c) und d) haben eine doppelt so große Dichte:
$\rho_2 = 2m_0/V_0 = m_0/(\frac{1}{2} \cdot V_0) = 2 \cdot \rho_1$.

B. Die Dichte ist ein Kennzeichen des Stoffes

Wir werden an diesem Beispiel sehen, dass die Vergrößerung eines Körpers oder auch seine Zerteilung keinen Einfluss auf seine Dichte hat. Die Dichte ist eine Stoffeigenschaft.

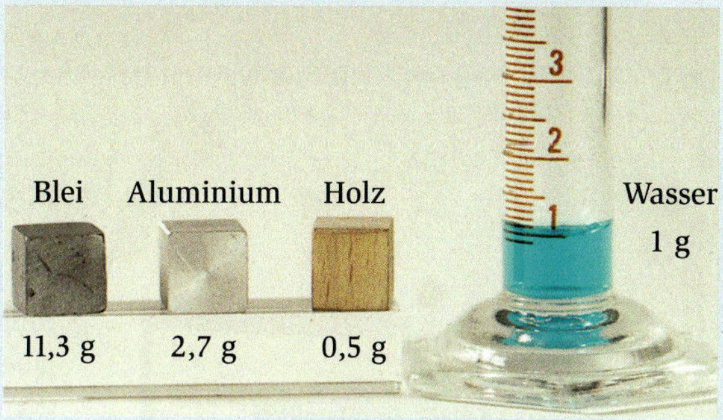

Die Dichte des wichtigen Stoffes Wasser ist dir aus dem Alltag bekannt: $\rho = m/V = 1\ kg/dm^3 = 1\ g/cm^3$. Im Bild wird zudem die Dichte von Blei, Aluminium und Holz veranschaulicht (Masse je 1 cm^3), weitere Beispiele zur Dichte findest du im → **Anhang**.

Ein Bleikügelchen ist leichter als ein Aluminiumtopf. Trotzdem hört man oft, Blei sei schwerer als Aluminium. Wir wissen jetzt, was gemeint ist: Bei gleichem Volumen hat Blei eine größere Masse als Aluminium. Man kann es auch anders ausdrücken: Die Dichte von Blei ($\rho = 11{,}3\ g/cm^3$) ist größer als die von Aluminium ($\rho = 2{,}7\ g/cm^3$). Die Dichte ist also auch ein gutes Merkmal zur Identifizierung des jeweiligen Stoffes.

Praktikum

Bestimmung der Dichte

Ihr benötigt Gegenstände aus verschiedenen Stoffen, z. B. Eisen, Aluminium, Messing, Kupfer, Glas, Styropor, Glycerin, Ethanol (Achtung, brennbar).

Arbeitsaufträge:

1 Bestimmt experimentell die Dichte dieser Stoffe.

2 Stellt eure Messergebnisse übersichtlich in einer Tabelle dar.

3 Plant ein Verfahren zur Dichtebestimmung der Luft. Recherchiert in Fachbüchern und im Internet, befragt eure Lehrerin bzw. euren Lehrer.

B1 Ein PKW und ein Kleinbus werden beschleunigt. Die Bewegung wird auf Video aufgezeichnet.

V1 Der PKW und der Kleinbus werden nacheinander durch Anschieben beschleunigt. Die auf Video aufgezeichnete Bewegung wird mit einem Videoanalyse-Programm ausgewertet.

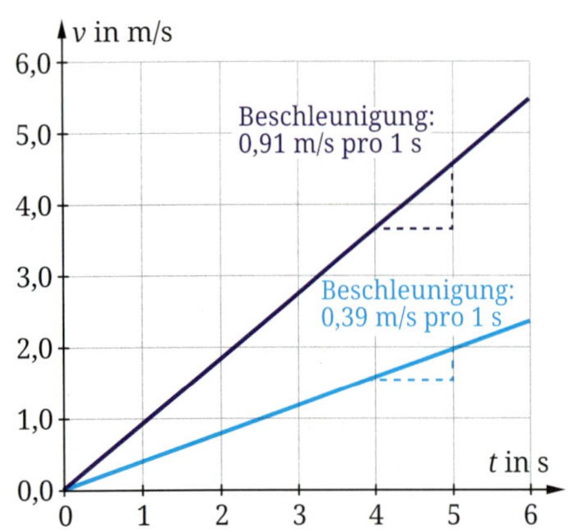

B2 Beide Bewegungen werden im *t*-*v*-Diagramm dargestellt. Die Steigung der Geraden zeigt, wie stark die beiden Wagen beschleunigt wurden. Der Kleinbus (m_1 = 2019 kg) hat bei gleicher Kraft eine deutlich kleinere Beschleunigung erhalten, wie der PKW (m_2 = 865 kg).

1. Masse und Beschleunigung

Bei Formel 1-Rennen hört man immer wieder, dass die Wagen möglichst leicht sein müssen, damit sie beim Starten und Überholen „schneller weg kommen", also stärker beschleunigen können. Aus diesem Grund wird manchmal sogar weniger Benzin in den Tank gefüllt. „Leichter sein" bedeutet in diesem Fall, dass der Wagen eine geringere Masse hat. Die Masse des Wagens wirkt sich also offensichtlich auf die Beschleunigung aus. Der Körper scheint sich, abhängig von seiner Masse, mehr oder weniger der Änderung des Bewegungszustandes zu widersetzen.

Im Physikunterricht soll der Zusammenhang zwischen der Masse eines Fahrzeuges und der Geschwindigkeitsänderung genauer untersucht werden. Dafür stehen zwei Wagen mit unterschiedlicher Masse (865 kg und 2019 kg) zur Verfügung. Beide Wagen sollen mit gleicher Kraft beschleunigt werden. Das gelingt mit den unterschiedlich starken Motoren nicht. Stattdessen werden beide Wagen von zwei Schülern angeschoben, die bei beiden Messwagen mit maximal möglicher, also gleicher Kraft schieben → B1.

Die Bewegung wird gefilmt und durch Videoanalyse graphisch als *t*-*v*-Diagramm ausgewertet → B2. Für beide Autos ergeben sich ansteigende Ursprungsgeraden. Die unterschiedliche Steigung der beiden Graphen zeigt: Beim Auto kleinerer Masse nimmt die Geschwindigkeit schneller zu als bei dem mit der größeren Masse. Die gleiche Kraft erzielt also beim Wagen der größeren Masse eine kleinere Beschleunigung als beim Wagen mit kleiner Masse.

Bisher haben wir mithilfe der Masse in Kilogramm das Schwersein eines Körpers gemessen. Nun stellen wir fest, dass bei gleicher Kraft die Masse auch den Wert der Beschleunigung bestimmt. In der Physik sagt man: Ein Körper mit großer Masse ist träger als ein Körper mit kleiner Masse. Die in Kilogramm gemessene Masse bestimmt also auch die **Trägheit** eines Körpers.

2. Trägheit stört beim Bremsen

Wir wissen bereits, dass auch beim Abbremsen eine beschleunigte Bewegung vorliegt, nur mit negativer Beschleunigung. Wir sprechen dann auch von Bremsverzögerung. Im ersten Experiment haben wir festgestellt, dass Körper mit größerer Masse träger sind als Körper mit kleinerer Masse. Wir vermuten daher, dass sich die unterschiedliche Trägheit auch beim Abbremsen auswirkt.

Dies wird in → V2 bestätigt. Dazu wird an der Abschleppöse des Wagens ein Seil befestigt. Die Wagen werden auf eine bestimmte Geschwindigkeit angeschoben und dann rollen gelassen. Zum Abbremsen ziehen wieder zwei Schüler mit maximaler Kraft an dem Seil bis zum Stillstand. Sie sind überrascht, wie lange dies dauert. „Der träge Wagen will seine Geschwindigkeit einfach nicht ändern“, stellen sie fest. Die graphische Auswertung → B3 zeigt: Für den Wagen größerer Masse ergibt sich wieder eine vom Betrag kleinere Beschleunigung.

3. Ohne Kraft geht's immer weiter geradeaus

Wird ein Auto plötzlich abgebremst, so behalten die Insassen und die Ladung zunächst ihre Geschwindigkeit bei. Auf einen Insassen wirkt erst dann eine Kraft in entgegengesetzter Richtung, wenn sich sein Sicherheitsgurt an ihm spannt. Dann erst wird er, ohne Schaden zu nehmen, abgebremst. In einer Kurve ändert das Fahrzeug die Bewegungsrichtung – Insassen und Ladung aber nicht, solange keine Kraft auf sie wirkt → B4.

Wenn keine Kraft wirkt, ändert sich der Bewegungszustand eines Körpers nicht. Für den Bewegungszustand „Ruhe“ erscheint uns das selbstverständlich. Für Körper, die bereits in Bewegung sind, widersprechen unsere alltäglichen Erfahrungen oft. Wer beim Radfahren aufhört zu treten und die Bremse nicht benutzt, erwartet nun, nach den Erkenntnissen der Physik, dass sich sein Bewegungszustand nicht ändert. Im Alltag merken wir aber, unser Rad wird langsamer. Wie lösen wir diesen Wiederspruch auf? Wenn die Geschwindigkeit abnimmt, dann muss eine Kraft dafür verantwortlich sein. Diese Kraft, die hier das Fahrrad abbremst, ist eine Reibungskraft – hauptsächlich verursacht durch die Luft. Wir spüren sie zum Beispiel als „Fahrtwind“.
Die physikalischen Beschreibungen behalten also Bestand!

Merksatz
Alle Körper sind träge. Der Bewegungszustand eines Körpers kann nur durch eine auf den Körper wirkende Kraft geändert werden. Wirkt auf zwei Körper die gleiche Kraft, wird der Körper kleinerer Masse stärker beschleunigt als der Körper größerer Masse.

V2 Die beiden Wagen werden nun abgebremst. Der Vorgang dauert beim Kleinbus länger als beim PKW.

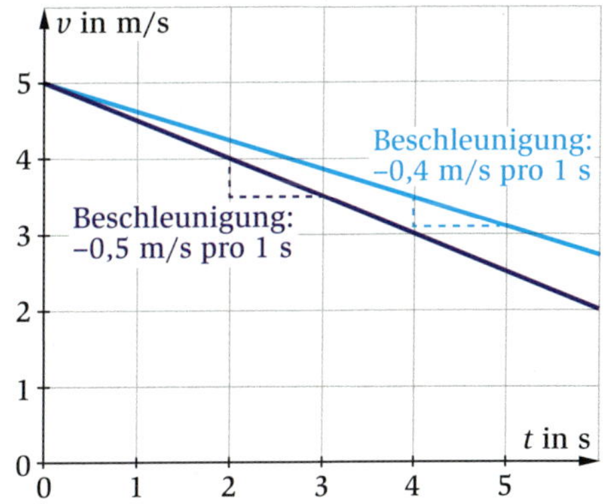

B3 Das t-v-Diagramm zeigt die Bremsverzögerung der beiden Wagen. Der trägere Kleinbus ändert seine Geschwindigkeit langsamer als der weniger träge Kleinwagen.

B4 Kräftefreie Körper behalten ihre Geschwindigkeit bei.

Mach's selbst

A1 Beschreibe und begründe was mit den Insassen eines Busses geschieht, wenn der Bus
a) anfährt,
b) stark bremst.

A2 Erkläre mithilfe des Trägheitsbegriffs, warum es so wichtig ist, immer angeschnallt zu sein.

B1 Anna zieht an Björn, Björn an Anna.

B2 Grünes Auto wirkt auf oranges und umgekehrt.

V1 **a)** Anna und Björn stehen auf Skatboards auf ebenem Boden und ziehen gleichzeitig an einem Seil **→ B1**. Die Folge ist, dass sie sich gleichschnell aufeinander zubewegen und sich (bei gleicher Masse) in der Mitte treffen. Wie die Kraftmesser zeigen, hat jeder auf den anderen eine Kraft mit gleich großem Betrag ausgeübt:

$$F_{\text{A auf B}} = F_{\text{B auf A}}.$$

b) Nun versucht nur Anna zu ziehen, Björn dagegen nicht. Björn hält deshalb das Seil nur fest. Doch auch dann bewegen sich beide in gleicher Weise aufeinander zu! Björn stellt fest, dass er dabei – ohne es zu beabsichtigen – wieder eine gleich große Kraft ausübt.

c) Jetzt nimmt Björn sich vor, auf die Kraft von Anna *nicht* mit einer Gegenkraft zu antworten. Dies gelingt ihm jedoch nur, wenn er das Seil loslässt. Dann kann aber auch Anna keine Kraft mehr auf Björn ausüben.

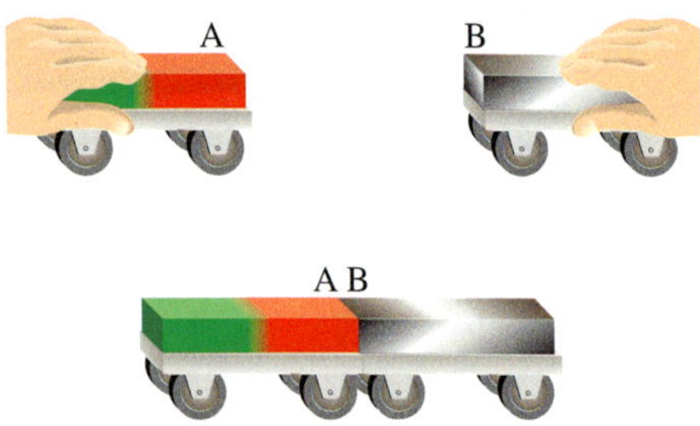

V2 Auf einem Wagen befestigen wir einen Magneten A und auf einem anderen ein magnetisierbares Metallstück B. Wenn wir die Wagen aus nicht zu großem Abstand freilassen, dann prallen sie in der Mitte aufeinander (falls die Wagen samt Beladung gleiche Masse haben).

1. Keine Kraft ohne Gegenkraft

Bisher haben wir untersucht, wie Kräfte auf einen Körper wirken, wenn die Kräfte von anderen Körpern aufgebracht werden. Nun werden wir diese anderen Körper in unsere Betrachtungen mit einbeziehen.
Hierzu ergibt **→ V1** etwas Neuartiges: Eine Person übt eine Kraft auf einen anderen Körper aus. Dabei zeigt sich, dass zugleich auch eine Kraft auf die Person selbst zurückwirkt. Zu einer Kraft von Körper A auf Körper B tritt eine gleich große **Gegenkraft** von Körper B auf Körper A auf – ohne unser Zutun, jedes Mal und unabänderlich.

Auch **→ V2** zeigt das Auftreten von Kraft und Gegenkraft, wenn Magnet und Metallstück gegeneinander prallen. Dies blieb folgenlos – aber das Aufeinanderprallen in **→ B2** hatte erhebliche Auswirkungen: Das grüne Auto A übte auf den am Unfall beteiligten, orangen Pkw B die Kraft $\vec{F}_{\text{A auf B}}$ aus und zerbeulte dessen Front. Mit dem Auftreten dieser Kraft wirkte aber sofort auch von dem orangen Pkw die Gegenkraft $\vec{F}_{\text{B auf A}}$ auf den grünen Wagen. Sie zerbeulte mit dem gleichen Betrag wie $\vec{F}_{\text{A auf B}}$ dessen Kotflügel und Motorhaube. Wieder zeigt sich: Es gibt keine Kraft ohne Gegenkraft, man spricht vom **Wechselwirkungsprinzip.**

Merksatz

Wenn ein Körper A eine Kraft auf einen Körper B ausübt, so übt der Körper B auf den Körper A eine Gegenkraft aus. Dies nennt man auch das Wechselwirkungsprinzip.

Kraft und Gegenkraft haben entgegengesetzte Richtungen. Kraft und Gegenkraft haben aber gleiche Beträge:

$$F_{\text{A auf B}} = F_{\text{B auf A}}.$$

Kraft und Gegenkraft treten immer als Paar auf, und sie greifen stets an verschiedenen Körpern an. Wir müssen unterscheiden: Im Kapitel **→ Kräftegleichgewicht** haben wir uns klargemacht, welche Kräfte wirken, wenn z. B. eine Birne an einem Zweig hängt. Dort sind auch zwei entgegengesetzt gerichtete Kräfte beteiligt. Aber: Beim Kräftegleichgewicht greifen die Kräfte am selben Körper an.

2. Antrieb durch Rückstoß: Antrieb durch Gegenkraft

Wenn jemand in einem Boot sitzt wie in → B3 und mit großer Kraft Steine nach hinten wirft, dann wirken die Steine mit einer gleich großen Gegenkraft auf den, der wirft, zurück. Diese Gegenkraft treibt ihn voran – und auch das Boot, sofern er fest darin sitzt. Man spricht von **Rückstoßkraft** oder kürzer von Rückstoß.

Statt Steine zu werfen, könnte man auch Wasser schöpfen und dies nach hinten schleudern. Noch einfacher ist es aber, wenn man mit einem Paddel oder mit einer motorgetriebenen Schraube ständig Wasser nach hinten beschleunigt. Das beschleunigte Wasser übt dabei wie der Stein die Gegenkraft auf das Boot nach vorne aus. Das Boot wird durch die Rückstoßkraft angetrieben.

Flugzeuge beschleunigen Luft mit Propellern oder Düsentriebwerken nach hinten. Sie üben dazu eine Kraft auf die Luft nach hinten aus. Die Gegenkraft der Luft wirkt auf das Flugzeug nach vorn. Wie Boote und Flugzeuge nutzen auch Fische und Vögel dieses Prinzip des Antriebs. Da Raketen auch im luftleeren Weltraum einen Antrieb benötigen, wird ihnen die Materie, die sie dann mit großer Kraft ausstoßen, in Tanks mitgegeben → B4. So können sie auch im Weltraum beschleunigen, die Richtung ändern und abbremsen.

B3 Der Rückstoß treibt das Boot an.

B4 Raumschiffe brauchen Raketendüsen.

3. Tragflächen: Getragen durch Gegenkraft

In → B5 steht der Drachen schräg zum Wind und lenkt die anströmende Luft teilweise nach unten. Dazu muss der Drachen eine Kraft auf die Luft nach unten ausüben. Die Gegenkraft der Luft hält den Drachen oben oder lässt ihn steigen. Flaut der Wind ab, so wird weniger Luft je Sekunde nach unten umgelenkt – folglich werden Kraft und Gegenkraft kleiner, der Drachen sinkt.

Die Tragflächen der Flugzeuge sind etwas geneigt und gekrümmt → B6. Dadurch wird während des Fluges die Luft nach unten umgelenkt. Dabei übt das Flugzeug auf die Luft eine abwärts gerichtete Kraft aus. Die Luft wirkt mit der Gegenkraft auf das Flugzeug nach oben. Wenn diese Gegenkraft nach oben genau so groß ist wie die Gewichtskraft des Flugzeugs nach unten, dann behält das Flugzeug seine Höhe bei. Wenn es schneller fliegt, nimmt die Gegenkraft der Luft auf das Flugzeug zu. Größere Tragflächen und stärkere Wölbung vergrößern die Gegenkraft ebenfalls. Deshalb genügen bei großen Reisegeschwindigkeiten relativ schmale Flügel. Bei Start und Landung dagegen wird die Flügelfläche beziehungsweise die Flügelwölbung durch das Ausfahren zusätzlicher Landeklappen vergrößert. So erfährt das Flugzeug trotz der kleineren Geschwindigkeit eine Gegenkraft, die groß genug ist.

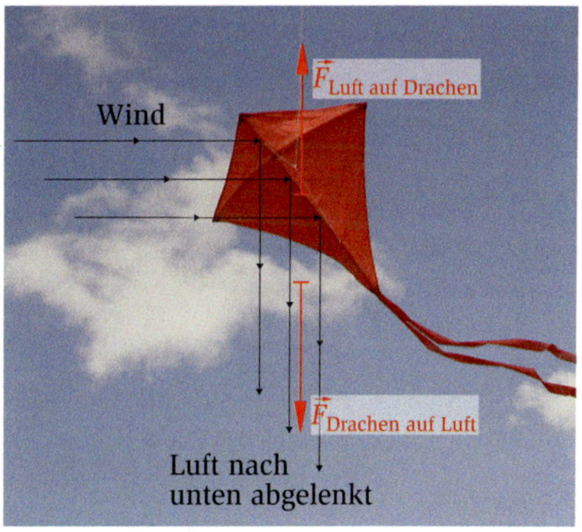

B5 Kraft und Gegenkraft beim Drachen

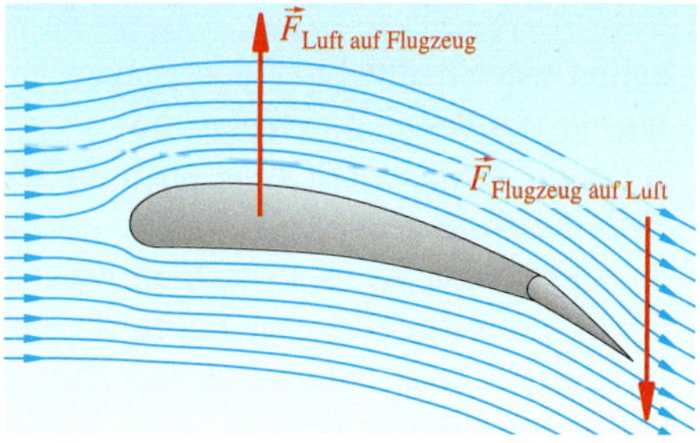

B6 Tragflügel mit Landeklappe

Interessantes

Reibungskräfte

A. Die Gleitreibungskraft bremst Bewegungen

Obwohl sich die Geschwindigkeit des Hundeschlittens nicht ändert, müssen die Hunde eine Kraft auf den Schlitten ausüben, um ihn in Bewegung zu halten. Dies liegt daran, dass beim Gleiten des Schlittens über den Schnee eine Reibungskraft auftritt. Diese hemmt die Bewegung des Schlittens. Man nennt sie **Gleitreibungskraft.** Ohne die nach vorne gerichtete Kraft der Hunde würde auf ebener Strecke diese nach hinten gerichtete Gleitreibungskraft den Schlitten abbremsen, bis er in Ruhe wäre.

Beim Schlittenfahren spielt das sich bildende Wasser zwischen Kufen und Schnee eine große Rolle. Die Reibung wird dadurch wesentlich schwächer. Eine stark bremsende Gleitreibungskraft spürt man, wenn man die eigene trockene Hand auf einen Tisch oder auf einen Pappkarton presst und sie dann wegzieht. Der folgende Versuch ist ein einfaches Modell für das Zustandekommen einer Gleitreibungskraft zwischen zwei trockenen Körpern.

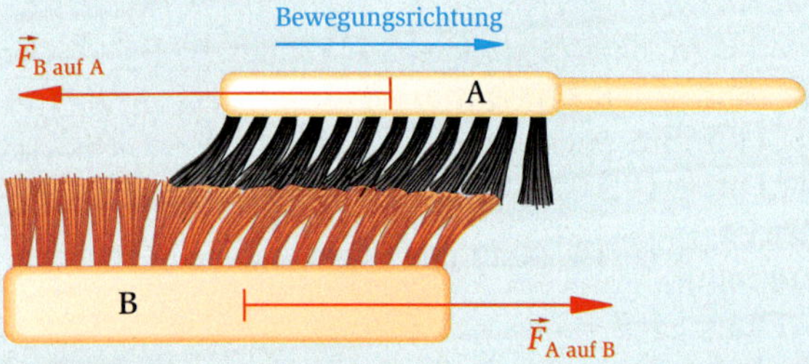

Beim Gleiten der Bürste A über den Besen B werden die Borsten des Besens durch eine Kraft $\vec{F}_{\text{A auf B}}$ nach rechts gebogen. Aus diesem Grund üben die Borsten des unteren Besens B eine Gegenkraft $\vec{F}_{\text{B auf A}}$ nach links auf die obere Bürste A aus. Diese Kraft wirkt also der Bewegung der oberen Bürste entgegen; sie stellt die Gleitreibungskraft auf die Bürste A dar. $\vec{F}_{\text{A auf B}}$ und $\vec{F}_{\text{B auf A}}$ haben den gleichen Betrag.

Die Oberflächen trockener Körpern besitzen zwar keine Borsten, aber kleine Unebenheiten. Diese berühren sich und ihre Teilchen üben dabei wechselseitig Kraft und Gegenkraft aufeinander aus. Die Gegenkraft des einen Körpers auf den gleitenden Körper ist die Gleitreibungskraft.

Wir messen die Gleitreibungskraft an einem Holzklotz mithilfe eines Kraftmessers. Dabei ändern wir die Anpresskraft des Blockes durch Wägestücke unterschiedlicher Masse. Außerdem variieren wir die Art der Gleitflächen, indem wir z. B. Filz- oder Sandpapier verwenden. Die Untersuchungen zeigen:
Die Gleitreibungskraft ist umso größer,
- je größer die Anpresskraft ist,
- je rauer die Gleitflächen sind.

Auch dies passt zu unserem Modell: Eine größere Anpresskraft führt ebenso wie eine größere Rauigkeit der Oberflächen zu einer Vermehrung der Kontaktstellen zwischen den Körpern und damit zu einer stärkeren Gleitreibungskraft.

B. Meistens sind Reibungskräfte erwünscht

Beim Hundeschlittenrennen ist die Gleitreibungskraft störend, denn man will möglichst schnell vorankommen. Beim Bremsen ist die Gleitreibungskraft jedoch unerlässlich. Wichtig ist dabei, dass man durch den Anpressdruck die Bremswirkung steuern kann. Je stärker man auf den Bremshebel drückt, desto größer ist die Anpresskraft der Bremsklötze auf die Felge und damit die Gleitreibungskraft. Damit sicheres Bremsen in jeder Situation gelingt, muss die Felge sauber und möglichst trocken sein.

C. Haftreibungskräfte halten Körper fest

Damit das Abrutschen an einer Kletterstange nicht in den freien Fall übergeht, nutzen wir die Gleitreibungskraft. Wenn wir sehr kräftig zupacken, dann können wir die Abwärtsbewegung ganz verhindern, obwohl nach wie vor die Gewichtskraft an uns angreift. Es ist die sogenannte **Haftreibungskraft,** die der Gewichtskraft das Gleichgewicht hält.

Im folgenden Versuch untersuchen wir die Haftreibung genauer.

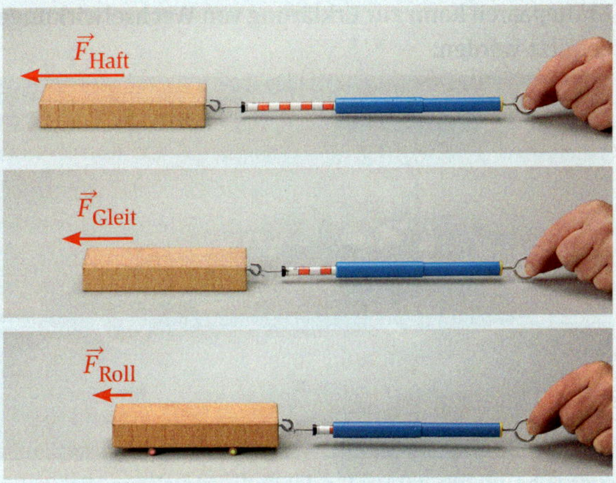

Wir versuchen hierzu den Klotz mit allmählich zunehmender Kraft in Bewegung zu setzen. Die Anzeige am Kraftmesser steigt zunächst an und erreicht ihren maximalen Wert, kurz bevor dieser gleichförmig zu gleiten beginnt. Beim Gleiten ist die Kraft wieder geringer. Zu Beginn, bei kleiner Zugkraft, verhindert die (ebenso kleine) Haftreibungskraft, dass der Klotz sich in Bewegung setzt. Die Kraft mit der man gerade noch ziehen kann, bevor sich der Klotz in Bewegung setzt, ist so groß wie die maximale Haftreibungskraft F_{Haft}. Beim Gleiten des Klotzes über den Untergrund wirkt die Gleitreibungskraft der Bewegung entgegen. Der Kraftmesser zeigt, dass sie geringer als die maximale Haftreibungskraft ist; es gilt: $F_{Haft} > F_{Gleit}$.

Dies lässt sich wiederum mit unserem vereinfachenden Modell für die Entstehung von Reibungskräften erklären: Solange der Körper ruht, ist die Verzahnung der Oberflächen stärker als beim Übereinandergleiten der beiden Oberflächen.

Auch Haftreibungskräfte hängen von den Oberflächen ab und nehmen, wie Gleitreibungskräfte, mit der Anpresskraft zu. Aus diesem Grund halten Knoten wie die Achterschlinge besonders gut. Man nutzt sie z. B. beim Klettersport. Je stärker man am Seil zieht, desto stärker pressen die Schlingen aufeinander. Die Haftkraft nimmt mit Belastung zu.

D. Rollreibungskräfte sind besonders klein

Um die Reibungskräfte beim Fahrradfahren möglichst klein zu machen, drehen sich die Räder mithilfe von Kugel- oder Walzenlagern. Beim Abrollen der Kugeln bzw. Walzen wirkt die **Rollreibungskraft.** Sie ist noch geringer als die Gleitreibungskraft: $F_{Gleit} > F_{Roll}$.

E. Schmieren verkleinert die Reibungskräfte

Eine Flüssigkeitsschicht zwischen festen Körpern verringert die Reibungskraft erheblich. Dieser Effekt erklärt auch die äußerst geringen Reibungskräfte beim Schlittenfahren und Schlittschuhlaufen. Zwischen den Kufen und dem Eis bildet sich eine dünne Wasserschicht, auf der man fast reibungsfrei gleitet.

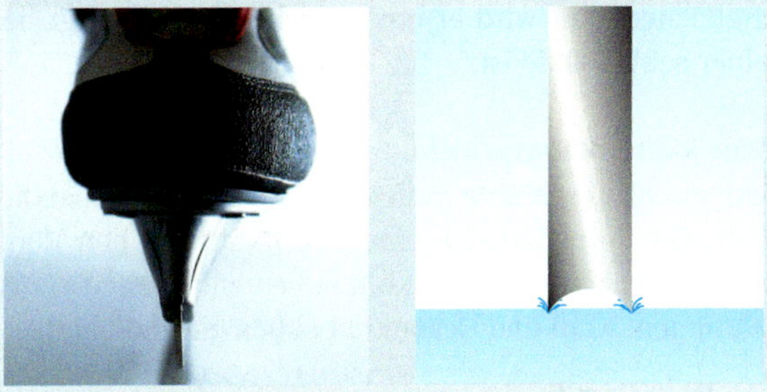

Energie in Umwelt und Technik

Das kannst du in diesem Kapitel erreichen:

- Du wirst dein schon vorhandenes Wissen über Energie vertiefen und in neuen Zusammenhängen anwenden.
- Du weißt schon, dass beim Heben eines Körpers Energie übertragen wird. Jetzt wirst du sie berechnen können.
- Du wirst die beim Erhitzen eines Körpers übertragene Energie berechnen können.
- Du wirst die mithilfe eines elektrischen Stromkreises übertragene Energie berechnen können.
- Du wirst Leistung als „Schnelligkeit der Energieübertragung“ deuten.
- Du wirst herausfinden, wie man die elektrische Spannung energetisch deuten kann.
- Du wirst wissen, wie der die Energie wandelnde Elektromotor funktioniert.

Energiebrille aufsetzen, Energiesprache nutzen

A1 Beschreibe die Fahrt auf der Achterbahn in der „Energiesprache".

A2 Sucht im Internet nach einem Videoclip über einen Stabhochsprung und beschreibt an diesem Video die Energieübertragungen, die beim Stabhochsprung mit flexiblem Stab auftreten.

A3 Ein Yo-Yo kommt nach einigen Auf- und Abbewegungen zur Ruhe. Der geschickte Yo-Yo-Spieler hält das Auf und Ab in Gang. Probiert es aus, beobachtet genau und erklärt den Trick.

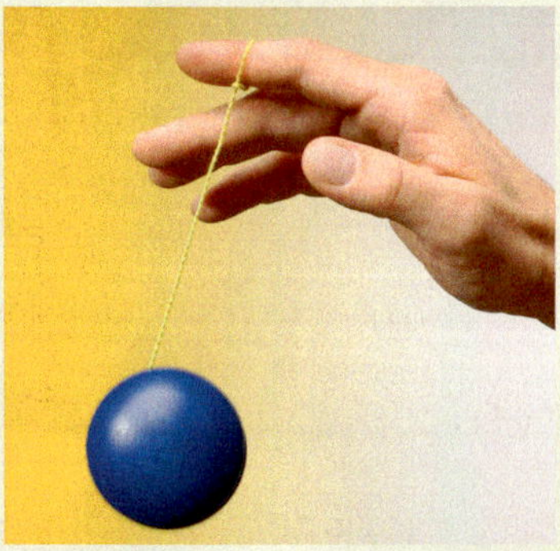

A4 Keines dieser „Autos" kommt ohne Energiezufuhr in Bewegung.

Tragt in der Gruppe zusammen, welche Techniken des Antriebs von Spielzeugautos ihr kennt. Beschreibt die verwendeten Energiequellen und die für die Wandlung der Energie in Bewegungsenergie verwendete Technik.

A5 Nehmt ein Video mit dem Handy auf: Jemand sitzt auf einer Schaukel, wird einmal angehoben und schaukelt dann aus. Beschreibt den gesamten Ablauf in der Energiesprache. Beschreibt, was zu sehen ist, wenn man das Video im Rückwärtsgang abspielt.

A6 Mit einem Tennisschläger wird ein „scharfer Ball" geschlagen. Analysiert diesen Vorgang und stellt dar, welche Energiewandlungen und Energieübertragungen stattfinden. Vergleicht mit dem Kopfstoß des Fußballspielers nach einem Eckstoß. Sucht im Internet nach Bildern über die Verformung der Bälle bei solchen Vorgängen.

A7 Schleuderbrett-Akrobaten nutzen Energieübertragung und Energiewandlung für atemberaubende Vorführungen. Denkt euch eine „Nummer" aus und stellt die dazugehörigen Energiewege dar.

Energieübertragung, Energiewandlung

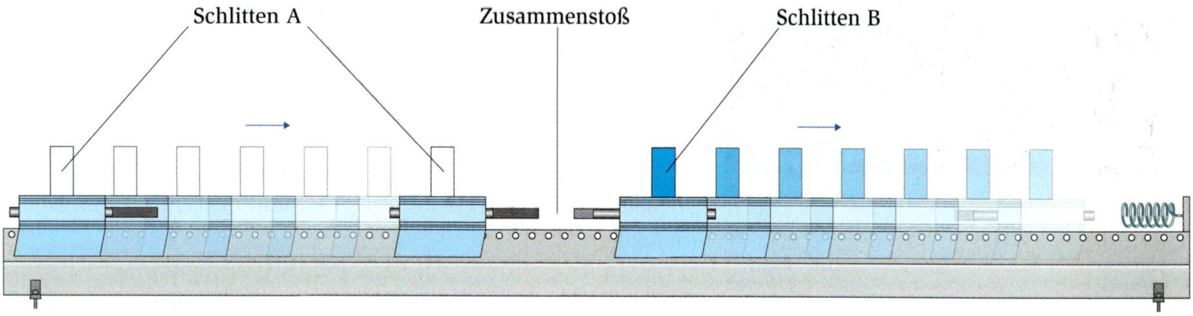

V1 Ein Luftstrom hebt die Schlitten von der Schiene. Nach kurzem Anschub gleiten sie reibungsfrei, die von der Hand zugeführte Energie bleibt als Bewegungsenergie erhalten.

1. Wer hat die Energie?

Der Schlitten A auf der Luftkissenbahn hat in → V1 Bewegungsenergie bekommen. Beim Stoß auf den ruhenden Schlitten B gibt er sie weiter. Am Ende der Bahn stößt der Schlitten B auf eine Feder. Sie wird kurzzeitig zusammengedrückt. Dann entspannt sie sich wieder und B fährt zurück, genau so schnell, wie er hingefahren ist.
Wir sehen an diesem Versuch: Wenn bei Stößen Energie übertragen wird, ist immer Kraft im Spiel. Zwischen den Stößen wirkt keine Kraft, die Energie ist noch da.
In einer **Energie-Übertragungskette** kommt dies zum Ausdruck: Der Kasten benennt ein Energiekonto, gibt an, welcher Körper die Energie hat, der Blockpfeil zeigt, dass Energie von einem Konto auf ein anderes übertragen wird.

Kompetenz – Energiesprache

In der Energiesprache sprechen wir von Konten für **Höhenenergie**, **Bewegungsenergie** und **Spannenergie**. Neben diesen mechanischen Energieformen gibt es Energie auch in anderen Formen:
Zum Beispiel wird **Sonnenenergie** seit Millionen von Jahren von Pflanzen in **chemische Energie** gewandelt. Wir nutzen diese bei der Verbrennung von Kohle oder Erdöl.
Jeder Körper besitzt **innere Energie**.
Je heißer er ist, desto mehr innere Energie hat der Körper.

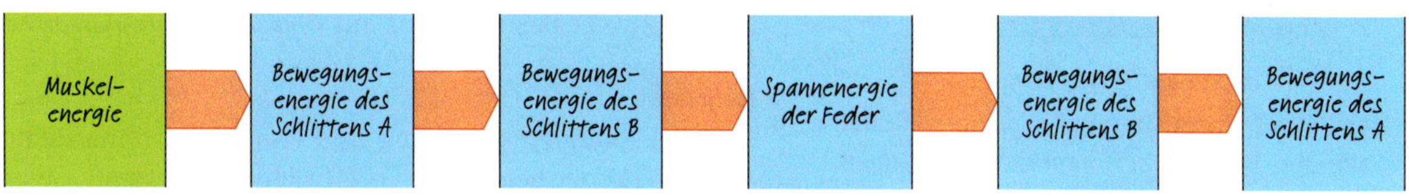

2. Wo wird Energie gewandelt?

In → V2 beginnt die Energie-Übertragungskette beim angehobenen Wägestück und endet bei der inneren Energie der Umgebung. Zwischen Wägestück und Umgebungsluft wird die Energie mit dem elektrischen Stromkreis übertragen – einen „Besitzer" der Energie können wir nicht benennen.
Wir wissen aber von früher: Im Dynamo und in der Glühlampe findet **Energiewandlung** statt.
Der Dynamo bekommt Energie vom Wägestück und schickt sie als elektrische Energie auf die Energie-Einbahnstraße „Stromkreis". Die Glühlampe wandelt die elektrische Energie in Licht (zum kleineren Teil) und in Wärme, die von der heißen Glühlampe in die Umgebung kriecht.

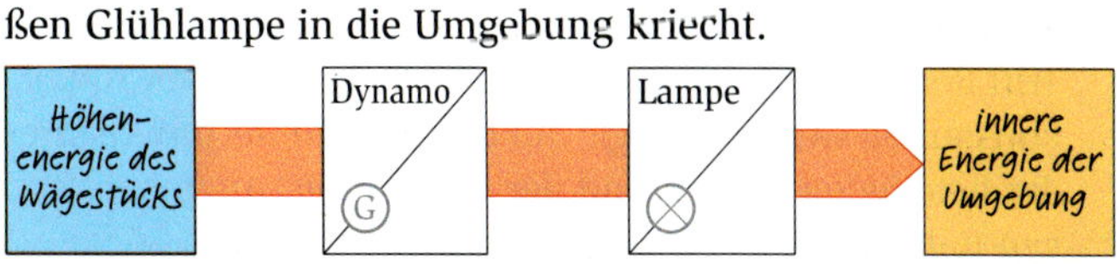

V2 Um den Nabendynamo wird ein Faden gewickelt. Ein Wägestück wird mit der Hand gehoben und an den Faden gehängt. Lässt man es los, beginnen Energieübertragung und Energiewandlung: Der Dynamo wandelt die zugeführte Energie in elektrische Energie, die Glühlampe wandelt diese in Licht und Wärme. Aus Höhenenergie wird innere Energie der Umgebung.

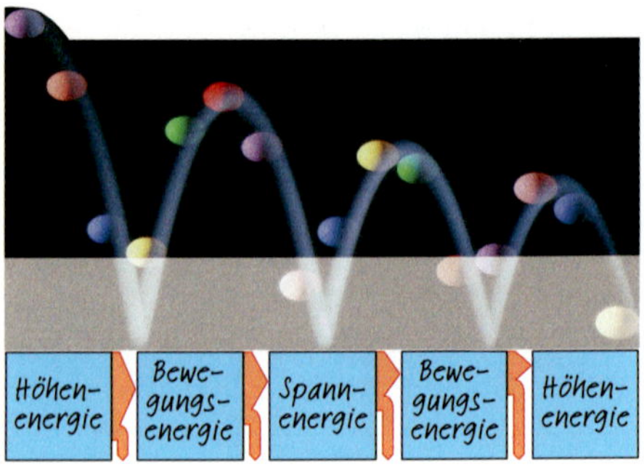

V1 Das Bild zeigt die Spur einer auf harter Unterlage hüpfenden elastischen Kugel (Flummi). Die Energie-Übertragungskette zeigt die Energiekonten des Flummis und die fortwährende Übertragung der Energie von einem Konto zum anderen. Die Maximalhöhe nimmt langsam ab, daher die schmale Abzweigung auf das Konto der inneren Energie der Umgebung.

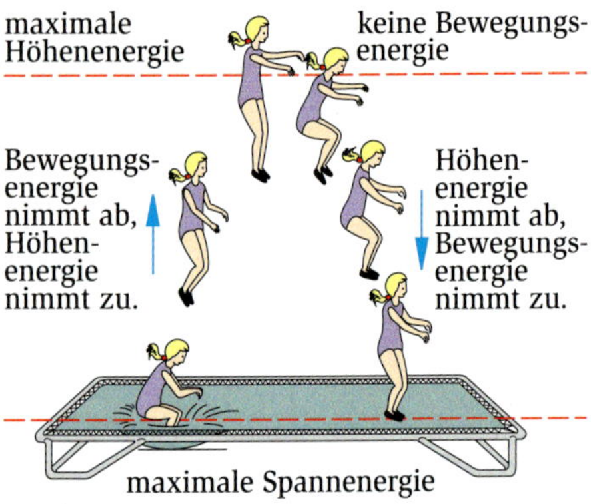

B1 Auch beim Trampolinspringen findet ständig Energieübertragung statt. Neben Konten für Höhen- und Bewegungsenergie der Springerin ist aber auch ein Konto für Spannenergie des Trampolins im Spiel.

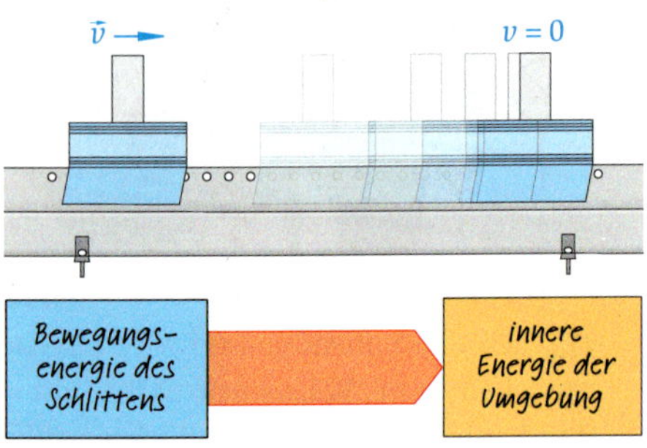

V2 Auf den letzten 20 cm der Bahn sind die Luftaustrittslöcher mit Klebestreifen verschlossen. Ohne das Luftpolster tritt eine Reibungskraft auf, die den Schlitten bremst. Seine Geschwindigkeit nimmt schnell ab.

1. Energieerhaltung bei Energiewandlung

Die in → **V1** hüpfende Kugel hat drei Energiekonten für Höhenenergie, Bewegungsenergie und Spannenergie. Immer wenn die Kugel am oberen Punkt ihrer Bahn umkehrt, sind die Konten für Bewegungsenergie und für Spannenergie leer. Die **Gesamtenergie** der Kugel besteht dort nur noch aus Höhenenergie.
Nach jedem Durchlauf der Energie-Übertragungskette *Höhenenergie → Bewegungsenergie → Spannenergie → Bewegungsenergie → Höhenenergie* ist die maximale Höhe und damit die Gesamtenergie etwas kleiner geworden. Dies liegt an der unvermeidlichen **Reibung.** Ohne Energieübertragung an die Umgebung bleibt die Summe der Energie auf ihren Energiekonten konstant. Kurz: Die Gesamtenergie der Kugel bleibt konstant.

Merksatz

Die Gesamtenergie eines Körpers kann auf verschiedene Energiekonten verteilt sein. Ohne Energieübertragung von oder zu anderen Körpern bleibt seine Gesamtenergie erhalten.

2. Energieerhaltung bei Energieübertragung

Die Trampolinspringerin in → **B1** hat im höchsten Punkt nur Höhenenergie, keine Bewegungsenergie. Im tiefsten Punkt gibt es wieder einen Augenblick ohne Bewegung. Die Gesamtenergie steckt dann im Trampolin, in den stärker gespannten Federn. Beim Entspannen geben sie der Springerin die Energie zurück. Ohne Reibung bliebe die Gesamtenergie auf drei Konten zweier Besitzer konstant → **Haus der Naturwissenschaften.**

Merksatz

Sind bei Energieübertragung und -wandlung ohne Reibung mehrere Körper beteiligt, so setzt sich die konstante Gesamtenergie aus den Kontoständen für Höhen-, Bewegungs- und Spannenergie all dieser Körper zusammen.

3. Energieerhaltung auch bei Reibung

Der Schlitten in → **V2** bleibt stehen, wo er zur Ruhe gekommen ist. Dort, wo Schlitten und Fahrbahn ohne Luftkissen aneinander gerieben haben, ist die Temperatur der Materialien gestiegen – wie immer, wenn Reibung im Spiel ist.
Temperaturzunahme weist uns auf Zunahme der inneren Energie hin. Die Energie der Bewegung ist beim Bremsvorgang nicht verloren gegangen, wir sehen sie auf dem Konto für innere Energie.

Merksatz

Tritt Reibung auf, so findet man einen wachsenden Anteil der konstanten Gesamtenergie auf den Konten für innere Energie der beteiligten Körper und der Umgebung. Auch bei Vorgängen mit Reibung geht keine Energie verloren.

Kompetenz – Wege der Energie darstellen

Wenn wir Beobachtungen in der Energiesprache beschreiben oder erklären, geht es immer um Antworten auf drei Fragen:

Wer hat die Energie?
Körper A hat Höhenenergie.
Welche Energieübertragung findet statt?
Energie wird von A auf B übertragen.
Welche Energiewandlung findet statt?
Bewegungsenergie wird in innere Energie gewandelt.

In den Bildern für Energie-Übertragungsketten benutzen wir Symbole, die diese Fragen berücksichtigen:

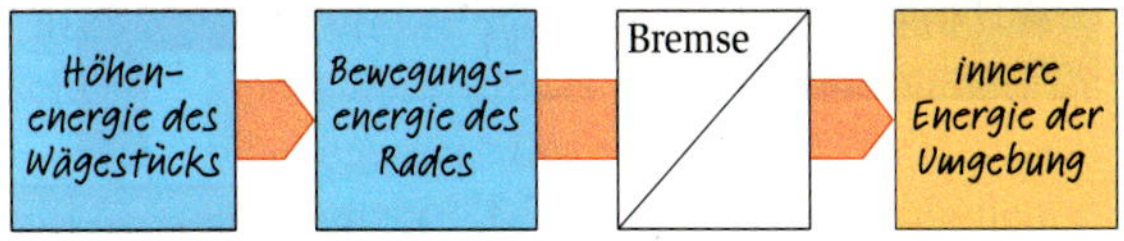

Den Kasten nehmen wir für das Energiekonto eines Körpers – für die Energie, die ein Körper hat. Den Blockpfeil nehmen wir, um Übertragung von Energie darzustellen – von einem Konto auf ein anderes.
Auf dem Weg von einem Energiekonto zu einem anderen kann die Energie gewandelt werden. Dabei ist oft eine technische Einrichtung im Spiel. Dies stellen wir durch ein Wandlersymbol dar. Der Blockpfeil führt durch den Wandler hindurch.

Haus der Naturwissenschaften

Mit Energie Zusammenhänge finden und beschreiben

Energie begegnet uns überall – im Alltag und in der Physik. Im Alltag geht es um Energieversorgung und Energiekosten. Die Wohnung soll immer gut geheizt sein und die Stromrechnung bezahlbar. Deshalb kommt Energie in fast jeder Nachrichtensendung vor, wird täglich in der Zeitung behandelt.
Genau so wichtig ist Energie in der Physik und darüber hinaus im ganzen „Haus der Naturwissenschaften". Wenn Physiker, Chemiker oder Biologen Naturgeschehen beobachten und nach Zusammenhängen im Naturgeschehen suchen, spielt der Energiebegriff eine besondere Rolle. Die Energiesprache erlaubt übersichtliche Beschreibungen.

Im Physikunterricht haben wir die Energiesprache bei ganz verschiedenen Themen benutzt und überall Energieaussagen in die Bildersprache der Energie-Übertragungsketten übertragen → **Kompetenz**.

Mit Energiesprache und Energie-Übertragungsketten werden Zusammenhänge in der Natur beschrieben. Herausfinden kann man solche Zusammenhänge, indem man nach der Energie fragt:

- Woran erkenne ich, dass Energie im Spiel ist?
- Wo kommt sie her, wohin wird sie übertragen?
- Wird Energie gewandelt?

Bei der Trampolinspringerin in → **B1** haben wir durch geschickte Auswahl der betrachteten Momentaufnahmen die Antworten auf solche Fragen schnell gefunden:

- Ganz oben finden wir die Gesamtenergie für Springerin und Trampolin vollständig auf dem Höhenenergiekonto der Springerin.

- In der Bewegung nach unten sind z. B. zwei Drittel der Gesamtenergie in Bewegungsenergie gewandelt, das Trampolin ist noch nicht im Spiel.

- Kurze Zeit später „gehört" ihm schon ein Teil der Gesamtenergie. Das Konto für Höhenenergie ist fast leer.

- Am tiefsten Punkt ihrer Bahn ist die Springerin einen Augenblick lang in Ruhe, das Trampolin ist maximal gespannt. Nun hat sein Spannenergiekonto die Gesamtenergie.

Wenn wir so genau hinschauen, stoßen wir auf die Frage, wo für die Höhenenergie der Kontostand Null sein soll. Nach → **B1** wäre dies am tiefsten Punkt der Bahn. Es könnte aber auch auf dem tiefer liegenden Fußboden sein. Dann müssten wir die „Kontopegel" aller Bilder ändern.
Deshalb redet man bei Höhenenergie besser nur über die Änderung – über Höhengewinn und Höhenverlust. Auch diesen Trick lernt man als Bewohner im Haus der Naturwissenschaften.

Interessantes

Geschwindigkeit und Bewegungsenergie

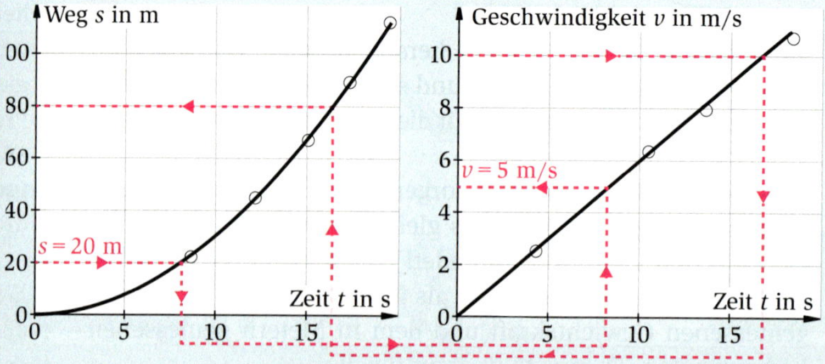

A. „Kraft mal Weg" bei Beschleunigung, ...

Erst lernt man es vor dem ersten Schultag, später in der Fahrschule: Schnelle Autos sind besonders gefährlich! Die Physik lehrt: Die Gefahr geht von ihrer Bewegungsenergie aus. Je größer die Geschwindigkeit, desto größer die Bewegungsenergie.

Eine Formel für die Bewegungsenergie können wir mit unseren Kenntnissen leider nicht herleiten, aber mehr als „je – desto" geht schon:

Wir benutzen die früher ermittelten Messwerte und Diagramme → Bilder, oben für das Anfahren einer S-Bahn. Nehmen wir an, ein S-Bahn-Wagen wird während unserer Messungen mit einer konstanten Kraft vom Betrag F_s = 18 kN angetrieben. Nach s = 20 m ist ihm die Energie $W = F_s \cdot s \cdot = 18\ \text{kN} \cdot 20\ \text{m} = 360\ \text{kJ}$ als Arbeit zugeführt worden. Der S-Bahn-Wagen hat 360 kJ Bewegungsenergie. Nach 40 m sind es 720 kJ, nach 60 m 1 080 kJ usw.

Wie schnell ist der S-Bahn-Wagen mit der jeweiligen Bewegungsenergie? Die Antwort finden wir mithilfe der Diagramme: Für 20 m lesen wir im *t*-*s*-Diagramm etwa 8 s, im *t*-*v*-Diagramm finden wir den zu t = 8 s gehörenden Wert $v \approx 5$ m/s.

Nun beginnen wir mit der doppelten Geschwindigkeit v = 10 m/s und gehen in umgekehrter Richtung durch die Diagramme: Zu v = 10 m/s gehört s = 80 m.

Für die doppelte Geschwindigkeit ist der Weg also viermal so groß, bei konstanter Kraft wird also vierfache Energie übertragen. Bei dreifacher Geschwindigkeit hat die S-Bahn dann schon neunfache Bewegungsenergie. Diese ist zu dem Quadrat ihrer Geschwindigkeit proportional!

Für die Bewegungsenergie gilt:

$$W_{\text{Bew}} \sim v^2.$$

Den Einfluss der Masse eines Körpers auf seine Bewegungsenergie liefert uns ein Gedankenversuch: Eine S-Bahn mit mehr als einem Wagen wird auf gleicher Anfahrstrecke genau so schnell wie ein einzelner S-Bahnwagen. Jeder S-Bahnwagen hat ja seinen eigenen Antrieb.

Die zweifache, dreifache, vierfache, ... Masse wird von zweimal, dreimal, viermal, ... so vielen Motoren mit zweifacher, dreifacher, vierfacher, ... Kraft angetrieben, bekommt zweimal, dreimal, viermal, ... soviel Bewegungsenergie.

Kurz: Für die Bewegungsenergie gilt auch:

$$W_{\text{Bew}} \sim m.$$

B. ... also auch beim Bremsen

Wenn ein Fahrzeug anhalten soll, muss gebremst werden. Die Bremsbacken üben eine Kraft längs eines Weges gegen die Bewegungsrichtung der Bremsscheiben aus. Dabei wird die innere Energie der Bremsen und der Umgebung erhöht. Die gewandelte Energie wird dem Konto für Bewegungsenergie entnommen, das Fahrzeug wird langsamer – bis es steht. Jetzt ist das Konto der Bewegungsenergie leer.

Im Notfall bremst man als Fahrer mit maximal möglicher Bremskraft. Die hängt von den Straßenbedingungen ab.

Wenn der Fahrer auf die Bremskraft vom Betrag F_s keinen Einfluss mehr hat, müssen in der Proportionalität $F_s \cdot s \sim v^2$ der Geschwindigkeitsbetrag v und der verfügbare Bremsweg s zueinander passen. Doppelte Geschwindigkeit erfordert vierfachen Bremsweg.

In der Fahrschule lernt man:

- In der Reaktionszeit fährt das Auto „eine Schrecksekunde lang“ ungebremst weiter. Man kann den in einer Sekunde bei konstanter Geschwindigkeit zurückgelegten Reaktionsweg berechnen.
- Über den Bremsweg lernt man, wie man ihn aus dem Quadrat der am Tacho abgelesenen Geschwindigkeit berechnen soll. Wir wissen, warum dabei der Betrag der Geschwindigkeit quadriert werden muss.

C. Nach jeder Fahrt: nur Energieentwertung

Wir betrachten drei Phasen einer normalen Autofahrt: den Start, die gleichförmige Fahrt und das Anhalten.

- Beim Schnellerwerden wird dem Fahrzeug Energie zugeführt. Doppelte Geschwindigkeit erfordert vierfache Energie.
- Nach erreichter Reisegeschwindigkeit ändert sich die Bewegungsenergie nicht mehr, aber ständig fließt wegen der Reibung Energie in die Umgebung. Sie muss vom Motor nachgeliefert werden, wenn die Geschwindigkeit nicht sinken soll. Je höher die Geschwindigkeit, desto größer die Energieentwertung, da die Reibung größer ist.
- Wird das Fahrzeug abgebremst, so gibt es seine Bewegungsenergie ab – zugunsten der inneren Energie der Umgebung.

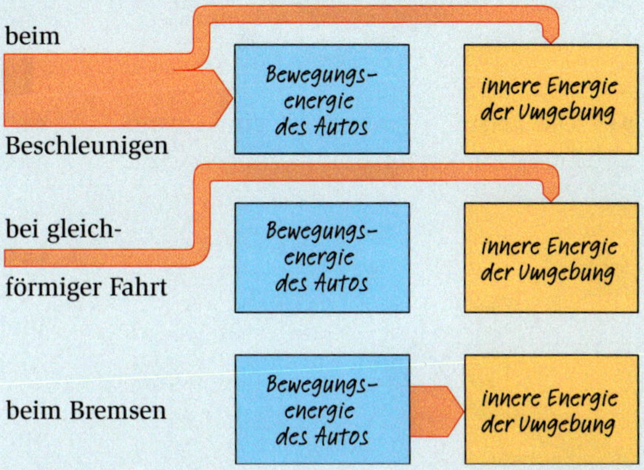

Egal, ob man auf leerer Autobahn viele Kilometer weit fährt oder im Stadtverkehr von Ampelstopp zu Ampelstopp:
Alle Energie, die dem Tank entnommen wird, finden wir zum Schluss auf dem Konto für innere Energie der Umgebung. Dort ist sie entwertet, niemand kann sie mehr nutzen.

Wie viel Energie bei einer Fahrt zwischen Start und Stopp entwertet wird, hängt von der Fahrstrecke ab, aber auch von der Geschwindigkeit, auf die das Fahrzeug zwischen zwei Stopps beschleunigt wird. Im Stau, bei „Stop and Go“, muss immer wieder, bei grüner Welle seltener beschleunigt werden.

Projekt

Eine Formel im Labor überprüfen

Wenn ihr recherchiert (in Büchern oder im Internet), findet ihr für die Berechnung der Bewegungsenergie die Gleichung

$$W_{Bew} = \frac{1}{2}\, m \cdot v^2.$$

Im abgebildeten Versuch wird Bewegungsenergie aus Höhenenergie gewandelt. Baut den Versuch mit Geräten aus der Physiksammlung auf. Messt die Geschwindigkeit der Kugel im tiefsten Punkt. Wiederholt die Messung mit anderen Anfangshöhen. Wertet die Messungen aus und bestätigt die Formel.

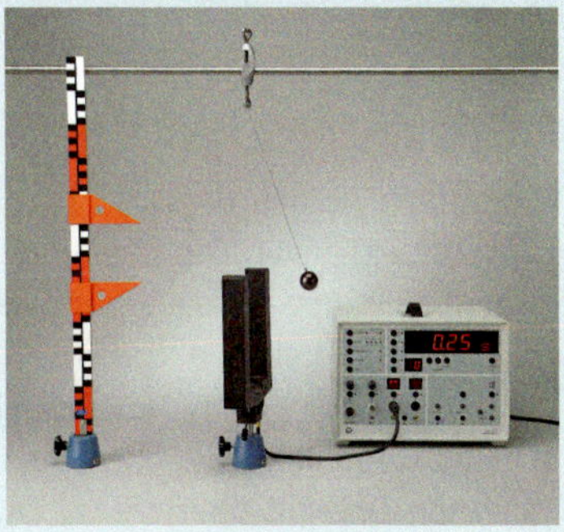

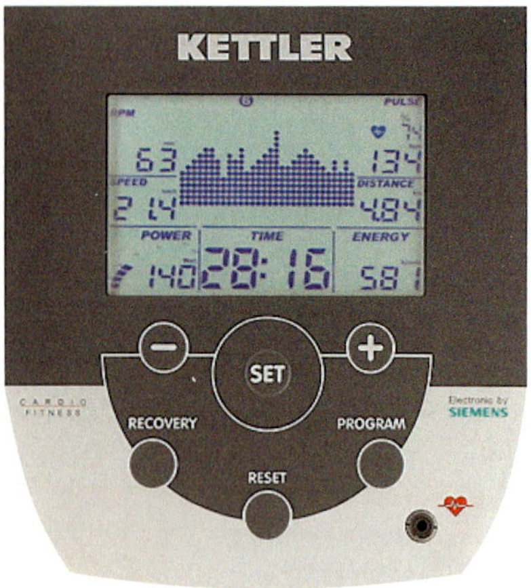

B1 Die Leistung (power) ist groß, wenn viel Energie in kurzer Zeit übertragen wird.

B2 Die eigene Leistungsfähigkeit steigert man durch Training. Messen kann man sie z. B. mit einem Ergometer.

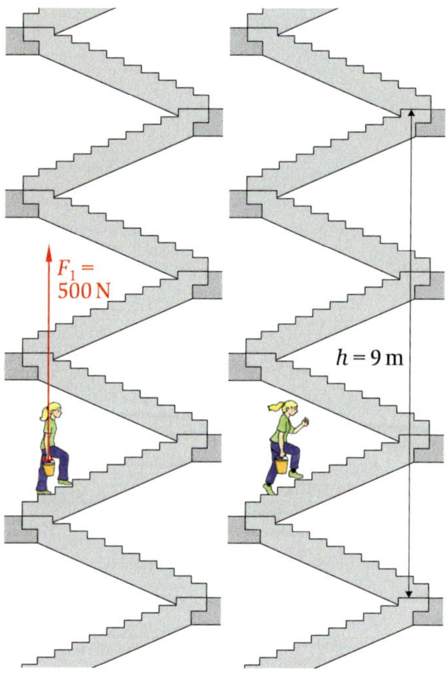

V1 Im Treppenhaus geht eine Person nach oben. Bei der Masse $m = 51$ kg, der Höhe $h = 9$ m und der benötigten Kraft $\vec{F_1}$ mit $F_1 = m \cdot g = 51 \text{ kg} \cdot 9{,}81 \text{ N/kg} = 500 \text{ N}$ muss die Arbeit

$$W = F_1 \cdot h = 500 \text{ N} \cdot 9 \text{ m} = 4500 \text{ J}$$

zugeführt werden.

a) In einem ersten Durchgang läuft die Person die Treppe hinauf, ohne zu rennen. Dazu benötigt sie z. B. $t_1 = 45$ s.

b) In einem zweiten Durchgang läuft die Person schneller nach oben, es wird dabei dieselbe Energie übertragen. Die Übertragung dauert aber jetzt nur $t_2 = 25$ s.

1. Leistung – Schnelligkeit der Energieübertragung

Viele Menschen trainieren regelmäßig, um fit zu bleiben. Nicht alle trainieren in der freien Natur, sie gehen stattdessen in ein Fitnessstudio → B2 und nutzen ein Fahrradergometer mit einem Messinstrument wie in → B1. Die Trainerin stellt das Fahrrad so ein, dass man mit mittlerer Anstrengung treten kann. „Nach wenigen Wochen wird die Leistung deutlich höher sein", ist ihr Kommentar. Doch was ist Leistung?

Betrachten wir dazu ein einfaches Beispiel der Energieübertragung. In → V1 läuft eine Person in ein oberes Stockwerk – einmal langsam und einmal schnell. Wir wissen, dass sie bei gleicher Höhe dieselbe Energieportion benötigt. Bei direktem Transport wird die Energie 4 500 J in 45 s übertragen. Beim zweiten Lauf sind es nur 25 s, die benötigte Zeit ist deutlich kleiner.

Die schnellere Energieübertragung empfinden wir als größere Leistung, entsprechend hat man die **Leistung *P*** (engl. *power*) als Quotient aus Energie und Zeit definiert:

$$\boldsymbol{P = W/t.}$$

Als Einheit ergibt sich 1 J/s, sie wird abgekürzt durch 1 W (Watt). Beim ersten Treppenlauf betrug sie

$$P_1 = \frac{4\,500 \text{ J}}{45 \text{ s}} = 100 \,\frac{\text{J}}{\text{s}} = 100 \text{ W}.$$

Im zweiten Fall war die Leistung größer:

$$P_2 = \frac{4\,500 \text{ J}}{25 \text{ s}} = 180 \text{ W}.$$

Merksatz

Der Quotient aus der übertragenen Energie W und der dazu benötigten Zeit t ist die Leistung $P = W/t$.
Die Einheit der Leistung ist 1 J/s = 1 W (Watt);
1000 W = 1 kW (Kilowatt).

Und so berechnet der Computer am Fahrradergometer die angezeigte Leistung:
Von der Trainerin wird die Pedalkraft eingestellt. Diese wird dann mit dem Pedalweg multipliziert. Das Produkt aus Kraft und Weg, also die als Arbeit zugeführte Energie, wird noch durch die Zeit dividiert:

$$(F \cdot s)/t = W/t = P.$$

Durch regelmäßiges Training wird man leistungsfähiger: Man setzt mehr Energie in der gleichen Zeit bzw. dieselbe Energieportion in kürzerer Zeit um.

Fahrraddynamo	3 W
Treppensteigen, langsames Radfahren, Schwimmen	100 W
Wohnungsheizung	20 kW
Automotor mittlerer Leistung	80 kW
ICE	8 MW
Dampfturbnine	1000 MW

T1 Einige Leistungswerte im täglichen Leben; 1 MW = 1 000 000 W (Megawatt)

2. Leistung mal Zeit ist Energie

Oft kennt man die Leistung eines Gerätes und möchte die Energie berechnen, die in einer bestimmten Zeit geliefert wird. Multipliziert man beide Seiten von $P = W/t$ mit t, so erhält man $W = P \cdot t$. Beträgt die Leistung z. B. 80 W und wird das Gerät 10 s lang betrieben, so ist die umgesetzte Energie $W = P \cdot t = 80\ \text{W} \cdot 10\ \text{s} = 800\ \text{Ws}$.

Die in der Rechnung auftretende Einheit Ws (Wattsekunde) wird häufig statt der Einheit Joule benutzt:
$1\ \text{Ws} = 1\ \text{W} \cdot 1\ \text{s} = 1\ (\text{J/s}) \cdot 1\ \text{s} = 1\ \text{J}$.
In der Praxis misst man die Energie auch in Kilowattstunden:
$1\ \text{kWh} = 1000\ \text{W} \cdot 3600\ \text{s} = 3\,600\,000\ \text{J}$.

Für eine Kilowattstunde elektrischer Energie bezahlt man etwa 0,28 € und bekommt dafür eine Stunde lang in jeder Sekunde 1000 J „aus der Steckdose". Mit der Dauerleistung 100 W in → T1 hätte man 10 Stunden zu tun, ehe für 0,28 € Energie übertragen wäre! Die bequem und in großen Mengen verfügbare elektrische Energie verführt dazu, Energie verschwenderisch zu entwerten. Ist Energie zu billig?

Merksatz

Wattsekunde (Ws) und Kilowattstunde (kWh) sind praktische Einheiten für die Energie.
Es gilt: 1 Ws = 1 J und 1 kWh = 3 600 000 J.

Mach's selbst

A1 Suche Leistungsangaben bei elektrischen Geräten. Erkläre sie.

A2 Ein Löschfahrzeug kann pro Minute 1600 l Wasser ca. 75 m hoch pumpen. Bestimme die Leistung der Wasserpumpe.

A3 Die Leistung von Motoren wurde früher in PS, in „Pferdestärke" angegeben. Es gilt: 1 PS ≈ 0,75 kW.
Ein Kleinwagen „hat" 60 PS, ein großes Auto 140 PS. Was sagt das aus?
Erkläre es an einem Beispiel.

A4 Ein gefüllter Eimer mit der Masse $m = 10{,}2$ kg wird im Treppenhaus in → V1 nach oben getragen. In einem ersten Durchgang geschieht dies in $t_1 = 45$ s. Für einen zweiten Durchgang benutzt man eine Seilwinde (Kurbelradius 25 cm, Kraft an der Kurbel 20 N, Trommelradius 5 cm). Das Hochkurbeln dauert jetzt $t_2 = 180$ s.
Bestimme die Leistung für den direkten Transport und für den Transport mit der Seilwinde.
Vergleiche die Ergebnisse.
Begründe den Unterschied.

Interessantes

Energieentwertung beim Autofahren

Ein Auto fährt mit 100 km/h in 1 Stunde 100 km weit und verbraucht dabei z. B. 6 l Benzin (1 l entspricht 32 MJ). Mit dem Benzin werden also 6 l · 32 MJ/l = 192 MJ chemischer Energie bereitgestellt.
Von den (maximal) 80 kW des Motors werden bei gleichförmiger Fahrt 20 kW als Dauerleistung in Anspruch genommen. Er wandelt also $W = P \cdot t = 20\,000\ \text{W} \cdot 3600\ \text{s} = 72\ \text{MJ}$ in mechanische Energie.

Es werden also 72 MJ für die Fahrt mit konstanter Geschwindigkeit benötigt: Der Motor muss die Energie nachliefern, die durch Reibung an der Luft, in den Lagern und den Reifen in innere Energie gewandelt wird. Von dort geht dieser Teil der Energie von alleine – entwertet – in die kältere Umgebung.
120 MJ fließen über Kühlung und Auspuff sofort in die Umgebung und erhöhen dort die innere Energie.

Elektrische Energie im Alltag

Im Dezember wird in deutschen Haushalten am meisten elektrische Energie gebraucht – insbesondere zur Zeit um Weihnachten.
Ein Leben ohne Elektrizität können wir uns nicht mehr vorstellen. Der Bedarf steigt jährlich, denn die Zahl der Haushalte nimmt zu und diese werden dann mit immer mehr Elektrogeräten ausgestattet.

Wie diese Geräte funktionieren und was ihr Betrieb kostet, wird in diesem Kapitel unter physikalischen Aspekten untersucht.

A1 Elektrische Energie kostet Geld. Nenne Situationen, in denen du selbst für elektrische Energie zahlen musstest oder in denen deine Eltern für dich bezahlt haben.

A2 Der Strom kann erhitzen, erleuchten und Motoren antreiben. Nenne Haushaltsgeräte, die diese Wirkungen des Stroms ausnutzen.

A3 Zähle alle Geräte mit Motoren auf, die ihr zu Hause benutzt. Beschreibe ihre jeweilige Aufgabe.

A4 Lass dir zu Hause den „Stromzähler“ zeigen. Schalte verschiedene Geräte ein und wieder aus. Beschreibe deine Beobachtung am Stromzähler.

A5 Du hast vielleicht schon von deinen Eltern gehört, dass du keine Energie verschwenden sollst. Begründe, warum dies sinnvoll ist. Notiere Möglichkeiten, Energie zu sparen.

A6 Nach und nach werden Drehscheibenzähler (rechts im Bild) durch „intelligente“ Stromzähler (links im Bild) ersetzt. Informiere dich, welche Vor- und Nachteile die neuen Zähler haben.

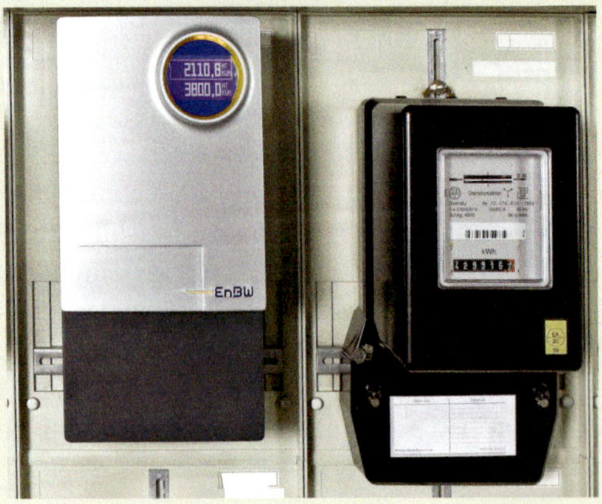

Die Stromrechnung ist eine Energierechnung

1		2		3		4		5		6		7
Zählerstand neu (31.12.)	–	Zählerstand alt (1.1.)	=	Gesamtverbrauch (kWh)	x	Preis je kWh €	=	Verbrauchsbetrag €	+	Grundpreis pro Jahr €	=	Nettobetrag €
2526		0126		2400		0,28		672,00		87,50		759,50
										+ Umsatzsteuer (19%)		144,31
Zähler Nr. 5.765.270										Rechnungsbetrag		903,81

B1 Ausschnitt aus einer sogenannten Stromrechnung

1. Energieabrechnung in kWh

Für den Betrieb von elektrischen Geräten wie Glühlampe, Elektroherd und Elektromotor muss man bezahlen. Das Elektrizitätswerk schickt eine „Stromrechnung".
Wofür bezahlt man dabei eigentlich?

Schaut man sich die Rechnung an, so sieht man, dass man einen Preis je kWh bezahlt. Die Abkürzung kWh steht für Kilowattstunde und setzt sich aus drei Teilen zusammen:

- Kilo: Diese Vorsilbe bedeutet 1000. Wir kennen sie auch von Kilogramm oder Kilometer.
- Watt: Watt ist die Einheit der Leistung.
- Stunde: Die Stunde ist eine Zeiteinheit.

Hier wird also eine Leistung P mit einer Zeit t multipliziert. Wir wissen schon, dass mit $W = P \cdot t$ die übertragene Energie berechnet wird. Als Produkt aus den Einheiten für Leistung und Zeit ist die Kilowattstunde eine Energieeinheit. Die Stromrechnung ist also eine Energierechnung.
Das passt zu dem, was wir schon früher gelernt haben: Elektrischen Geräten wird elektrische Energie zugeführt, die sie in andere Energieformen wandeln. Wir verwenden sie als Energiewandler.

2. Umrechnung von kWh in J

Bei den großen Energiemengen, die uns ein Elektrizitätswerk in Rechnung stellt, ist die kleine Einheit 1 J unpraktisch, da man es mit sehr großen Zahlen zu tun hätte. Stattdessen wird die uns schon bekannte Einheit 1 kWh benutzt. Wir wiederholen noch einmal den Zusammenhang zwischen den beiden Maßeinheiten der Energie:

$$W = 1\ \text{kWh} = 1000 \cdot 1\ \text{W} \cdot 1\ \text{h} = 1000\ \text{W} \cdot 3600\ \text{s}$$
$$= 3\,600\,000\ \text{Ws} = 3\,600\,000\ \text{J}.$$

Merksatz

Elektrische Energie im Alltag wird in der Einheit Kilowattstunde (kWh) angegeben.
Man rechnet um: 1 kWh = 3 600 000 J.

B2 Der „Stromzähler" misst die vom Elektrizitätswerk gelieferte elektrische Energie. Die Aufschrift 375 Umdr/kWh gibt an, dass sich die Scheibe nach der Lieferung einer Energie von 1 kWh 375-mal gedreht hat.

Mach's selbst

A1 Lass dir eure letzte „Stromrechnung" zeigen. Lies ab, was eine Kilowattstunde kostet und wie viele Kilowattstunden ihr „verbraucht" habt. Berechne eure durchschnittlichen Energiekosten pro Tag.

A2 **a)** Rechne 3,4 kWh in Joule um.
b) Rechne 9 000 000 Joule in Kilowattstunden um.

A3 Jan wundert sich: Auf der Gasrechnung werden auch Kilowattstunden abgerechnet. Nimm Stellung dazu.

V1 **a)** Um einen drehbar gelagerten Zylinder (Radius $r = 0{,}024$ m) wird eine Schnur gelegt. An dieser Schnur hängt ein mit Wasser gefüllter Eimer (Gesamtmasse $m = 3{,}2$ kg). Mit einer Handkurbel wird der Zylinder gedreht (anfangs wird dabei der Eimer leicht vom Boden abgehoben). Während man kurbelt, reibt die Schnur über den Zylindermantel und der Zylinder wird erhitzt.
Die Reibungskraft hält der Gewichtskraft das Gleichgewicht. Für die Beträge gilt:

$$F_R = G = 3{,}2 \text{ kg} \cdot 9{,}81 \text{ N/kg} = 31 \text{ N}.$$

Der zurückgelegte Weg s ist ein Vielfaches des Zylinderumfangs $U = 2\pi r = 0{,}15$ m. Eine Umdrehung wirkt so, als hätte man den Eimer um 0,15 m hochgehoben und ihn dann herunterrutschen lassen.
Nach $n = 700$ Drehungen ist die Temperaturerhöhung des Zylinders $\Delta\vartheta = 13{,}4\,°\text{C}$. Der gesamte Rutschweg ist nun $s = n \cdot U = 700 \cdot 0{,}15 \text{ m} = 106$ m. Damit berechnen wir die zugeführte Energie:

$$W_{mech} = F_R \cdot s = 31 \text{ N} \cdot 106 \text{ m} = 3300 \text{ J}.$$

b) Nun wird dem Zylinder die Energie elektrisch zugeführt → **B1**. Dazu setzt man in den Zylinder ein Heizelement ein. Der Zylinder wird solange geheizt, bis sich wieder die Temperaturdifferenz $\Delta\vartheta = 13{,}4\,°\text{C}$ eingestellt hat. Die Zeit dazu beträgt $t = 336$ s. Dabei werden die Spannung $U = 10{,}6$ V und die Stromstärke $I = 0{,}99$ A gemessen. Für das Produkt von U, I und t ergibt sich:

$$W_{el} = U \cdot I \cdot t = 3500 \text{ VAs}.$$

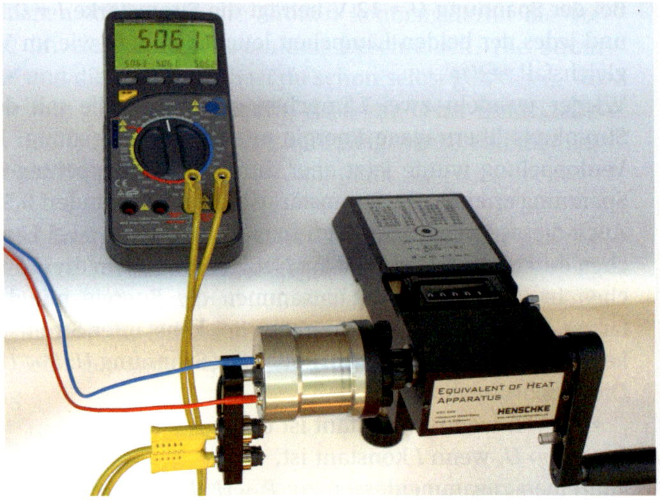

B1 Der Metallzylinder aus → **V1b** wird elektrisch geheizt.

3. Das richtige Maß für die Spannung

Aus den → **Abschnitten 1. und 2.** kennen wir die Beziehungen $W = P \cdot t$ und $P \sim U \cdot I$. Wir fassen sie zusammen zu $W \sim U \cdot I \cdot t$.
Die von einem Elektrogerät in der Zeit t gewandelte Energie W ist also proportional zum Produkt aus der Spannung U, der Stromstärke I und der Zeit t. Wir werden nun herausfinden, wie wir W berechnen können. Dabei werden wir erkennen, wie sinnvoll die Einheit der Spannung, das Volt, gewählt wurde. Wir nutzen aus, dass wir mithilfe einer Kraft $\vec{F}$ längs eines Weges s die mechanisch übertragene Energie W_{mech} bereits berechnen können:

$$W_{mech} = F \cdot s.$$

In → **V1** wird einem Aluminiumzylinder Energie deshalb zunächst mechanisch, danach elektrisch, zugeführt, bis sich die Temperatur jeweils um $\Delta\vartheta = 13{,}4\,°\text{C}$ erhöht hat. So ist sichergestellt, dass die mechanisch zugeführte Energie W_{mech} genauso groß ist wie die elektrisch zugeführte Energie W_{el}, also $W = W_{el} = W_{mech}$.

In → **V1a** beträgt $W_{mech} = 3300$ J. In → **V1b** ergibt sich für das Produkt aus der Spannung U, der Stromstärke I und der Zeit t, während der die Energie zugeführt wird, der Wert $U \cdot I \cdot t = 3500$ VAs.
Es fällt auf, dass die Werte 3300 J und 3500 VAs im Rahmen der Messgenauigkeit übereinstimmen. Dies legt nahe, im Produkt $U \cdot I \cdot t$ die zugeführte Energie W_{el} zu sehen:

$$W_{el} = U \cdot I \cdot t.$$

Dies war genau die Absicht bei der Festlegung der Spannungseinheit 1 V. Der Proportionalitätsfaktor zwischen W und $U \cdot I \cdot t$ sollte 1 sein.

Man legte daher fest: Wenn eine elektrische Quelle über einen Stromkreis (Stromstärke I) während der Zeit t die Energie W abgibt, besteht zwischen ihren Polen die Spannung $U = W/(I \cdot t)$. Die Maßeinheit 1 V wird aus dieser Gleichung abgeleitet zu: $1\ \text{V} = 1\ \text{J}/(\text{A} \cdot \text{s})$.

Merksatz

Die elektrische Spannung U einer Quelle ist der Quotient aus der Energie W, die über einen Stromkreis abgegeben wird, und dem Produkt aus der dafür benötigten Zeit t und der Stromstärke I:

$$U = \frac{W}{I \cdot t} \quad \text{mit der Einheit} \quad 1\ \text{V} = 1\ \frac{\text{J}}{\text{As}}.$$

4. Die elektrische Leistung

Die elektrische Leistung P ist der Quotient aus gewandelter Energie W und der dafür benötigten Zeit t. Es ergibt sich:

$$P = \frac{W}{t} = \frac{U \cdot I \cdot t}{t} = U \cdot I.$$

Merksatz

Die elektrische Leistung P ist das Produkt aus Spannung U und Stromstärke I:

$$P = U \cdot I \quad \text{mit der Einheit} \quad 1\ \text{W} = 1\ \text{V} \cdot \text{A}.$$

Vertiefung

U = W/Q

Für die elektrische Stromstärke I gilt: $I = Q/t$. Daraus folgt $Q = I \cdot t$. Dabei ist Q die in der Zeit t an der „Zählstelle" vorbeifließende Ladung. Mit $Q = I \cdot t$ wird aus $U = W/(I \cdot t)$ die neue Gleichung $U = W/Q$. Dies bedeutet: Fließt bei 1 Volt die Ladung 1 Coulomb an der „Zählstelle" vorbei, so wird über den Stromkreis die Energie 1 Joule übertragen.

Mach's selbst

A1 Berechne für eine Glühlampe (230 V; 100 W) und eine Energiesparlampe (230 V; 20 W) die Stromstärke und die Energie, die stündlich gewandelt wird.

A2 Berechne, wie sich die Widerstände der in → **A1** verwendeten Lampen zueinander verhalten.

A3 Ein Lämpchen hat die Aufschrift 6 V; 3 W. Plane ein Experiment, mit dem du diese Angabe überprüfen kannst.

Praktikum

Der Wirkungsgrad eines Nabendynamos

Wir haben bereits früher gesehen, dass ein Nabendynamo Höhenenergie in elektrische Energie wandeln kann. Dies werden wir jetzt quantitativ untersuchen.

Arbeitsaufträge:

1 Montiert die Achse des Dynamos sehr fest. Wickelt ein Band um die Achse, an das ihr ein hochgehobenes Wägestück der Masse $m = 1$ kg hängt. Schließt an den Dynamo ein Lämpchen (6 V; 2 W oder 6 V; 2,4 W) und ein Voltmeter an, in den Stromkreis ein Amperemeter.

2 Lasst das Wägestück nun los und messt die Zeit t, in der es einen Höhenunterschied h überwindet. Messt währenddessen auch die Spannung U und die Stromstärke I.

3 Berechnet die abgegebene Höhenenergie W_h und die erhaltene elektrische Energie W_{el}.

4 Berechnet den sogenannten Wirkungsgrad $\eta = W_{el}/W_h$ des Nabendynamos. Gebt an, welche Bedeutung dieser Quotient hat.

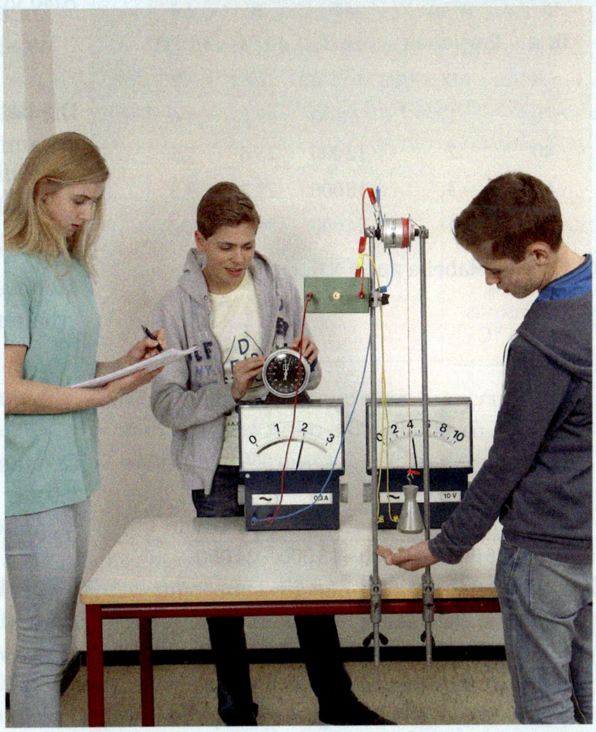

Projekt

Bau eines Elektromotors

Du benötigst:

- ca. 1 m lackierter Kupferdraht (z. B. ∅ 0,7 mm, im Elektronikhandel erhältlich)
- eine 1,5 V Batterie (Babyzelle)
- zwei Büroklammern
- ein Magnet (z. B. von einem Schranktüren-Magnetschnapper aus dem Baumarkt)
- ca. 15 cm Klebeband
- als Werkzeug eine Schere oder ein Messer

---

1. Zunächst fertigst du die Drehspule an. Das geht einfach, wenn du den Kupferdraht 10- bis 15-mal um die Batterie wickelst und die entstandene Spule von der Batterie herunterziehst → B1. Damit sie ihre Form behält, bindest du sie mit einem Drahtrest auf zwei gegenüberliegenden Seiten jeweils zusammen, lässt aber an beiden Enden ein etwa 4 cm langes Stück stehen. Dieses biegst du nun rechtwinklig nach außen ab. Es entsteht eine Spulenachse → B2.

B1 Spule wickeln

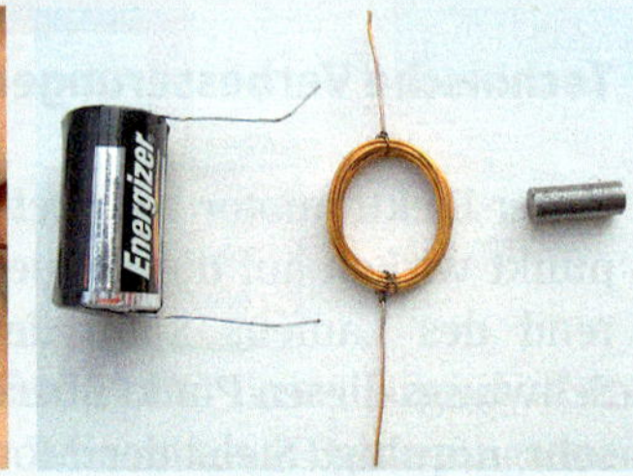

B2 Einzelteile des Motors

2. Nach jeder halben Umdrehung sollen die beiden Enden der Achse mit der Babyzelle leitend verbunden werden. Um dies zu ermöglichen, legst du die fertige Drehspule flach auf den Tisch und schabst nun mit der scharfen Kante der Schere den Lack auf den Enden der Spulenachse an der Oberseite ab → B3.

B3 Abschaben des Lacks an den Zuführungen (nur an der Oberseite, nicht den roten Bereich!)

3. Aus den Büroklammern ① biegst du die Auflage für die Drehspule: Du klappst zunächst den äußeren Ring um – die Klammern ähneln zwei Wegweisern nach rechts und links ② – und biegst den größeren Ring auf ③. Dann wickelst du das Klebeband zweimal über die Pole der Batterie und schiebst die Büroklammern mit dem geschlossenen Ring jeweils an den Batteriepolen unter das Klebeband → B4.

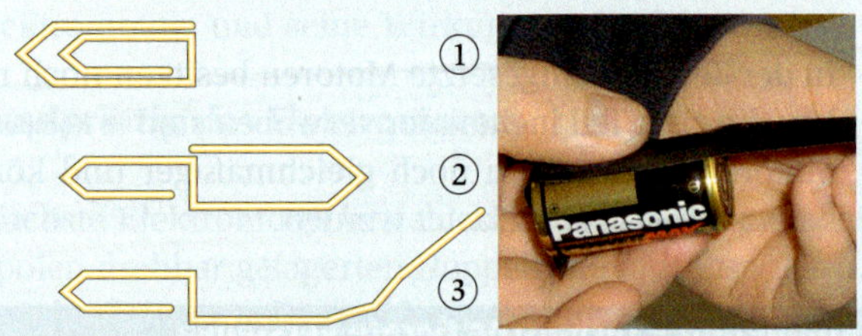

B4 Biegen und Befestigen der Spulenauflage

4. Lege jetzt die Spule in die aufgebogenen Arme der Büroklammern und nähere den Magneten der Spule. Eventuell musst du die Spule einmal kurz anstoßen – und der Motor läuft → B5.

B5 Geschafft: Der Motor läuft.

Arbeitsaufträge:

1 Nähere den Magneten von verschiedenen Seiten der Spule. Beschreibe die Unterschiede.

2 Prüfe, ob der Motor in beiden Drehrichtungen der Spule stabil läuft.

3 Drehe den Magneten mit dem anderen Pol zur Spule, bzw. halte ihn quer zur Spule. Wie beeinflusst dies die Bewegung?

4 Der Motor funktioniert etwas anders als die bisher beschriebenen Motoren. Finde eine Erklärung dafür, dass sich die Spule dreht.

Physik und Technik

LED – Lichtquellen der Zukunft

Eine Leuchtdiode (LED) besteht aus zwei Halbleiter-Schichten. Ein Halbleiter ist ein Material, dessen Widerstand viel größer ist als der eines Leiters, aber viel kleiner als der eines Isolators. Legt man eine Spannung an, so gehen Elektronen des Materials in einen Zustand niedrigerer Energie über. Dabei geben die Elektronen die überschüssige Energie in Form von Licht ab. Die Leuchtfarbe einer LED wird vom verwendeten Material bestimmt.
Leuchtdioden haben gegenüber Glühlampen und Leuchtstoffröhren große Vorteile, sie sind:

- **sparsam**
  Während Glühlampen nur etwa 5 % der zugeführten Energie in Licht wandeln, beträgt der Lichtanteil (Wirkungsgrad) bei Leuchtdioden derzeit bis zu 25 %. Sie gehören damit – wie die Leuchtstoffröhren – zur Gruppe der Energiesparlampen. In Europa sollen Glühlampen nicht mehr verkauft werden. Dies führt zur Verbreitung der Nutzung von Energiesparlampen mit LED-Technik → B6.

B6 Energiesparlampen mit LED-Technik ersetzen zunehmend die bisher üblichen Glühlampen.

- **schnell**
  Leuchtdioden lassen sich blitzschnell ein- und ausschalten. Während bei Glühlampen die Wendel eine bestimmte Temperatur erreichen muss, damit die Lampe leuchtet, setzt die Lichtaussendung bei Leuchtdioden sofort mit dem Strom ein. Deshalb lassen sich Leuchtdioden ideal bei der Datenübertragung verwenden, z. B. bei Fernbedienungen, im CD- und DVD-Spieler, bei der Datenübertragung mit Glasfaserkabeln usw..

- **stabil**
  Mit Lebensdauern von bis zu 50 000 Stunden schlagen die Leuchtdioden alle anderen Lampentypen. Außerdem können sie aufgrund ihrer Bauweise mechanischen Beanspruchungen besser widerstehen. Sie eignen sich daher für Anwendungen, in denen die Leuchtmittel schwer zugänglich, umständlich auszutauschen oder starken Erschütterungen ausgesetzt sind → B7.

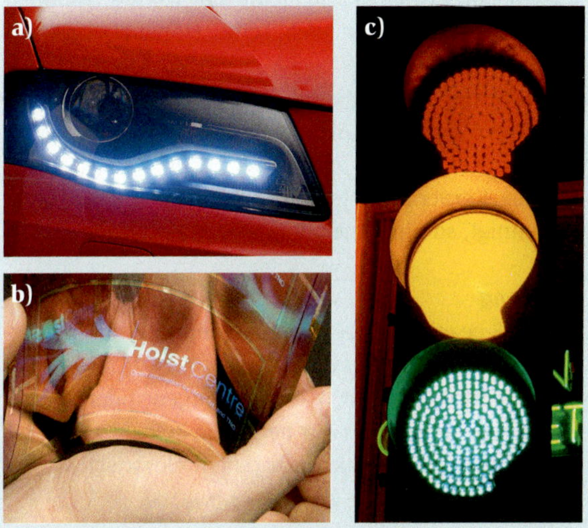

B7 **a)** Beim Einsatz in Kraftfahrzeugen überzeugen LEDs durch hohe Lebensdauer trotz Erschütterungen. **b)** Verwendet man als Halbleitermaterial spezielle organische Verbindungen (OLED), so lassen sich sogar biegsame Bildschirme und Leuchtfolien herstellen. **c)** Ampeln sollten möglichst selten ausfallen und wenig Energie benötigen.

Mach's selbst

A1 Recherchiere im Internet, welche Vor- und Nachteile verschiedene Lampentypen haben. Präsentiere deine Ergebnisse in einem kleinen Vortrag.

A2 Nimm begründet Stellung zum EU-Glühlampenverbot.

A3 **a)** Notiere für jede Lampe in deinem Zimmer die Leistung und die durchschnittliche Nutzungsdauer pro Tag.
b) Berechne, was die Beleuchtung deines Zimmers pro Tag und pro Jahr kostet.

A4 Nenne drei weitere Anwendungsmöglichkeiten von LEDs. Begründe, warum LEDs dort zum Einsatz kommen.

Das ist wichtig

1. Gesamtenergie auf Energiekonten verteilt

Die Gesamtenergie eines Körpers kann auf verschiedene Energiekonten verteilt sein. Bei mehreren Körpern setzt sich die konstante Gesamtenergie aus den Konten für Bewegungs-, Höhen- und Spannenergie und innere Energie aller Körper zusammen. Bei Vorgängen mit Reibung ändern sich neben den Konten für mechanische Energie auch die Konten für innere Energie der beteiligten Körper.

2. Energieübertragung als Arbeit

Wird ein Körper der Masse m um die Höhe h gehoben oder gesenkt, so ändert sich seine Höhenenergie um

$$W = m \cdot g \cdot h.$$

Beim Heben wird Energie mit konstantem Kraftbetrag F_s längs eines Weges s als Arbeit übertragen. Es gilt:

$$W = F_s \cdot s.$$

Wird ein Körper mittels Kraft in Bewegungsrichtung beschleunigt, so nimmt seine Bewegungsenergie zu.

3. Leistung

Leistung P bezeichnet die Schnelligkeit der Energieübertragung oder der Energiewandlung.

Es gilt: $P = W/t$, dabei ist W die übertragene oder gewandelte Energie und t die dafür benötigte Zeit.

„Verbraucher" im Stromkreis wandeln elektrische Energie mit der Leistung $P = U \cdot I$.

4. Einheiten für Energie und Leistung

Die Einheit der Energie ist 1 Nm = 1 J (Joule).

Die Einheit der Leistung ist 1 J/s = 1 W (Watt).

Man kann umformen: 1 J = 1 Ws.

Man kann also Energieportionen auch in der Einheit Ws (Wattsekunde) oder Kilowattstunde messen:

1 kWh = 1000 W · 3600 s = 3 600 000 Ws = 3 600 000 J.

5. Energieübertragung als Wärme

Die bei Temperaturdifferenz „von Heiß nach Kalt" übertragene Energie nennt man Wärme.

Wenn die Temperatur einer Wassermenge mit der Masse m um $\Delta\vartheta$ niedriger oder höher wird, so ändert sich die innere Energie um $W = c \cdot m \cdot \Delta\vartheta$.

Für Wasser gilt $c = 4{,}2\ \text{J}/(\text{g} \cdot {}^\circ\text{C})$.

6. Elektromotor

Ein Elektromotor ist wie viele andere elektrische Geräte ein Energiewandler. Ihm wird mittels Stromkreis elektrische Energie zugeführt, die er als mechanische Energie abgibt. Bei konstanter Spannung und konstanter Stromstärke gilt für die in der Zeit t zugeführte elektrische Energie: $W = U \cdot I \cdot t$.

Darauf kommt es an

Erkenntnisgewinnung

Mit Experimenten (auch Gedankenexperimenten) kann man verschiedene Energieformen und die Möglichkeiten der Energieübertragung und Energiewandlung untersuchen.

Kommunikation

Man kann den Energietransport mit Energie-Übertragungsketten veranschaulichen, in denen Energiekonten und Energiewandler den Weg der Energie beschreiben. Dabei werden die Begriffe elektrische Energie, Wärme und Arbeit im physikalisch richtigen Sinn benutzt – als „Energie unterwegs".

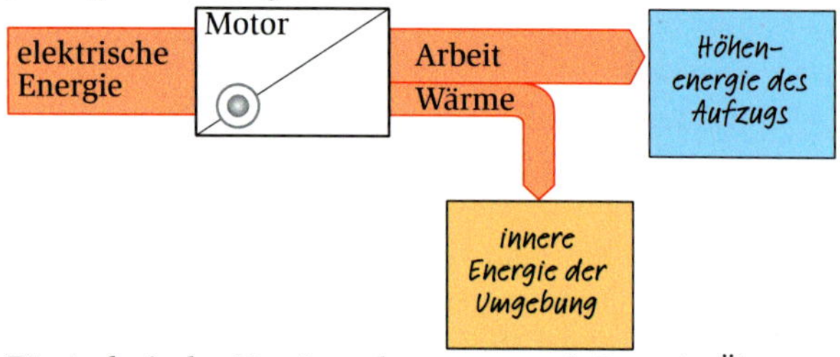

Für technische Vorgänge kann man mit Energie-Übertragungsketten darstellen, dass die Energie am Ende immer auf dem Konto der inneren Energie der Umgebung ankommt. Damit kann man die Auswirkungen von Reibung deutlich machen.

Bewertung

Man kann am Beispiel der Energiewandlungen beim Autofahren Vorzüge und Nachteile bestimmter Fahrstile charakterisieren und den Zusammenhang mit unvermeidlicher und vermeidlicher Energieentwertung herstellen.

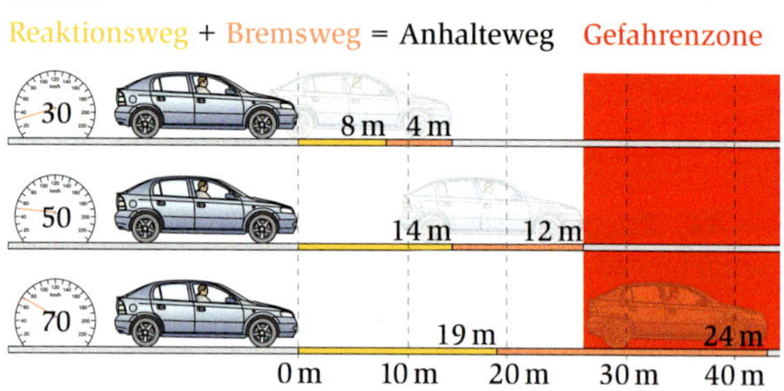

Nutzung fachlicher Konzepte

Man muss immer sorgfältig die Größen Energie und Leistung unterscheiden: Energie bezeichnet den Füllstand eines Kontos, Leistung die Schnelligkeit der Energieübertragung.

Joule und Wattsekunde sind gleichwertige Einheiten für die Messung von Energiemengen. In der Technik spielt auch die Kilowattstunde eine wichtige Rolle.

Das kannst du schon

Beobachtungen einordnen
Du beobachtest Vorgänge in Umwelt und Technik „mit der Energiebrille“. Du benutzt die Merkmale Höhe, Geschwindigkeit und Temperatur, um Änderungen der Kontostände von Energiekonten zu erkennen.

Vorgänge beschreiben
Du beschreibst mit Energie-Übertragungsketten die Übertragung von Energie als Wärme, Arbeit und elektrischer Energie und stellst den Zusammenhang mit Energiekonten und Energiewandlern dar.

Vorgänge vergleichen
Du vergleichst Vorgänge, bei denen gleiche Energiemengen übertragen werden und unterscheidest sie nach der dabei benötigten Zeit. Du kennzeichnest die Vorgänge mithilfe des Begriffs Leistung.

Maßeinheiten benutzen
Du vergleichst Energie- und Leistungsangaben, die mit unterschiedlichen Einheiten versehen sind, indem du sie umrechnest.

Experimente auswerten
Du wertest Messreihen von Experimenten aus und stellst Datenreihen in Diagrammen und in Tabellen dar. Du erkennst Proportionalitäten und benutzt sie für Schlussfolgerungen.

Beobachtungen interpretieren
Du untersuchst und beschreibst die Funktionsweise eines Elektromotors. Du deutest ihn als Energiewandler, dem elektrische Energie zugeführt wird. Er gibt Energie als Arbeit und – bei üblichen Motoren leider – als Wärme ab, die sich als innere Energie in die Umgebung verkrümelt.

Experimente planen
Du planst Experimente und untersuchst den Einfluss der Größen Spannung und Stromstärke, um die mit einem Stromkreis übertragene Energie zu messen.
Du planst ein Experiment und wertest Messungen aus, um die als Wärme übertragene Energie zu bestimmen, die die innere Energie eines Körpers erhöht.

Zusammenhänge untersuchen
Du untersuchst planvoll das Heben einer Last mit einem Kran mit dem Ziel, Höhenenergie zu messen. Du untersuchst das Beschleunigen einer S-Bahn, um den Zusammenhang zwischen Bewegungsenergie, Geschwindigkeit und Masse zu untersuchen.

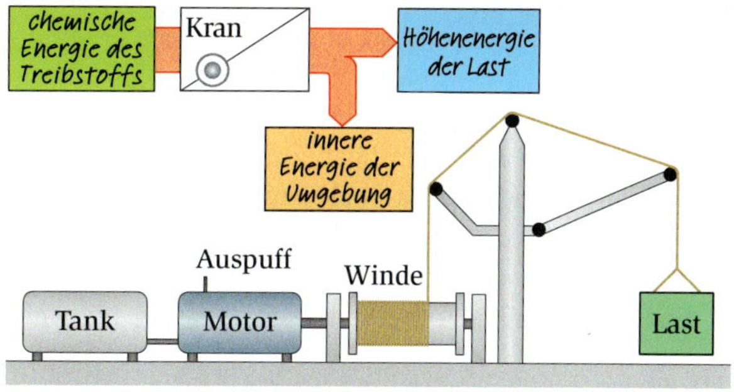

Der Kran wandelt einen bestimmten Teil der zugeführten Energie in Höhenenergie der Last.

Höhengewinn	Gewichtskraft	Energie
3 m	5000 N	einfach
12 m	5000 N	vierfach
3 m	10 000 N	doppelt
12 m	10 000 N	achtfach

Höhe / Last	3 m	12 m
5000 N	einfach	vierfach
10 000 N	doppelt	achtfach

In der Tabelle werden verschiedene Vorgänge verglichen.

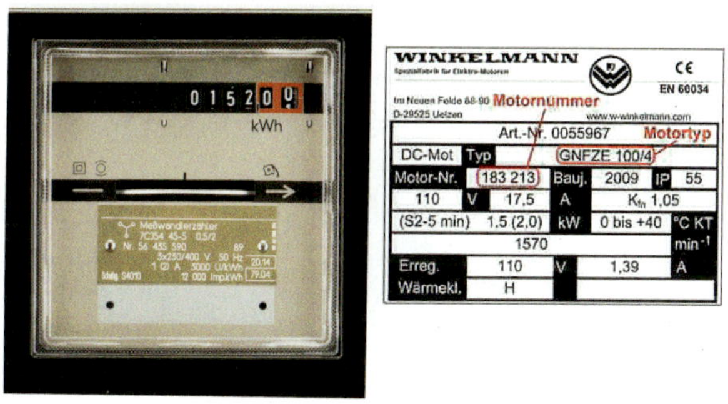

Der „Stromzähler“ misst die gelieferte elektrische Energie, das Typenschild des Motors gibt u. a. die abgegebene mechanische Energie an.

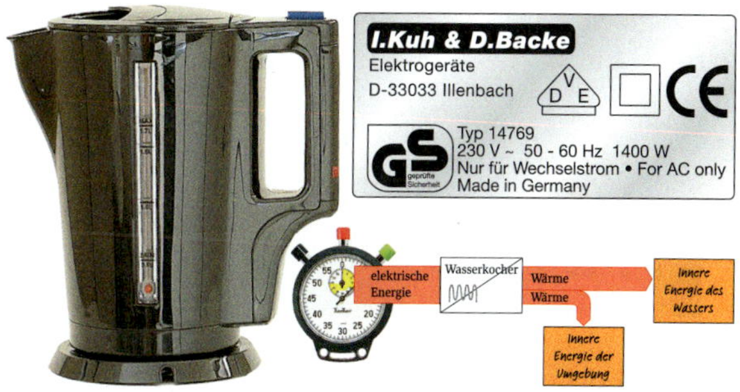

Mit dem Wasserkocher kann man planvoll Experimente zur Wandlung elektrischer Energie in Wärme durchführen.

Kennst du dich aus?

A1 Philipp trägt seine Schultasche (m = 8 kg) 12 m hoch zur Klassentür und von da noch 6 m zu seinem Platz.
a) Bestimme die zuzuführende Energie bei allein physikalischer Betrachtung.
b) Erläutere die bei a) vorgenommenen Vereinfachungen.

A2 Im Werbetext für ein umweltfreundliches Aufladegerät werden verschiedene Möglichkeiten beschrieben, den Akku eines MP3-Players aufzuladen. Zeichne dazu die Energie-Übertragungsketten.

Wind an – Musik läuft

Der Markt für umweltfreundliche Aufladegeräte wächst rasant. Der neuste Hit: Der K3 von Kinesis Industries aus den USA. Mithilfe von Sonnenlicht, Wind oder dem Zigarettenanzünder im Auto können Sie die Akkus vom MP3-Player, Notebook oder Handy aufladen. Der passende Adapter ist im Bodenfach versteckt. Angeschlossen an der Steckdose, speichert der K3-Akku Energie. So lädt er auch in dunklen Wintertagen Geräte auf.

A3 Die Löschkanonen des Feuerlöschbootes können je Minute 2500 l Wasser 40 m hoch werfen. Berechne die Pumpenleistung.

A4 Verbraucherverbände werfen den Autoherstellern vor, sie würden bei der Ermittlung des Benzinverbrauchs sogar die Lichtmaschine ausbauen, um auf einen günstigen Wert zu kommen. Nimm dazu aus physikalischer Sicht Stellung.

A5 Im weltgrößten Schiffshebewerk in Scharnebeck werden Binnenschiffe in einem riesigen Wassertank (Gesamtgewicht 5800 t) in 10 min um 38 m hochgehoben. Berechne die Hubarbeit und die Leistung. Vergleiche mit folgender Information: „Der Antrieb erfolgt durch 4 Elektromotoren mit je 160 kW Leistung." Recherchiere im Internet, um den Widerspruch aufzulösen.

A6 James WATT, der Erfinder der Dampfmaschine, hat vorgeschlagen, die Leistung in Pferdestärken (PS) zu messen:
Bei Automotoren darf heute noch diese veraltete Einheit neben der gesetzlichen Einheit 1 kW benutzt werden.

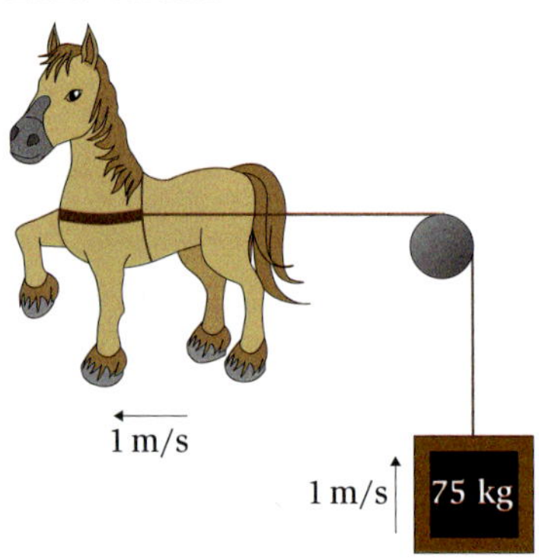

a) Leite aus dem Bild den Umrechnungsfaktor her und kontrolliere dein Ergebnis mithilfe der Angabe in einem Kfz-Dokument.
b) Entwirf ein Bild, das in ähnlicher Weise die Einheit 1 W veranschaulicht.

A7 WATTs erste Dampfmaschine „erzeugte" beim Verbrennen von 100 kg Steinkohle (spezifischer Heizwert 31 MJ/kg) die mechanische Energie 4 MJ.
Berechne den Wirkungsgrad.

A8 Jan überlegt, wie man erreichen kann, dass die im Unterricht behandelten Spielzeugmotoren mit zwei bzw. drei Spulen vorwärts und rückwärts laufen. Liefere ihm eine begründete Antwort.

A9 In einer Taschenlampe sind zwei Monozellen (je 1,5 Volt) in Reihe geschaltet, in einer anderen sind es vier. Die Stromstärke in den Glühlämpchen ist beide Male 0,9 A. Berechne die Leistung der Lämpchen.

A10 Die Nennspannung einer AAA-Zelle („Mikrozelle") ist 1,5 V. Eine weitere Größe ist die Kapazität: 1200 mAh. Das Produkt aus Spannung und Kapazität ergibt die von der Zelle insgesamt gelieferte elektrische Energie. Kontrolliere diese Information mithilfe der Einheiten. Berechne diese Energie und beziffere ihren Wert bei dem Tarif 0,28 €/kWh. Recherchiere und berechne entsprechende Werte für einen Auto-Akku.

A11 Eine Weinbergschnecke (30 g) kriecht eilig eine senkrechte Wand hinauf. Schätze ihre Geschwindigkeit und berechne die für den Höhengewinn mit Schneckengeschwindigkeit erforderliche Leistung.

Projekt

Lampen wandeln elektrische Energie in Licht

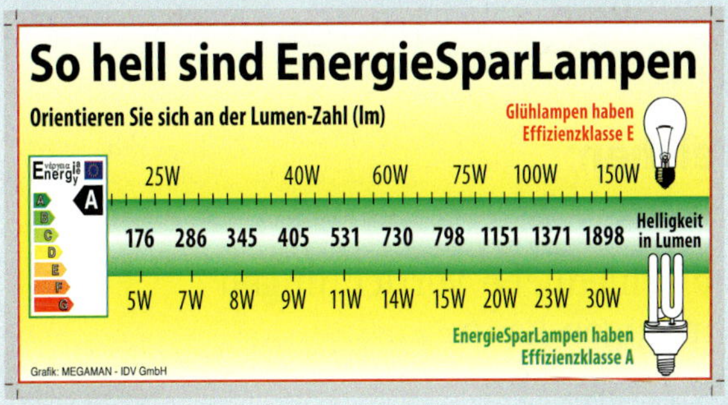

Eine Glühlampe wandelt zugeführte elektrische Energie und gibt sie als Licht und Wärme an die Umgebung.

Die elektrische Leistung gibt an, „wie schnell" elektrische Energie zugeführt wird. Die in **Lumen (lm)** gemessene **Lichtstromstärke** einer Lichtquelle gibt an, wie viel sichtbares Licht je Zeit in alle Richtungen ausgesandt wird. Diesen Lichtstrom darf man nicht als Energiestromstärke in Watt angeben, weil bei der Messung die Helligkeitsempfindungen unseres Auges für verschiedene Farben eingerechnet sind.

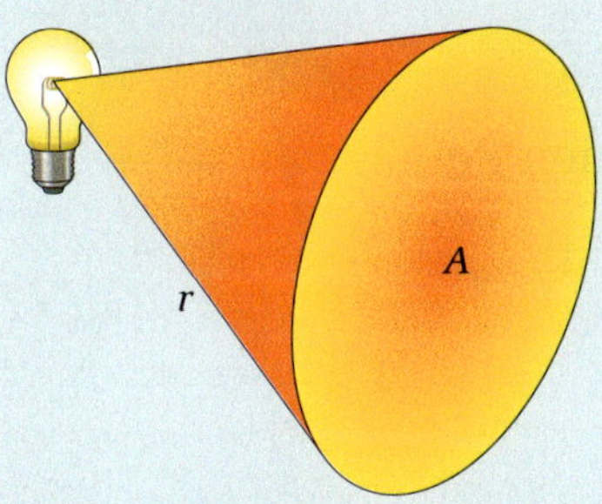

Für praktische Messungen spielt die in **Lux (lx)** gemessene **Beleuchtungsstärke** eine wichtige Rolle. Von der Quelle aus trifft Licht mit der Lichtstromstärke ϕ auf die Empfängerfläche A. Dort misst man die Beleuchtungsstärke $E = \phi/A$. Es gilt:
$1\ \text{lx} = 1\ \text{lm/m}^2$.

Arbeitsaufträge:

1 Informiert euch über Effizienzklassen bei Glühlampen und Energiesparlampen für den Haushalt.

2 Die Anzeige des Luxmeters kann man mit $\phi = E \cdot A$ umrechnen als Lichtstromstärke durch Empfängerfläche:
$E = \phi/A$.
Messt auf einer Kugelfläche rund um die Glühlampe an vielen Stellen die Beleuchtungsstärken. Bildet daraus den Mittelwert und berechnet mit ihm die Lichtstromstärke durch die ganze Kugeloberfläche (ihr benötigt dazu die Formel für die Kugeloberfläche $A = 4\pi \cdot r^2$).
Führt dies für verschiedene Lampen durch und vergleicht eure Ergebnisse mit den Herstellerangaben.

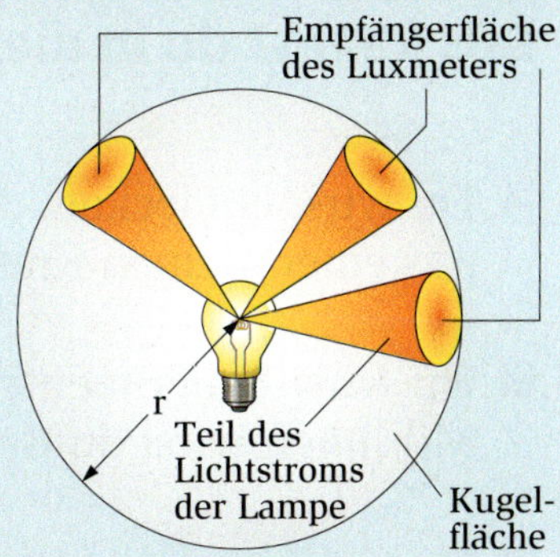

3 Recherchiert mit den Worten „Lampen, Lumen, Lux" und sucht Faustformeln für Zusammenhänge mit dem Leistungsmaß Watt. Erläutert damit das → Bild links oben und ergänzt es mit Informationen über LED-Lampen.

4 Bei einfachen Glüh- oder Energiesparlampen verteilt sich der Lichtstrom über fast die gesamte in → 2 betrachtete Kugelfläche.
Bei LEDs ist das anders, sie geben ihr Licht als gebündelten Lichtstrom ab.
Findet heraus, welche physikalische Einheit besser geeignet ist als das Lumen, um die „Helligkeit" dieser Lichtquellen zu messen.

Kennst du dich aus? – Hinweise und Lösungen

A1 **a)** Mit dem Ortsfaktor $g = 9{,}81$ N/kg erhältst du (gerundet) $W = 942$ J.
b) Überlege, was Philipp auf seinem Weg zusätzlich anstrengend vorkommen kann.

A2 Überlege jeweils, bei welchem Energiekonto die Kette beginnt, suche Wandler auf dem Weg zum Konto der chemischen Energie im Akku.

A3 16 kW

A4 Überlege, woher die Energie stammt, die in der Lichtmaschine gewandelt wird.

A5 $W = 2162$ MJ, $P = 3{,}6$ MW; du wirst Informationen über Gegengewichte finden.

A6 **a)** 75 kg werden in 1 s um 1 m angehoben: $P \approx 750$ W. Multipliziere die im Dokument gefundene PS-Zahl mit 0,75.
b) Ein Körper mit dem Gewichtskraftbetrag 1 N wird in 1 s um 1 m angehoben. Denke dir eine dazu passende Situation aus.

A7 4 MJ/3100 MJ = 0,00013 = 0,013 %

A8 Umpolen hilft nur beim Drei-Spulen-Motor!

A9 2,7 W, 5,4 W

A10 1,5 V · 1,2 Ah = 1,8 Wh = 0,0018 kWh

Technik im Dienst des Menschen

Das kannst du in diesem Kapitel erreichen:

- Du wirst entdecken, dass man durch unterschiedliche Vorrichtungen aus einer kleinen Kraft eine große Kraft erzeugen kann.
- Du wirst Experimente zu Kraftwandlern planen und durchführen. Mit ihnen wirst du Gesetzmäßigkeiten der Kraftwandler nachweisen.
- Du wirst bei Hebegeräten und beim Schweben in Wasser und Luft verschiedene Arten von Gleichgewicht durchschauen und anderen erläutern können.
- Du wirst an Beispielen erläutern können, dass Maschinen zwar gößere Kräfte, aber nie eine größere Energie erzeugen können.
- Du wirst die Nutzung physikalischer Gesetze zum Überlisten natürlicher Grenzen des Menschen beurteilen können.
- Du wirst einen Wagenheber so gut wie einen schwebenden Ballon mit physikalischen Gesetzmäßigkeiten erklären können.

Einfache Maschinen im Alltag

Schon in frühen Schriften der Antike wird davon berichtet, wie man sich mit Stangen und Seilen schwere Tätigkeiten erleichtern kann. In verfeinerter Form, aber nach denselben Naturgesetzen funktionierend, werden Maschinen wie Hebel und Flaschenzug in einfachen Werkzeugen und großen technischen Geräten eingesetzt.

A1 Der Seitenschneider erfordert beim Durchkneifen des Nagels eine geringere Kraft als die Kneifzange. Hast du eine Begründung dafür?

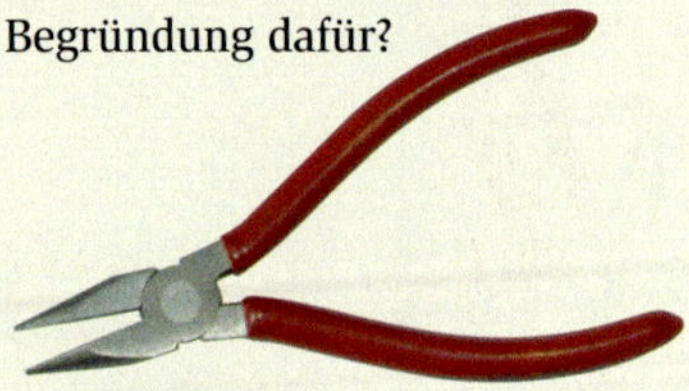

A2 Setzt euch auf eine Kinderwippe und bringt die Wippe ins Gleichgewicht. Messt anschließend eure Entfernungen zur Drehachse. Vergleicht die Messergebnisse mit eurem Körpergewicht.

A3 An manchen Wasserleitungen findest du einen solchen Wasserhahn. Begründe die besondere Form des Handgriffs.

A4 Die abgebildete Trommel einer Seilwinde lässt sich vielfach verwenden.
a) Beschreibe, was zu tun ist, um daraus eine Seilwinde zu bauen.
b) Nenne sinnvolle Anwendungsmöglichkeiten.
c) Begründe, wozu der Hersteller eine verstellbare Kurbel eingebaut hat.

A5 Lege Lineal und Bleistift wie in der Abbildung auf den Tisch. Belaste das Lineal links und rechts mit Münzen. Versuche Gleichgewicht zu erzeugen.

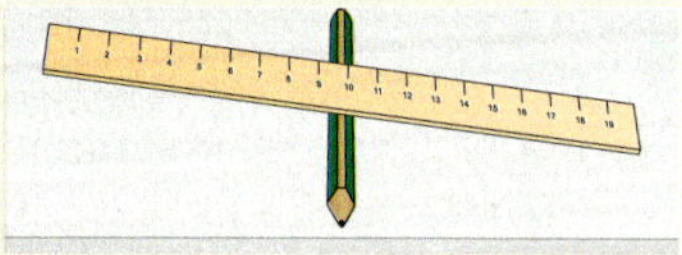

A6 Das Sonnensegel lässt sich mit einer besonderen Vorrichtung leicht spannen. Untersuche diese Vorrichtung, wenn du die Möglichkeit dazu hast. Berichte anschließend in der Klasse, was du herausgefunden hast.

1. Nützliche Werkzeuge

Jeden Tag nehmen wir Werkzeuge zur Hand, die uns das Leben erleichtern. Messer und Gabel bei Tisch, einen Kamm vor dem Spiegel, die Türklinke beim Verlassen des Hauses. Oft kommt es nur auf die im Vergleich zur Hand günstigere Form an. Oft aber ist das Werkzeug so gebaut, dass wir mit einer kleinen Kraft der Hand oder des Fingers an einer anderen Stelle eine große Kraft erzeugen.

In → B1a soll ein Kronkorken verbogen werden, damit man ihn vom Flaschenhals lösen kann. Die Kraft unserer Fingerkuppen reicht dazu nicht aus. Tatsächlich benutzt jeder dazu einen Flaschenöffner. Wie bei einer Wippe dreht er sich um eine Achse. Rechts wird er nach unten gedrückt, links hebelt er mit großer Kraft den Kronkorken hoch. Der Konkurrenzöffner in → B1b löst das Problem etwas anders. Seine Drehachse liegt am linken Ende. Wenn jetzt am Ende nach oben gezogen wird, löst der Haken auf derselben Seite, aber nahe der Achse den Kronkorken mit Leichtigkeit.

a)

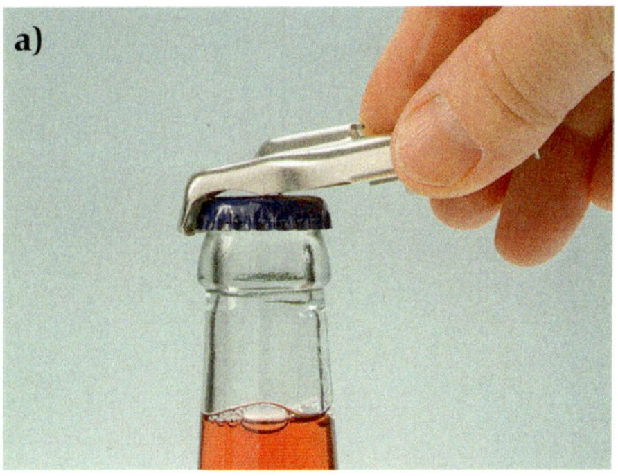

b)

B1 Hebel zum Öffnen von Kronkorken: **a)** mit zwei Armen, **b)** mit einem Arm

2. Hebel wandeln Kräfte

Beide Typen von Flaschenöffnern sind dem Zweck angepasste **Hebel.** Kennzeichen eines Hebels sind Drehachse und zwei Angriffspunkte für die vorhandenen bzw. gewünschten Kräfte. Unterschiedlich ist die Lage der Angriffspunkte: Bei einem zweiarmigen Hebel wie einer Wippe liegen sie links und rechts der Achse, beim einarmigen Hebel auf derselben Seite. Bei der Seilwinde → B2 dreht sich das Rad, die Hebelarme bleiben am ursprünglichen Ort. Die Erfahrung zeigt auch hier: Eine kleine Kraft am langen Hebel wird in eine große Kraft am kurzen Hebel gewandelt.

B2 Bei dieser Seilwinde liegt das Seil immer am kurzen Hebel der Seiltrommel. Die Person zieht stets am langen Hebel.

Merksatz

Hebel sind Kraftwandler.
Der Betrag der Kraft am längeren Hebelarm ist kleiner als der Kraftbetrag am kürzeren.

Physik und Geschichte

ARCHIMEDES

„Gib mir einen festen Punkt und ich werde die Welt bewegen" soll ARCHIMEDES gesagt haben. Es ist sehr lange her, als er aus heutiger Sicht eine sehr moderne Physik mit Experimenten und Mathematik betrieb. Heute wäre er Ingenieur, denn er entwickelte mit seinen Kenntnissen große Maschinen. Die von ihm beschriebenen Gesetze der Mechanik (Lehre vom Überlisten der Natur) können wir auch heute noch bestätigen. Das Gesetz zum Hebel gehört dazu. Und das alles passierte schon im dritten Jahrhundert vor Christus.

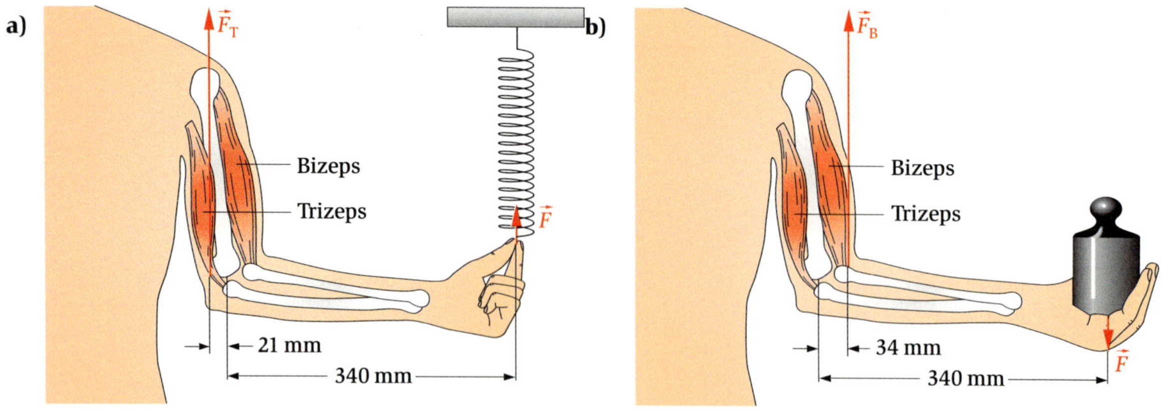

B1 **a)** Der Trizeps zieht viel stärker nach oben als die Feder. **b)** Die Kraft des Bizeps muss größer sein als die Gewichtskraft der Last. Die Bewegungsfreiheit der Hand ist wichtiger.

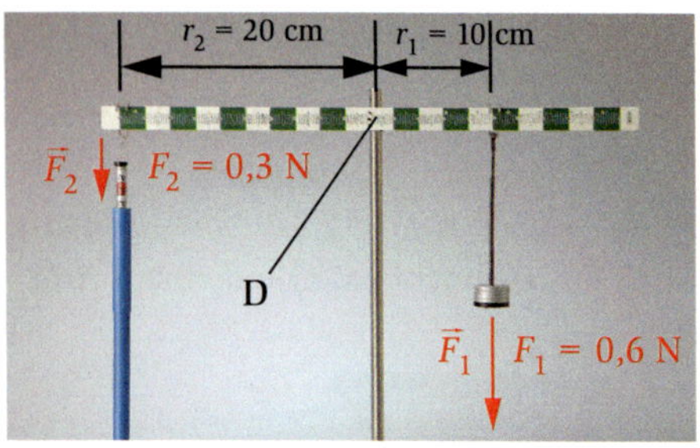

V1 Die Kraft $\vec{F}_1$ senkrecht zum Kraftarm r_1 würde den Hebel im Uhrzeigersinn in Drehung versetzen. Wir erzeugen Gleichgewicht durch eine gegen den Uhrzeigersinn drehende Kraft $\vec{F}_2$ am linken Kraftarm r_2 → T1.

Kraftarm r_2 in cm	Kraftbetrag F_2 in N	Produkte $F_2 \cdot r_2$ in Ncm
4	1,5	6,0
6	1,0	6,0
10	0,6	6,0
12	0,5	6,0
20	0,3	6,0

T1 Ergebnisse von → V1

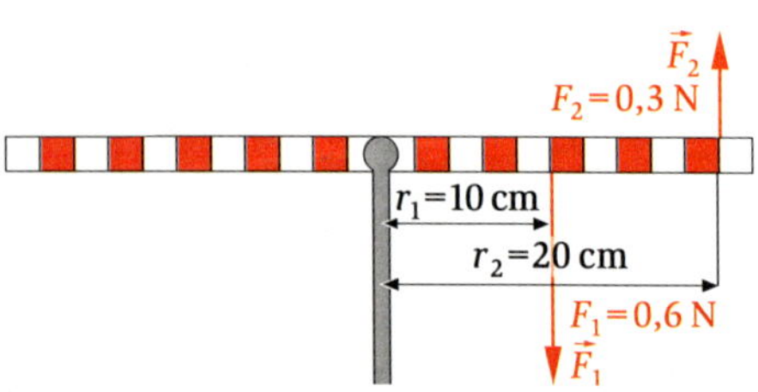

B2 Zwei Kräfte erzeugen Gleichgewicht am einarmigen Hebel.

3. Am Hebel gilt ein Gesetz

Die „Je – desto" Aussage, die wir schon gefunden haben, reicht noch nicht zum Bau technischer Geräte. Auch ein Chirurg muss bei der Operation z. B. einer Sehne genau wissen, mit welcher Kraft sie später wieder belastet wird. Wir sollten deshalb den Hebel im Labor genauer untersuchen.

In → V1 nehmen wir einen **zweiarmigen Hebel.** Unbelastet ist er im Gleichgewicht. Wir belasten ihn nun auf der einen Seite an einer Stelle mit einer Kraft (senkrecht zum Kraftarm). Diese Kraft allein würde den Hebel im Uhrzeigersinn in Drehung versetzen – wie der Trizeps den Unterarm in → B1a. Mit einer Kraft auf der anderen Seite (auch hier senkrecht zum Kraftarm, aber gegen den Uhrzeigersinn wirkend) bringen wir den Hebel wieder ins Gleichgewicht. Dies wiederholen wir mehrmals. Jedes Mal wählen wir andere Kräfte bzw. andere Stellen am Hebel. Aus der Tabelle → T1 lesen wir eine Gesetzmäßigkeit ab: Die Produkte aus Betrag von Kraft und Kraftarm sind auf beiden Seiten des Hebels stets gleich.

In → B1b greifen zwei Kräfte auf derselben Seite des Hebels an **(einarmiger Hebel)**. Untersuchungen liefern auch hier das **Hebelgesetz:** Zum Gleichgewicht müssen die Kräfte entgegengesetzte Drehwirkung erzeugen und die Produkte aus Kraftbetrag und Kraftarm müssen übereinstimmen.

Merksatz

Eine einzelne Kraft, die an einem Hebel angreift, setzt eine Drehung in Gang. Gleichgewicht kann mit einer zweiten Kraft mit entgegengesetzter Drehwirkung erzeugt werden. Gleichgewicht erhält man, wenn die Produkte aus Kraftbetrag und Kraftarm gleich groß sind (Hebelgesetz):

$$F_1 \cdot r_1 = F_2 \cdot r_2.$$

Dies gilt, wenn beide Kräfte senkrecht zum Kraftarm wirken.

4. Das Drehmoment – ein nützliches Produkt

Da das Produkt aus waagerechtem Hebelarm und dazu senkrechter Kraft die Drehwirkung beschreibt, bekommt es einen eigenen Namen: **Drehmoment *M*.** Die Einheit ist 1 Nm. Das Hebelgesetz lautet dann: Linksdrehendes Drehmoment und rechtsdrehendes Drehmoment sind gleich: $M_1 = M_2$.

Welches Drehmoment muss aufgebracht werden, um eine Zugbrücke zu halten? Man könnte sie in z. B. 1 m lange Abschnitte unterteilen. Auf jeden Abschnitt wirkt die jeweilige Gewichtskraft nach unten und erzeugt ein Drehmoment. Aber welches Drehmoment erzeugen die vielen einzelnen Drehmomente dann zusammen? In → V2 stellen wir die Situation an einem einfachen Mobile nach.
Es zeigt sich: Gleichgewicht entsteht genau dann, wenn die Summe der rechtsdrehenden Drehmomente gleich dem linksdrehenden Drehmoment ist:

$$M_1 = M_2 + M_3.$$

Merksatz

Das Produkt aus Kraft und Kraftarm heißt Drehmoment: $M = F \cdot r$, die Einheit ist 1 Nm. Ein Drehmoment kann aus einzelnen Drehmomenten zusammengesetzt sein. Drehmomente mit gleichem Drehsinn werden wie Zahlen addiert.

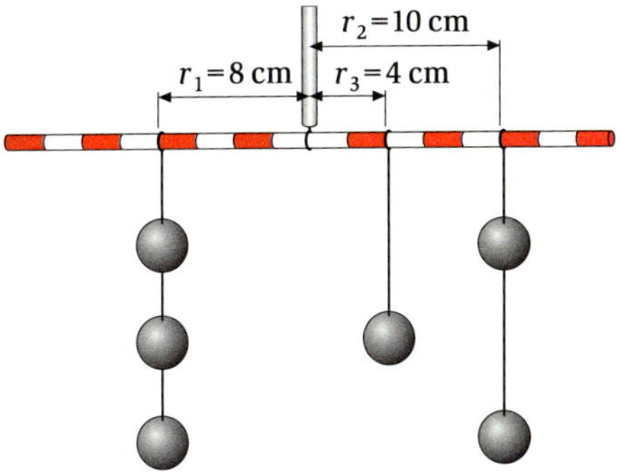

V2 Mit mehreren gleich großen Kugeln, deren Gewichtskraft je 0,3 N beträgt, soll ein Mobile gebaut werden. Zunächst hängen wir links drei Kugeln und rechts zwei Kugeln auf. Obwohl die Dreiergruppe links einen kleineren Kraftarm ($r_1 = 8$ cm) hat als die Zweiergruppe rechts ($r_2 = 10$ cm), ist das Drehmoment gegen den Uhrzeigersinn größer; die Drehmomente sind noch nicht ausgeglichen. Mit dem Drehmoment der zusätzlichen Einzelkugel, deren Kraftarm $r_3 = 4$ cm beträgt, kommt der Momentenausgleich zustande.

Mach's selbst

A1 Mit dem Ende einer 2,00 m langen Latte soll ein Schrank angehoben werden. Die Hebelwirkung soll die Kraft auf ein Viertel ihres Wertes herabsetzen. Berechne, wo der Drehpunkt sein muss.

A2 Stelle den Zusammenhang der Wertepaare von → T1 im Koordinatensystem dar (Horizontalachse: Kraftarme). Darin lässt sich das Drehmoment M durch Rechtecke, deren Seitenlängen Kraftarm r_2 und Kraftbetrag F_2 entsprechen, darstellen.

A3 Begründe und kommentiere: Wenn sich die Drehmomente ausgleichen, gilt die Verhältnisgleichung: $F_1 : F_2 = r_2 : r_1$.

A4 Zum Festhalten von Werkstücken benutzt jemand eine Pinzette bzw. eine Zange. Vergleiche Kraftarme und Kraftwandlung der Werkzeuge (Skizze).

A5 Zerbrich ein Streichholz in immer kürzere Stücke. Beobachte, berichte und begründe.

A6 Pia und Lars haben eine symmetrische Wippe ausbalanciert. Pia sitzt 3,0 m, Lars sitzt 2,6 m von der Drehachse entfernt. Die leichtere Pia kennt ihre Masse: $m_{\text{Pia}} = 52$ kg. Wie viel Lars wiegt, lässt sich nun folgern. Die Lösung kannst du (mit Begründung!) ohne Berechnung der Gewichtskräfte finden.

A7 Beim Schneiden eines Kartonstreifens mit einer langen Papierschere wird die Hand umso mehr angestrengt, je mehr sich die Handgriffe einander nähern. Erläutere die Zusammenhänge.

A8 Paul sagt von dem Mobile in → V2, es befinde sich „im Gleichgewicht" – und zwar, weil auf beiden Seiten gleich viele Gewichte hängen. Anna meint: „Nicht weil, sondern obwohl". Nimm Stellung.

A9 **B1b** zeigt den Unterarm als Hebel. Schätze das Verhältnis der Kraftarme ab. Folgere daraus das Verhältnis der Kraft des Beugemuskels zu der Kraft, mit der die Hand trägt. Begründe den biologischen Sinn dieser Bauweise.

A10 Beim Lenken eines Autos sollen die Hände das Lenkrad stets außen und seitlich greifen. Das hat physikalische und biologische Gründe. Erläutere dies.

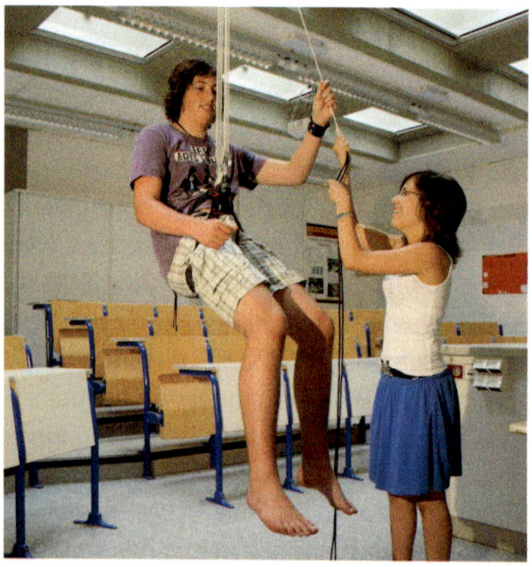

B1 Mit einem Flaschenzug zieht Rita ihren Mitschüler Leon spielend nach oben.

B2 Eine große Last wird auf sechs Stahlseile verteilt. Jedes einzelne trägt nur noch ein Sechstel der Last.

Anstoß

1. Suche Beispiele aus deiner Umgebung, bei denen Flaschenzüge benutzt werden.

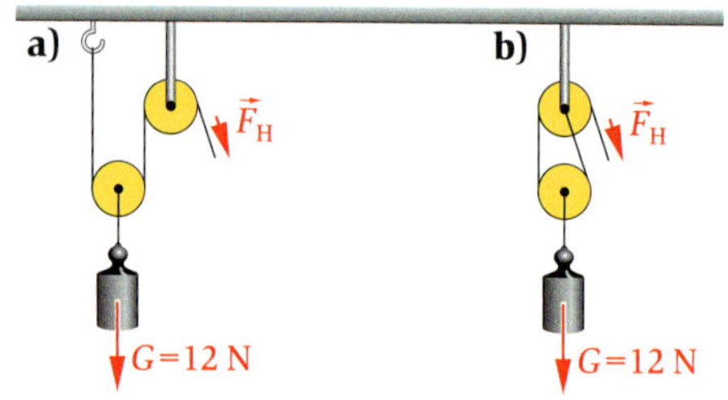

2. Überlege anhand der Zeichnung, wie groß jeweils der Kraftbetrag F_H sein muss, damit die Last in gleicher Höhe gehalten wird.

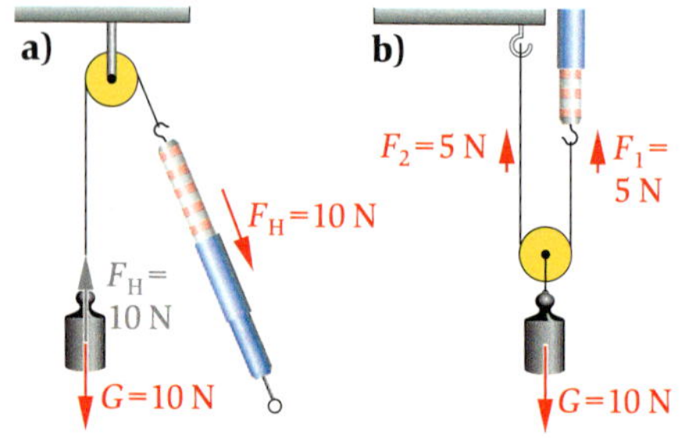

V1 **a)** Wir legen einen Faden um eine an ihrer Achse fest montierte Rolle. An das eine Ende knoten wir ein Wägestück mit $G = 10$ N. Am anderen Ende messen wir im Gleichgewicht für die Haltekraft am Kraftmesser ebenfalls 10 N. **b)** An der lose montierten Rolle messen wir als Betrag der Haltekraft $F_1 = 5$ N. Der festgeknotete Faden links trägt die andere Hälfte der Last.

1. Kleine Kraft auch mit Seil und Rolle

Den Hebel haben wir als **Kraftwandler** kennengelernt. An seinem langen Arm benötigt man nur eine kleine Kraft im Vergleich zur großen Kraft am kurzen. Damit kann man ohne Anstrengung z.B. einen ganzen Schrank anheben, um ein Brettchen unter das wackelnde Bein zu schieben.

In anderen Vorrichtungen zur Kraftwandlung – z.B. beim Hochheben größerer „Lasten" in → B1 – findet man ein Seil mit einer Kombination aus mehreren Rollen. Unten zieht man am Seil, das zuletzt über die an der Decke befestigte Rolle läuft. Fangen wir bei unserer Untersuchung mit ihr an.

In → V1a finden wir die Bedeutung dieser **festen Rolle.** Der um sie gelegte Faden ändert allein die Richtung der Kraft, mit der wir die am anderen Ende hängende Last halten. Die Rolle selbst kann in Richtung des Fadens keine Kraft ausüben, da sie ja nur locker auf ihrer Achse sitzt. So gibt die feste Rolle uns die Freiheit, aus gewünschter Richtung ziehen zu können.

Die lose montierte Rolle (sogenannte **lose Rolle**) in → V1b verteilt die Haltekraft für die anhängende Last auf zwei Seilabschnitte. Wir halten nur das eine Ende und müssen deshalb im Vergleich zur Last auch nur die halbe Kraft aufbringen – die lose Rolle ist ein Kraftwandler.

Merksatz

Mit einer festen Rolle und einem Seil kann man eine Kraft in eine andere Richtung umlenken.
Eine lose Rolle verteilt die benötigte Kraft gleichmäßig auf zwei Seilabschnitte. Nur eine davon, also die Hälfte, muss man selbst ausüben. Die lose Rolle ist ein Kraftwandler.

2. Flaschenzug – System aus fester und loser Rolle

Jetzt wird es ernst. Wie ein Ingenieur müssen wir aus Einzelteilen, deren Funktion wir durchschaut haben, eine zusammenhängende Maschine konstruieren, die uns Kraft einspart – einen kraftsparenden Kraftwandler, z. B. für ein Boot → B3.

Jede lose Rolle halbiert die Haltekraft. Wollen wir nicht wie in → V1b nach oben ziehen, sondern nach unten, müssen wir eine feste Rolle zur Kraftumlenkung hinzunehmen → V2a. So erhalten wir einen **Flaschenzug** mit zwei Rollen.

Spannend wird es, wenn die benötigte Kraft noch kleiner sein soll, etwa nur ein Viertel der Last. Könnte man noch einen zweiten Flaschenzug hinter den ersten setzen und so die Kraft ein zweites Mal halbieren? Also legen wir den Faden, an dem bisher der Kraftmesser hing, noch um eine zweite lose Rolle. Damit wieder nach unten gezogen werden kann, bauen wir oben wieder eine feste Rolle dazu. Die Messung in → V2b zeigt: Mit einem Flaschenzug aus zwei losen und zwei festen Rollen ist die Haltekraft nur noch ein Viertel der durch die Last verursachten Kraft $\vec{F}_L$: $F_H = 1/4 \cdot F_L$.

Wir können den Flaschenzug noch schrittweise erweitern – bei sechs Rollen und sechs Tragseilen benötigt man nur noch ein Sechstel der Last: $F_H = 1/6 \cdot F_L$. In einer industriellen Ausführung lassen sich mit einem solchen Flaschenzug Lasten mit einer Masse von mehreren Tonnen heben → B2. Bei n Tragseilen und n Rollen gilt schließlich allgemein:
$F_H = 1/n \cdot F_L$. Zur Last gehören auch die losen Rollen.

Merksatz

Ein Flaschenzug ist ein System aus einem Satz fester Rollen und einem Satz loser Rollen. Werden die losen Rollen von n Tragseilen gehalten (bei n Rollen), so genügt als Betrag der kleinen Haltekraft im Vergleich zum Betrag der Lastkraft:

$$F_H = \frac{1}{n} \cdot F_L.$$

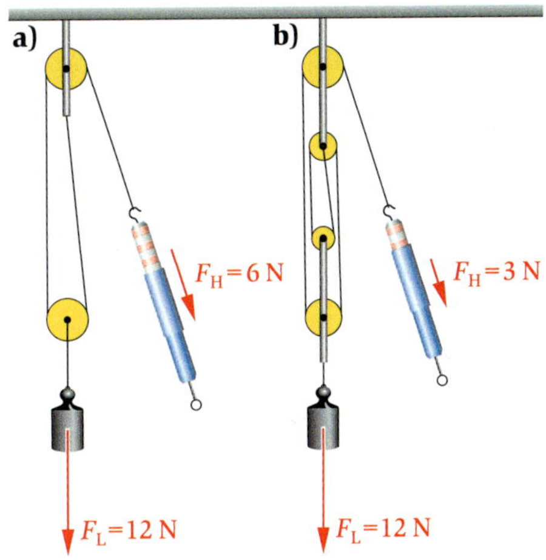

V2 **a)** Wir befestigen eine Last an der Achse der losen Rolle. Zusammen mit Rolle und Haken erfährt sie eine Gewichtskraft von $G = F_L = 12$ N. Das linke Tragseil müssen wir über die lose Rolle nur mit 6 N halten, die restlichen 6 N bringt das festgeknüpfte Seil auf. Da die Rollenreibung etwas stört, ziehen wir das Seil etwas nach unten und lassen wieder etwas nach – der Mittelwert der abgelesenen Werte ist 6 N. In **b)** bauen wir eine lose und eine feste Rolle dazu. Die Messung liefert jetzt $F_H = 3$ N.

B3 Ein tolles Gefühl – und ein kompliziertes System aus Flaschenzügen und Hebel

Mach's selbst

A1 Katrin kann eine Kraft von 400 N aufbringen. Bestimme jeweils die Last, die sie damit an einer festen Rolle, an einer losen Rolle oder an einem Flaschenzug mit vier Rollen hochziehen kann.

A2 Eine Last mit $m = 200$ kg soll hochgehoben werden. Es steht eine Seilkraft von 135 N zur Verfügung. Schlage begründet einen geeigneten Flaschenzug vor.

A3 Moritz hat gezeigt, dass er Anna über die feste Rolle hochziehen kann. Könnte Anna sich selbst ohne Hilfe hochziehen? Nimm begründet Stellung.

A4 An diesem Flaschenzug hängt eine Last mit $m = 12$ kg. Stelle dar, mit welcher Kraft am losen Ende des Seils gezogen werden muss, damit Gleichgewicht herrscht.

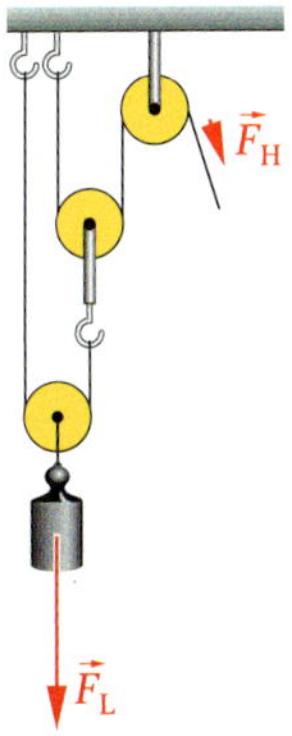

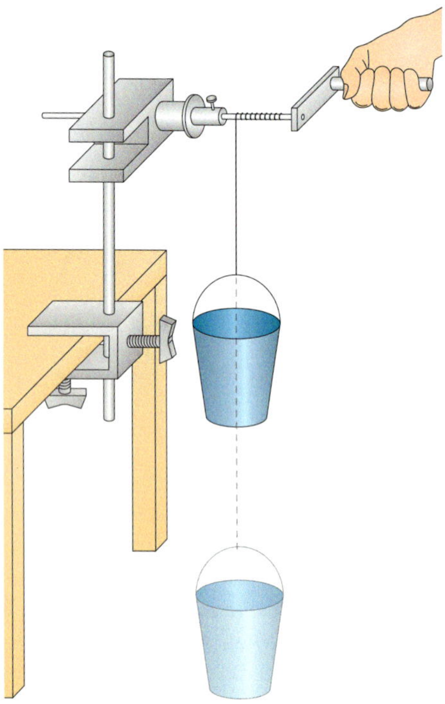

V1 Ein Wassereimer ($G = 10{,}2$ kg) wird mit einer Winde hochgehoben. Der Eimer wird dabei an der Achse ($r_1 = 0{,}5$ cm) mit einer Kraft von $F_1 = 100$ N um $s_1 = 1{,}50$ m gehoben. Mit einer viel kleineren Kraft vom Betrag $F_2 = 2$ N wird dabei 48-mal gekurbelt (Kurbelradius $r_2 = 0{,}25$ m, also $s_2 = 48 \cdot 2\pi \cdot 0{,}25$ m $= 75$ m).

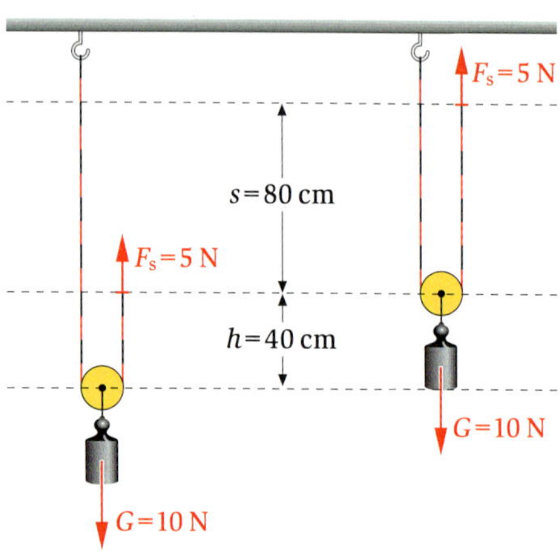

V2 Eine Last, deren Gewichtskraft einen Betrag von 10 N hat, wird um $h = 40$ cm hochgezogen. Am losen Seilende zieht man aber nur mit 5 N. Allerdings muss man das Seilende um 80 cm anheben. Kraft wurde gespart, Energie aber nicht. In beiden Fällen ist die Arbeit $W = 4$ Nm.

1. Energieübertragung mit einer Seilwinde

Wir haben mit unseren Kraftwandlern, Hebel und Flaschenzug, die Natur „überlistet“:
Eine schwere Last können wir mit einer kleinen Kraft hochheben. Heißt das auch, dass wir dann mit weniger Energie auskämen?

Für die zum Hochheben eines Körpers benötigte Arbeit fanden wir schon früher: $W = m \cdot g \cdot h$. Weniger wäre nach unserer Kenntnis der Erhaltung der Energie eigentlich undenkbar. Aber gehen wir dem Problem auf den Grund. In **→ V1** heben wir einen gefüllten Eimer hoch – auf zwei verschiedene Arten.

- Wir heben den Eimer ohne Hilfsmittel um $s = 1{,}50$ m in die Höhe. Dazu benötigen wir die Arbeit

  $$W = F_1 \cdot s_1 = 10{,}2 \text{ kg} \cdot 9{,}81 \text{ N/kg} \cdot 1{,}50 \text{ m} = 150{,}8 \text{ J}.$$

- Nun heben wir den Eimer mit der Seilwinde. Es geht ganz leicht, denn an der gleichmäßig gedrehten Kurbel (dem langen Hebel) müssen wir immer nur die Kraft vom Betrag $F_2 = r_2/r_1 \cdot F_1 = 1/50 \cdot F_1$ aufwenden – immer senkrecht zum Kurbelarm. Die Hand hat dabei 75 m statt 1,50 m zurückgelegt, also 50-mal so viel. Das Produkt aus Kraft und Weg hat sich also nicht geändert:

  $$W = F_2 \cdot s_2 = \frac{1}{50} F_1 \cdot 50\, s_1 = F_1 \cdot s_1 = 150{,}8 \text{ J}.$$

2. Kleine Kraft, großer Weg – auch beim Flaschenzug

Mit einer Seilwinde konnten wir den Energieerhaltungssatz nicht überlisten. Gelingt es mit einem Flaschenzug?
In **→ V2** hängt die Last an einer losen Rolle. Ein Ende des Seils ist am Haken befestigt, das andere wird von uns hochgezogen. Die Gewichtskraft $\vec{G}$ ist auf zwei Seilstücke verteilt. Zum Heben der Last reicht also $F_s = 1/2\ G$. Beide Seilstücke müssen aber je um die Hubhöhe h kürzer werden. Dazu müssen wir das rechte Seilende um $s = 2 \cdot h$ anheben.

$$W = F_s \cdot s = \frac{1}{2} G \cdot 2\,h = G \cdot h$$

ist die von uns gelieferte Energie. Um diesen Wert wächst auch die Höhenenergie der Last. Die lose Rolle hat zwar die Kraft gewandelt, an der zum Heben benötigten Energie aber nichts ändern können. Der Energieerhaltungssatz gilt immer. Man nennt den Energieerhaltungssatz in der Mechanik auch die **Goldene Regel der Mechanik.**

Merksatz

Wenn man mit einem Kraftwandler Energie überträgt, stellt sich zur kleineren Kraft der größere Weg ein. Wenn keine Reibung im Spiel ist, ändert sich dabei die Energie als Produkt aus Kraft und Weg nicht.

Praktikum

Arbeit an der schiefen Ebene

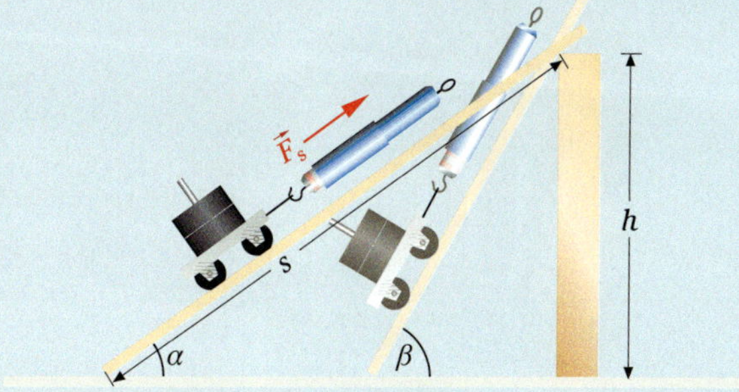

In vielen Situationen des täglichen Lebens hilft kein Hebel und auch kein Flaschenzug, wenn man Kraft sparen möchte. So will man die Besucher des Drachenfelsens nicht mit einem Aufzug nach oben bringen, mit einem Hebel hat es schon gar keinen Sinn. Stattdessen wählt man eine **schiefe Ebene.**

Arbeitsaufträge

Überprüft nun die Goldene Regel auch hier:

1 Messt mit demselben Wagen nacheinander für verschiedene Neigungswinkel Weg und Kraft längs der Fahrbahn.

2 Ermittelt bei gleicher Neigung mit Wagen verschiedener Masse Weg und Kraft.

3 Vergleicht jeweils die so zugeführte Arbeit mit derjenigen, die bei direktem Hochziehen benötigt wird, also mit $W = G \cdot h$.

Kompetenz – Begriffe „Kraft" und „Energie"

A. Haltekraft ist keine Energie

Die Last am Flaschenzug in → V2 können wir mit dem rechten Seilende an der Decke aufhängen. Tagelang kann die angehobene Last so hängen. Energie muss nicht zugeführt werden, denn die Höhenenergie ändert sich nicht. Der Flaschenzug teilt die Haltekraft nur auf zwei Seile auf, so hast du es gelernt.

Das gleiche Prinzip wenden wir an, wenn wir einen Hebel nutzen – z.B. als Tragbalken eines Balkons. Auch bei der Seilwinde in → V1 ist es nicht anders. Wenn wir nach dem Hochziehen die Kurbel anbinden, benötigen wir keine Energie mehr.

B. Kraft längs eines Weges liefert Energie

Beim Hochheben der Last sieht es anders aus: Jetzt vergrößern wir ihre Höhenenergie. Auf früheren Seiten haben wir erfahren, dass man während der Zufuhr die Energie (wir nannten sie Arbeit) leicht messen kann. Sie ist das Produkt aus Kraft (längs des Zugweges) *und* Weg (hier die Zunahme der Höhe), also $W = F_s \cdot s = G \cdot h$.

C. Menschen sind komplizierter als Maschinen

Halten wir einen Eimer auf bestimmter Höhe, versuchen Muskeln, die gewünschte Position beizubehalten. Dabei geben sie mal etwas nach und heben mal wieder an, das benötigt Energie. Wir empfinden es als „anstrengend".

Mach's selbst

A1 Eine Palette ($G = 1\,200$ N) soll um 5 m angehoben werden. Bestimme die benötigte Kraft bei
a) einer festen Rolle,
b) einem System aus loser und fester Rolle und
c) einem Flaschenzug mit sechs Rollen.
d) Berechne die jeweils benötigte Energie.

A2 Janas Schrank wackelt. Ihre Mutter sagt, dass man ihn um 8 cm anheben müsse, um bequem ein passendes Holzplättchen unterlegen zu können, „das schaffen wir nicht, der Schrank ist sehr schwer." Aber Jana hat gelernt. Sie holt ein 2 m langes Kantholz, legt es auf einen Klotz, sodass es 40 cm überragt. Sie setzt sich auf das Ende des längeren Hebelarms und der Schrank hebt sich langsam um 8 cm.
a) Bestimme die Kraft, mit der Jana den Hebel herunterdrückt (Jana wiegt etwa 50 kg).
b) Berechne die Energie, die Jana dabei in Form von Arbeit abgibt.
c) Schätze die Masse des Schrankes (eine Seite auf dem Boden).

Kraftwandlung mit Druck

Im täglichen Straßenbild, in Werkhallen, in der medizinischen Praxis, im Auto – ja selbst in der Antarktis liefern Maschinen mit den Gesetzen der Hydraulik große Kräfte.

A1 Die Neumayer-Station III des Alfred-Wegener-Instituts in der Antarktis ➜ Bild oben wird von 16 hydraulischen Stelzen immer wieder über die Schneedecke gehoben. Verschaffe dir Informationen zur Gesamtmasse des Baus und zu Forschungsvorhaben der Station.

A2 Betrachte die beiden Grafiken. In dem abgeschlossenen Behälter ist eine Flüssigkeit. Die Kolben sind beweglich. Gib mit Worten wieder, was die obere der beiden Zeichnungen aussagt. Argumentiere, mit welcher Kraft der große Kolben in der unteren Zeichnung herausgeschoben wird.

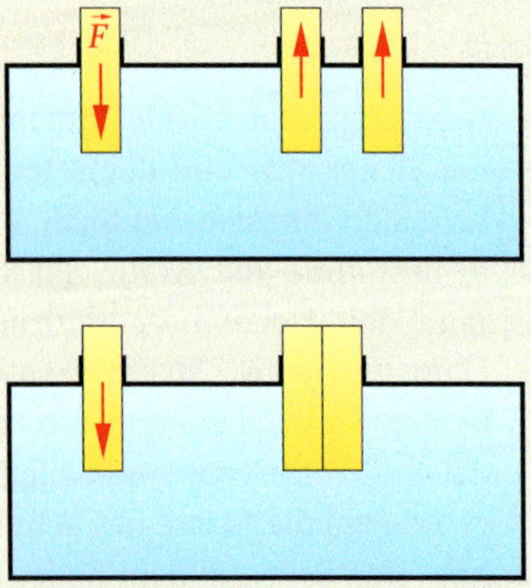

A3 Wie ist es möglich, mit Luft aus einem kleinen Behälter alle vier Autoreifen aufzupumpen? Stelle Vermutungen auf und frage an der Tankstelle nach.

A4 Besuche eine Autowerkstatt. Lass dir dort erklären, mit welchen Hilfsmitteln man ein Auto anheben kann. Versuche auch, die Funktionsweise der jeweiligen Vorrichtung zu erfahren. Berichte dann in der Klasse.

A5 Schließt einen Wasserschlauch an den Wasserhahn an und dreht den Wasserhahn auf. Versucht, das Ende des Schlauchs mit dem Daumen zu verschließen. Knickt ihn nun kurz vor dem Ende ab, sodass er verschlossen ist. Bohrt einige Zentimeter davor ein kleines Loch in den Schlauch. Haltet dieses dann mit dem Daumen zu. Beschreibt den jeweiligen Kraftaufwand.

A6 Verbindet eine dünne und eine dickere Plastikspritze mit einem Schlauch. Legt vor den Kolben der dünnen ein Buch (die Spritzen müsst ihr auf dem Tisch festhalten). Schiebt nun den Kolben der dicken Spritze hinein. Tauscht die Seiten und wiederholt den Versuch. Beschreibt und erklärt.

A7 In einem Flugzeug wird der Innendruck der Kabine einige Zeit nach dem Start abgesenkt. Erkundige dich, warum man zu dieser Maßnahme greift.

B1 Jede Hälfte der Klappbrücke wirkt wie ein Hebel, eine schwere Last nah an der Drehachse hält der anderen Seite das Gleichgewicht, auch beim Anheben. Den Antrieb dazu liefert ein Wassermotor. Das Wasser wird vorher in mehrere Speicher gepumpt. Bei sehr hohem Druck wird so die später für die Motoren benötigte Energie gespeichert.

1. Zwei Prinzipien für das Tragen und Anheben

Bei der berühmten Londoner Tower Bridge → **B1** erkennen wir den zweiseitigen Hebel wieder – wie bei einer ungleich belasteten, aber im Gleichgewicht befindlichen Wippe. Um diese riesige, träge Konstruktion zu drehen, hätte man eine Kurbel mit Getriebe wählen können. Deren Prinzip verstehen wir schon mit unserem Wissen über einfache Maschinen und mit der goldenen Regel der Mechanik.

Die Konstrukteure im 19. Jahrhundert wählten stattdessen das Prinzip der **Hydraulik** (griech. *hydor:* Wasser, *aulos:* Rohr): Die vorgesehene Dampfmaschine drehte keine Räder, sondern pumpte Wasser durch Rohre in große zylindrische Speicher. Das Wasser presst dort die Luft mehr und mehr zusammen – so stark, dass ein Druck wie in 500 m Wassertiefe herrscht! Zum Hochklappen der Brückenhälften wird das Wasser mit großer Kraft durch Wassermotoren getrieben. Über ein Getriebe werden schließlich die Brückenflügel angehoben. Das geht so schnell, dass die Brücke innerhalb von einer Minute den Wasserweg für ein Schiff freigeben kann.

Mit Wasser (oder einer anderen Flüssigkeit) kann man nicht nur Motoren mit großer Kraft antreiben. Man kann mit Wasser auch eine Maschine bauen, die eine kleine Kraft in eine sehr große Kraft wandelt – eine **hydraulische Maschine** → **B2**. Es gibt also außer Hebel und Flaschenzug Kraftwandler, die mit Flüssigkeiten arbeiten. Aber wie funktionieren solche Maschinen? Dies werden wir jetzt untersuchen.

a)

b)

B2 **a)** Hydraulische Heber liften eine 410 t schwere Schlagradmühle eines Kohlekraftwerks. Beachte die dünne Leitung im Bildausschnitt. Durch sie wird eine Flüssigkeit in den hydraulischen Heber gepumpt.
b) Angehoben lassen sich neue Federelemente einsetzen. Danach kann man die Heber wieder entfernen.

V1 Übe auf einen Holzklotz und auf eine Wasseroberfläche mit dem Finger eine Kraft aus. Bei der Wasseroberfläche scheitert der Versuch, weil das Wasser ausweicht: Man erfährt keine Gegenkraft.

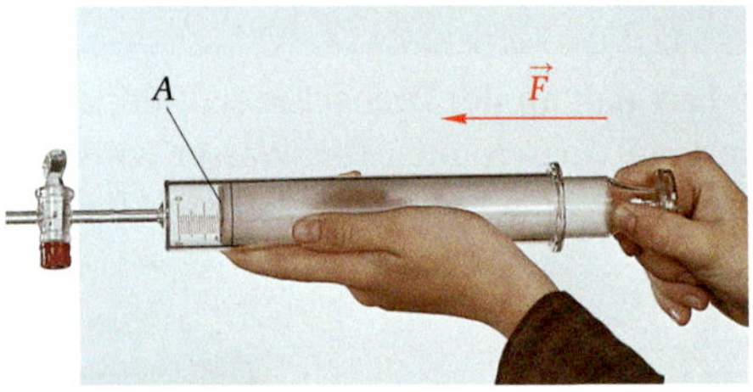

V2 Die Glasspritze ist mit Wasser gefüllt. Über den Kolben kann man eine Kraft auf die eingeschlossene Wassermenge ausüben. Die Kraft $\vec{F}$ wirkt jetzt im Bereich der ganzen Kolbenfläche *A* auf das Wasser ein. Die Wirkung der Kraft bleibt gering. Das Wasser lässt sich nur minimal zusammenpressen. Ist der Zylinder mit Luft gefüllt, lässt sich jetzt der Kolben mit der gleichen Kraft viel weiter hineinschieben.

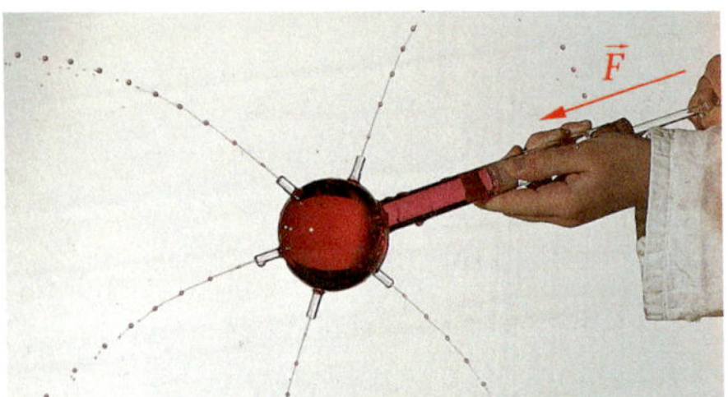

V3 Ein durchlöcherter Rundkolben wird mit Wasser gefüllt. Übt man mit dem Kolben eine Kraft auf das Wasser aus, so spritzt es *in alle Richtungen, sogar nach hinten*. Der Grund: Mit dem Kolben wird im Wasser ein Druck erzeugt. Das Wasser übt jetzt auf alle begrenzenden Wandflächen Kräfte aus. Wo die Wandfläche fehlt, spritzt das Wasser hinaus. Die Vorwärtsbewegung des Kolbens ist nicht der Grund.

2. „Druck" in der Physik

Vor einiger Zeit haben wir untersucht, was passiert, wenn man Luft in einem Glaskolben zusammendrückt. Das danach „stärkere Gepresstsein" der Luft wies ein Messgerät als „größeren Druck" aus. Im Teilchenmodell konnten wir den Zustand verstehen: Der **Druck** entsteht durch das unregelmäßige Herumfliegen unzähliger Luftteilchen. Sie stoßen immer wieder an die Wand des Glaskolbens und erzeugen dadurch auf jedes Teilstück der Wand eine Kraft. Eine solche Kraft spürt man beim aufgepumpten Reifen, wenn man versucht, ihn mit dem Daumen einzudrücken. Geht dies noch zu leicht, pumpt man noch mehr Luftteilchen in den Reifen.

Der Druck hat nicht nur bei Luft, sondern auch bei Flüssigkeiten große Bedeutung. Taucher erfahren den Wasserdruck in der Tiefe. Mit hohem Blutdruck steigt das Risiko für Erkrankungen. Beim Bagger steht das Hydrauliköl unter Druck. Mit Schlauch, Zylinder und Kolben wird daraus die nötige Kraft für Schwerstarbeit erzeugt.

Fahrradreifen, Bagger und Blutkreislauf der Menschen haben als Gemeinsamkeit einen abgeschlossenen Raum, der mit einer *Flüssigkeit* oder einem *Gas* gefüllt ist. Dabei beziehen wir uns nur auf solche Flüssigkeiten und Gase, die in Ruhe sind oder sich nur sehr langsam bewegen. Die Bremskraft, die eine schnell fließende Flüssigkeit in einem engen Schlauch erfährt, interessiert uns augenblicklich nicht.

3. Druckzustand in Flüssigkeiten

In → **V1** werden mit dem Finger verschiedene Körper berührt. Ein Holzklotz als fester Körper gibt die ausgeübte Kraft unverändert nach unten an seine Unterlage weiter. Bei Wasser gelingt dies nicht, es weicht aus. Auf eine Wasseroberfläche können wir also praktisch keine Kraft ausüben. Wir müssen das Wasser erst einsperren. Wenn wir in → **V2** eine Kraft auf den Kolben einwirken lassen, bewegt sich der Kolben nicht. Wasser lässt sich beim Zusammenpressen praktisch nicht verkleinern. Die Kraft auf den Kolben hat jetzt andere Folgen als bei einem festen Klotz. Dies zeigt → **V3**: Im Rundkolben wird auf jede begrenzende Wandfläche vom Wasser eine Kraft ausgeübt. Die Kraft auf den Kolben wirkt sich also nicht nur in gleicher Richtung auf den Zylinderboden aus, sondern auf alle Begrenzungsflächen. Wo eine Wand fehlt, wird das Wasser ungehindert hinausgeschleudert.

Durch die Kolbenkraft wird die Flüssigkeit in den Zustand des „Gepresstseins" versetzt, in einen **Druckzustand.** Genau das meint man in der Physik, wenn von **Druck** gesprochen wird. Als Folge dieses Drucks wirkt – wegen der leichten Verschiebbarkeit der Moleküle einer Flüssigkeit oder eines Gases – auf jede Begrenzungsfläche eine Kraft → **Kompetenz**.

4. Druck erzeugt Kräfte auch im Innern

Nicht nur auf Außenwände wirken solche Kräfte, vielmehr auch auf jede Fläche im Inneren. Dies zeigt eine luftgefüllte Gummiblase im wassergefüllten Rundkolben → V4a. Die Kraft auf den Kolben erzeugt im Wasser Druck. Auf die Gummihaut wirken nun Kräfte, die Luftblase schrumpft, bleibt aber rund. Es ist also gleichgültig, wo das Wasser eine Fläche berührt, immer wirkt senkrecht zu ihr eine Kraft.

Ersetzen wir in unseren Kolbenversuchen das Wasser durch Luft, ändert sich im Wesentlichen nichts. Auffällig ist aber, dass die Luft sich gut zusammendrücken lässt. Man muss den Kolben schon weit in den Zylinder schieben, bevor eine starke Gegenkraft spürbar wird → V4b.

Merksatz

In einer eingeschlossenen Flüssigkeit oder Luftmenge wird durch eine Kraft auf einen Kolben Druck erzeugt. Als Folge des Drucks wirkt auf jede Fläche eine zu ihr senkrechte Kraft.

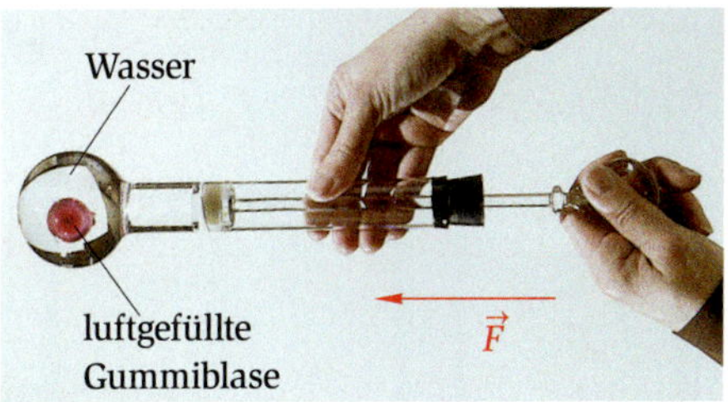

V4 **a)** Der Rundkolben enthält neben Wasser auch eine luftgefüllte Gummiblase. Nun wird der Kolben vorsichtig nach links geschoben. Die Luft in der Gummiblase wird zusammengedrückt. Die Gummiblase wird deshalb kleiner, bleibt aber rund. Dies zeigt, dass auf allen Seiten Kräfte entstanden sind, die jeweils senkrecht auf die Blasenhaut einwirken. **b)** Wiederholt man diesen Versuch mit einem luftgefüllten Rundkolben, so wird die Luftblase bei gleicher Kolbenkraft genauso zusammengedrückt.

Kompetenz – Eigenschaften der Materie

Flüssig und gasförmig – Druck wird verständlich

Schon früher hast du dir Materie aus Teilchen bestehend vorgestellt. Dann müsstest du dir jetzt ein Bild von einem wassergefüllten Zylinder machen können. Du stellst dir reibungsfreie kleine Kugeln dicht an dicht vor. Sie sind anders als im festen Körper leicht gegeneinander verschiebbar. In → B1 wird dies mit Münzen nachgestellt. Der rechte Kolben übt (auf die Münzen) eine Kraft nach links aus. Jede Münze versucht, sich zwischen andere zu schieben und sie zur Seite zu drängen. So setzt sich die Wirkung der Kolbenkraft in alle Richtungen durch die Modellflüssigkeit fort. Die drei anderen Kolben werden nach außen bewegt – wie in der Realität beim Wasser.

Für Luft und andere Gase hast du das Teilchenmodell angepasst. Die Teilchen müssen jetzt unabhängig und ungeordnet durch den Raum schwirren, gegeneinander und gegen die Gefäßwände prallen, nie in ihrer Bewegung nachlassen. Wie in → B2 prallen sie immer wieder gegen jede Wand. Du verstehst so die auftretende Gegenkraft am verschiebbaren Kolben.

Drückt man den Kolben weiter hinein, so verkleinert sich das Volumen. Pro Volumeneinheit sind nun mehr Teilchen vorhanden, es finden häufiger Stöße gegen die Wände statt, die Teilchen üben eine größere Gegenkraft auf den Kolben aus – wie im realen Versuch.

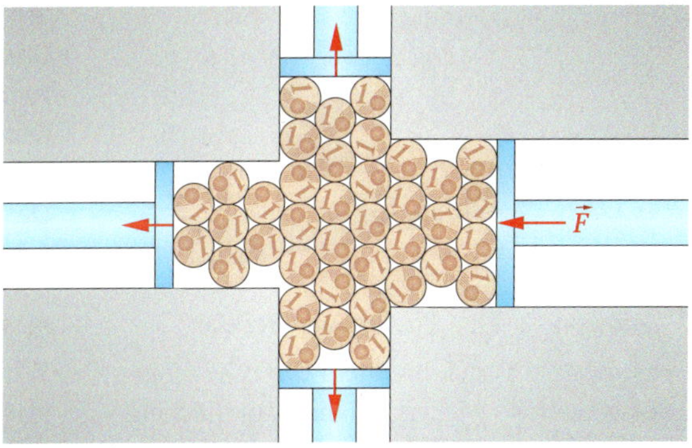

B1 Im „Wasser" liegen die Teilchen dicht, aber leicht verschiebbar. Gegenseitig quetschen sie sich in jede Lücke und an jede Wand.

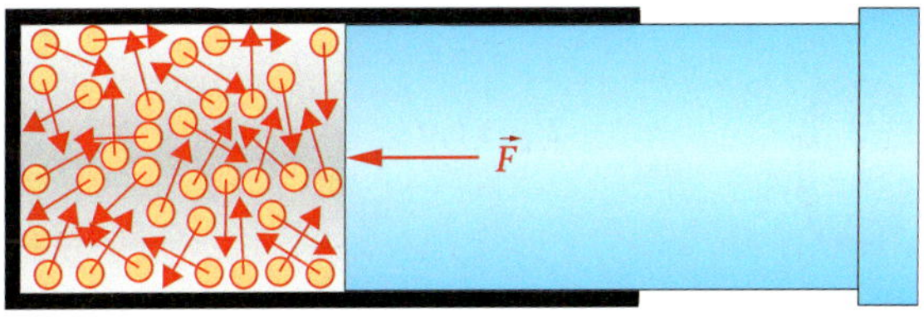

B2 In Luft schwirren die Teilchen frei herum und prallen immer wieder gegen jede sich anbietende Wand. Verkleinert man den „Spielraum", gibt es mehr Stöße auf die Wände, man spürt die größere Kraft am Kolben.

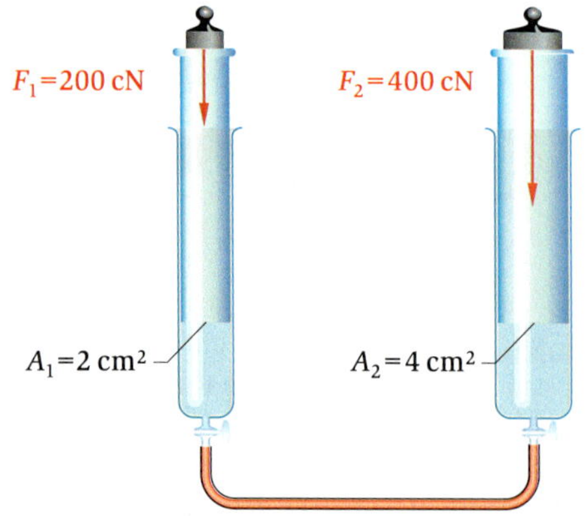

V1 Zwei mit einem Schlauch verbundene Zylinder sind mit Luft gefüllt. Auf den Kolben 1 (Querschnittsfläche A_1) wirkt die Kraft $\vec{F}_1$ ein. Gleichgewicht wird erzielt, wenn auf Kolben 2 mit $A_2 = 2\,A_1$ eine Kraft mit doppeltem Betrag $F_2 = 2\,F_1$ einwirkt. Verdreifacht man die Kraft auf Kolben 1, so muss auf Kolben 2 das Doppelte dieser dreifachen Kraft einwirken, um Gleichgewicht zu erzielen. Auch jetzt gilt: $F_1/A_1 = F_2/A_2$.

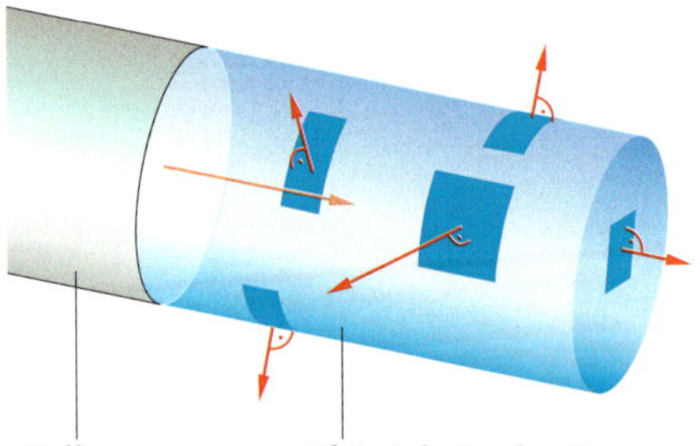

B1 Besteht Druck in einem Gas oder einer Flüssigkeit, so wirken auf die Wandflächen Kräfte ein. Diese stehen senkrecht zu den Wandflächen und sind der Größe der Fläche proportional.

1. Die Messgröße Druck

Wenn du einen Reifen aufpumpst, spürst du eine Kraft am Pumpenkolben. Müsste nicht auf jedes Flächenstück der Reifendecke eine ebenso große Kraft einwirken? Dann müsste aber auf zwei dieser Flächenstücke zusammen eine größere Kraft wirken. Diese Überlegung wird von → V1 bestätigt: Auf den Kolben mit doppelter Querschnittsfläche wirkt die eingesperrte Luft mit der doppelten Kraft. Der Betrag F der auf die Fläche A wirkenden Kraft ist tatsächlich der Größe der Fläche A proportional. Es gilt Quotientengleichheit:

$$F_1/A_1 = F_2/A_2.$$

Wählen wir eine Flüssigkeit statt Luft, erhalten wir dasselbe Ergebnis, immer gilt bei konstantem Druck $F \sim A$ → B1.

Vergrößert man in → V1 die Kraft auf Kolben 1, so wirkt auf den Kolben 2 ebenfalls eine größere Kraft. Es herrscht in den Zylindern nun ein höherer Druck. Wieder ergibt sich für die verbundenen Zylinder (mit also gleichem Druck) derselbe Quotient F/A, er hat jetzt aber einen größeren Wert.

Es ist daher sinnvoll, diesen Quotienten aus F und A als physikalische **Messgröße *p* für den Druck** zu definieren:

$$p = F/A \text{ mit der Maßeinheit } 1\ \text{N/m}^2 = 1\ \text{Pa}.$$

Das Symbol p kommt von **p**ressure. Pa ist die Abkürzung für Pascal (nach Blaise PASCAL, franz. Physiker, um 1650).
Der Druck 1 Pa ist ein kleiner Druck. Große Druckwerte, etwa in Autoreifen, gibt man in Bar an: **1 bar = 100 000 Pa.**
Der Luftdruck wird in Hektopascal angegeben:
1 hPa = 100 Pa.

Merksatz

Wirkt ein Gas oder eine Flüssigkeit auf eine Wandfläche A mit der Kraft vom Betrag F, so sagen wir, es herrscht der Druck p. Für ihn gilt:

$$p = \frac{F}{A} \text{ mit der Einheit } 1\ \text{Pa} = 1\ \text{N/m}^2.$$

Interessantes

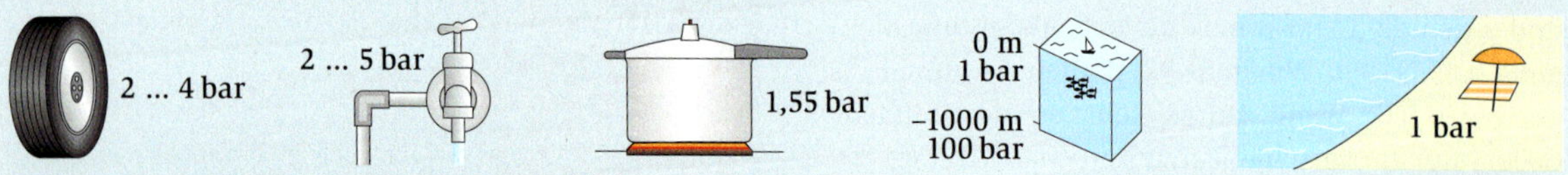

Die meisten Manometer (Druckmesser) geben den Überdruck gegenüber dem äußeren Luftdruck an. Zeigt der Luftdruckprüfer beim Autoreifen 2 bar an, bedeutet das: Im Reifen ist der Druck um 2 bar größer als der Luftdruck von ca. 1 bar in der Umgebung, der absolute Reifendruck beträgt also 3 bar.
Unser Körper ist dem Luftdruck von etwa 1 bar ausgesetzt. Davon merken wir aber nichts, weil das Innere unseres Körpers (auch die Lunge) unter dem gleichen Druck steht.

Physik und Medizin

Blutdruckmessung

„Der Blutdruck beträgt 120 zu 80." Was ist mit dieser Aussage gemeint?

In der Medizin wird der Blutdruck noch in mmHg (Millimeter Quecksilbersäule) gemessen. Es gilt: 1 mmHg ≙ 133,3 Pa. 120 mmHg (etwa 16 kPa) gibt den systolischen Druck an. Er entsteht, wenn der sich zusammenziehende Herzmuskel das Blut in die Arterien presst. Danach entspannt sich der Herzmuskel, neues Blut strömt in das Herz. Der Blutdruck sinkt auf den diastolischen Wert 80 mmHg (etwa 11 kPa). Da die Blutgefäße elastisch sind, fällt der Wert nicht völlig ab. Der Blutdruck nimmt mit dem Alter zu. Ursache ist meist die verminderte Elastizität der Blutgefäße durch Ablagerungen (Arteriosklerose). Bei körperlicher Anstrengung oder psychischer Belastung steigt der Blutdruck an. Sehr gefährlich ist andauernder Bluthochdruck, da Blutgefäße und Herz überlastet werden.

Bei der Blutdruckmessung wird an einer Arterie von außen Druck erzeugt. Dazu nimmt man z. B. eine Gummimanschette, ein Stethoskop und einen Druckmesser.

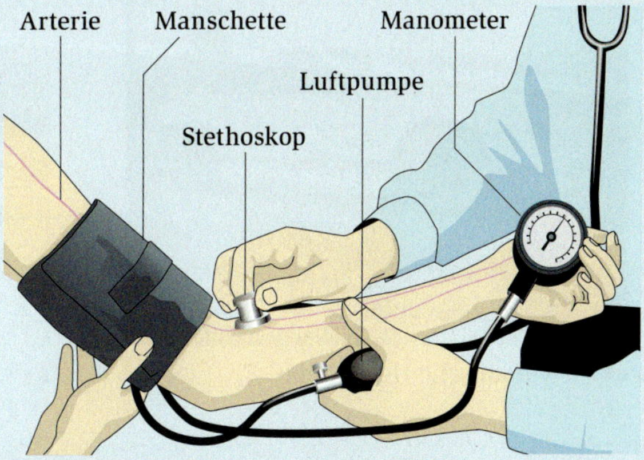

Die aufgepumpte Manschette drückt die Oberarmarterie ab und unterbricht so den Blutfluss. Man lässt langsam Luft aus der Manschette entweichen, bis mithilfe des Stethoskops Pulsgeräusche zu hören sind. Das Druckmessgerät zeigt den systolischen Wert an. Bei weiterer Druckverminderung wird das Pulsgeräusch leiser und verschwindet beim diastolischen Wert. Der Blutdruck sollte in Ruhe, im Sitzen gemessen werden, der Ellenbogen sollte sich dabei in Höhe des Herzens befinden.

Projekt

Druckmessgerät überprüfen

Das Foto zeigt den Versuchsaufbau. Eine vertikal eingespannte Glasspritze mit einem Dreiwegehahn ist über einen Schlauch mit einem Differenzdruckmessgerät verbunden. Ohne Kolben zeigt das Messgerät 0,0 hPa an. Nun werden mit dem Kolben, auf dem sich ein Wägestückteller befindet, nach und nach 50-g-Wägestücke aufgelegt. Damit steigt F und die zugehörigen Druckwerte werden abgelesen. Die Messwerte sind im F-p-Diagramm als Kreuze dargestellt. Aus dem Querschnitt A des Kolbens und den Kraftbeträgen F können wir nach der Definition $p = F/A$ die Druckwerte berechnen; das Ergebnis dieser Rechnung (rote Linie im Diagramm) stimmt gut mit den Messwerten überein.

Das Differenzmessgerät ist also ein geeignetes Instrument zur Druckmessung.

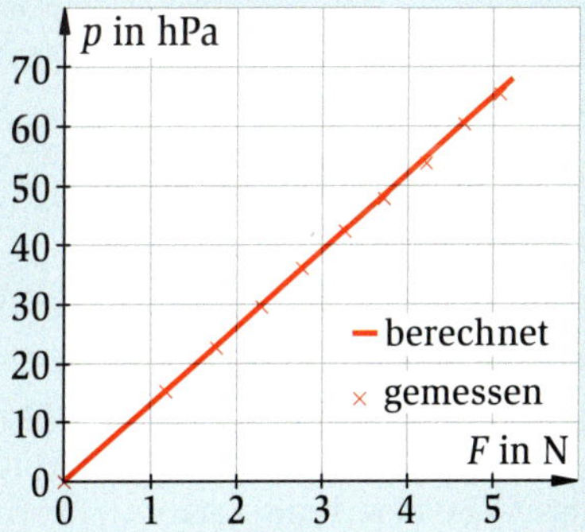

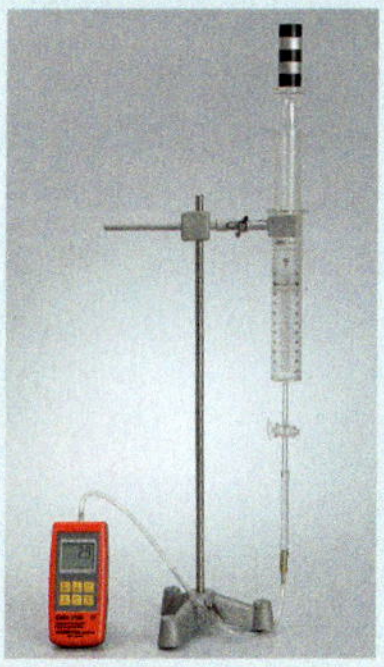

Mach's selbst

A1 Das Aufpumpen eines Fahrradreifens gelingt mit einer Standpumpe schneller als mit einer normalen Handpumpe. Vergleicht und diskutiert eure Beobachtungen, sucht eine Erklärung.

A2 In einer Wasserleitung herrscht ein Druck von 3 bar. Bestimme die Kraft, die man braucht, um die Öffnung eines Wasserhahns ($A = 1{,}4\ \text{cm}^2$) zuzuhalten.

A3 **a)** Bei konstantem Druck gilt: $F \sim A$. Begründe dies mithilfe des Teilchenmodells.

b) Erkläre, warum der Druck steigt, wenn mehr Luft in einen Reifen gepumpt wird.

B1 Hydraulische Hebebühne

B2 Hydraulik und Stoßdämpfer eines Flugzeugfahrwerks

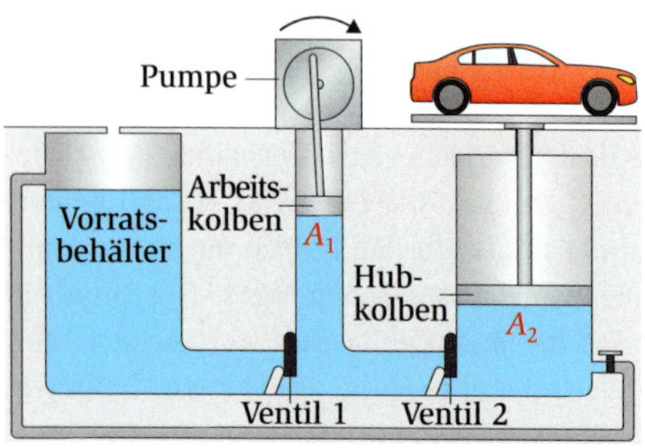

B3 Hauptbestandteile einer hydraulischen Hebebühne: Ein Vorratsgefäß für Öl, ein enger Arbeitskolben der Pumpe und ein weiter Hubkolben unter der Bühne. Der Auslasshahn wird zum Absenken betätigt.

Beispiel

Auf den Arbeitskolben in → B3 wirkt eine Kraft vom Betrag $F_1 = 240$ N. Dessen Querschnitt ist $A_1 = 4\ \text{cm}^2$. Dann herrscht in der gesamten Flüssigkeit der Druck

$$p = \frac{F_1}{A_1} = \frac{240\ \text{N}}{4\ \text{cm}^2} = 60 \frac{\text{N}}{\text{cm}^2} = 6\ \text{bar}.$$

Damit erfährt jeder beliebige Quadratzentimeter der Begrenzungsfläche eine Kraft vom Betrag 60 N. Dieses nutzt man beim Hubkolben mit der Querschnittsfläche $A_2 = 200\ \text{cm}^2$ aus. Er erfährt eine Kraft vom viel größeren Betrag

$$F_2 = p \cdot A_2 = 60 \frac{\text{N}}{\text{cm}^2} \cdot 200\ \text{cm}^2 = 12\,000\ \text{N}.$$

F_1 wurde im Verhältnis 50:1, d.h. im Verhältnis der beiden Kolbenflächen zueinander verstärkt.

1. Das Prinzip hydraulischer Maschinen

Starke Hebewerkzeuge → B1 oder Fahrgestelle riesiger Flugzeuge → B2 benötigen sehr große Kräfte. Hydraulische Maschinen helfen dabei. Sie funktionieren alle nach dem gleichen Prinzip. Verschiedene Zylinder sind mit Schläuchen verbunden. Im ganzen System treten bei gleichem Druck an allen gleich großen Flächen auch gleich große Kräfte auf. Der dünne Arbeitskolben einer Pumpe benötigt eine relativ kleine Kraft, am dicken Kolben wirkt die gewünschte große Kraft.

2. Die hydraulische Hebebühne braucht Ventile

In → B3 ist das Schema einer Hebebühne dargestellt. Den Arbeitskolben mit kleiner Fläche A_1 schiebt man mit der Kraft vom Betrag F_1 in den Zylinder. Die Querschnittsfläche A_2 des Hubkolbens wählt man größer, z.B. 50-mal so groß. Dann ist die dort angreifende Kraft ebenfalls 50-mal so groß, also $F_2 = 50\ F_1$ → Beispiel.

Da man den Arbeitskolben immer wieder betätigen muss, ohne die Bühne zu senken, benötigt man Ventile und ein Vorratsgefäß. Senkt man den dünnen Kolben (links), so wird Ventil 1 geschlossen und Ventil 2 geöffnet; das Hydrauliköl fließt in den rechten Zylinder. Es bleibt dort, weil das Ventil 2 ein Zurückfließen verhindert. Beim Heben des Kolbens dagegen stehen die Ventile anders; dann fließt neues Öl aus dem Vorratsgefäß durch Ventil 1 in den Zylinder, die Flüssigkeitssäule im Vorratsgefäß nimmt ab. Der Vorgang kann nun viele Male wiederholt werden.

3. Hydraulische Maschinen und goldene Regel

Der Energieerhaltungssatz erlaubt nicht, dass Energie durch irgendeine Vorrichtung zum Heben von Gegenständen eingespart wird. Bei Hebel, loser Rolle und Flaschenzug fanden wir bestätigt: Was an Kraft eingespart wird, muss an Weg zugelegt werden.

Genauer: Kräfte und Hubwege stehen im umgekehrten Verhältnis zueinander, d. h. die Arbeit, das Produkt aus Hubkraft und Hubweg bleibt bei Hebel und Flaschenzug gleich:

$$\frac{F_2}{F_1} = \frac{h_1}{h_2}, \text{ also } F_2 \cdot h_2 = F_1 \cdot h_1.$$

Bei den hydraulischen Maschinen (überall gleicher Druck) sind Kraft und Fläche proportional zueinander, also gilt dort:

$$p = \frac{F_2}{A_2} = \frac{F_1}{A_1}, \text{ bzw. } \frac{F_2}{F_1} = \frac{A_2}{A_1}. \qquad (1)$$

Nun bleibt beim Pumpen das Volumen $V = A \cdot h$ des Öls gleich groß. Im Arbeitskolben ist die Querschnittsfläche klein, im Hubkolben groß. Je größer die Querschnittsfläche des Kolbens ist, desto geringer wird aber die Höhe h bei demselben gepumpten Ölvolumen → Beispiel. Die Höhe verhält sich also wiederum umgekehrt proportional zur Querschnittsfläche:

$$V = A_1 \cdot h_1 = A_2 \cdot h_2, \text{ also } \frac{h_1}{h_2} = \frac{A_2}{A_1}. \qquad (2)$$

Aus den beiden Verhältnisgleichungen (1) und (2) folgt aber wie schon bei Hebel und Flaschenzug

$$\frac{F_2}{F_1} = \frac{h_1}{h_2}$$

und damit die Gleichheit von zugeführter und abgenommener Arbeit. Auch der hydraulische Kraftwandler kann keine Energie einsparen. Das überrascht uns nun nicht mehr.

Merksatz

Eine hydraulische Maschine ist ein Kraftwandler. Die Wandlung erzeugt man mit unterschiedlich dicken Kolben in einem System mit eingeschlossener Flüssigkeit.
Auch bei einer hydraulischen Maschine gilt die „goldene Regel der Mechanik".

Beispiel

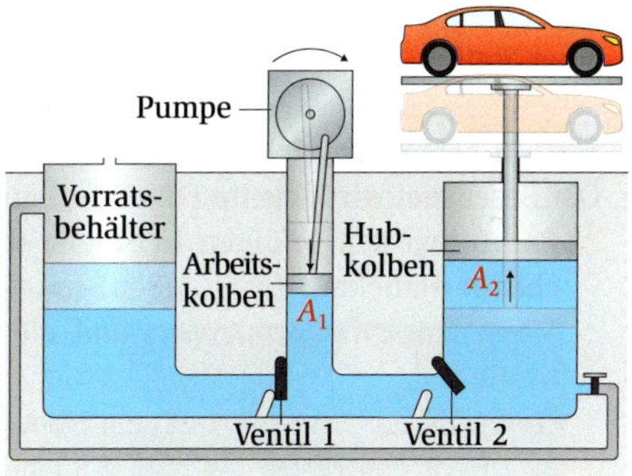

Die Hebebühne trage eine Last mit der Gewichtskraft 12 000 N (entsprechend $m = 1200$ kg). Der Kolben mit der Querschnittsfläche $A_2 = 200\ \text{cm}^2$ soll um $h_2 = 2$ m angehoben werden.

a) Berechne das Flüssigkeitsvolumen, das dazu aus dem Vorratsbehälter in den rechten Zylinder gepumpt werden muss.

b) Berechne, wie oft man dazu einen Kolben mit der Fläche $A_1 = 4\ \text{cm}^2$ um $h_1 = 20$ cm herunterdrücken muss.

Lösung:

a) Unter den Kolben mit der großen Fläche muss Flüssigkeit vom Volumen
$V_2 = A_2 \cdot h_2 = 200\ \text{cm}^2 \cdot 200\ \text{cm}$
$= 40\,000\ \text{cm}^3$ (40 l) gepumpt werden.

b) Mit einem Hub des Arbeitskolbens wird Flüssigkeit befördert mit
$V_1 = A_1 \cdot h_1 = 4\ \text{cm}^2 \cdot 20\ \text{cm} = 80\ \text{cm}^3$.
Für die benötigten $40\,000\ \text{cm}^3$ muss man den kleinen Kolben also 500-mal betätigen.

Mach's selbst

A1 **a)** Bei einer hydraulischen Hebebühne beträgt das Verhältnis der Kolbenflächen 1 : 60. Schätzt die Masse, die ein Pkw höchstens haben darf, damit ihr ihn durch Muskelkraft heben könnt.
b) Plant eine Hebebühne mit Hebel oder Flaschenzug. Bewertet Vor- und Nachteile der Apparate.

A2 Der kleine Arbeitskolben einer hydraulischen Hebebühne hat 5 cm² Querschnitt, der Hubkolben 500 cm².
a) Berechne die Kraft, die am ersten Kolben benötigt wird, um einen Pkw ($m = 1400$ kg) zu heben.
b) Der zweite Kolben soll sich um 1 m heben. Bestimme das Volumen der Flüssigkeit, die man zum zweiten Kolben pumpen muss.
c) Wie oft muss sich dann der erste Kolben jeweils um 10 cm senken?

A3 Eine verstopfte Arterie kann der Chirurg in vielen Fällen mit einem Ballonkatheter weiten. Dieser wird über eine Arterie eingeführt und an der Engstelle mit bis zu 20 bar aufgepumpt. Danach sollte das Blut wieder fließen. Bestimme die Kraft, die auf jeden mm² der Gefäßwand wirkt.

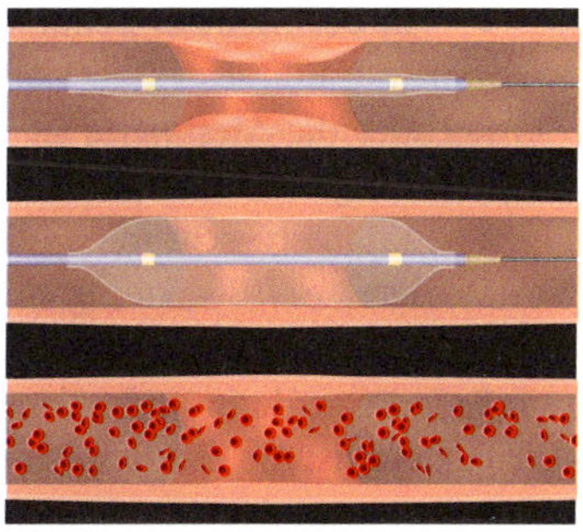

Ergänzung

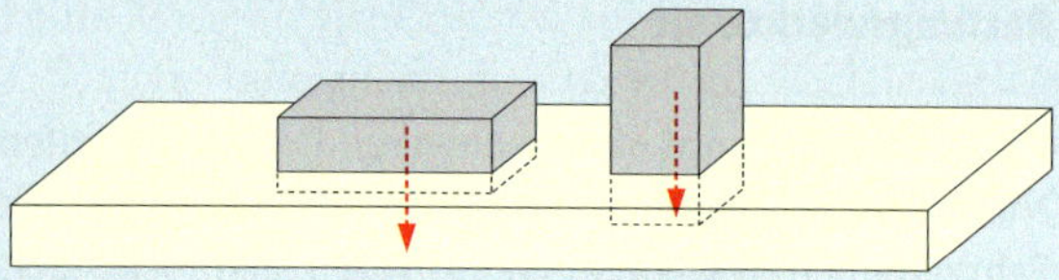

V1 a) Ein Mauerstein wird mit seiner größten Fläche auf eine Schaumstoffmatte gestellt. Er sinkt um z. B. 2 mm ein.
b) Anschließend wird derselbe Quader auf seine kleinste Fläche gestellt. Wieder wird er mit derselben Gewichtskraft nach unten gezogen. Jetzt sinkt er um z. B. 5 mm ein.

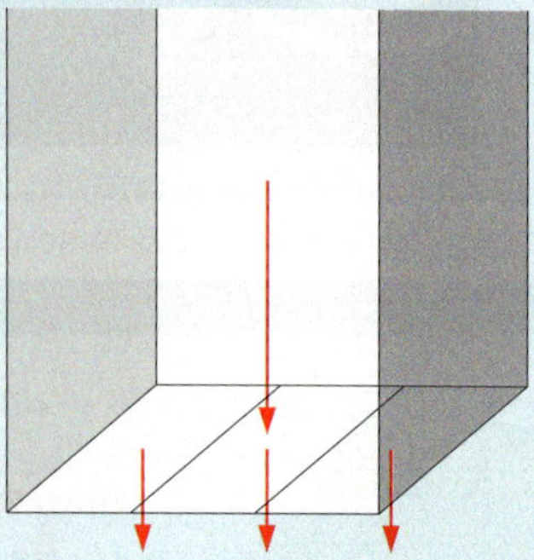

B1 Die Gewichtskraft $\vec{G}$ ist auf drei gleich große Flächen verteilt worden. Die drei kleineren Kräfte sind Komponenten der Gewichtskraft.

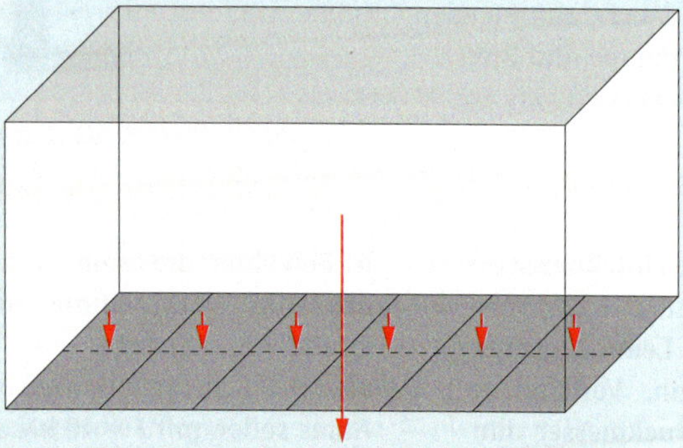

B2 Hier ist die Gewichtskraft auf sechs gleich große Flächen verteilt worden mit sechs gleich großen Kraftkomponenten. Der Quotient Kraftbetrag/Fläche ist nur noch halb so groß wie in → B1.

A. Zur Erinnerung: Druck als Zustand im System
Die physikalische Größe Druck beschreibt einen bestimmten Zustand in einem System, z. B. in der Flüssigkeit einer hydraulischen Maschine oder in der Luft eines Presslufthammers. Druck herrscht im gesamten Bereich aus Zylindern und Schläuchen und offenbart sich als Kraft senkrecht zu jeder sich bietenden Fläche. Je größer dabei eine solche Fläche ist, desto größer ist auch die auf sie wirkende Kraft. Da die beiden Größen sogar proportional zueinander sind, hat man den konstanten Quotienten aus Kraftbetrag und Fläche als Messgröße des Drucks definiert:

$$p = \frac{F}{A}$$

Beim Druck ist es gleichgültig, wie groß ein Zylinder ist, im gesamten mit Flüssigkeit oder Gas gefüllten Bereich aus Zylindern und Schläuchen herrscht derselbe Druck.

Gerade diese Eigenschaft eröffnete die Möglichkeit einer Kraftwandlung. In einer eingesperrten Flüssigkeit oder einem Gas findet man bei einem bestimmten Druck an einer kleinen Kolbenfläche eine kleine Kraft, an einer großen Fläche eine entsprechend große Kraft.

B. Kraft pro Fläche bei festen Körpern
Anders ist es bei einem festen Körper. Wenn man mit seiner Hilfe eine Kraft überträgt, wird sie nicht gewandelt. Trotzdem hat der Quotient F/A aber auch hierbei eine besondere Bedeutung.

So wissen wir z. B. aus täglicher Erfahrung, dass man eine große Wirkung erzielt, wenn man bei gleichbleibender Kraft die Auflagefläche verkleinert. Auf Stelzen gehend würde man in Schnee einsinken, auf Schneeschuhen kaum.

In → V1 wirkt der Mauerstein mit seiner Gewichtskraft auf die weiche Unterlage. Liegt er mit großer Fläche auf dem Schaumstoff, sinkt er nur wenig ein. Stellt man ihn auf eine kleine Stirnseite, so sinkt er tiefer ein, obwohl die gleiche Kraft wirkt.

Die Ursache hierfür erkennen wir in den nebenstehenden Zeichnungen: Bei der großen Fläche wird die Kraft in viele Kraftkomponenten aufgeteilt. Für jeden Quadratzentimeter bleibt nur eine kleine Kraft → B2. Bei kleiner Fläche gibt es weniger Komponenten, die Kraft je Quadratzentimeter ist dann größer → B1.

C. Kraft pro Fläche berechnet

Der Quotient F/A an einer festen Auflagefläche wird von Technikern bewusst „Druckspannung" genannt und nicht ‚Druck'. Diese wollen wir jetzt an zwei Beispielen berechnen.

Ein Elefant kann eine Masse von bis zu 7 t haben (das entspricht der Masse von 5 bis 7 Autos). Wir wählen eine Masse von $m = 5000$ kg. Die Auflagefläche eines Fußes → B3 beträgt etwa 0,2 m², für alle vier Füße also 0,8 m². Dann beträgt die Druckspannung

$$\frac{F}{A} = \frac{m \cdot g}{A} = \frac{5000\ \text{kg} \cdot 9{,}81\ \text{N}}{0{,}8\ \text{m}^2 \cdot \text{kg}}$$

$$\approx 12\,500\ \frac{\text{N}}{\text{m}^2} = 1{,}25\ \frac{\text{N}}{\text{cm}^2}.$$

Wenn der Elefant also ruhig auf allen vier Füßen steht, übt er auf die Fläche einer Fingerkuppe eine Kraft aus, die vergleichbar mit der Gewichtskraft eines 125-g-Puddingbechers ist.

Umgekehrt erreicht man eine große Druckspannung, wenn man die Kraft auf eine kleine Fläche konzentriert. Wenn ein Arzt eine Impfspritze setzt oder eine Akupunkturbehandlung vornimmt, möchte er mit kleiner Kraft arbeiten, damit es auf der Haut nicht zu schmerzhaften Quetschungen kommt.

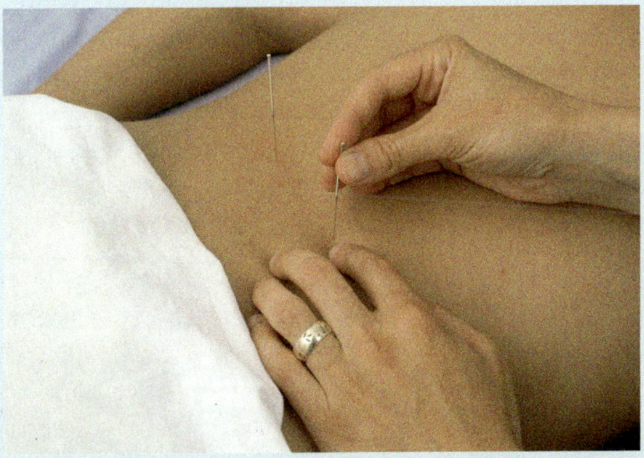

Die Nadel in → B4 soll mit einer geringen Kraft von 1,25 N in die Haut geschoben werden. An ihrer Spitze liegt dabei eine Druckspannung vor von

$$\frac{F}{A} = \frac{1{,}25\ \text{N}}{8 \cdot 10^{-9}\ \text{m}^2} \approx 1{,}6 \cdot 10^8\ \frac{\text{N}}{\text{m}^2} = 1600\ \frac{\text{N}}{\text{cm}^2}.$$

Das entspricht der Gewichtskraft von zwei kräftigen Erwachsenen auf der Fläche einer Fingerkuppe. Die Nadel dringt in die Haut wie Stelzen in Schnee.

Arbeitsaufträge:

1 Ein Traktor mit einer Auflagefläche von 1,2 m² erzeugt eine Druckspannung von 4 N/cm². Berechne die Gewichtskraft.

2 Mikroskopiere ein Stecknadelspitze und miss ihren Durchmesser. Stelle eine praxisbezogene Berechnung an.

3 Recherchiere die Fläche eines Snowboards. Berechne die Druckspannung zum Schnee für dein eigenes Gewicht.

4 In manchen Festsälen sind Schuhe mit „Stöckelabsätzen" unerwünscht. Beurteile diese Maßnahme anhand eines abschätzenden Rechenbeispiels.

5 Das Bild findet sich in einem Baustoffprospekt. Bewerte die Angaben: Mauerwerksdruckspannung 0,8 MN/m², Breite $b = 0{,}247$ m, Länge $l = 0{,}365$ m.

Tauchen in Natur und Technik

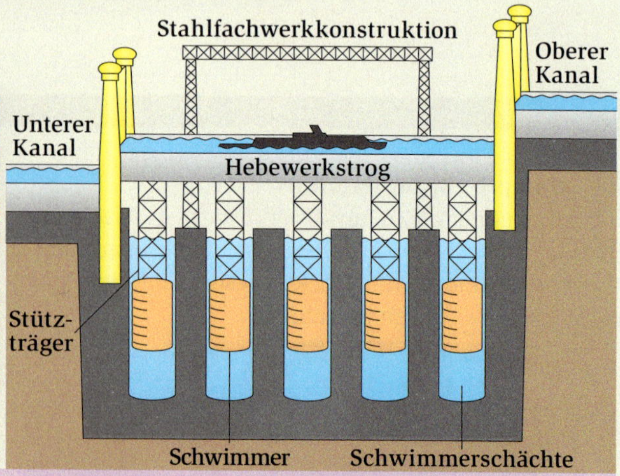

Die meisten Fische können unter Wasser schweben. Manche technischen Konstruktionen schwimmen. In beiden Fällen wird ein Prinzip der Natur genutzt, welches im folgenden Kapitel ergründet wird.

A1 Bohre in eine Plastikflasche (oder ein Rohr) drei Löcher – wie im Bild. Schließe sie wieder, z. B. mit Gummistopfen (ggf. selbstgedrehten aus Alufolie). Fülle nun die Flasche mit Wasser. Im Spülbecken ziehst du dann die drei Stöpsel.
a) Beschreibe deine Beobachtung.
b) Versuche, eine Begründung zu finden.

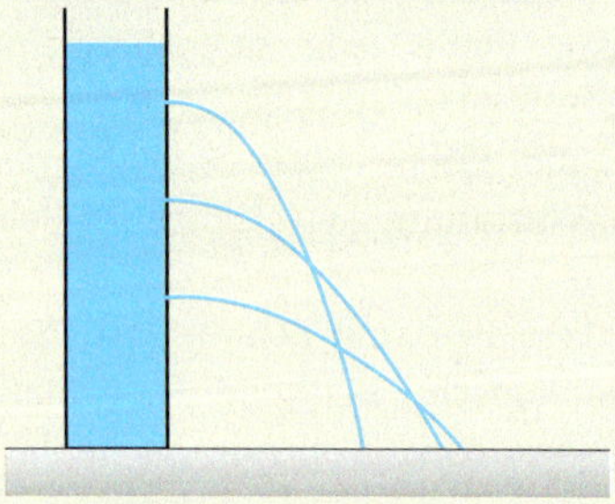

A2 Archimedes soll einer Anekdote zufolge die Fälschung einer Goldkrone entlarvt haben. Recherchiert und berichtet. Äußert eure Vermutungen.

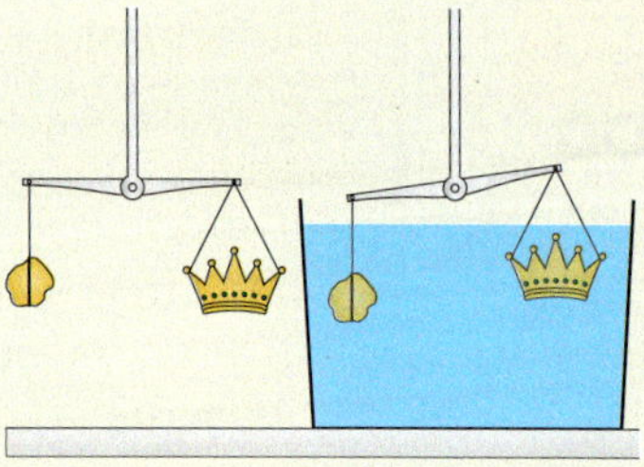

A3 Ziehe eine Haushaltsfolie über einen leeren Joghurtbecher oder ein Wasserglas und stich mit einer Schere zwei Löcher hinein (etwa 5 cm Abstand). Halte den Becher nun unter Wasser und drehe ihn langsam in die Horizontale (Löcher übereinander). Beschreibe deine Beobachtung und versuche, sie zu begründen.

A4 Möwen dümpeln an der Oberfläche, Krebse laufen am Meeresboden, aber Fische schweben im Wasser. Diskutiert und erklärt.

A5 Gib in ein wassergefülltes Glasgefäß einen Teelöffel Salz, rühre gut um. Lege nun ein rohes Ei hinein. Gib noch mehr Salz hinzu, bis das Ei aufsteigt. Erkläre den Effekt.

A6 Es war zu lesen: „Das Unterwasserlabor konnte durch Flutung der Ballasttanks mit Seewasser zum Abtauchen gebracht werden. Zum Auftauchen wurde das Wasser aus den Tanks gepresst.“ Interpretiere dies.

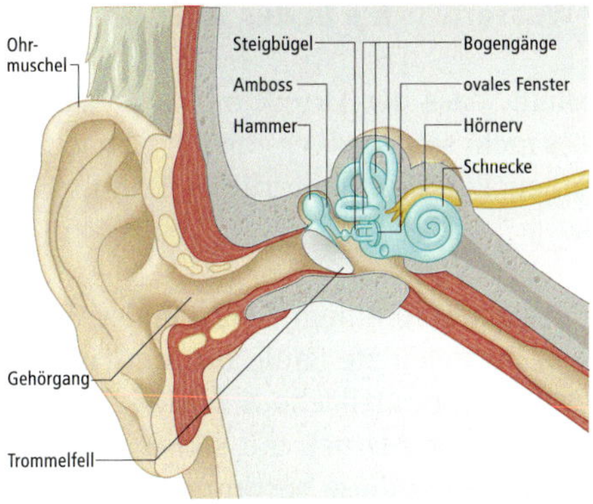

B1 Trommelfell im Ohr

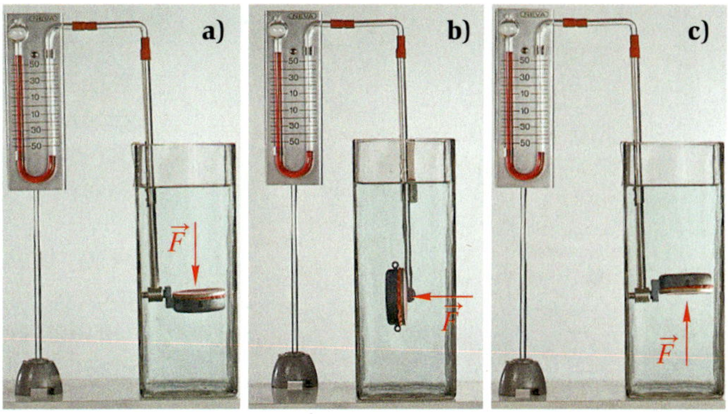

B2 a) bis c) zu → V2 Drucksonde mit angeschlossenem U-Rohr

1. Druck im Wasser – ohne Kolben

Beim Tauchen im Schwimmbad spürst du eine Kraft am Trommelfell → B1. Sie nimmt mit der Tiefe rasch zu. Zu Recht sagst du, dass du einen starken „Druck" spürst. So haben wir den Druck ja kennengelernt: Auf jede Grenzfläche wirkt eine zu ihr senkrecht stehende Kraft. Das Trommelfell ist eine solche Grenzfläche.
Welche Gesetzmäßigkeiten gelten für den Druck im Wasser? Woher kommt diesmal der Druck? Anders als bisher übt ja kein Kolben eine Kraft auf eingeschlossenes Wasser aus.

Wir gehen zunächst der ersten Frage nach und untersuchen den Druck mit einem einfachen Nachweisgerät für den Druck → V1, das als Sonde ein künstliches Trommelfell besitzt. In → V2a wird das Gerät (Membran nach oben) ins Wasser getaucht. Die Membran erfährt mit zunehmender Tiefe eine zunehmende Kraft. Der Druck nimmt also mit der Tiefe zu.

In → V2b nutzen wir aus, dass man die Grenzfläche in alle Richtungen drehen kann. Die Kraft auf sie – und damit der Druck – bleibt dabei gleich groß, wenn in gleicher Tiefe gemessen wird. Beobachten wir die Verformung der Membran sehr genau, zeigt sich auch hier, dass die Kraft in jeder Stellung senkrecht zur Membran wirkt. Das erwarten wir, wenn im Wasser ein Druckzustand nachgewiesen wird.

Einen solchen Druckzustand finden wir auch in anderen Flüssigkeiten → V2c. Allerdings ist der Druck in gleicher Tiefe bei unterschiedlichen Flüssigkeiten im Allgemeinen verschieden groß.

Merksatz

Schon im nicht eingesperrten Wasser herrscht ein Druck. Er zeigt sich an jeder Grenzfläche durch eine auf sie senkrecht wirkende Kraft. Es gilt:
- In gleicher Tiefe ist der Druck überall gleich groß.
- Je größer die Tiefe, desto größer ist der Druck.

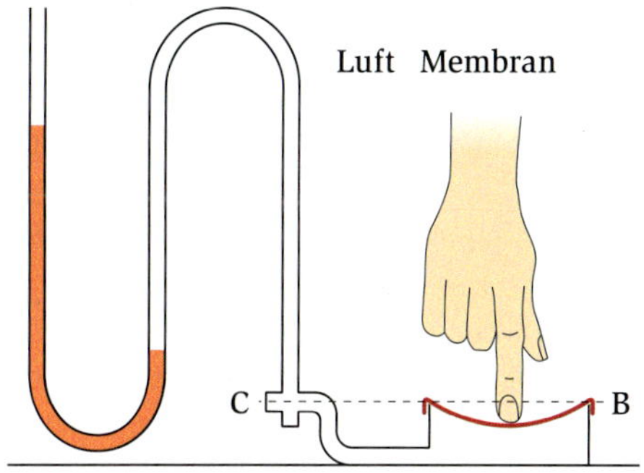

V1 Wir üben mit dem Finger eine Kraft senkrecht auf die Membran einer Drucksonde aus. Sie wird eingedrückt und verdrängt so Luft aus der Dose. Dadurch ändert sich der Stand des Wassers im U-Rohr. Je größer die ausgeübte Kraft ist, desto stärker unterscheiden sich die Wasserstände im U-Rohr.

V2 **a)** Wir tauchen die Sonde in Wasser – zunächst mit der Membran nach oben → B2a. Am Wasser im U-Rohr ist zu erkennen, dass die Membran eine mit der Tiefe zunehmende Kraft erfährt.
b) In einer bestimmten Tiefe wird die Dose um die horizontale Achse BC gedreht. Die Gummimembran zeigt jetzt zur Seite → B3b oder nach unten → B3c. Dabei bleibt die Anzeige im U-Rohr gleich. Die Verformung findet immer senkrecht zur Membran statt.
c) Tauchen wir die Sonde in Spiritus, so wirkt in gleicher Tiefe eine kleinere Kraft auf die Membran als im Wasser.

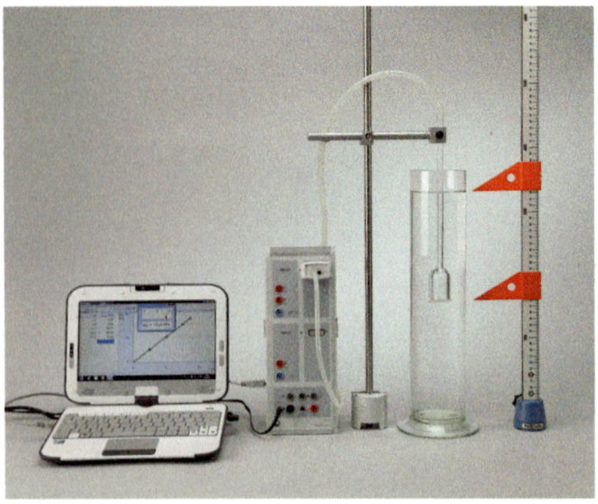

V1 **a)** Wir wollen den Druck im Wasser messen. Dazu senken wir ein unten offenes Glasrohr ins Wasser. Die Öffnung liegt im Bild 17,3 cm unter der Wasseroberfläche. Da die Luft im Rohr nicht entweichen kann, steigt das Wasser im Rohr kaum. Allerdings steigt der Druck in der Luft, wie ein Manometer bzw. Drucksensor anzeigt. Er ist genau so groß wie der Druck im Wasser an der Rohröffnung. Das Manometer zeigt 17,3 hPa an.
b) Mit dem Manometer oder – wie im Foto – mit Drucksensor und Computer können wir eine Messreihe schnell aufnehmen und grafisch darstellen. Die Messreihe zeigt, dass der Druck proportional zur Tiefe ist: $p \sim h$.

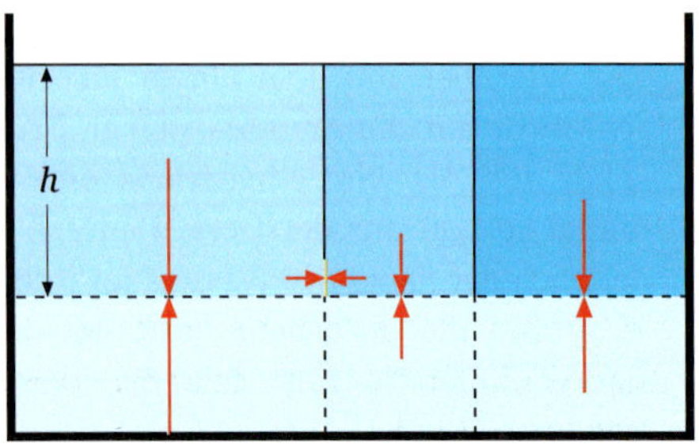

B1 In gleicher Tiefe h herrscht überall derselbe Druck. An jeder Grenzfläche entsteht deshalb ein Kräftegleichgewicht.

Beispiel

Berechne den Druck in einer Wassertiefe von $h = 17{,}3$ cm.
Lösung:
Der Druck in 17,3 cm Tiefe ist

$$p = \rho \cdot g \cdot h = 1\,\frac{\text{g}}{\text{cm}^3} \cdot 9{,}81\,\frac{\text{N}}{\text{kg}} \cdot 17{,}3\text{ cm}$$
$$= 1\,\frac{\text{g}}{\text{cm}^3} \cdot 0{,}981\,\frac{\text{cN}}{\text{g}} \cdot 17{,}3\text{ cm} \approx 17\,\frac{\text{cN}}{\text{cm}^2} = 17\text{ hPa}.$$

2. Wie groß ist der Wasserdruck *p* in der Tiefe *h*?

Wir haben festgestellt, dass der Druck mit der Wassertiefe zunimmt. Könnte es nicht sein, dass er von der Gewichtskraft der darüber lastenden Flüssigkeit herrührt? Damit wäre er sogar berechenbar.

→ **V1** zeigt eine Flüssigkeit in einem Glaszylinder. Wir vermuten, dass die von ihr gebildete Säule bis zur Tiefe h wie ein Kolben auf die Querschnittsfläche A wirkt. Der Kolben erzeugt an dieser Stelle einen Druck mit seiner eigenen Gewichtskraft. Also müssen wir diese bestimmen: Das Kolbenvolumen ist $V = A \cdot h$. Mit der Dichte ρ der Flüssigkeit finden wir die Masse $m = \rho \cdot V$ und die Gewichtskraft des Kolbens. Sie beträgt $G = m \cdot g = \rho \cdot A \cdot h \cdot g$. Hiermit wird an der unteren Kolbenfläche der Druck p erzeugt:

$$p = \frac{F}{A} = \frac{G}{A} = \frac{\rho \cdot A \cdot h \cdot g}{A} = \rho \cdot g \cdot h.$$

Dichte ρ und Ortsfaktor g sind Konstanten. Der Druck nimmt im Wasser also proportional zur Tiefe zu – in Übereinstimmung mit → **V1b**.

Die Gleichung für den Druck enthält den Ortsfaktor $g = 9{,}81$ N/kg $= 0{,}981$ cN/g ≈ 1 cN/g; die letzte Einheit ist in der Praxis manchmal bequemer. Im → **V1a** haben wir in 17,3 cm Wassertiefe für den Druck den Wert 17,3 hPa gemessen. Im → **Beispiel** kommen wir rechnerisch auf etwa den gleichen Wert. Unsere Modellrechnung und das experimentelle Ergebnis stimmen also gut überein. Der Druckzustand in einer Flüssigkeit wird demnach von ihrer eigenen Gewichtskraft bestimmt, er heißt deshalb **Schweredruck.**

3. Gleichgewicht in jeder Tiefe

Ob in einem geschlossenen Gefäß durch einen Kolben erzeugt oder hier durch die Gewichtskraft einer Flüssigkeitssäule, immer ist die wirkende Kraft zu jeder sich anbietenden Grenzfläche proportional. Hier können wir das so belegen:

$$F = G = m \cdot g = \rho \cdot V \cdot g = (\rho \cdot h \cdot g) \cdot A.$$

Warum weichen eigentlich die Teilchen unter der Last der Wassersäule über ihnen nicht zur Seite aus? Nun, auch seitlich auf gleicher Höhe herrscht ja derselbe Druck – die horizontal von dort wirkende Kraft ist also entgegengerichtet gleich groß → **B1**, das Wasser ruht. Der Schweredruck im ruhenden Wasser heißt auch **hydrostatischer Druck.**

Merksatz

In einer ruhenden Flüssigkeit herrscht ein Schweredruck, der sogenannte hydrostatische Druck. In der Tiefe h beträgt er:

$$p = \rho \cdot g \cdot h.$$

4. Paradox und doch verständlich

Reicht unsere bisherige Erkenntnis aus, wenn wir in eine beliebig geformte Höhle abtauchen wollen? Das sollten wir untersuchen. Wir nehmen dazu verschieden geformte Glasgefäße mit gleicher Grundfläche. Unten verschließen wir sie durch eine Gummimembran. Jedes Gefäß wird nun bis zur selben Höhe h mit Wasser gefüllt → B1. Der Druck am Boden erzeugt eine Kraft auf die Membran, ihre Verformung wird durch einen Zeiger sichtbar. Der Druck am Boden nimmt wie erwartet mit der Füllhöhe zu. Überraschenderweise ist er jedoch bei gleicher Füllhöhe unabhängig von der Form der Gefäße. Dass die Gewichtskraft der eingefüllten Flüssigkeit keine Rolle spielt, erscheint paradox. Man nennt dieses Phänomen deshalb **hydrostatisches Paradoxon.**

Ist das Phänomen wirklich widersprüchlich? In → B2 sehen wir eingetauchte Rohre. Am Boden des obersten Rohres herrscht ein Druck von 10 hPa. Er wird von der Wassersäule im Rohr erzeugt. Links davon in gleicher Tiefe muss dann aber derselbe Druck bestehen. Wäre er kleiner, müsste Wasser aus dem Rohr nach unten zur Seite auslaufen und aufgestiegen von oben wieder in das Rohr einfließen. Die Flüssigkeit ruht aber. So argumentieren wir auch an den übrigen Rohren und deuten damit den Versuch in → B1.

5. Tauchen auch in seitlichen Höhlen

Für das Tauchen hat unsere Erkenntnis eine große Bedeutung. Ein Taucher, der in bestimmter Tiefe schwimmt → B3, stellt keine Druckunterschiede in der Horizontalen fest. Eine plötzliche Druckänderung beim Schwimmen in eine seitliche Höhle wäre fatal. Wie wir wissen, ändert sich der Schweredruck nur in vertikaler, nicht aber in horizontaler Richtung.

Merksatz

Der hydrostatische Druck in einer Flüssigkeit ist unabhängig von der Gefäßform. Er hängt nur von der Tiefe h, von der Dichte ρ der Flüssigkeit und vom Ortsfaktor g ab.

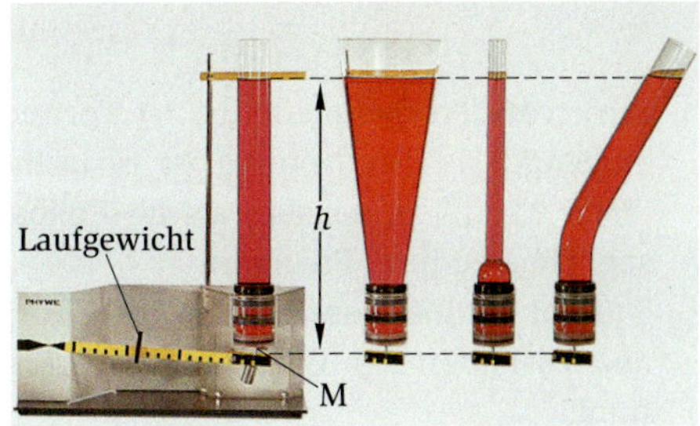

B1 Zum hydrostatischen Paradoxon: Der Druck am Boden ist unabhängig von der Gefäßform.

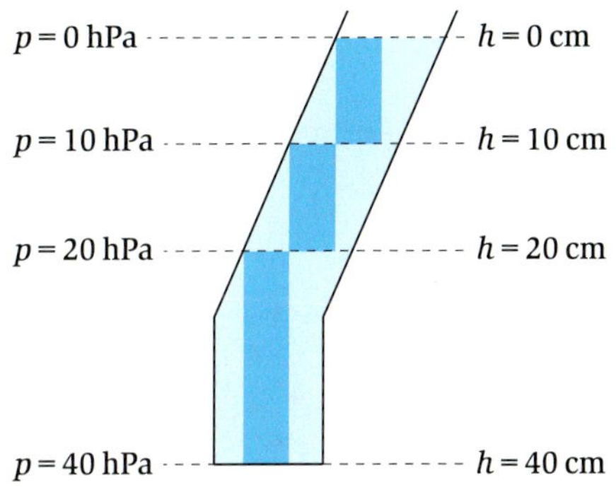

B2 Auf gleicher Höhe ist der Druck gleich groß, 10 cm tiefer ist er um 10 hPa größer. In 40 cm Tiefe beträgt er unabhängig von der Form des Gefäßes 40 hPa.

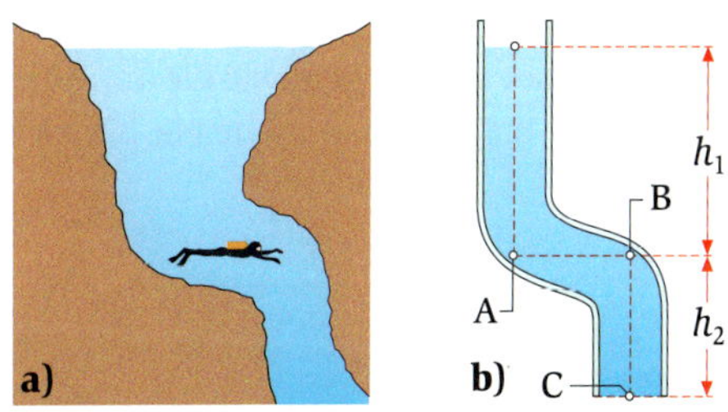

B3 Der Druck in C ist so groß, als ob über C eine Wassersäule mit $h = h_1 + h_2$ stünde.

Mach's selbst

A1 Berechne den hydrostatischen Druck für eine Tiefe von 5 m, 10 m, allgemein h unterhalb der Wasseroberfläche eines Sees.

A2 Die Sperrmauer eines Stausees wird nach unten zunehmend dicker.

a) Begründe die Bauweise.

b) Berechne die Kraft, die in 40 m Tiefe auf einen Quadratmeter der Mauer wirkt.

A3 Der Glaszylinder im Bild hat die Querschnittsfläche 25 cm², die Platte erfährt die Gewichtskraft 1 N.

a) Bestimme diejenige Eintauchtiefe (noch ohne Füllung), ab der die Platte nicht mehr abfällt.

b) Der Zylinder sei 20 cm eingetaucht und wird nun mit Wasser gefüllt. Bestimme die Füllhöhe, bei der die Platte abfällt.

c) Nun wird die Anordnung rechts mit derselben Wassermenge verwendet. Diskutiere die Auswirkung auf das Ergebnis von b).

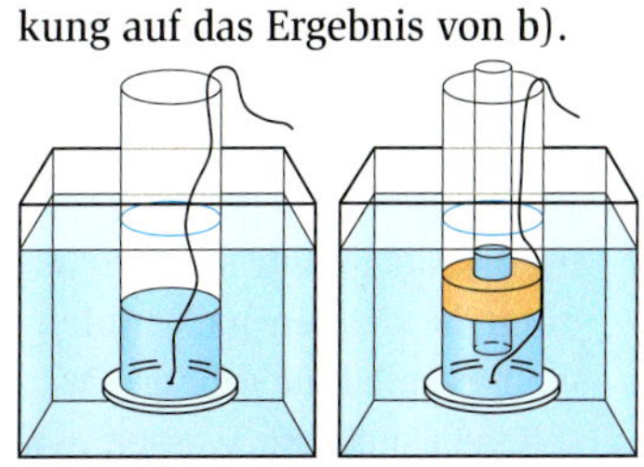

Anstoß

1. Kurz vor den Sommerferien ist Vorfreude angesagt: „In der Nordsee ist es leichter, ‚Toter Mann' zu spielen, als im Freibad", sagt Nina zu ihrer Freundin.
   Tauscht darüber eure eigenen Erfahrungen aus. Diskutiert den Grund für die Erscheinung.
2. Versuche, einen Plastikball unter Wasser zu drücken. Gehe dabei ganz langsam vor. Beschreibe deinen Mitschülern in kurzen Abständen, was du wahrnimmst. Lasse den Ball unter Wasser schließlich los.

B1 Unter Wasser gleitet der riesige Buckelwal wie schwerelos dahin. Eine Katastrophe für ihn, wenn er strandet.

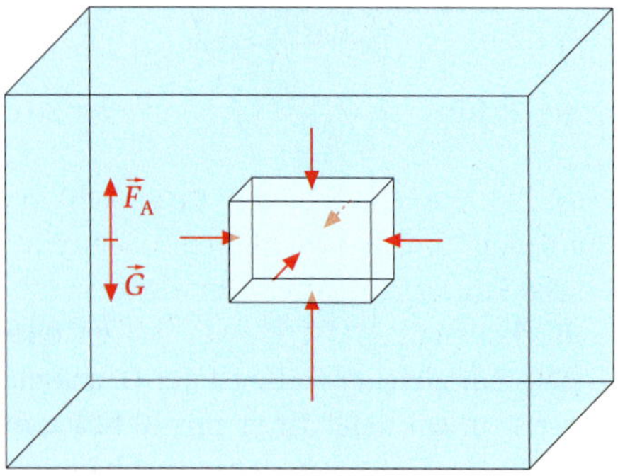

B2 Ein Wasserquader schwebt im ruhenden Wasser – nichts Ungewöhnliches. Die nach oben ziehende Auftriebskraft $\vec{F}_A$ muss also genau so groß sein wie die am Wasserquader nach unten ziehende Gewichtskraft $\vec{G}$.

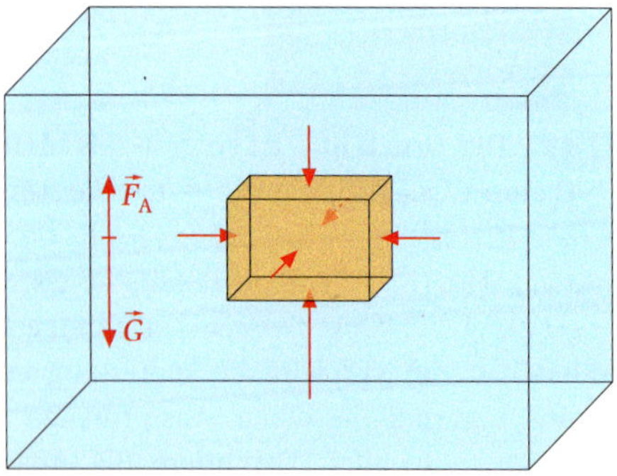

B3 An einem Kupferquader greifen bei gleichen Abmessungen und gleicher Position dieselben Druckkräfte an wie an dem Wasserquader in → **B2**. Deshalb ist die Auftriebskraft genau so groß wie dort. Allerdings ist die ihn nach unten ziehende Gewichtskraft hier größer. Der Kupferquader schwebt nicht im Wasser, er sinkt.

1. Die Auftriebskraft macht unter Wasser alles leichter

Manche Körper gehen im Wasser unter, andere schwimmen, wiederum andere schweben – wie z. B. der massige Wal in → **B1**. Was lässt eingetauchte Körper also „leichter" erscheinen? Wasser selbst schwebt in Wasser, das muss einen Grund haben. Auf die Begrenzungsflächen des Wasserquaders in → **B2** wirken Kräfte. Sie rühren vom Druck des umgebenden Wassers her. Die Resultierende der links und rechts angreifenden Kräfte hat den Betrag null. Vorn und hinten gilt das Gleiche. Über sie müssen wir nicht weiter nachdenken.

Die am Quaderboden angreifende Kraft ist dagegen größer als die oben auf den Deckel wirkende Kraft. Der Druck nimmt ja mit der Tiefe zu. Diese beiden Kräfte bilden deshalb eine resultierende Kraft nach oben. Man nennt sie **Auftriebskraft** $\vec{F}_A$ oder auch **„Auftrieb"**. Sie ist gerade so groß, dass sie der am Wasserquader angreifenden Gewichtskraft das Gleichgewicht liefert. Der Wasserquader erfährt also insgesamt eine Auftriebskraft, die genau so groß ist wie seine Gewichtskraft!

Wir ersetzen nun in Gedanken den Wasserquader durch einen Kupferquader mit gleichen Abmessungen → **B3**. Die auf ihn vom Wasser her einwirkenden Kräfte sind die Gleichen wie in → **B2**. Das fand schon ARCHIMEDES vor mehr als tausend Jahren heraus (250 v. Chr.)! Wir wissen, dass sie ja vom umgebenden Wasser herrühren, nicht vom Kupferblock. Die Auftriebskraft ist also geblieben, die Gewichtskraft jetzt aber größer. Das Gleichgewicht ist dahin, der Quader sinkt.

Merksatz

Ein in eine Flüssigkeit getauchter Körper erfährt eine Auftriebskraft $\vec{F}_A$, kurz Auftrieb genannt. Sie täuscht einen Verlust an Gewichtskraft vor.

Die Auftriebskraft ist so groß wie die Gewichtskraft der verdrängten Flüssigkeit **(Satz des ARCHIMEDES)**.

2. Der Satz des ARCHIMEDES auf dem Prüfstand

Durch reines Anwenden unserer bisherigen Erkenntnisse zum hydrostatischen Druck haben wir einen sehr einfachen Satz für die Auftriebskraft gefunden. Haben wir auch keinen Denkfehler gemacht? Wie immer in der Physik machen wir zur Überprüfung ein Experiment. In → V1a taucht ein zylindrischer Körper in Wasser ein. Durch die entstehende Auftriebskraft hebt sich die Waage auf seiner Seite.
Über dem massiven Zylinder hängt noch ein Hohlzylinder mit gleichem Volumen → V1b. Er wird nun randvoll mit Wasser gefüllt. Jetzt ist die Waage wieder im Gleichgewicht. Es stimmt also: Die nach oben gerichtete Auftriebskraft ist genau so groß, wie die nach unten gerichtete Gewichtskraft der Flüssigkeit gleichen Volumens. Wenn wir eine andere Flüssigkeit wählen, z. B. Spiritus, finden wir dasselbe Ergebnis.

V1 **a)** Die Waage gerät mehr und mehr aus dem Gleichgewicht, wenn der zylindrische Körper langsam untertaucht.
b) Füllt man soviel Wasser in den oberen Hohlzylinder, wie es dem Volumen des untergetauchten Zylinders entspricht, so ist die Waage wieder im Gleichgewicht.

3. Eine Formel für die Auftriebskraft

Zur Berechnung der Auftriebskraft benötigen wir nach unseren Ergebnissen also nur zwei Informationen:

- Welches Volumen V_K hat der eingetauchte Teil des Körpers? Dies ist bei Quadern besonders einfach zu ermitteln.
- Wie groß ist die Dichte ρ_{Fl} der Flüssigkeit? Dazu müssen wir die Flüssigkeit kennen. Dann können wir ihre Dichte in einer Tabelle nachschlagen (oder selbst ermitteln).

Damit berechnen wir dann:

$$F_A = G_{Fl} = m_{Fl} \cdot g = \rho_{Fl} \cdot V_{Fl} \cdot g = \rho_{Fl} \cdot V_K \cdot g.$$

Beispiel → B4: Das Volumen des getauchten Teilquaders beträgt $V_K = 40\ \text{cm}^3$. So viel Wasser mit der Dichte $\rho_W = 1\ \text{g/cm}^3$ wird auch verdrängt. Die Auftriebskraft beträgt also:

$$F_A = \rho_W \cdot V_K \cdot g = 1\ \frac{\text{g}}{\text{cm}^3} \cdot 40\ \text{cm}^3 \cdot 1\ \frac{\text{cN}}{\text{g}} = 40\ \text{cN}.$$

Der Kraftmesser muss deshalb nur noch 30 cN als Anteil der gesamten Gewichtskraft von 70 cN aufbringen.

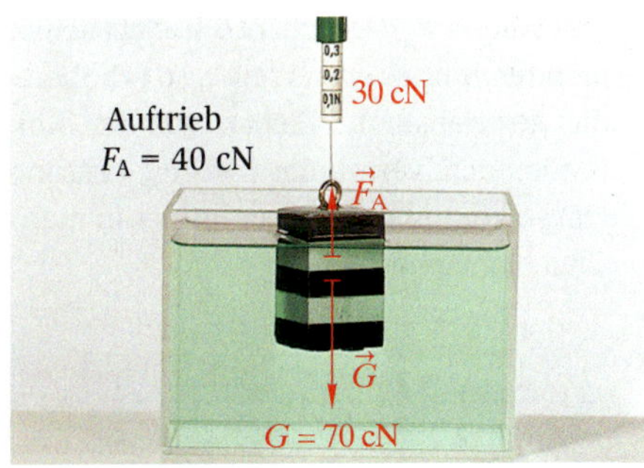

B4 Der Quader hat eine Grundfläche von $A = 10\ \text{cm}^2$. Jede Schicht hat eine Höhe von 1 cm. Die Gewichtskraft beträgt 70 cN. Die schon eingetauchten $40\ \text{cm}^3$ erfahren einen Auftrieb von 40 cN.

Merksatz
Der Auftrieb entsteht allein dadurch, dass der Schweredruck mit der Tiefe zunimmt. Für den Betrag der Auftriebskraft gilt:

$$F_A = \rho_{Fl} \cdot V_K \cdot g.$$

Mach's selbst

A1 Ein Quader aus Messing ($V = 81\ \text{cm}^3$, $\rho = 8{,}3\ \text{g/cm}^3$) wird vollständig in Spiritus getaucht. Bestimme die Kraft, die den Quader hindert unterzugehen.

A2 Ein massiver Aluminiumquader ($\rho = 2{,}7\ \text{g/cm}^3$) hat eine Querschnittsfläche von $20\ \text{cm}^2$ und ist 9 cm hoch.
a) Berechne die Auftriebskraft, wenn er 3 cm, 6 cm bzw. vollständig in Wasser eingetaucht ist.
b) Bestimme, was der Kraftmesser jeweils anzeigt.

A3 Ein Quader mit der Grundfläche $36\ \text{cm}^2$ und der Höhe 5 cm wird in Wasser eingetaucht.
a) Diskutiere den Vorgang.
b) Zeichne in einem Diagramm die Auftriebskraft gegen die Tauchtiefe (bis 10 cm).

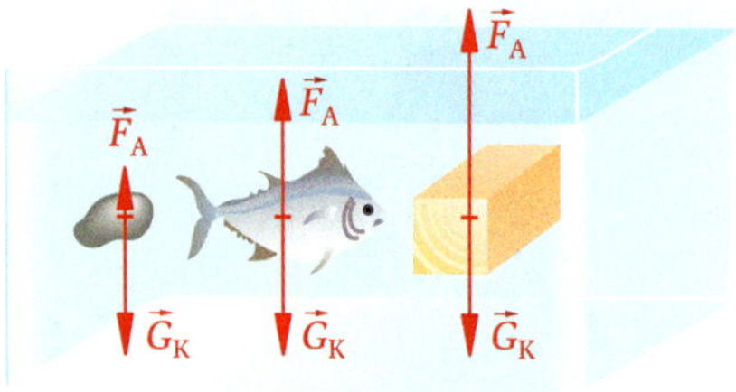

B1 Sinken (Gewichtskraft größer als Auftriebskraft), Schweben (Gewichtskraft und Auftriebskraft gleich groß), Steigen (Auftriebskraft größer als Gewichtskraft)

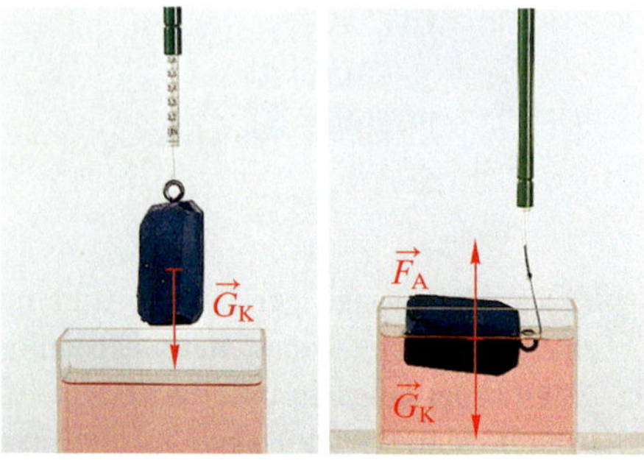

V1 Ein Körper aus Holz taucht so weit ein, bis seine Gewichtskraft durch die Auftriebskraft ausgeglichen ist: Er schwimmt. Die Anzeige des Kraftmessers geht auf null zurück: $G_K = F_A$. Drücken wir den schwimmenden Körper etwas tiefer, so erhöhen wir die Auftriebskraft. Ziehen wir den Körper etwas hoch, vermindern wir F_A. Lassen wir los, so kommt der Körper immer in dieselbe Gleichgewichtslage.

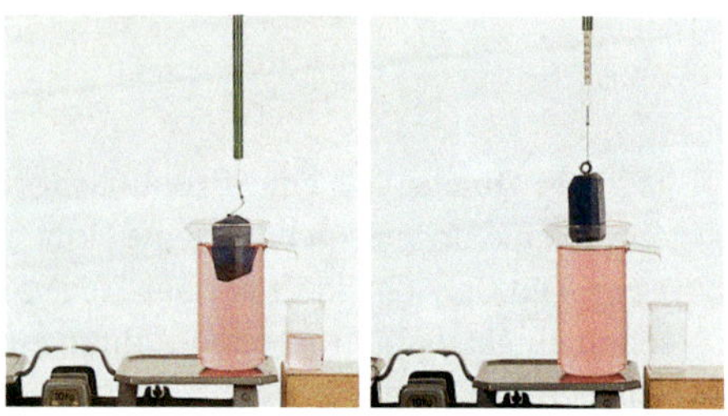

V2 Auf einer Waage wird ein Überlaufgefäß randvoll mit Wasser gefüllt und die Waage austariert. Dann taucht man in das Gefäß einen Körper ein, der schließlich schwimmt. Er belastet durch seine Gewichtskraft die Waagschale zusätzlich, dagegen nicht mehr den Kraftmesser. Ist jedoch die verdrängte Wassermenge abgeflossen, geht die Waage wieder ins Gleichgewicht. Es gilt: $G_{Fl} = G_K$.

4. Sinken, Schweben, Steigen

Körper, die leichter als Wasser sind, schwimmen. Sie ragen also mit einem Teil ihres Körpers aus dem Wasser – wie ein Schiff. Die physikalische Größe Dichte beschreibt es genau: Körper, deren mittlere Dichte kleiner ist als die des Wassers, schwimmen. Das verstehen wir mittlerweile, denn:

- Wasser schwebt in Wasser, die Dichte ist dieselbe. Auftriebskraft und Gewichtskraft sind gleich groß. Der Fisch in → **B1** hat die gleiche mittlere Dichte wie Wasser, er schwebt ebenfalls.
- Ein Stein hat eine größere Dichte als Wasser. Die auf ihn wirkende Gewichtskraft ist größer als die vom Wasser ausgeübte Auftriebskraft – der Stein sinkt.
- Der Holzklotz hat eine kleinere Dichte als Wasser, die Gewichtskraft ist hier kleiner als die Auftriebskraft. Er steigt auf und schwimmt schließlich an der Oberfläche.

Dies notieren wir in der folgenden Übersicht:

	Sinken	**Schweben (beliebige Tiefe)**	**Steigen**
Vergleich der Kräfte	$G_K > F_A$	$G_K = F_A$	$G_K < F_A$
Vergleich der Dichten	$\rho_K > \rho_{Fl}$	$\rho_K = \rho_{Fl}$	$\rho_K < \rho_{Fl}$

Die letzte Zeile folgt aus der Berechnung der Gewichtskraft des getauchten Körpers und der schon hergeleiteten Formel für die Auftriebskraft:

$$G_K = \rho_K \cdot V_K \cdot g \text{ und } F_A = \rho_{Fl} \cdot V_K \cdot g.$$

Aus dem Vergleich folgt $G_K = F_A$ genau dann, wenn $\rho_K = \rho_{Fl}$. Die anderen Bedingungen der Tabellen folgen ebenso.

5. Auch beim Schwimmen gilt der Satz des ARCHIMEDES

Wie weit steigt nun ein Körper auf, wenn er eine kleinere Dichte als Wasser hat? Nun, dies regelt sich selbst → **V1**. Sobald ein Teil des Körpers aus dem Wasser ragt, wird die Auftriebskraft kleiner. Das Auftauchen ist beendet, wenn die verbleibende Auftriebskraft nicht mehr größer ist als die Gewichtskraft, sondern ihr das Gleichgewicht hält ($G_K = F_A$). Nach dem Satz des ARCHIMEDES ist die Auftriebskraft nun ihrerseits wieder so groß wie die Gewichtskraft der verdrängten Flüssigkeit ($F_A = G_{Fl}$). Also ist für einen schwimmenden Körper $G_{Fl} = G_K$ → **V2**.

Merksatz

Ein Körper schwimmt in einer Flüssigkeit, wenn seine mittlere Dichte kleiner als die der Flüssigkeit ist.
Ein schwimmender Körper taucht so tief ein, dass die Gewichtskraft der verdrängten Flüssigkeit und die Gewichtskraft des Körpers gleich groß sind: $G_{Fl} = G_K$.

Interessantes

Vom Schwimmen und Schweben

A. Baden im Toten Meer

Ohne Schwimmbewegungen geht ein Mensch (ρ = 1,02 g/cm^3) in Süßwasser unter, nicht dagegen im Toten Meer. Dort hat das Wasser wegen des hohen Salzgehaltes eine größere Dichte als ein Mensch.

B. Schiffe aus Eisen schwimmen

für Süßwasser: Tropen (TF) und Sommer (F);
für Salzwasser: Tropen (T), Sommer (S), Winter (W)

Ein Schiff aus Eisen schwimmt, weil durch die großen **luftgefüllten Hohlräume** die mittlere Dichte des Schiffes kleiner als die des Wassers ist. Hochseeschiffe tragen eine „Freibordmarke" und „Lademarken" an ihrer Außenwand. Sie geben an, wie tief ein Schiff in einzelnen Gewässern maximal eintauchen darf.

C. Der ferngesteuerte Taucher

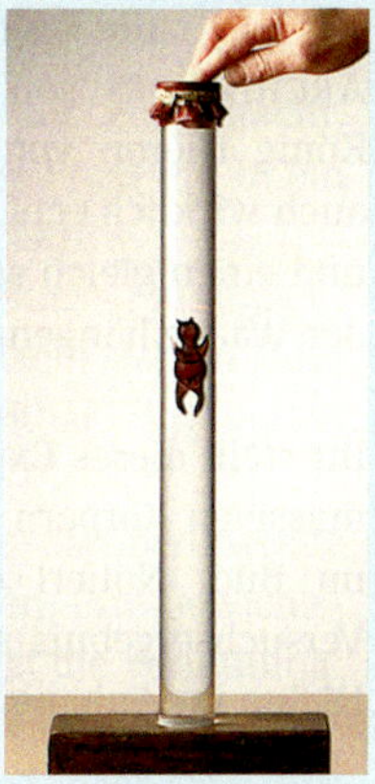

In einem randvoll mit Wasser gefüllten Glaszylinder schwimmt ein luftgefüllter, unten offener Glaskörper in der Form eines Teufelchens. Pressen wir die Gummihaut herunter, so sinkt die Figur. Mit steigendem Wasserdruck nimmt nämlich das Gasvolumen im Glaskörper ab. Er verdrängt weniger Wasser, und seine Auftriebskraft wird kleiner. Je nach dem erzeugten Druck sinkt, schwebt oder steigt das Teufelchen.

D. Das Seepferdchen

Sein Kopf ähnelt dem eines Pferdes, daher hat dieser Fisch seinen Namen. Wegen seiner grazilen Tänze ist es sehr beliebt. Es schwebt unter Wasser, dazu muss es eine mittlere Dichte haben, die der des Meerwassers entspricht. Als Ausgleich für das dichtere Gewebe dient eine luftgefüllte **Schwimmblase** – wie bei vielen Fischen. Das Weibchen legt Eier, die vom Männchen in einer Tasche ausgebrütet werden. Wenn er die kleinen Seepferdchen herauspresst, steigen sie schnell an die Wasseroberfläche und nehmen einmalig Luft für ihre Schwimmblase auf.

Mach's selbst

A1 Ein Quader ($a = b$ = 1,5 m; c = 2,5 m) liegt im Wasser. Berechne die Auftriebskraft.

A2 In einem randvoll gefüllten Becher schwimmt ein Eisbrocken.
a) Erläutert, ob das Wasser überlauft, wenn das Eis schmilzt.
b) Prüft eure Antwort am nächsten Tag nach.

A3 Ein Körper (G_K = 75 N) wird vollständig in Wasser eingetaucht. Ein Kraftmesser, an dem er hängt, zeigt 66 N an. Bestimme die Dichte des Körpers.

A4 Du hebst unter Wasser einen Felsblock (ρ = 2,5 g/cm^3) mit der Kraft 100 N. Bestimme seine Gewichtskraft über Wasser.

A5 Recherchiere zum Thema „Schwimmblase". Berichte.

A6 Eisberge sind u.a. deshalb so gefährlich, weil ihr größter Teil verborgen unter Wasser liegt. Bestimme den Anteil (in %) eines Eisbergs (0,92 g/cm^3), der die Wasseroberfläche (Dichte Salzwasser 1,02 g/cm^3) überragt.

Druck gibt es auch in Luft

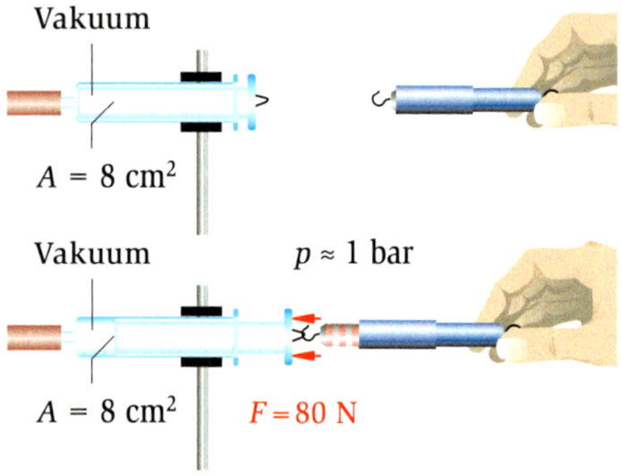

B1 Ein selbstgebautes Barometer, ein Messgerät für den Luftdruck → V1

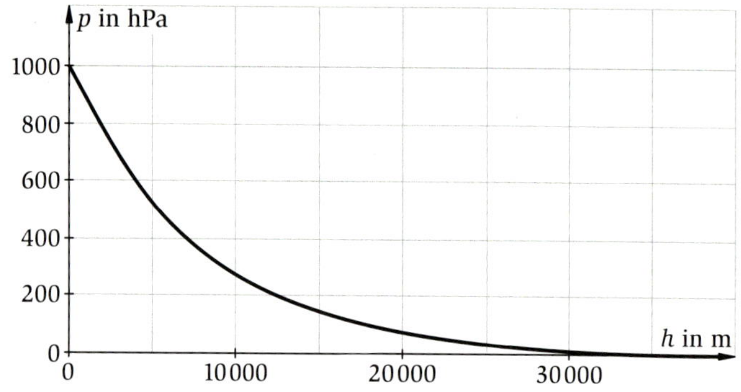

B2 Der Luftdruck nimmt nichtlinear mit der Höhe ab. Alle 5500 m ist er halb so groß wie vorher.

V1 Wir schieben aus der Glasspritze → B1 alle Luft hinaus und verschließen die Öffnung. Nun ziehen wir den Kolben ($A = 8\text{ cm}^2$) heraus und brauchen dazu eine Kraft von ca. $F = 80$ N. Ursache ist allein der äußere Luftdruck, innen ist keine Luft. Bei uns beträgt der Luftdruck also etwa:

$$p = \frac{F}{A} = \frac{80\text{ N}}{8\text{ cm}^2} = \frac{10\text{ N}}{\text{cm}^2} = 1000\text{ hPa}.$$

Vertiefung

Der Luftdruck – ein Computermodell

Wir denken uns die Atmosphäre in Schichten der Dicke Δh aufgeteilt. In der untersten Luftschicht (S_0) herrscht der Druck $p_0 = 1013$ hPa. Auf ihrem Boden lastet nicht nur ihre eigene Luft, sondern die gesamte Luftsäule. Deren Gewichtskraft beträgt $F_0 = p_0 \cdot A$. Am Boden der darüberliegenden Schicht S_1 fehlt die Gewichtskraft F_{S0} der untersten Schicht:

$$F_1 = F_0 - F_{S0} = F_0 - m_{S0} \cdot g$$
$$= F_0 - \rho_0 \cdot V \cdot g.$$

Den Druck in der Schicht S_1 erhalten wir durch Divison mit A:

$$p_1 = \frac{F_1}{A} = \frac{F_0}{A} - \frac{\rho_0 \cdot V \cdot g}{A} = p_0 - \rho_0 \cdot \Delta h \cdot g.$$

Mit $p_1/p_0 = \rho_1/\rho_0$ gilt dann:

$$p_2 = p_1 - \rho_1 \cdot \Delta h \cdot g$$
$$= p_1 - \rho_0 \cdot (p_1/p_0) \cdot \Delta h \cdot g.$$

Diese Gleichungsfolge wird nun in einer Tabellenkalkulation weitergeführt.

1. Der „hydrostatische" Druck im Luftmeer

Im Meer wirkt eine Wassersäule mit ihrer Gewichtskraft auf das darunterliegende Wasser und erzeugt dort den hydrostatischen Druck. Ähnlich ist es in der Erdatmosphäre. Auch hier wirkt eine obere Luftsäule mit ihrer Gewichtskraft auf die darunterliegende Schicht und bewirkt dort den Luftdruck. Er wird gemessen mit einem **Barometer** → B1.

Es gibt aber einen wichtigen Unterschied. Wasser lässt sich praktisch nicht zusammenpressen. Es hat immer etwa die Dichte $\rho_W = 1\text{ g/cm}^3$, in jedem Kubikzentimeter befinden sich unabhängig vom Druck gleich viele Teilchen. Beim Auftauchen wird die druckerzeugende Kraft mit jeder 10-m-Schicht um dieselbe Gewichtskraft vermindert. Deshalb nimmt der Druck alle 10 m um 1 000 hPa ab, bis er an der Oberfläche 0 hPa beträgt.

In der untersten Schicht unseres Luftmeeres ist die Luft von allen darüber lastenden Schichten zusammengepresst. In ihr befinden sich viele Teilchen. Der Druck hier beträgt nach → V1 etwa 1000 hPa. Nach genauen Messungen sind es auf Meeresspiegelhöhe im Mittel 1 013 hPa (≈ 1 bar).
Jede nach oben folgende Luftschicht von 100 m Dicke wird von einer Schicht weniger zusammengepresst, sie hat weniger Teilchen als die vorhergehende. Die Dichte wird somit von Schicht zu Schicht kleiner. Steigt man nun in der Luft auf, so wird die druckerzeugende Kraft mit jeder Schicht um weniger vermindert als vorher. Der Druck nimmt somit weniger als linear ab – bis er nicht mehr gemessen werden kann. Die theoretische Berechnung → Vertiefung zeigt, dass der Druck nie ganz verschwindet → B2.

Merksatz

Die Gewichtskraft der Luft erzeugt einen Schweredruck, den Luftdruck. Im Mittel beträgt er auf Meeresspiegelhöhe 1013 hPa (≈ 1 bar). Mit größer werdender Höhe nimmt der Luftdruck immer mehr ab, verschwindet aber nie ganz.

2. Über- und Unterdruck sind spürbar

Mit Barometern messen wir den **absoluten Druck**, dies ist der Druck gegenüber dem Vakuum. Messen wir an der Tankstelle den Reifendruck z. B. mit 2,3 bar, so wird der **Überdruck** gegenüber dem äußeren Luftdruck angezeigt. Nur er bestimmt die Härte des Autoreifens, nicht der absolute Druck im Reifen. Über- oder auch **Unterdruck** ist die Differenz zwischen absolutem Druck und Luftdruck:

$p_ü = p_a - p$ und
$p_u = p - p_a$ mit jeweils $p = 1$ bar.

Zu $p_ü = 2{,}3$ bar gehört also $p_a = 3{,}3$ bar, zu $p_u = 0{,}2$ bar gehört der absolute Druck $p_a = 0{,}8$ bar.

Wir selber spüren den Luftdruck normalerweise nicht, da er innen so groß ist wie außen. So ist es auch in → V3a, solange nicht auf einer Seite der Haut Luft abgepumpt wird.
Wenn wir bei einer Bergfahrt allerdings rasch große Höhen überwinden, empfinden wir es im Ohr als unangenehm. Das Trommelfell wölbt sich nach außen (fast so wie der Schokokuss → V3b). Beim Schlucken öffnet sich eine kleine Röhre zwischen Mundhöhle und Mittelohr, Luft strömt aus und der Druck gleicht sich wieder aus, wir fühlen uns wieder wohl.

a)

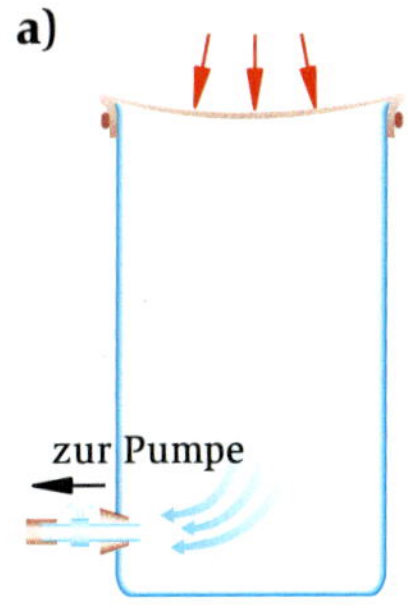

b)

V3 **a)** Wir verschließen ein Glasgefäß mit einer Zellophanhaut und schließen es an eine Pumpe an. Mit ihr holen wir Luft aus dem Inneren des Gefäßes, es entsteht dort jetzt ein Unterdruck. Die vorher ebene Zellophanhaut erfährt eine resultierende Kraft nach innen, sie wird nach innen gewölbt und platzt schließlich mit lautem Knall.
b) Stellen wir einen Schokokuss unter eine Glasglocke und pumpen die Luft ab, so wird er größer und größer. Beim Abpumpen der äußeren Luft entsteht in den kleinen Luftbläschen unter der Schokoladendecke ein Überdruck, sie dehnen sich aus.

Projekt

Selbst gebautes „Wasserbarometer"

Wir füllen einen Eimer durch einen ca. 12 m langen, dickwandigen und durchsichtigen Plastikschlauch. Wenn er etwa halbvoll ist, heben wir ihn so weit, dass das Schlauchende über dem Schlauchanfang liegt. Jetzt lösen wir den Anschluss vom Wasserhahn und verschließen den Schlauch mit einem Gummistopfen (ohne Luftblase). Das Ende bleibt im Wassereimer.

Mit dem Schlauchanfang steigt nun jemand im Treppenhaus hoch. Erst weit oben sinkt der Wasserspiegel im Schlauch und bleibt etwas unter 10 m stehen, z. B. bei $h = 987$ cm.

Die Wassersäule in dem Schlauch erzeugt denselben Schweredruck wie die gesamte Luftschicht über dem Wasserspiegel im Eimer. Dies gibt uns die Möglichkeit, den Luftdruck mithilfe des Wasserdrucks abzuschätzen:

$$p = \rho \cdot g \cdot h$$
$$= 1\,\frac{g}{cm^3} \cdot 0{,}981\,\frac{cN}{g} \cdot 987\,cm$$
$$= 987\,\frac{cN}{cm^2} = 987\,hPa.$$

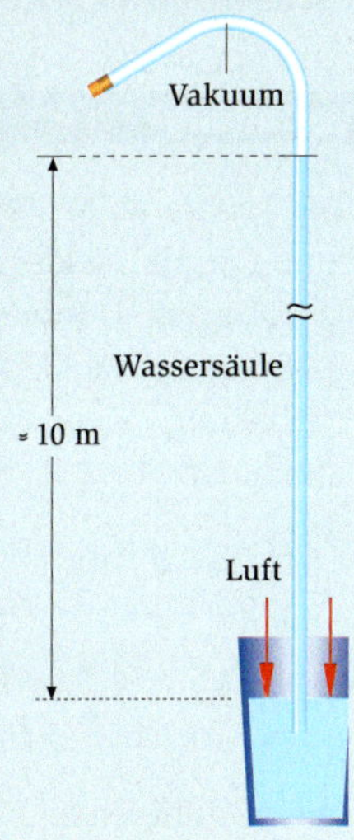

Mach's selbst

A1 Alte Fernsehbildröhren sind praktisch luftleer.
Bestimme die Kraft, die auf die Bildfläche eines Fernsehgeräts der Größe 60 cm · 40 cm wirkt.

A2 Wie hoch wäre die Erdatmosphäre bei konstanter Dichte $\rho = 1{,}28$ g/dm ^{3} ($p = 1000$ hPa)?

A3 Berechne den *absoluten* Druck für eine Tiefe von 4 m, 12 m und allgemein h unterhalb der Wasseroberfläche eines Sees.

A4 **a)** Man sagt häufig, man „sauge" mit einem Trinkhalm eine Flüssigkeit hoch. Findet eine physikalische Formulierung.
b) Diskutiert, ob man mit einer Vakuumpumpe aus einem 12 m tiefen Brunnen Wasser „hochsaugen" kann.
c) Jungastronaut Nick versucht draußen auf dem Mond Milch mit dem Strohhalm zu trinken. Überzeugt ihn, dass es nicht geht.

B1 Bei festlichem Anlass …

B2 … und in der Wissenschaft: Ein Ballon schwebt in Luft.

V1 Ein Korken fällt in Luft. Hält man ihn dagegen unter Wasser und lässt ihn los, so steigt er schnell auf und schwimmt anschließend an der Oberfläche.

Vertiefung

Die Dichte eines Korkens ($\rho = 0{,}2\ \text{g/cm}^3$) zum Beispiel ist kleiner als die des Wassers ($\rho = 1\ \text{g/cm}^3$). Seine Gewichtskraft ist deshalb kleiner als die auf ihn wirkende Auftriebskraft, wenn er vollständig eingetaucht ist. Für z.B. $V = 5\ \text{cm}^3$ gilt:

$$F_G = m_K \cdot g = \rho_K \cdot V \cdot g = 0{,}2\ \text{g/cm}^3 \cdot 5\ \text{cm}^3 \cdot 10\ \text{mN/g} = 10\ \text{mN}.$$

$$F_A = m_W \cdot g = \rho_W \cdot V \cdot g = 1{,}0\ \text{g/cm}^3 \cdot 5\ \text{cm}^3 \cdot 10\ \text{mN/g} = 50\ \text{mN}.$$

Die resultierende Kraft zeigt nach oben und hat den Betrag:

$$F_{Res} = 50\ \text{mN} - 10\ \text{mN} = 40\ \text{mN}.$$

Der Korken steigt.
In Luft dagegen fällt er, weil hier die Auftriebskraft viel zu klein ist:

$$F_A = m_L \cdot g = \rho_L \cdot V \cdot g = 1{,}3\ \text{mg/cm}^3 \cdot 5\ \text{cm}^3 \cdot 10\ \text{mN/g} = 65\ \mu\text{N}.$$

1. Auch im „Luftmeer" gibt es Auftrieb

Hast du schon mal einen Ballon steigen lassen? Nicht mit Luft, sondern mit sogenanntem Ballongas gefüllt, ist seine Gewichtskraft klein genug, kleiner als die Auftriebskraft. Der Ballon entschwindet nach oben – wir kennen dies von besonderen Anlässen → B1. Wissenschaftlich nutzt man diesen Effekt für Untersuchungen der Atmosphäre, z.B. zur Ermittlung von Wetterdaten, und lässt Ballons in große Höhen aufsteigen → B2.

Dies erinnert uns an unsere Überlegungen zum Aufsteigen eines Körpers in Wasser. Als Grund fanden wir dort die Auftriebskraft auf den eingetauchten Körper. Sie entsteht dadurch, dass im Wasser der Druck mit der Tiefe zunimmt. Dies gilt ähnlich auch in der Luft (wir spüren es am Trommelfell, wenn wir aus dem Gebirge ins Tal fahren). Deshalb wirkt auf jeden Körper auch in Luft eine Auftriebskraft.

Merksatz
Auch im Luftmeer nimmt der Druck mit der Tiefe zu. Deshalb erfährt jeder Körper in Luft eine Auftriebskraft.

2. Das Schweben hängt von Körper und Medium ab

Ein Körper mit gleicher Dichte wie das umgebende Medium schwebt. Bei einem Körper, dessen Dichte nicht verändert werden kann, kommt es nur auf das ihn umgebende Medium an. In → V1 ist der Körper ein Korken. In Luft fällt der Korken, da Luft im Vergleich zum Korken die kleinere Dichte hat. Wasser hat eine größere Dichte als Kork → Vertiefung, deshalb steigt der Korken dort auf.

Beim Ballon kann man das Medium nicht wählen, es ist immer Luft. Jetzt bestimmt allein die Dichte des Ballons sein Verhalten. Soll der Ballon steigen, muss man als Füllung ein Gas wählen, das eine geringere Dichte hat als die umgebende Luft.

Wasserstoff oder Helium eignen sich dazu. Da Wasserstoff aber mit dem Sauerstoff der Luft das gefährliche Knallgas bildet, nimmt man bevorzugt das sehr teure Helium. Ballonhülle und Heliuminhalt müssen dann einen Körper bilden, dessen mittlere Dichte so groß ist wie die Dichte der umgebenden Luft. So sind auch die Luftschiffe konstruiert, die man zu Transport- oder Reklamezwecken einsetzt.

Merksatz

Ein Köper schwebt in einem flüssigen oder gasförmigen Medium, wenn Dichte des Körpers und Dichte des Mediums übereinstimmen.

3. Wir bauen unsere eigenen Luftschiffe

In → V2 machen wir es einmal anders als bei der Party oder in der Wissenschaft. Unser „Ballon" ist eine Seifenblase, die immer mit Luft gefüllt wird. In der Umgebungsluft sinkt sie langsam zu Boden, da ihre mittlere Dichte wegen der flüssigen Haut etwas größer ist als die der Luft. Sie verhält sich also ähnlich wie der Korken, der in Luft nach unten fällt.

Nun ändern wir den Versuch ab und wählen als Medium nicht Luft, sondern Kohlenstoffdioxidgas (CO_2). Jede Chemiesammlung verwahrt es in einer Druckflasche. Dieses Gas hat eine Dichte von etwa $\rho_{CO_2} = 2\ \text{g/dm}^3$, also eine größere als die der normalen Luft mit $\rho_{\text{Luft}} = 1{,}3\ \text{g/dm}^3$. Pusten wir nun Seifenblasen über das Glasbecken, sinken die Seifenblasen zunächst, bis sie auf der Oberfläche des für uns unsichtbaren CO_2-Sees schwimmen – ähnlich wie ein Korken nach dem Aufsteigen auch an der Wasseroberfläche dümpelt.

4. Auftrieb in Luft bleibt meistens unbemerkt

Normalerweise bemerken wir die auf uns oder andere Körper in Luft wirkende Auftriebskraft nicht. Woran liegt dies?
Die mittlere Dichte des Menschen ist etwa die des Wassers: $1\ \text{kg/dm}^3$. Bei einer Masse von 60 kg ist das Volumen dann $V = m/\rho = 60\ \text{kg}/(1\ \text{kg/dm}^3) = 60\ \text{dm}^3$. Die auf den Körper einwirkende Auftriebskraft beträgt in diesem Fall

$$F_A = m_{\text{Luft}} \cdot g = \rho_{\text{Luft}} \cdot V \cdot g$$
$$= 1{,}3\,\frac{\text{g}}{\text{dm}^3} \cdot 60\ \text{dm}^3 \cdot 9{,}81\,\frac{\text{N}}{\text{kg}} = 0{,}77\ \text{N},$$

ist also sehr klein im Vergleich zur Gewichtskraft von

$$F_G = m_{\text{Mensch}} \cdot g = 588{,}6\ \text{N}.$$

Was für uns Menschen gilt, trifft auch auf Gegenstände des Alltags zu. In → V3 befinden sich eine Styropor®kugel und ein kleiner Zylinder an einer empfindlichen Balkenwaage im Gleichgewicht – aber nur Dank der geringfügig größeren Auftriebskraft auf die Kugel. Im Vakuum entfällt diese, die Waage neigt sich auf der Seite der Kugel nach unten.

V2 Aus einer Druckflasche wird über einen Schlauch langsam Kohlenstoffdioxidgas (CO_2) in ein Glasbecken gefüllt. Das Gas hat eine größere Dichte als Luft und bildet deshalb einen CO_2-See im Becken. Anschließend werden mit horizontalem Luftstrom Seifenblasen erzeugt. Sie sinken langsam auf die Oberfläche des CO_2-Sees. Dort schwimmen sie eine Zeit lang, dabei auf und ab tänzelnd. Schwerere Blasen mit größerem Flüssigkeitsanteil schweben im CO_2-See wie Unterseebote.

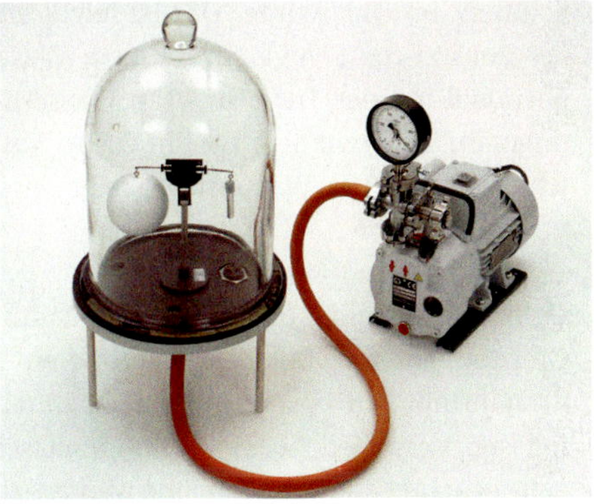

V3 Die große Styropor®kugel und der kleine Zylinder befinden sich im Gleichgewicht. Beim Evakuieren der Glocke sinkt die Kugel nach unten, sie hat die größere Masse.

Mach's selbst

A1 2012 stieg Felix Baumgartner mit einem am Boden noch schlaffen Heliumballon bis in 39 km auf. Schildere das Verhalten des Ballons während des Aufstiegs.

A2 Der Zeppelin NT besitzt ein Volumen von etwa $8400\ \text{m}^3$.

a) Bestimme die auf ihn wirkende Auftriebskraft.

b) Der Zeppelin ist mit Helium gefüllt. Berechne die Gewichtskraft des Heliums und die übrigbleibende Tragkraft für Traggerüst, Motoren und Passagiere.

Physik und Sport

a)

b)

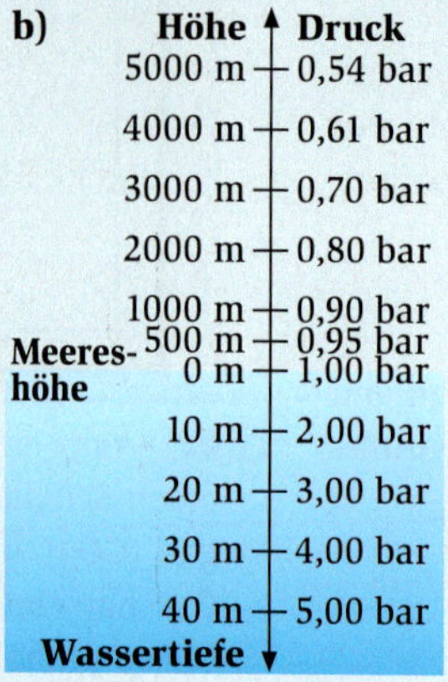

B1 **a)** Taucher mit Pressluftflasche **b)** Druck in verschiedenen Höhen und Tiefen

a)

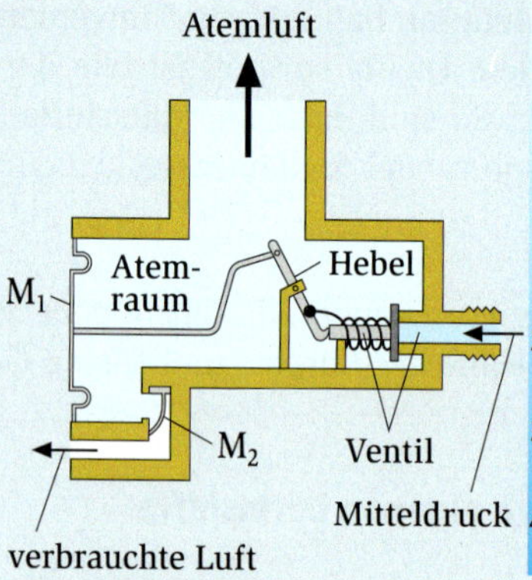

b)

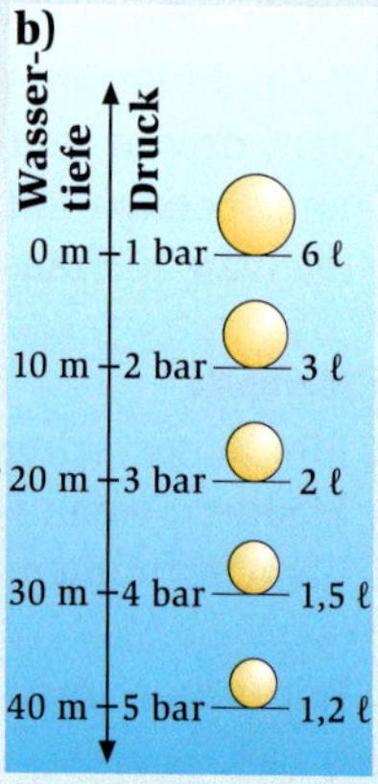

B2 **a)** Schnittbild der 2. Stufe eines Lungenautomaten **b)** Änderung des Lungenvolumens mit der Tiefe

A. Tauchen mit Pressluft

Im Schwimmbad hast du sicher schon einmal die Erfahrung gemacht, dass beim Tauchen aus einem leichten Druckempfinden mit zunehmender Tiefe ein Schmerz im Ohr wurde. Das ist leicht erklärbar, denn der zusätzliche Schweredruck des Wassers steigt proportional mit der Tiefe. In 10 m Wassertiefe beträgt er ungefähr 10 N/cm^2 = 1 bar; in 20 m Wassertiefe 2 bar usw. Mit je 10 m Wassertiefe steigt der Schwerdruck um 1 bar **→ B1b**.

Dem Tauchen ohne Hilfsmittel sind dadurch natürliche Grenzen gesetzt. Tauchen in größeren Tiefen erfolgt deshalb nur mit Geräten und Hilfsmitteln. Zusätzlich müssen verschiedene die Gesundheit schützende Regeln beachtet werden. Taucher werden z. B. durch den dauernden Aufenthalt in Druckkammern auf den Einsatz in größeren Tiefen vorbereitet.

Gerättaucher führen ihre Atemluft in Flaschen unter Druck mit **→ B1a**. Damit die Luft geatmet werden kann, muss der Druck auf den jeweils herrschenden Umgebungsdruck in der Tauchtiefe angepasst werden. Das geschieht in zwei Stufen:

In der 1. Stufe des Atemreglers wird der Pressluftflaschendruck auf einen einstellbaren Mitteldruck reduziert. Diese 1. Stufe ist vergleichbar mit dem Druckminderer an Gasflaschen in der Chemie.

Der **Lungenautomat** (2. Stufe **→ B2a**) regelt den Mitteldruck auf den jeweilig herrschenden Umgebungsdruck herunter. Beim Einatmen entsteht im Atemraum Unterdruck gegenüber der Umgebung. Die links zu sehende Membran M_1 gibt dem Wasserdruck nach. Sie betätigt einen Hebel, der das Ventil öffnet. Luft strömt in den Atemraum. Das geschieht, solange Luft aus dem Atemraum in die Lungen strömt.

Ist das Einatmen beendet, steigt der Druck im Atemraum, bis die Membran M_1 in ihre Ausgangsstellung zurückkehrt und das Ventil schließt. Beim Ausatmen entsteht Überdruck im Atemraum. Die Membran M_2 öffnet. Die verbrauchte Atemluft entweicht ins Wasser.

Beim Tauchen sorgt der erhöhte Druck der eingeatmeten Luft aus den Flaschen dafür, dass die Lunge nicht zusammengedrückt wird. **→ B2b** zeigt, wie ein Lungenvolumen von 6 l mit zunehmender Tiefe verkleinert wird. Bei einem Volumen von etwa 1,5 l verliert die Lunge ihre Funktionsfähigkeit.

Das Auftauchen schon aus geringeren Tiefen erfolgt in Intervallen mit sogenannten Dekompressionszeiten, damit sich der Körper an die geänderten Druckverhältnisse anpassen kann.

Durch zu schnelles Auftauchen kann in der Lunge ein Überdruck entstehen, der zunächst asthmaähnliche Atemprobleme bereitet und sogar zur Lungenembolie führen kann. Außerdem kann es zum Ausperlen von Gasen (Stickstoff) in Blut und Gewebe kommen – wir kennen diesen Vorgang vom Öffnen einer Mineralwasserflasche. Das Gas verursacht Schmerzen unter der Haut und an den Gelenken; in extremen Fällen wird das gesamte Nervensystem beeinträchtigt mit lebensbedrohenden Folgen.

B. Gefahren bei falschem Schnorcheln

Das Tauchen mit einer Pressluftausrüstung ist aufwändig. Manche Schülerinnen und Schüler erlernen es aber z. B. bei der DLRG.

Viele Schülerinnen und Schüler nutzen für das „Kopf unter Wasser halten“ eine Taucherbrille und einen Schnorchel. Der Schnorchel ist ein gebogenes Rohr mit Mundstück. Mit dieser Vorrichtung atmet man die Luft bei normalem Luftdruck (1 bar) ein. Schnorcheln eröffnet den Schwimmenden einen wunderbaren Blick in die Unterwasserwelt.

Nun könnte man ja auf die Idee kommen, den Schnorchel durch einen Schlauch zu verlängern, um noch größere Tiefen erforschen zu können. Aus mehreren Gründen ist dies aber lebensgefährlich!

- *Erste Gefahr*: Ein mehrere Meter langer oder auch zu breiter Schlauch umfasst ein Luftvolumen von evtl. mehreren Litern. Beim Ausatmen schiebt der Schwimmer diese Luft ins Freie. Beim Einatmen atmet er dann seine eigene gerade ausgeatmete Luft wieder ein – es kommt zur sogenannten **Pendelatmung.** Mit jedem Atemstoß vermindert sich so der Sauerstoffgehalt der Luft. Nach kurzer Zeit wird die unvorsichtige Person bewusstlos.

- *Zweite Gefahr*: Mit dem verlängerten Schlauch gelangt man in größere Tiefen. Dabei steigt der hydrostatische Druck im Wasser mit jedem Meter Tiefe um 0,1 bar. In 50 cm Tiefe ist der Brustkorb einem absoluten Druck von 1,05 bar ausgesetzt, 0,05 bar über dem Luftdruck in der Lunge. Dadurch wird die Lunge verkleinert.

  Außerdem wird das **Atmen unmöglich.** Schon ein Überdruck von 0,1 bar (1 m Tiefe) führt dazu, dass die Muskeln des Brustraumes die bei der Atmung zu überwindenden Kräfte nicht mehr aufbringen können. Dass man im Schwimmbad mit angehaltenem Atem tiefer tauchen kann, ist kein Widerspruch. Dabei ist die Lunge ja abgeschlossen. Da das Luftvolumen kleiner wird, entsteht in der Lunge ein größerer Druck.

- *Dritte Gefahr*: Durch den hohen Druck auf den Körper wird schon in wenigen Minuten körpereigene Flüssigkeit in die unter normalem Luftdruck stehenden Lungenbläschen (Alveolen) gequetscht. Im Röntgenbild kann man die Flüssigkeit in der Lunge (ein sogenanntes **Lungenödem**) nachweisen. Die mit Flüssigkeit zugesetzten Bläschen können keinen Sauerstoff mehr in die Blutgefäße geben, man erstickt an sich selbst.

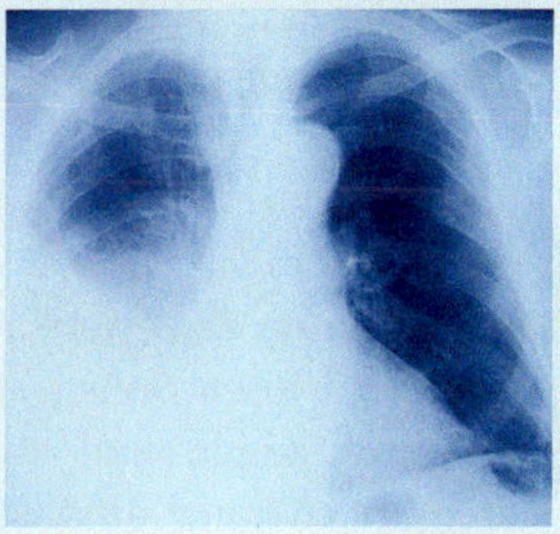

Arbeitsaufträge:

Ihr sollt ein Modellexperiment zur Gefahr „Atmen unmöglich“ durchführen. Dazu benötigt ihr eine Kunststoffflasche, sie stellt den Brustkorb dar. Den See oder das Meer ersetzt ihr durch ein genügend breites und etwa 1,50 m langes Abflussrohr aus Kunststoff (gut geeignet sind graue HT-Rohre). Das Rohr verschließt ihr mit einem Deckel („Muffenstopfen“) und haltet es vertikal. Jetzt könnt ihr es mit Wasser auffüllen.

1 Taucht zunächst die verschlossene Flasche in das gefüllte Rohr – bis auf den Grund.

2 An die Flaschenöffnung wird nun ein Schlauch befestigt (z. B. mit einem Anschlussstück für Gartenschläuche). Dann wird die Flasche mit dem Schlauch langsam bis zum Boden gesenkt. Notiert, was und ab welcher Tiefe es passiert.

3 Deutet die Ergebnisse von **1** und **2** qualitativ. Berechnet zusätzlich die resultierende Kraft auf 1 cm^2 der Flasche in 1 m Tiefe.

Das ist wichtig

1. Der Druck

Druck in einem Gas oder einer Flüssigkeit zeigt sich durch eine Kraft $\vec{F}$ senkrecht zu jeder Grenzfläche A. Der *Druck* p ist definiert durch

$$p = \frac{F}{A}.$$

Die Einheit von p ist 1 N/m² = 1 Pa (Pascal); eine größere Einheit ist 1 bar = 1000 hPa.

2. Kraftwandler

- **Hebel:** Er besteht z. B. aus einer Stange mit Drehachse. An ihm herrscht Gleichgewicht bei entgegengesetzt gleichen *Drehmomenten* (Produkt aus Kraft und Kraftarm, wenn sie senkrecht zueinander stehen): $F_1 \cdot r_1 = F_2 \cdot r_2$.
  Diese Gesetzmäßigkeit liefert die Möglichkeit einer *Kraftwandlung* gemäß:

$$F_2 = \frac{r_1}{r_2} \cdot F_1.$$

- **Flaschenzug:** Er besteht aus festen und losen Rollen. Bei z. B. zwei festen und zwei losen Rollen hängt die Last an vier Seilen. die angreifende Lastkraft wird dadurch auf vier gleiche Kraftkomponenten aufgeteilt. Die Haltekraft (Betrag F_H) beträgt nur noch ein Viertel der Lastkraft (F_L). Die *Kraftwandlung* bei n Rollen ist entsprechend:

$$F_H = \frac{1}{n} \cdot F_L.$$

- **Hydraulische Maschine:** Sie nutzt den überall gleichen Druck in Zylindern und Schläuchen aus. Hier liefert $p = F/A = \text{const.}$ deshalb die hydraulische *Kraftwandlung*:

$$F_2 = \frac{A_2}{A_1} \cdot F_1.$$

3. Energieübertragung mit Kraftwandlern

Der Energieerhaltungssatz gilt auch für die mithilfe von Kraftwandlern übertragene Energie. Er heißt hier *Goldene Regel der Mechanik* oder formal:

$$W_1 = F_1 \cdot s_1 = F_2 \cdot s_2 = W_2.$$

4. Der hydrostatische Druck

Aufgrund der eigenen Gewichtskraft besteht in einer Flüssigkeit ein mit der Tiefe zunehmender Schweredruck, der sogenannte *hydrostatische Druck*. Für ihn gilt:

$$p = \rho \cdot g \cdot h.$$

Darauf kommt es an

Erkenntnisgewinnung

Hebel und Flaschenzüge sind an *feste Materie* angepasste Kraftwandler. Hydraulische Maschinen sind an *flüssige* oder *gasförmige* Materie angepasste Kraftwandler. Im täglichen Leben werden sie als Hilfsmittel benutzt, um große Kräfte zu erzeugen.
In Experimenten werden vermutete Gesetzmäßigkeiten zu diesen Maschinen sytematisch untersucht und bestätigt. Kräfte können nun berechnet werden.

Kommunikation

Die Wirkung eines Hebels beschreibt man durch ein Drehmoment – z. B. 12 Nm. Dann weiß man, dass man ihn mit einer Kraft von 48 N bei einem Hebelarm von 0,25 m Länge oder einer Kraft von 6 N bei einer Hebellänge von 2 m im Gleichgewicht halten kann. Bei einer hydraulischen Maschine muss dagegen der Druck genannt werden. Dann kann jeder zur gewünschten Kraft die benötigte Kolbenfläche berechnen.

Bewertung

Schon im Altertum wurde die erstaunliche Wirkung einfacher mechanischer Kraftwandler von klugen Leuten ausgenutzt. Anderen erschienen solche Maschinen wie Zauberwerk. Heute wäre unser Leben ohne Hebekräne, Roboterarme, Hebelwerkzeuge oder hydraulische Pressen und Bremsen nicht mehr denkbar.

Nutzung fachlicher Konzepte

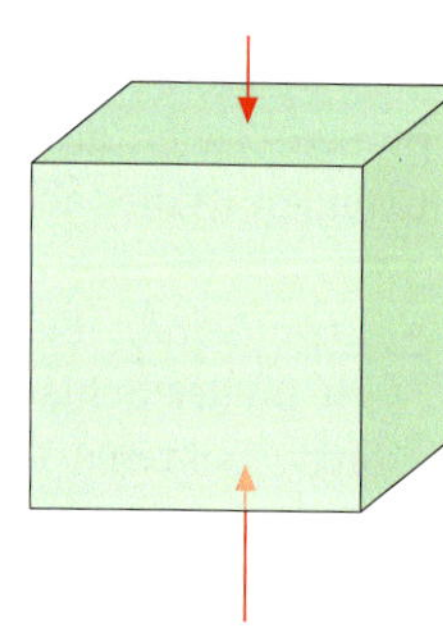

Beim Baden oder Schwimmen fühlt man sich leichter, man erfährt eine Auftriebskraft. Ursache ist der hydrostatische Druck, der unter einem getauchten Körper größer ist als über ihm. Mit der Kenntnis der Addition von Kräften lässt sich dann sogar der Betrag der Auftriebskraft berechnen:

$$F_A = \rho_{Fl} \cdot V_{FL} \cdot g.$$

Mithilfe eines mathematischen, idealisierten Modells wird der Unterschied zwischen Druck im Wassermeer und Druck im „Luftmeer" deutlich. Dies ist besonders auffällig, wenn man den Druck in beiden Fällen beim Aufsteigen vom „Meeresboden" betrachtet.

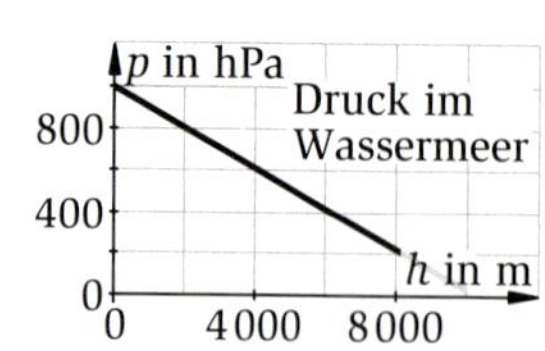

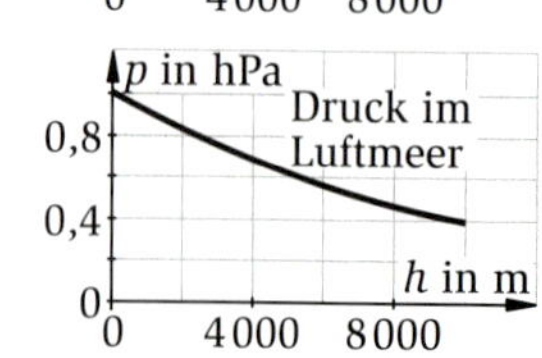

Das kannst du schon

Zusammengesetzte Größen und Einheiten

Aus bekannten physikalischen Größen kannst du neue Größen ableiten und ihre zusammengesetzten Maßeinheiten finden. Kraft, Druck und Energie sind für dich keine Fremdworte sondern (auch) physikalische Begriffe, die du erläutern und mit einem Beispiel belegen kannst.

Einfache Maschinen durchschauen

Du könntest deinen jüngeren Geschwistern Funktion und Zweck einfacher Maschinen erklären. Deiner Klasse kannst du z. B. am Flaschenzug die Goldene Regel der Mechanik erläutern.

Natur und Technik verstehen

Du kennst den Energieerhaltungssatz. Wenn Erfinder dir Maschinen vorstellen, mit denen man Energie aus dem Nichts gewinnen kann, schaust du genau hin und entdeckst mit deinem Vorwissen Denkfehler im Versuchsaufbau.

Wissen zusammenführen zu neuer Erkenntnis

Genaues Beobachten und Vorkenntnisse (Gewichtskraft, Druckdefinition) führten dich zum hydrostatischen Druck. Auftriebskräfte kannst du als Folge des mit der Tiefe zunehmenden Drucks erklären. Du weißt nicht nur „je größer die Tiefe, desto größer der Druck und „je größer das Volumen des eingetauchten Körpers, desto größer die Auftriebskraft“. Du kannst die Größen auch berechnen.

Physik im Alltag und in der Natur entdecken

Du kannst nicht nur das Prinzip eines Wagenhebers mit Kraftwandlung am Hebel und hydraulischer Kraftwandlung beschreiben und berechnen. Du findest auch eine Erklärung dafür, dass eine Giraffe einen höheren Blutdruck benötigt als wir Menschen. Du kannst sogar begründen, warum die Lufthülle unserer Erde auf Fotos der internationalen Raumstation keine scharfe Begrenzung aufweist.

Mit Modellen verstehen

Das unterschiedliche Verhalten von Wasser und Luft kannst du mit dem Teilchenmodell erklären.
Den Luftdruck und seine spezielle Abnahme mit der Höhe verstehst du mit einem mathematischen Modell.

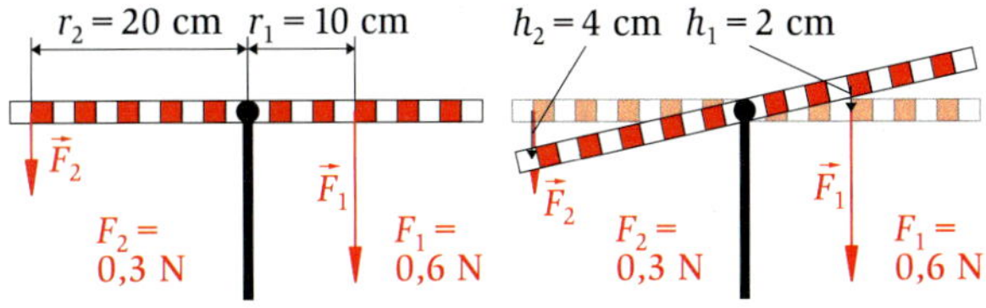

Das Drehmoment (Kraft mal Kraftarm) hat beidseitig den Betrag: $F \cdot r = 0{,}06$ Nm. Die Energie (Kraft mal Weg) ist beidseitig: $F \cdot h = 0{,}012$ Nm

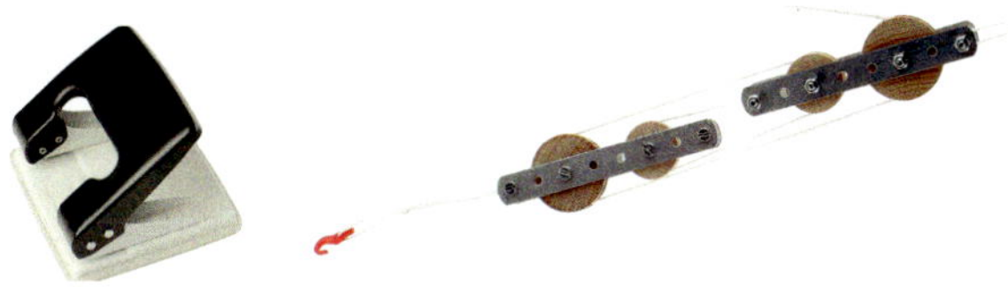

Schreibtisch und Kinderzimmer: Einfache Maschinen

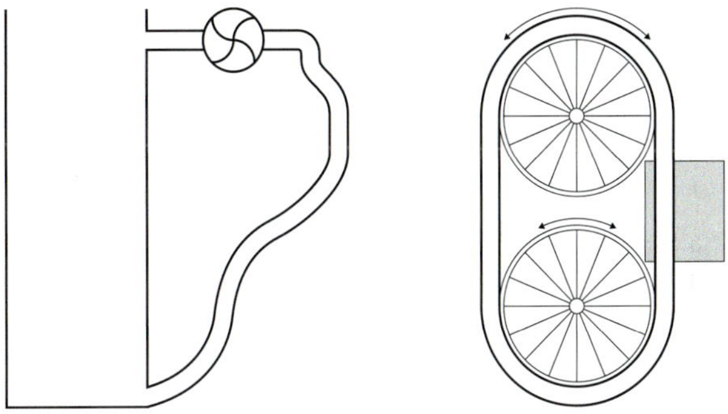

Links: Läuft die Turbine? Rechts: Treibt die Auftriebskraft den Tauchkörper nach oben?

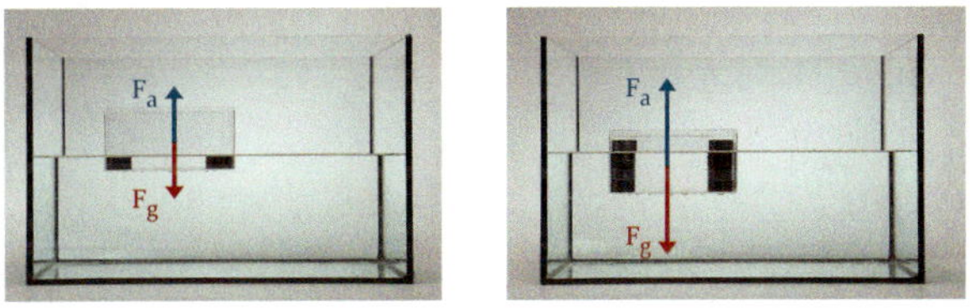

Ein Boot sinkt bis zu einer bestimmten Tiefe ein und ist dann im Gleichgewicht. Wird es stärker beladen, sinkt es tiefer ein, bis sich ein neues Gleichgewicht eingestellt hat.

Bei Werkzeugen nutzen Techniker Gesetze der Physik aus. In der Natur sind die Gesetze der Physik überall zu finden.

Kennst du dich aus?

A1 Anna und Paul haben eine symmetrische Wippe ausbalanciert. Anna sitzt 2,80 m und Paul 2,40 m von der Drehachse entfernt. Pauls Masse beträgt 42 kg.
a) Bestimme die von Anna auf die Wippe ausgeübte Kraft.
b) Sage Anna durch eine Rechnung vorher, welches Gewicht ihr die Waage verrät.

A2 Eine Astschere sieht anders aus als eine Papierschere. Beschreibe den Unterschied und erläutere die Bedeutung.

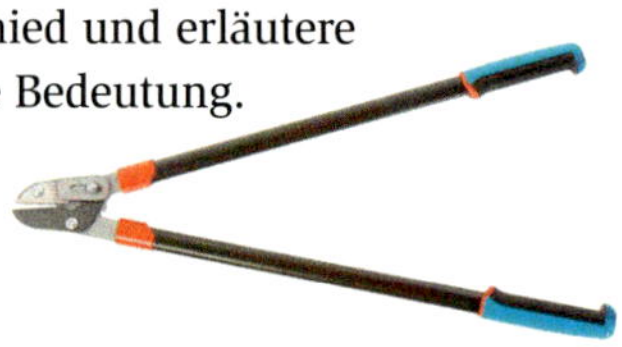

A3 Am abgebildeten Flaschenzug hängt ein Last mit m = 72 kg. Sie soll um 2 m angehoben werden.
a) Berechne die nötige Zugkraft am Seilende (ohne Reibung).
b) Erläutere an diesem Beispiel die Goldene Regel der Mechanik.

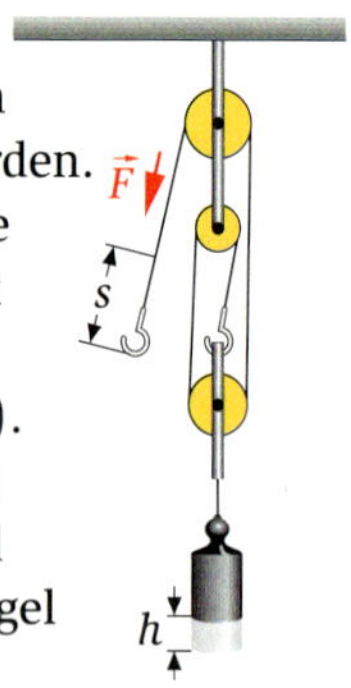

A4 Mit dem Druck in der Wasserleitung (p = 2,5 bar) soll ein Fahrzeug (m = 5 t) um 2 m angehoben werden.
a) Bestimme die dazu nötige Querschnittsfläche des Hubkolbens.
b) Berechne die übertragene Energie.
c) Stelle dir vor, dass kein Wasser mehr geliefert würde. Stattdessen müsstest du selbst mit einer Glasspritze (A = 12 cm^2, Kolbenlänge 10 cm) den Druck erzeugen und das Fahrzeug hochheben. Diskutiere und stelle notwendige Berechnungen an.

A5 Berechne den Druck, der 10 cm unter der Oberfläche von Wasser, Alkohol bzw. Quecksilber besteht. Die Dichten findest du im Anhang.

A6 Entwirf die Bauweise einer hydraulischen Fahrradbremse. Vergleiche deinen Entwurf mit der Konstruktion einer professionellen Bremse.

A7 Beim ersten Tauchgang auf den Grund des Marianengrabens gelangte der Schweizer Tiefseeforscher Jaques PICCARD am 23.01.1960 bis in 11 000 m Meerestiefe ($\rho_{Meer} \approx 1{,}02\ g/cm^3$). Bestimme die Kraft, die dort auf 1 cm^2 der Tauchkugel wirkt.

A8 Der Auftrieb eines Körpers unter Wasser
a) nimmt mit der Tiefe ab,
b) nimmt mit der Tiefe zu,
c) ist unabhängig von der Tiefe, in der er sich befindet.
Entscheide und begründe.

A9 ARISTOTELES wollte klären, ob Luft eine Gewichtskraft erfährt. Er wog eine Blase, zunächst mit Luft angefüllt, dann zusammengeknüllt. Sie war beide Male gleich schwer, sodass er der Luft eine Gewichtskraft absprach. Erkläre seinen Trugschluss.

A10 Ein Auto hat eine Masse von m = 1,2 t.
a) Bestimme die auf das Auto wirkende Gewichtskraft. Nimm an, dass sie sich gleichmäßig auf die vier Räder verteilt.
b) Es sei die Auflagefläche eines Reifens etwa A = 120 cm^2. Bestimme den Reifendruck, der dazu nötig ist.

A11 Geben wir in eines der miteinander verbundenen Gefäße Wasser, so füllen sich die anderen, bis der Wasserspiegel überall gleich hoch steht. Gib eine Begründung dafür.

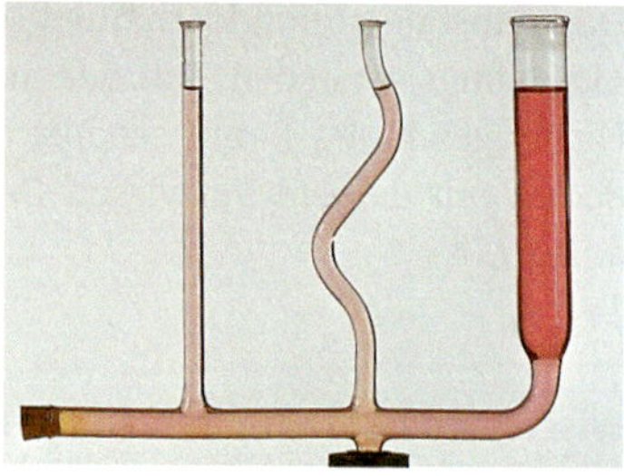

A12 In einem kleinen Projekt sollt ihr die Kraftwandlung bei einem hydraulischen Rangierwagenheber erforschen.

a) Messt die Länge der Hebelarme beider vorkommender Hebel. Versucht die Querschnittsflächen von Pumpenkolben und Hubkolben herauszufinden.
b) Berechnet aus den Daten den Kraftverstärkungsfaktor.
c) Führt ein Überprüfungsexperiment durch. Als Last genügt ein mit Sand gefüllter Eimer. Die Kraft am Handgriff messt ihr mit einem geeigneten Kraftmesser. Stellt eure Ergebnisse z. B. auf einem Lernplakat dar.

Forscherwerkstatt

Aräometer – wie viel Zucker ist im Getränk?

Wenn ein Winzer im Herbst die Reife der Weintrauben kontrolliert, bestimmt er den Zuckergehalt des Mostes. Dies macht er mit einem „Refraktometer". In der Physiksammlung findet man es aber selten.

Der Zuckergehalt hat aber nicht nur einen Einfluss auf optische Eigenschaften des Mostes. Er beeinflusst auch seine Dichte. Jetzt kommt unser erarbeitetes Wissen ins Spiel: Die Dichte einer Flüssigkeit ist mitentscheidend für den Auftrieb.

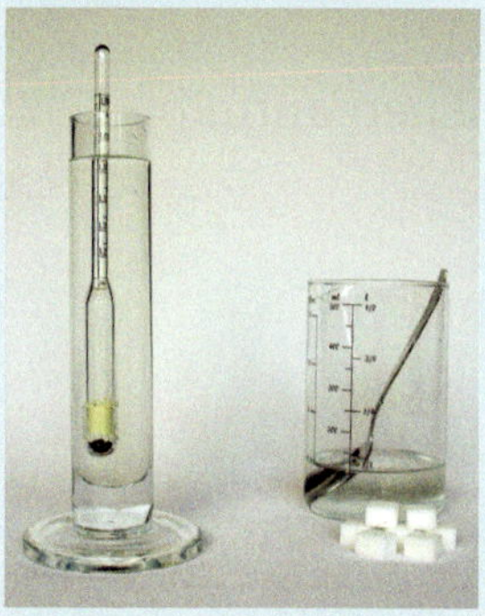

Dies nutzt eine kleine Messboje aus, das sogenannte **Aräometer.** Man ändert diesen Tauchkörper nie, Volumen und die auf ihn wirkende Gewichtskraft sind also immer gleich. Unterschiedlich ist aber die Dichte der Flüssigkeit – je nach Zuckeranteil.

Nach dem Archimedischen Satz taucht das Aräometer gerade so tief in die Flüssigkeit, bis Gewichtskraft und Auftriebskraft gleich groß sind ($G_K = F_A = F_{Fl}$). Die Eintauchtiefe wird am Bojenhals abgelesen. Dieser hat einen kleinen Durchmesser. So wird die Messskala gedehnt und die Messung empfindlich. Liest man auf der Skala z.B. eine Dichte von 1,0**75** g/cm³ ab, spricht der Winzer von 75 °Oe (Grad Oechsle).

Bevor ihr selbst später die Frage „wie viel Zucker ist in dem Getränk?" beantworten könnt, müsst ihr zunächst das Aräometer kalibrieren.
Dies bedeutet, ihr müsst den Zusammenhang zwischen der Dichte der Lösung und ihrem Zuckeranteil herstellen.

So könnt ihr bei euren Untersuchungen vorgehen:

1 Wählt eine bestimmte Wassermenge in einem Becherglas (z.B. 200 ml).

2 Stellt Portionen von Zucker gleicher Masse bereit (z.B. in Form von Würfelzucker).

3 Messt die Dichte des reinen Wassers.
Schüttet das Wasser zurück ins Becherglas und löst eine Zuckerportion im Wasser auf.
Bestimmt anschließend im Standzylinder erneut die Dichte der Lösung. Wiederholt dieses Verfahren.

4 Wertet die Messung mit Tabelle und einem Zuckeranteil-Dichte-Diagramm aus (siehe Muster).
Beachtet, dass die Gesamtmasse der Lösung mit jeder Zuckerportion größer geworden ist.

Mit Aräometer und dem von euch erstellten Diagramm erforscht ihr dann den Zuckergehalt einiger Getränke. Achtet darauf, dass die Getränke von CO_2 befreit wurden. Stellt eure Ergebnisse für die Schulöffentlichkeit übersichtlich auf Plakaten zusammen.

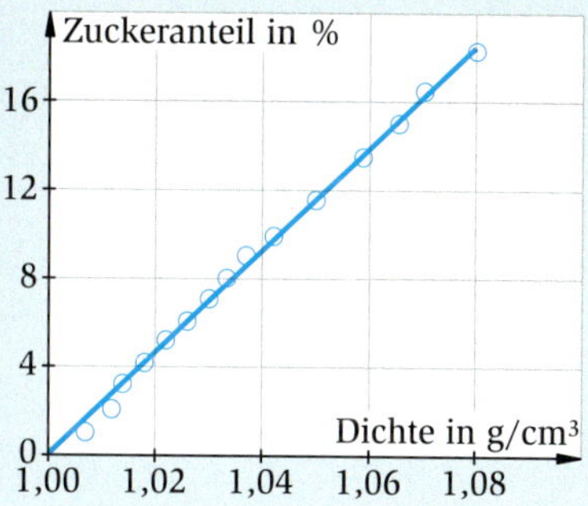

Kennst du dich aus? – Hinweise und Lösungen

A1 Berücksichtige Gewichtskraft und Hebelgesetz.
b) $m_{Anna} = 37$ kg.

A2 Überlege dir, wozu die jeweilige Schere benutzt wird.

A3 **a)** Drei Tragseile: $F_Z = 235$ N.
b) Hilfe: Arbeit am Zugseil und an der Last jeweils 1413 J.

A4 **a)** $A = 0{,}2\ m^2$;
b) $W = 98$ kJ;
c) Gleicher Druck, kleine Fläche, nur noch $F = 300$ N nötig, berücksichtige aber die Zahl der Hubbewegungen (über 3000).

A5 → **hydrostatischer Druck.**

A6 Überlege, welchen Kolben du kleiner wählen würdest.

A7 $p = 1101$ bar; $F = 11$ kN.

A8 Richtig ist c), denke an den Satz des Archimedes.

A9 Überlege, wie groß die Auftriebskraft von Luft in Luft ist.

A10 **a)** $G = 11\,800$ N; je Rad dann 2950 N.
b) $p = 2{,}5$ bar.

A11 → **hydrostatisches Paradoxon.**
Tipp: Wasser kann strömen, wenn auf gleicher Höhe eine Druckdifferenz besteht.

A12 Prüft auch, wie genau ihr die einzelnen Messwerte ermitteln könnt. Reicht die Maschine, um ein Auto anzuheben?

Wettererscheinungen und Klima

Das kannst du in diesem Kapitel erreichen:

- Du wirst durch Experimente erkennen, wie in einer Gasmenge Druck, Temperatur und Volumen zusammenhängen.
- Du wirst durch Messungen erfahren, dass zum Schmelzen von Eis und zum Verdampfen von Wasser vergleichsweise viel Energie erforderlich ist.
- Du wirst den Vorgang des Schmelzens und Verdampfens durch das Teilchenmodell veranschaulichen können.
- Du wirst erklären können, dass die Sonne unser Wettergeschehen antreibt und verstehen, wie Wind und Niederschläge entstehen.
- Du wirst lernen, dass Treibhausgase in der Atmosphäre Einfluss auf unser Klima haben und verstehen, dass das Verbrennen fossiler Energieträger den Treibhauseffekt verstärkt.

Weißt du noch? Temperaturänderungen und ihre Folgen

A1 a) Beobachte die Entstehung von Kondensstreifen.
b) Begründe, weshalb sich die Kondensstreifen erst in einigem Abstand zu den Triebwerken bilden.
c) Gegner des Rhein-Main-Flughafens in Frankfurt befürchten eine Änderung des lokalen Klimas durch den starken Luftverkehr. Nenne Gründe für diese Befürchtung.

A2 Eis schwimmt auf Wasser. Nenne den Grund. Fülle ein Glas mit Wasser. Lege einen Eiswürfel vorsichtig dazu. Das Glas ist nun randvoll gefüllt. Beobachte, ob beim Schmelzen des Eises Wasser überläuft.

A3 Das Nordpolareis besteht aus schwimmendem Eis. Mit dem einfachen Experiment → **A2** kannst du entscheiden, ob der Meeresspiegel beim Schmelzen der gewaltigen Eismassen ansteigen wird. Das Abschmelzen könnte in einigen Jahren wegen der Klimaerwärmung geschehen. Nenne die Folgen für die Natur in den Polargebieten.

A4 Eine Tür trennt einen geheizten von einem ungeheizten Raum. Max kann mit einer Kerze entscheiden, welches der Kältere ist, ohne den zweiten Raum zu betreten. Erkläre sein Vorgehen.

A5 Eisenbahnräder rollen auf einer äußeren Schicht, dem Radkranz. Wenn dieser abgenutzt ist, wird ein neuer aufgezogen, der vorher stark erhitzt wurde. Die Verbindung ist ohne Schweißen und Kleben sehr stabil. Erkläre die Wirkungsweise.

A6 Ein weichgekochtes Ei ohne Schale soll heil in eine Flasche gebracht werden, deren Hals etwas zu eng ist. Überlege, wie du es mit deinem Wissen aus der Physik anstellen könntest.

1. Volumenenänderung durch Temperaturänderung

Das wissen wir schon: Wenn man einen Stab erhitzt, stellt man fest, dass seine Länge zunimmt, auch sein Durchmesser. Eine Volumenzunahme erfolgt auch bei Flüssigkeiten und Gasen. Eine wichtige Anwendung ist das Flüssigkeitsthermometer. Bei ihm nutzt man die Volumenausdehnung, um Temperaturen zu messen. Weil die Volumenzunahme proportional zur Temperaturzunahme ist, ist die Temperaturskala linear.

Die Volumenzunahme ist proportional zur Temperaturzunahme.

Das gilt auch für Wasser mit Ausnahme des Temperaturbereichs von 0 °C bis 10 °C. Wasser hat bei 4 °C seine größte Dichte. Diese **Anomalie** des Wassers ist für die Natur sehr wichtig: Gewässer gefrieren von oben zu, unten können Tiere überleben.

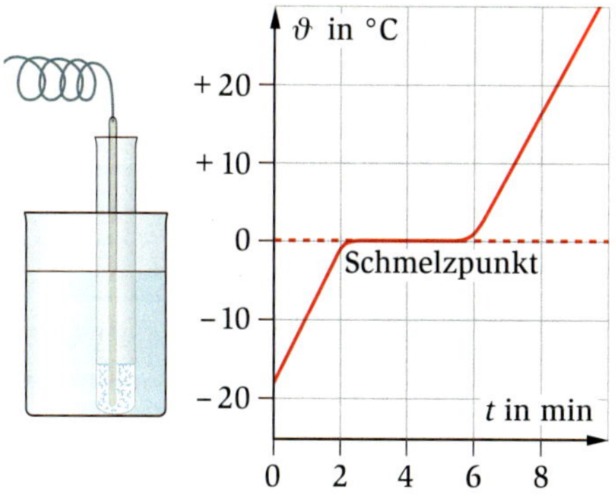

V1 Eine Wasserprobe in einem Reagenzglas wird zusammen mit dem Fühler eines Digitalthermometers auf −18 °C gekühlt und dann in einen Becher mit heißem Wasser gestellt.

2. Bei Zustandsänderungen ist Energie im Spiel

Auch das ist schon bekannt:
Stoffe kommen in drei Aggregatzuständen vor:
fest flüssig gasförmig.

Führt man einem Körper Energie zu, so steigt seine Temperatur, solange sich sein Aggregatzustand nicht ändert.
Es gilt:

Die Temperaturerhöhung ist der zugeführten Energie proportional.

Aus dem Alltag wissen wir, dass man zum Schmelzen und Verdampfen Energie zuführen muss. Denke an das Schmelzen von Butter in der Pfanne, an das Eindicken von Marmelade.

Mit Versuch → V1 hatten wir schon früher erkannt, dass zum Schmelzen von Eis viel Energie erforderlich ist.
Trotz stetiger Energiezufuhr stieg die Temperatur des Eis-Wassergemischs nicht.
Erst als das Eis im Reagenzglas restlos geschmolzen war, erhöhte sich die Temperatur weiter.

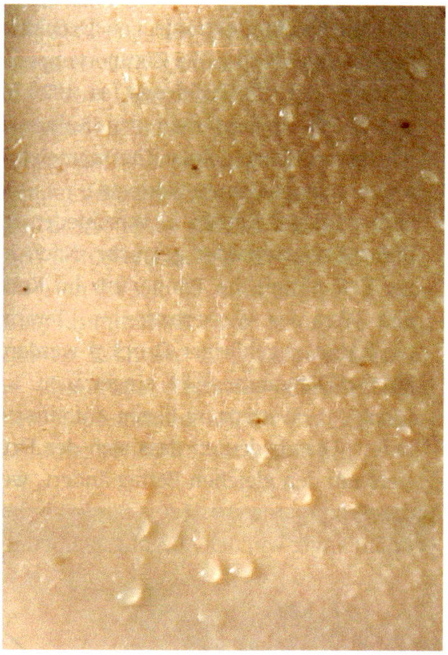

B1 Trotz Sonne fröstelst du bei nasser Haut. Zum Verdunsten wird viel Energie benötigt, die der Haut entzogen wird.

Mach's selbst

A1 Fertige eine Skizze eines Flüssigkeitsthermometers an. Beschreibe die Herstellung einer Temperaturskala. Nenne die dazu nötige Festlegung bestimmter Temperaturen. Begründe, weshalb Wasser eine ungeeignete Thermometerflüssigkeit ist.

A2 Erläutere, weshalb erhitzte Luft aufsteigt. In einem Raum mit einer Fensterwand sollen Heizkörper angebracht werden. Nenne geeignete Standorte. Fertige eine Skizze des Raums an, in der die Luftströmungen bei eingeschalteter Heizung eingezeichnet sind.

A3 Erkläre, weshalb es nach dem Duschen oft vorkommt, dass die Spiegel im Bad beschlagen sind. Beschreibe dabei den Weg des Wassers. In der Nähe des Spiegels möge eine Glühlampe angebracht sein. Begründe, weshalb der Spiegel dort rasch blank wird.

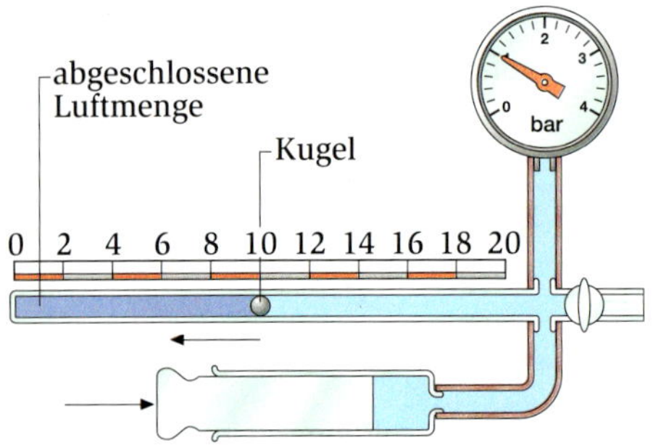

B1 Druck und Volumen werden gemessen.

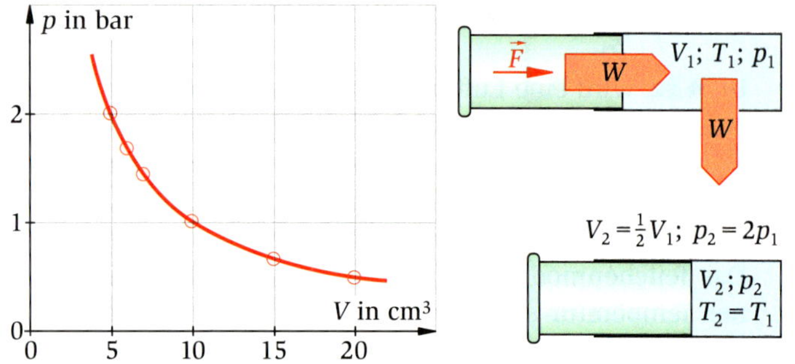

B2 Druck und Volumen sind antiproportional (T = konstant).

V1 In → **B1** begrenzt eine leicht verschiebbare Stahlkugel links eine Luftmenge. Mit dem Kolben der Glasspritze erzeugen wir unterschiedliche Druckzustände. Wir warten jeweils, bis die Kugel ruht. Dann herrscht links und rechts von ihr der gleiche Druck. Am Manometer lesen wir den Druck p der eingeschlossenen Luftmenge ab und an der Skala deren Volumen V. Die Tabelle und → **B2a** zeigen die Messwerte.

p in bar	0,5	1	1,5	1,75	2
V in cm³	20	10	6,7	5,7	5
$p \cdot V$ in bar · cm³	10	10	10	10	10

Vertiefung

Luftpumpe und Fahrradventil

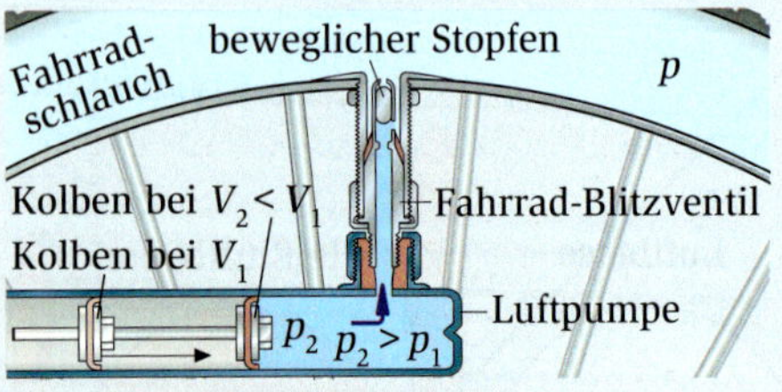

Die Luft in der Luftpumpe hat zunächst den Außendruck. Beim Hineinschieben des Kolbens wird ihr Volumen von V_1 auf V_2 verkleinert, der Druck entsprechend von p_1 auf $p_2 = p_1 \cdot V_1/V_2$ vergrößert. Ist p_2 größer als der Reifendruck p, strömt Luft in den Schlauch und vergrößert p. Beim Entfernen der Pumpe strömt kurzzeitig Luft aus dem Schlauch und reißt den Stopfen nach unten. Das Ventil ist dicht.

4. Eine Gasmenge bei konstanter Temperatur

Mit einer Fahrradpumpe will man den Druck der eingeschlossenen Luftmenge erhöhen. Man erreicht dies durch Verkleinern ihres Volumens. Wir wollen untersuchen, wie Druck und Volumen einer Gasmenge zusammenhängen. Die Temperatur soll dabei konstant bleiben.
In → **V1** bestimmen wir zu verschiedenen Druckzuständen das zugehörige Volumen und tragen die Werte in ein Diagramm ein. Die Form der erhaltenen Kurve erinnert an eine Hyperbel. Zur Kontrolle bilden wir jeweils das Produkt aus p und V. Dieses ist konstant. Robert BOYLE und Edme MARIOTTE fanden dieses nach ihnen benannte Gesetz. Es gilt:

$$p_1 \cdot V_1 = p_2 \cdot V_2 = p_3 \cdot V_3 = \text{konstant.}$$

Merksatz

Bei konstanter Temperatur ist das Produkt aus Druck p und Volumen V einer eingeschlossenen Gasmenge konstant:

$$p_1 \cdot V_1 = p_2 \cdot V_2 = p_3 \cdot V_3 = \text{konstant.}$$

Dieses Gesetz versteht man mit dem Teilchenmodell: Um eine Gasmenge zu komprimieren, bewegt man den Kolben unter Aufwendung von Kraft – man führt dem Gas Energie zu. Mit der Zunahme der inneren Energie steigt die Temperatur des Gases, denn Teilchen, die auf den herannahenden Kolben prallen, sind danach etwas schneller. Ihre zusätzliche Energie geben die Teilchen durch Stöße an die kältere Wand ab, bis wieder die alte Temperatur erreicht wird. Die Durchschnittsgeschwindigkeit der Gasteilchen bleibt so erhalten, aber das Gasvolumen wurde verkleinert, z.B. $V_2 = 1/2 \cdot V_1$. Es gibt nun doppelt so viele Teilchen pro Volumeneinheit, also erfolgen doppelt so viele Stöße je Sekunde auf die Wand. Jeder Stoß erfolgt aber genau so heftig wie vorher (unveränderte Temperatur heißt ja unveränderte Teilchengeschwindigkeit). Die Kraft auf jeden Quadratzentimeter der Wand wird dadurch verdoppelt. Das bedeutet, dass der Druck im Gas sich verdoppelt hat: $p_2 = 2 \cdot p_1$. Das Produkt aus Druck und Volumen ist gleich geblieben: $p_1 \cdot V_1 = p_2 \cdot V_2$.

Vertiefung

Alle Gasgesetze in einer Gleichung

Das **Gesetz von Boyle und Mariotte** liefert $p \cdot V$ = konstant, es gilt für gleich bleibende Temperatur. Schon vorher fanden wir als Gesetz für das ideale Gas die Proportionalität zwischen Gasdruck und absoluter Temperatur: $p \sim T$ bei konstantem Volumen.
Gibt es ein Gesetz, das beide zusammenfasst?

Betrachten wir dazu eine Gasmenge mit dem Volumen V und der Temperatur T, die unter dem Druck p steht.

p	V	T	
Verdoppeln von T bei konstantem V:			
$2p$	V	$2T$	da $p \sim T$
Verdreifachen von V bei konstantem T:			
$2 \cdot \frac{1}{3} \cdot p$	$3V$	$2T$	da $p \sim 1/V$

Für jeden Zustand gilt:

$$p \cdot \frac{V}{T} = 2p \cdot \frac{V}{2T} = 2 \cdot \frac{1}{3} \cdot p \cdot \frac{3V}{2T} = \text{konstant.}$$

Offenbar gilt für eine bestimmte Gasmenge bei beliebigem p, V und T:

$\frac{p \cdot V}{T}$ ist stets gleich groß.

Allgemein gilt für ideale Gase die **allgemeine Gasgleichung:**

$$\frac{p \cdot V}{T} = \textbf{konstant.}$$

Ein ideales Gas erfüllt das Gesetz genau. Die wirklichen („realen") Gase gleichen dem idealen Gas umso mehr, je höher die Temperatur und je geringer der Druck ist.
In der allgemeinen Gasgleichung sind die von uns früher gefundenen Proportionalitäten

$p \sim T$ für V = konstant,
$V \sim T$ für p = konstant und
$p \cdot V$ = konstant für festes T

als Spezialfälle enthalten.

Interessantes

Die Atmung des Menschen

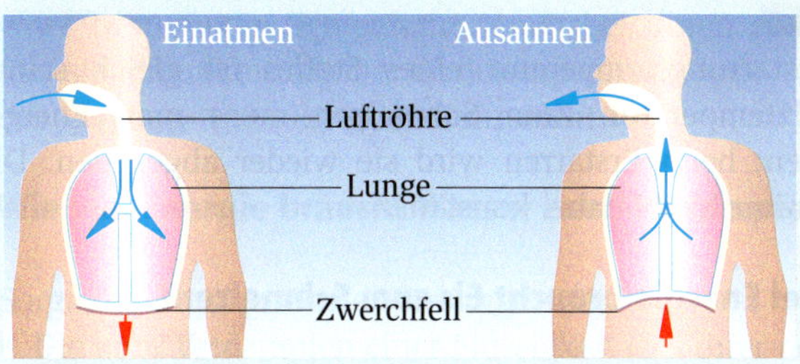

Die Lungen des Menschen liegen im luftdicht abgeschlossenen Brustkorb. Bei der Brustatmung hebt sich der Brustkorb, bei der Bauchatmung senkt sich das Zwerchfell ab. In beiden Fällen dehnen sich die Lungen aus und das Volumen der in ihnen befindlichen Luft wird größer. Nach BOYLE und MARIOTTE sinkt somit der Druck in dieser Luft. Er wird kleiner als der äußere Luftdruck. Da Luft immer von einem Ort mit höherem Druck zu einem Ort mit tieferem Druck strömt, kommt frische Luft in die Lungen.
Umgangssprachlich sagt man zwar „die Lungen saugen Luft ein", richtig ist aber, dass der größere, äußere Luftdruck die Luft in die Lungen presst. Beim Ausatmen ist es gerade umgekehrt: Der Brustkorb zieht sich zusammen, das Zwerchfell wölbt sich nach oben. Dadurch wird das Lungenvolumen kleiner und der Druck der Luft in den Lungen größer als der äußere Druck. Also strömt Luft nach außen.

Mach's selbst

A1 Atmen auf einem hohen Berg fällt schwerer als im Tal. Begründe dies.

A2 Ein Radreifen wird bei 20 °C auf 5 bar Überdruck aufgepumpt. Das Rad steht in der Sonne, die Temperatur im Reifen steigt auf 70 °C. Berechne den neuen Druck.

A3 Oft wird angenommen, dass der Raum zwischen den Scheiben einer Isolierverglasung evakuiert sei. Berechne die Kraft, die eine Scheibe von 1 m^2 aushalten müsste.

A4 Eine Sauerstoffflasche enthält bei Umgebungstemperatur 20 l Gas unter 150 bar. Berechne, wie viele Liter man unter Atmosphärendruck entnehmen kann, wenn die Temperatur konstant bleibt.

Methode – Praktikum und „Kugellager"

Zu Beginn bilden sich zwei gleich große Gruppen, X und Y (mit Teilgruppen von jeweils 3–4 Schüler/-innen).
Die X-Gruppe wird einen Versuch zur Bestimmung der **spezifischen Schmelzwärme von Eis** vorbereiten und durchführen. Die Y-Gruppe bestimmt die **spezifische Verdampfungswärme von Wasser.**

Ziele für beide Gruppen:
- Sorgfältiges Ausführen des Versuches
- Auswerten des Versuches (Ermitteln der spezifischen Schmelzwärme bzw. Verdampfungswärme)
- Diskussion von Fehlerquellen
- Deutung der Phänomene im Teilchenmodell
- Diskutieren von Beispielen der Phänomene im Alltag und in der Natur

Nach Erreichen der Ziele bildet die X-Gruppe einen Innenkreis, die Y-Gruppe dazu einen Außenkreis („Kugellager"). Gegenübersitzende erklären sich gegenseitig ihre Aufgabe („Ziele") und die gefundene Lösung. Zur gegenseitigen Kontrolle des Erlernten rückt der Innenkreis um z. B. fünf Plätze weiter. Nun erklärt man sich gegenseitig nur die fremde Aufgabe.

Spezifische Schmelzwärme von Eis

Um die spezifische Schmelzwärme *s* von Eis zu bestimmen, nehmt z. B. 200 g Eis aus dem Gefrierschrank. Die Eiswürfel haben eine Temperatur unter 0 °C. Erhitzt sie auf 0 °C, indem ihr sie einige Zeit bei Zimmertemperatur auf ein Papierhandtuch legt. Gebt sie danach in ein isoliertes Gefäß. Um die spätere Rechnung zu erleichtern, wiegt die gleiche Menge heißes Wasser (z. B. 90 °C) ab und gießt dieses über die Eiswürfel. Wartet ab, bis alles Eis geschmolzen ist.
Dann messt die Mischungstemperatur, z. B. $\vartheta_m = 5\,°C$.

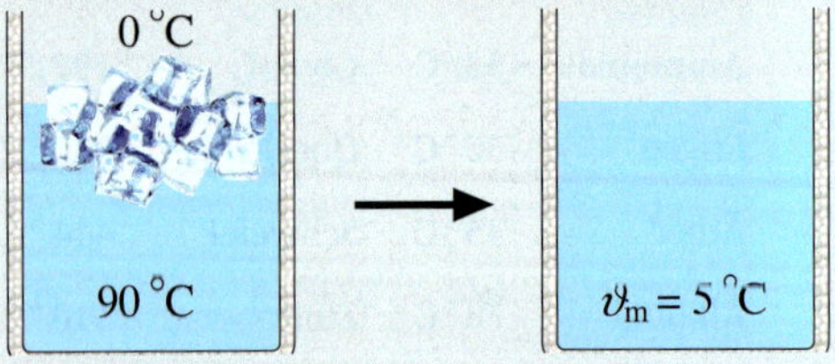

Musterauswertung: Das heiße Wasser hat sich abgekühlt und je Gramm die Energie

$$4{,}2\ J/(g \cdot °C) \cdot 1\ g \cdot (90 - 5)\ °C = 4{,}2 \cdot 85\ J = 357\ J$$

abgegeben. Zur Temperaturerhöhung des Schmelzwassers wurden je Gramm

$$4{,}2\ J/(g \cdot °C) \cdot 1\ g \cdot 5\ °C = 21\ J$$

benötigt. Die Differenz von 336 J diente also dazu, ein Gramm Eis zu schmelzen, das heißt, aus Eis von 0 °C Wasser von 0 °C zu machen. Die spezifische Schmelzwärme *s* für Eis ist also:

$$s = 336\ J/g.$$

Bei verschiedenen Massen von Eis (m_E) und Wasser (m_W) nutzt ihr die Energiebilanz des Versuches aus:
Aufgenommen: $m_E \cdot s + m_E \cdot c_W \cdot (\vartheta_m - 0\,°C)$.
Abgegeben: $m_W \cdot c_W \cdot (90\,°C - \vartheta_m)$.
Gleichsetzen liefert dann ebenfalls *s*.

Spezifische Verdampfungswärme von Wasser

Zur Messung nutzt ihr den Energieerhaltungssatz aus: Die zum Verdampfen nötige Energieportion wird beim Kondensieren wieder abgegeben. Dabei kann man sie leichter messen als die zum Verdampfen direkt benötigte Energie.
Die Kondensationsenergie wird so bestimmt: Ihr erzeugt einen kräftigen Dampfstrahl (Vorsicht!) und leitet ihn mittels einer Glasspitze in kaltes Wasser (Masse des Wassers z. B. $m_W = 610$ g). Der in das Wasser eingeblasene Dampf kondensiert, wobei die Blasen beim Zusammenfallen ein lautes Geräusch erzeugen.
Die Wassertemperatur im Thermosgefäß steigt schnell an. Die dazu erforderliche Energie liefert der kondensierende Wasserdampf (zusätzliche Masse des Dampfes m_D).

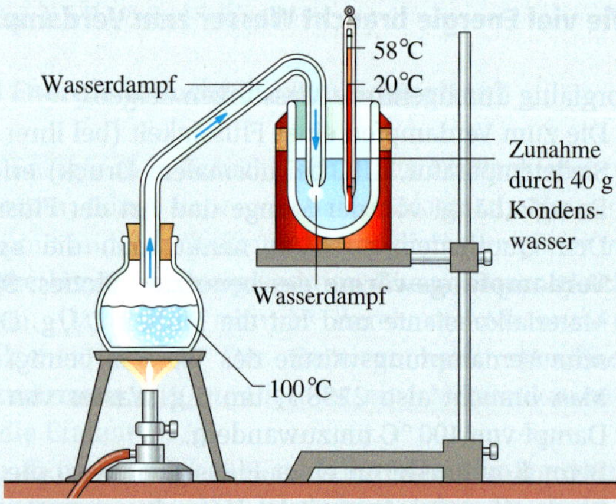

Musterauswertung: Die Energiebilanz lautet:
Aufgenommen: $m_W \cdot c_W \cdot (\vartheta_m - 20\,°C)$.
Abgegeben: $m_D \cdot r + m_D \cdot c_W \cdot (100\,°C - \vartheta_m)$.
Es ergibt sich so:

$$r = 2250\ J/g.$$

Interessantes

A. Auch zum Auflösen braucht man Energie

Wenn man Zucker oder Salz in Wasser auflöst, müssen Teilchen aus ihrem Kristallverband gerissen werden. Hierzu ist Energie nötig – wie beim Schmelzen. Beim Lösen von Kochsalz in Wasser benötigt das Salz mehr Energie zum „Zerbrechen" als die Salzteilchen beim Anlagern an die Wassermoleküle bekommen. Die fehlende Energie nehmen sie aus der inneren Energie des Wassers. Also sinkt die Temperatur der Lösung, und zwar umso stärker, je mehr Salz gelöst wird.

Bringt man Salz mit Eis oder Schnee zusammen, so tritt zweierlei ein: Beide Mischungspartner werden (breiartig) flüssig. Zum Auflösen der Bindungen zwischen den Teilchen brauchen sowohl Salz als auch Eis viel Energie. Die Temperatur der Salz-Wasser-Lösung nimmt deshalb ab. Trotzdem bleibt die Salz-Wasser-Mischung flüssig. Bei einem Gewichtsverhältnis Eis : Salz = 3 : 1 sinkt die Temperatur auf etwa −18 °C. Man nennt deshalb eine Mischung aus zerkleinertem Eis und Salz auch *Kältemischung*.

B. Natriumacetat-Wärmekissen

In einer luftdichten Kunststofffolie befindet sich ein bestimmtes Salz. Man legt das Kissen eine Zeit lang in heißes Wasser, bis das Salz geschmolzen ist. Bei vorsichtiger Behandlung bleibt dieser Zustand auch nach dem Abkühlen erhalten. Erst ein heftiges Anstoßen (durch einen kleinen Metallklicker im Kissen) führt schlagartig zum Auskristallisieren des Salzes. Jetzt wird die vorher hineingegebene Schmelzenergie wieder abgegeben, das Kissen wird heiß.

C. Energie in einer Gewitterwolke

Betrachten wir einmal eine mittelgroße Gewitterwolke. Sie sei 5 km lang, 5 km breit und 10 km hoch. In 1 m^3 Luft befinde sich 1 g Wasser (es können sogar bis etwa 4 g sein). Dann sind in
$5 \cdot 10^3\ m \cdot 5 \cdot 10^3\ m \cdot 10 \cdot 10^3\ m = 250 \cdot 10^9\ m^3$
auch $250 \cdot 10^9$ g Wasser.
Die Verdampfungs- bzw. Kondensationswärme beträgt rund 2300 J/g, das wissen wir schon. Dann ist es nicht schwer, die zum Verdampfen notwendige, bzw. beim Kondensieren wieder frei werdende Energie der Wolke zu berechnen:

$$250 \cdot 10^9\,g \cdot 2300\ J/g = 575 \cdot 10^9\ kJ \approx 600 \cdot 10^9\ kJ.$$

Wie viele Haushalte hätten mit dieser Energiemenge ein Jahr ausgesorgt? Wenn wir einmal davon ausgehen, dass ein Durchschnittshaushalt im Jahr ca. $100 \cdot 10^6$ kJ Energie umsetzt, sind dies

$$600 \cdot 10^9\ kJ/(100 \cdot 10^6\ kJ) = 6000 \text{ Haushalte!}$$

D. Brennwertkessel

Bei traditionellen Heizkesseln verlassen heiße Abgase (Rauch und Dampf) von über 120 °C durch den Schornstein das Haus. Bei den sogenannten Voll-Brennwertkesseln geht von diesen Abgasen Wärme (in einem „Wärmetauscher") noch vor Einleitung in den Schornstein an die kalte Zuluft über. Die Abgase kühlen sich dabei ab. Zusätzlich kondensiert auch noch der enthaltene Dampf und gibt die Kondensationsenergie ebenfalls ab. Die durch beide Energieportionen vorgewärmte Zuluft wird nun dem Brenner zugeführt. Das spart Brennstoff.

Mach's selbst

A1 Begründe, weshalb man die Glühdrähte von Glühlampen aus Wolfram hergestellt hat (→ **Schmelztemperatur**).

A2 Berechne die zum Schmelzen von 5 kg Eis (ϑ = 0 °C) benötigte Energie.

A3 Nenne die Bedingungen, unter denen Fensterscheiben beschlagen. In welchen Räumen sind diese Bedingungen vor allem gegeben?

A4 Begründe, weshalb man einen Raum, in dem Wäsche getrocknet wird, besonders gut lüften muss.

A5 Nenne die Bedingungen, unter denen du deinen „Atem" sehen kannst. Was siehst du eigentlich? Erläutere, unter welchen Bedingungen sich an Gräsern und Zweigen Tau und unter welchen sich Reif bildet.

A6 **a)** Begründe, weshalb es spritzt und prasselt, wenn man Fleisch in siedendes Fett (ϑ > 200 °C) legt.
b) Erhitzt man in einem Topf Fett (oder Öl) weit über 100 °C, so kann es in Brand geraten. Versucht man dieses Feuer mit Wasser zu löschen, so spritzt das brennende Fett aus dem Topf und verschlimmert den Brand. Erkläre das Phänomen. Recherchiere, was die Feuerwehr vorschlägt.

A7 **a)** Erläutere die Bedeutung des Schwitzens.
b) Erläutere, warum man im Sommer auch bei schwachem Wind fröstelt, wenn die Haut nass ist.

Die Sonne bestimmt das Wettergeschehen

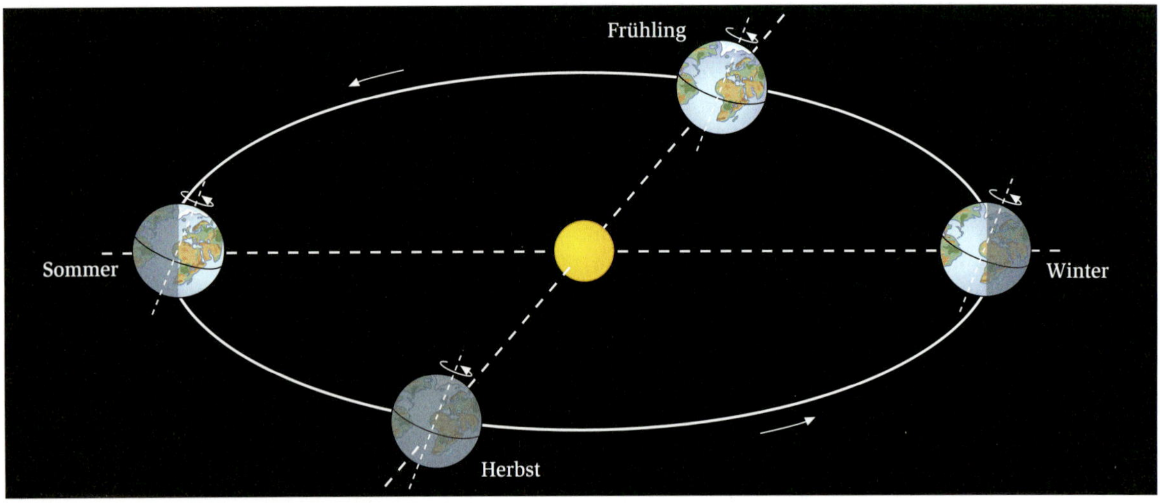

B1 Die Erde auf ihrer jährlichen Bahn um die Sonne

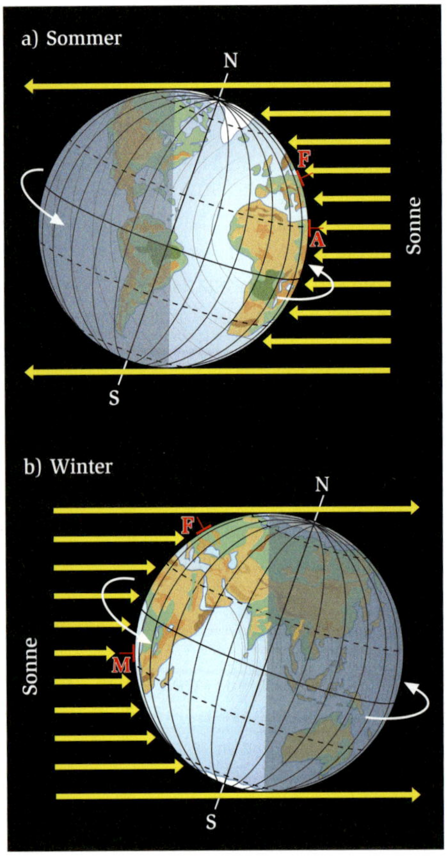

B2 **a)** Im Sommer trifft bei uns die Sonnenstrahlung steil auf die Erdoberfläche (F). Noch steiler (sogar senkrecht) ist sie in Nord-Afrika (A). **b)** Im Winter ist der Sonnenstand bei uns niedriger. Erst südlich des Äquators (M) beobachtet man die Sonne senkrecht von oben.

1. Die Sonne bestrahlt die Erdoberfläche ...

In → **B1** ist dargestellt, wie sich die Erde Jahr für Jahr im Abstand von ungefähr 150 Millionen Kilometern um die Sonne bewegt. Es ist nur ein *Modell*bild, keiner hat es mit eigenen Augen so gesehen. Dennoch können wir dem Bild vertrauen, seit Jahrhunderten haben Forscher viele Gründe für dieses Bild gefunden. Zwei dieser Gründe davon können wir direkt sehen:

Täglich *beobachten* wir Sonnenauf- und Sonnenuntergang und den Weg der Sonne am Himmel, doch eigentlich wandert die Sonne nicht. Vielmehr ist es die tägliche Drehung der Erde um ihre Achse, mit der wir Tag und Nacht *erklären*.

Wir *beobachten* auch: Mittags steht die Sonne am höchsten, im Sommer steiler, im Winter flacher. Die *Erklärung* dafür zeigt ebenfalls → **B1** : Die Erde bewegt sich auf ihrer jährlichen Bahn um die Sonne mit schräg gestellter Achse. Die Auswirkungen schauen wir uns genauer an.

2. ... im Sommer steiler, im Winter flacher

In → **B2a** ist in Frankfurt (F) gerade Mittag. Die Sonne steht ziemlich hoch am Himmel, es ist Sommer. Wer jetzt nach Italien reist, beobachtet dort mittags einen noch höheren **Sonnenstand.** Noch weiter südlich, in Nord-Afrika (A) scheint die Sonne mittags senkrecht vom Himmel. Dies alles kann man mit der schiefen Erdachse erklären.

→ **B2b** zeigt dieselbe Situation ein halbes Jahr später: Wieder ist Mittag in Frankfurt, aber der Sonnenstand ist niedrig, es ist Winter. Selbst am Äquator scheint die Sonne mittags nicht senkrecht vom Himmel. Man muss bis auf die Höhe von Madagaskar (M) reisen, wenn man einen schattenlosen Mittag erleben will. Für die Menschen auf der südlichen Halbkugel der Erde ist also jetzt Sommer – auch das erklärt → **B1** .

3. Der Sonnenstand bestimmt die Energielieferung

Mi → B1 und → B2 verstehen wir, warum sich der Sonnenstand (am Mittag) im Laufe eines Jahres ändert. In → B3 betrachten wir die Stadtfläche von Frankfurt und vergleichen die Sonnenstrahlung bei hohem Sonnenstand im Sommer mit der Sonnenstrahlung bei niedrigem Sonnenstand im Winter. Im Sommer trifft ein größeres Bündel Sonnenlicht auf die Stadtfläche als im Winter. Bei hohem Sonnenstand liefert die Sonne auf die gleiche Fläche von Frankfurt mehr Energie als bei niedrigem Sonnenstand.
Wenn dauernd mehr Energie auf Frankfurt trifft, stellt sich eine höhere Temperatur ein – so spüren wir den warmen Sommer. Warum die Temperatur nicht einfach immer weiter steigt, könnt ihr in einem → **Projekt** klären.

Merksatz

Hohe Temperaturen in unserem Sommer und niedrige Temperaturen in unserem Winter hängen mit dem Sonnenstand am Mittag zusammen. Auf die *gleiche Fläche* trifft im Sommer eine größere Energieportion als im Winter. Dies liegt an der Neigung der Erdachse.

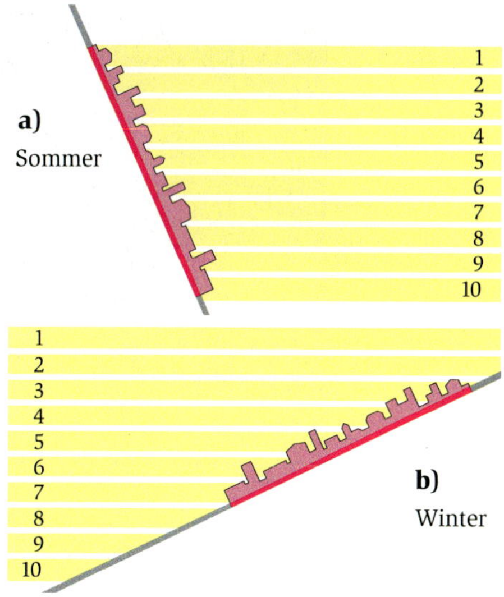

B3 **a)** Im Sommer trifft das ganze Lichtbündel von 1 bis 10 auf die Stadtfläche von Frankfurt. **b)** Im Winter wirkt nicht mehr das ganze Lichtbündel, sondern nur der Teil von 3 bis 7 des Bündels.

Projekt

Warum steigt die Temperatur auf der Erde nicht immer weiter?

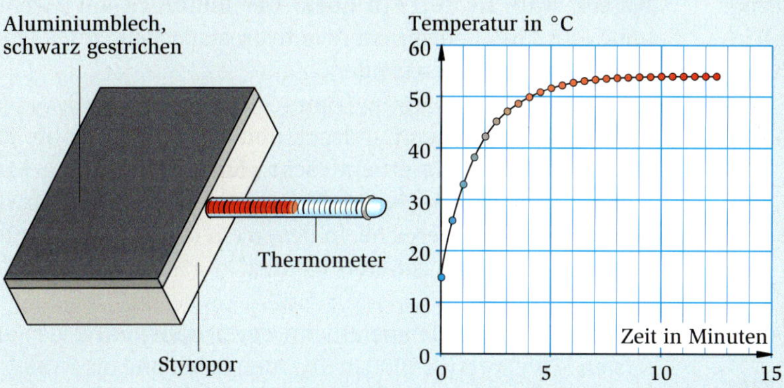

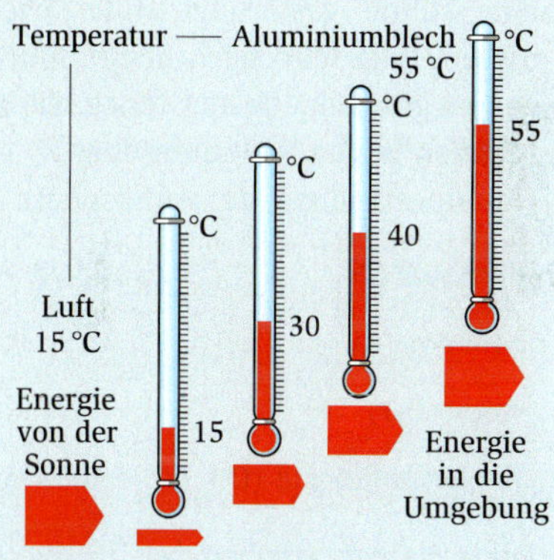

Wir ahmen den Sonnenstand in einem Experiment nach. Als „Wohnort" nehmen wir ein Aluminiumblech. Die Vorderseite ist schwarz angemalt. Dahinter kleben wir eine Schicht Styropor. Mit einem zuvor in eine Gasflamme gehaltenen Nagel schmelzen wir ein Einsteckloch in die Styroporwand, in welches wir dann ein Thermometer stecken.
Nun wird dem Blech durch die Sonnenstrahlung oder einen Baustrahler Energie zugeführt. Energiezufuhr bedeutet aber, dass die Temperatur steigt – wie auf der Erde. Müsste es nicht einfach immer heißer werden? Das klären wir, indem wir alle 30 s die Temperatur ablesen und in ein Diagramm übertragen.

Am Diagramm sehen wir nun: Die Temperatur steigt; erst schneller, dann langsamer. Schließlich bleibt die Temperatur konstant. Im nächsten Versuch kippen wir die Platte stärker, sodass sie der Wintersituation entspricht. Es ergibt sich eine ähnliche Temperaturkurve, sie endet aber bei einer niedrigeren Temperatur.
Die Grafik rechts erklärt, was passiert. Je heißer die Platte wird, desto mehr ihrer Energie gibt sie durch Strahlung an die Umgebung ab – wie ein Ofen. Schließlich gibt sie genau so viel Energie ab, wie sie bekommt: Die Temperatur bleibt von da an gleich. Ihre Höhe ist im Winter niedriger, da die Platte weniger Energie bekommt.

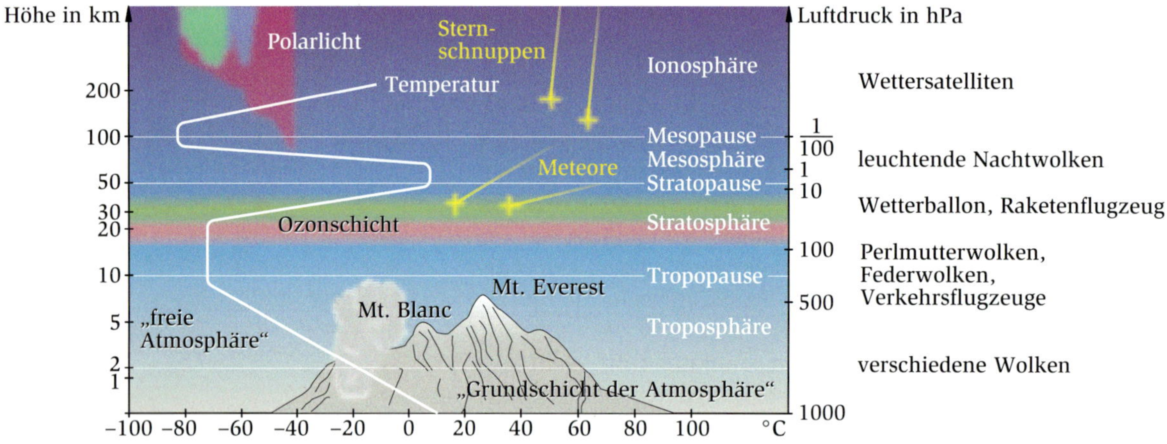

B1 Aufbau der Atmosphäre (beachte die nicht-lineare Höhenskala)

B2 Die Erdatmosphäre umgibt die Erde als eine dünne, gasförmige Hülle. Die Dichte dieser Hülle wird nach oben immer geringer, es gibt keine feste Grenze. Sie geht allmählich in den Weltraum über.
Hauptbestandteile der Atmosphäre sind:

Stickstoff (N_2)	78,08 Vol%
Sauerstoff (O_2)	20,95 Vol%
Argon (Ar)	0,94 Vol%
Kohlenstoffdioxid (CO_2)	0,03 Vol%

Diese Zahlen ergeben fast 100 %. In ganz geringen Mengen sind Neon, Helium, Methan, Wasserstoff („Spurengase“) vorhanden. Seit Jahrmillionen hat sich die Zusammensetzung der Erdatmosphäre hinsichtlich der Hauptbestandteile nicht geändert.

B3 Der Kilimanjaro – Eis am Äquator

4. Die Schichtung der Atmosphäre

Die Erde besitzt in unserem Sonnensystem eine einzigartige Lufthülle. Sie umhüllt unseren Planeten wie ein dünner, unsichtbarer Schutzmantel. Dieser wird von der Schwerkraft der Erde festgehalten und rotiert mit ihr um die Erdachse.

Die Dichte der Luft nimmt nach oben ab **→ B1, B5**. Um etwa 10 % auf 1000 m. Hätte die Atmosphäre die Dichte von Wasser, wäre sie 10,13 m hoch. Der Luftdruck auf Meereshöhe (1013 hPa) entspricht dem hydrostatischen Druck einer 10,13 m hohen Wassersäule.

Mit der Höhe nehmen Luftdruck und die Temperatur ab. Die Temperaturänderung erfolgt nicht gleichmäßig **→ B1**. Man teilt die Atmosphäre in Stockwerke ein, die durch so genannte „Pausen“ (Bereiche, in denen ein rascher Temperaturwechsel stattfindet) getrennt werden.

Die Abnahme der Temperatur in der **Troposphäre**, der untersten Schicht (etwa 8000 m über den Polen und bis 18 000 m über dem Äquator), lässt sich leicht verstehen:

Aufsteigende Luft dehnt sich aus. Die in ihr enthaltenen Teilchen stoßen mit den zurückweichenden Teilchen der Umgebungsluft zusammen und werden dadurch langsamer, das bedeutet, die Temperatur sinkt – im Durchschnitt um 6,5 K pro 1000 m.
Beim Absinken einer Luftmenge ist es genau umgekehrt.

Auf hohen Bergen oder in Höhen, in denen Verkehrsflugzeuge fliegen, ist es deutlich kälter als am Boden. In der oberen Troposphäre sinkt die Temperatur auf −60 °C. So kann am Kilimanjaro (5895 m), der am Äquator liegt, ein Gletscher existieren **→ B3**. Als erste Afrikaforscher davon berichteten, hielt man sie für verrückt.

B4 Polarlichter in der Ionosphäre

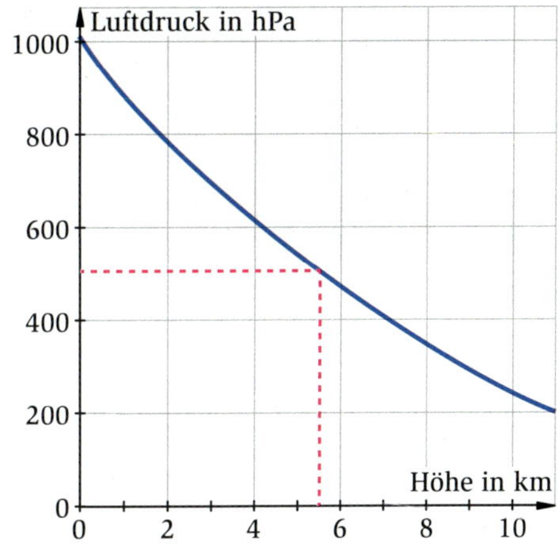

B5 Der Luftdruck in Meereshöhe beträgt 1013 hPa, in 5,5 km Höhe ist er auf die Hälfte, in 11 km auf ein Viertel gesunken.

Obwohl die Troposphäre die dünnste Schicht unserer Atmosphäre ist, befinden sich in ihr 75 % ihrer Gesamtmasse. In ihr spielt sich das Leben ab, in ihr gibt es die Wettererscheinungen, die wir kennen:

Wolken, Niederschläge, Wind.

Die **Stratosphäre** reicht bis 50 km. In ihr ändert sich die Temperatur zunächst nicht, ab 20 km steigt sie kräftig an. Der Grund für den Temperaturanstieg ist eine hohe Konzentration von Ozon (O_3) in der Stratosphäre („Ozonschicht"). Das Ozon absorbiert den größten Teil der energiereichen, ultravioletten Strahlung der Sonne, die für alle Lebewesen schädlich ist.
Künstlich hergestellte Fluorkohlenwasserstoffe (FCKW) für Spraydosen und Kühlanlagen bauen das Ozon ab. So entstand das gefürchtete Ozonloch, durch das die UV-Strahlung bis zur Erde vordringt und Hautkrebs verursacht. Die Verwendung von FCKW ist seit 1987 verboten. Wegen der langen Abbauzeit von 40 bis 130 Jahren wird das Ozonloch bis zum Ende dieses Jahrhunderts bestehen.

Die **Mesosphäre** reicht bis 100 km Höhe. In dieser Schicht sinkt die Temperatur auf –80 °C.

In der **Ionosphäre** steigt die Temperatur wieder an. In ihr wird die gefährliche Röntgenstrahlung der Sonne absorbiert. Die Polarlichter entstehen in der Ionosphäre → B4.

Merksatz

Das Wettergeschehen spielt sich in der Troposphäre ab. Dies ist die unterste, nur 10 km hohe Schicht der Atmosphäre.

Mach's selbst

A1 Ordne den Zeitungsmeldungen die entsprechenden Atmosphärenschichten zu.

Ozonloch hat kontinentale Ausmaße erreicht

Hautkrebsgefahr steigt rapide an

Sternschnuppen bilden unvergessliches Schauspiel

Leuchterscheinung am Himmel – Meteorit versetzt Menschen in Schrecken

ruhiger Flug über den Atlantik

Wabernde Polarlichter versetzen Touristen in Staunen

schwere Gewitter mit Hagelschlag

Reinhold Messner erreicht Gipfel des Mount Everest ohne Sauerstoffgerät Astronauten zeigen sich von der Schönheit des blauen Planeten ergriffen …

Vertiefung

Wetter

Als **Wetter** wird der augenblickliche Zustand der Atmosphäre an einem Ort bezeichnet. Für seine Beschreibung werden messbare Größen wie Luftdruck, Temperatur, Niederschlagsmenge, Windrichtung und Windstärke verwendet.

Klima

Unter **Klima** versteht man den durchschnittlichen Wetterablauf während eines Jahres. Dabei gibt man charakteristische Merkmale an. Beispiel: Mittelmeerklima mit milden, feuchten Wintern und heißen, trockenen Sommern.

B1 Tornado

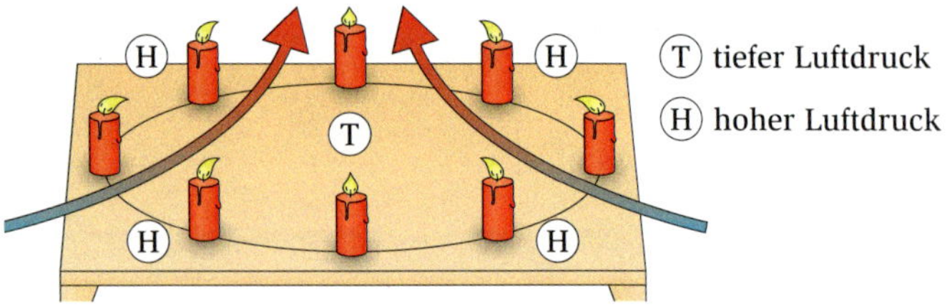

B2 Ein Experiment zur Thermik

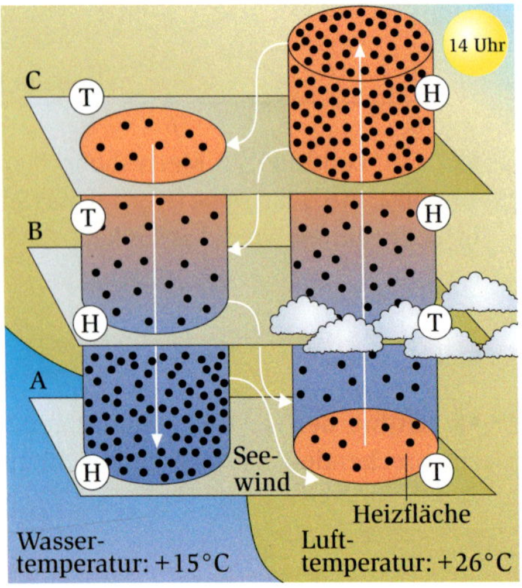

B3 Land–Seewind 14 Uhr
In Bodennähe liegt ein Tief über Land, ein Hoch über See. in der Höhe entsteht ein hoch über Land, ein Tief über See.

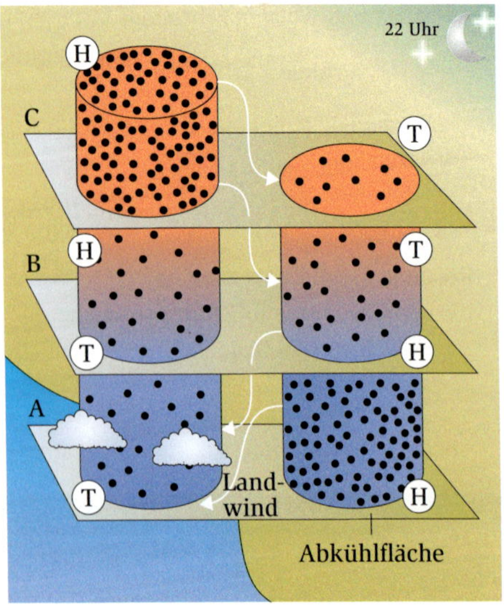

B4 Land–Seewind 22 Uhr
In Bodennähe entsteht durch sinkende Luftmassen ein Hoch über Land, über der warmen See durch aufsteigende Luft ein Tief. In der Höhe umgekehrt.

5. Luftdruck und Wind

Ein Topf mit Wasser auf dem Herd: Vom erhitzten Boden steigt das erwärmte Wasser auf, da seine Dichte kleiner wurde. Es entstehen Turbulenzen, Strömungen.
Ähnlich die Verhältnisse in der Atmosphäre:
Die Sonnenstrahlung erwärmt den Erdboden. Die empfangene Energie wird als IR-Strahlung wieder abgegeben und erwärmt dadurch die Luft. Die erwärmte Luft hat eine kleinere Dichte und steigt dadurch auf.

Im Kerzenexperiment → B2 sind die einzelnen Flammen nach innen gerichtet. Sie zeigen eine konzentrisch nach innen und oben gerichtete Luftströmung an. Da Luft stets von Gebieten mit höherem Druck zu Gebieten mit niedrigerem Druck strömt, ist unter der aufsteigenden Luftsäule (Thermik) ein Tiefdruckgebiet entstanden, während in der Umgebung in gleicher Höhe ein relativ höherer Druck herrscht.

Ähnlich wie im Experiment entstehen kleine Hitzetiefs im Sommer über Dünen oder über besonnten Berghängen. Im großen Maßstab über sommerlich erhitzten Kontinenten (Indien).
Umgekehrt sinkt kalte Luft über kalten Flächen nach unten und verursacht am Boden ein thermisches Hochdruckgebiet. Beispiele sind das sibirische Kältehoch im Winter und das polare Kältehoch.

Das Land-Seewind-System → B3, B4 veranschaulicht den Zusammenhang zwischen thermischen Druckgebilden und Druckausgleichswinden. Wir betrachten je eine Luftsäule über Land und Wasser.
Bei Sonne erwärmt sich das Land rasch und dient als Heizfläche für die darüber lagernde Luft. Die Luft dehnt sich aus, steigt auf. Es entsteht am Boden ein Hitzetief. In der Höhe steigt der Luftdruck an. Über Wasser gab es keine Erwärmung. In der Höhe bewegt sich Luft vom hohen zum tieferen Druck, das heißt vom Land aufs Meer. Umgekehrt hat die Luftsäule über See vom H zum T durch die zugeströmte Luftmasse an Gewicht zugenommen und sorgt am Boden für einen größeren Druck. Folge: Starker Seewind.
In der Nacht → B4 kehren sich die Verhältnisse um. Am Boden herrscht jetzt Landwind.

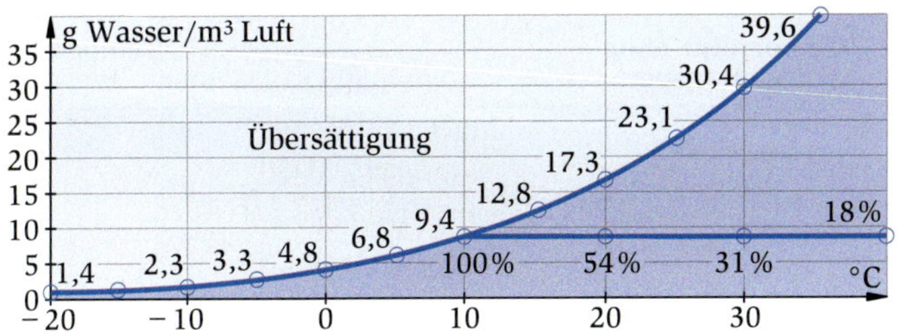

B1 Sättigungskurve des Wasserdampfs

B2 Die Atemluft wird im Winter sichtbar, da sie für die Umgebungsluft zu viel Wasserdampf enthält.

6. Wann regnet es?

Im Gegensatz zu den in der Luft enthaltenen Gasen wie Stickstoff, Sauerstoff, Kohlenstoffdioxid ändert sich der Gehalt an Wasserdampf ständig. Er spielt die entscheidende Rolle für das Wetter. Im Wasserdampf sind große Mengen **latenter Wärme** gespeichert. Das ist die Energie, die zum Verdampfen des Wassers von der Sonne geliefert wurde und beim Kondensieren wieder frei wird.

Beim Verdunsten von Wasser aus einem Wäschestück entweichen Wassermoleküle aus der flüssigen in die gasförmige Phase. Der Vorgang ist im Freien erst abgeschlossen, wenn die Wäsche trocken ist.

Beim Verdunsten von Wasser in einem geschlossenen Gefäß kommt der Vorgang bald zum Stillstand. Könnte man die Oberfläche des Wassers mit einem Supermikroskop betrachten, so würde man erkennen, dass an der so ruhig erscheinenden Oberfläche ein heftiger Gegenverkehr besteht: Wassermoleküle durchdringen die Oberfläche. Dadurch nimmt die Konzentration des Wasserdampfs in der Luft zu. Je größer diese wird, desto mehr Wassermoleküle kehren in die flüssige Phase zurück. Schließlich entsteht ein Gleichgewicht: Es kehren genau so viele Moleküle ins Wasser zurück wie aus ihm entweichen. Der Gehalt an Wasserdampf steigt nicht mehr. Man sagt, die Luft ist mit Wasserdampf *gesättigt*. Die Luftfeuchtigkeit hat ihren Höchstwert erreicht.

Die Menge des Wasserdampfs in Luft wird in g/m^3 angegeben und heißt **absolute Luftfeuchte.** Die Höchstmenge an Wasserdampf hängt von der Temperatur ab und wird mit der Sättigungskurve angegeben → B1.

Das Verhältnis von tatsächlich vorhandener zu maximal möglicher Wasserdampfmenge wird als **relative Feuchte** angegeben.

Merksatz

Regen entsteht, wenn feuchte Luft abgekühlt wird.
Der Temperaturrückgang erfolgt meist durch Aufsteigen von Luft.

V1 In einen großen Rundkolben geben wir etwas Wasser. Dann blasen wir möglichst kräftig Luft hinein, schließen den Hahn und schütteln den Kolben. Dadurch nimmt die Luft im Kolben so viel Wasserdampf auf wie möglich. Die Luft ist nun mit Feuchtigkeit gesättigt. Beim Öffnen des Hahns dehnt sich die Luft aus und kühlt sich dadurch ab. Sie ist nun an Feuchtigkeit übersättigt. Trotzdem bildet sich kaum Nebel.
In einem zweiten Versuch blasen wir vor dem Komprimieren etwas Rauch in den Kolben. Die Luft im Innern erscheint klar. Beim Öffnen des Hahns entsteht nun dichter Nebel.
Die Kondensation von Wasserdampf zu kleinen Nebeltröpfchen erfolgt an kleinen Schwebeteilchen wie Ruß und Staubteilchen. Du verstehst nun, weshalb die Luft über Industriegebieten diesig ist.
Bei sehr reiner Luft kann es trotz Abkühlung zu *Übersättigung* kommen – es fehlen dann die Kondensationskeime.

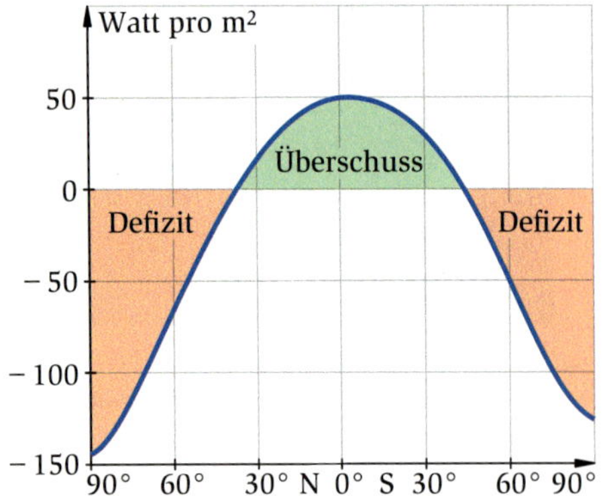

B1 Jährliche Gesamteinstrahlung

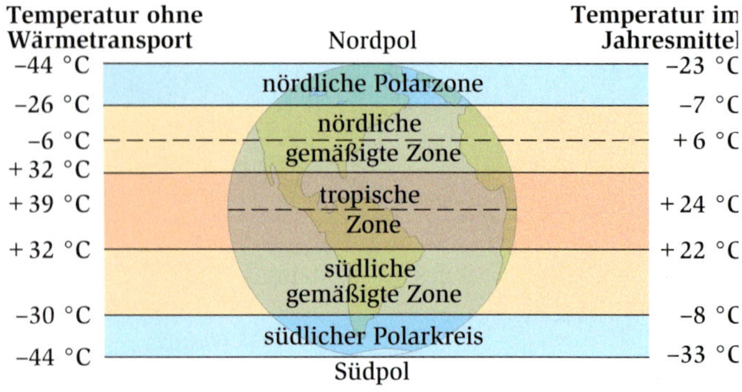

B2 Strahlungstemperatur und gemessene Temperatur

Vertiefung

Ablenkung des Windes durch die „Corioliskraft"

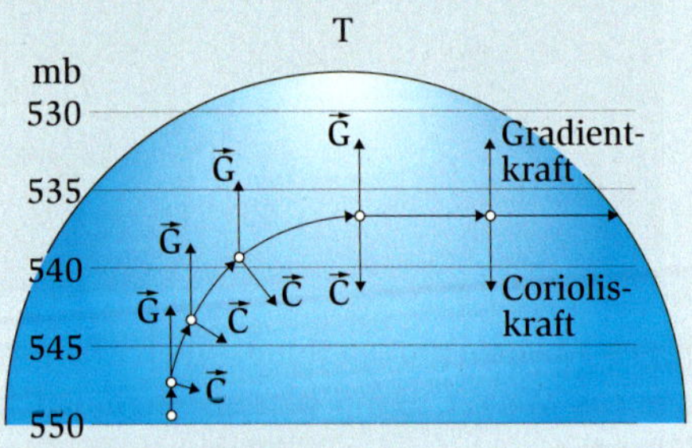

B3 Entstehung der Westwindzone

In der Skizze bedeutet $\vec{G}$ die Kraft auf Grund des Druckunterschieds (Gradientkraft), $\vec{C}$ ist die stets senkrecht zur Geschwindigkeit stehende Corioliskraft.
Von dem äquatornahen Höhenhoch strömt Luft in Richtung des polaren Höhentiefs und erfährt eine Ablenkung nach rechts. Aus dem ursprünglichen Südwind wird ein Westwind. In den mittleren Breiten beider Halbkugeln entsteht so ein breites Band beständig wehender Westwinde – die **Westwindzone.**
Der in diese Westwindströmung eingebettete *Jetstream* ist ein Höhenstrahlstrom mit besonders hohen Windgeschwindigkeiten (bis 600 km/h).
Bei Atlantiküberquerungen wird er von Flugzeugen als „Rückwind" genutzt.

1. Kugelgestalt und Drehung machen alles kompliziert

Wegen der Kugelgestalt der Erde empfängt jeder Quadratmeter am Äquator wesentlich mehr Energie von der Sonne als in Polnähe. → B1 zeigt den Energieüberschuss der Tropen gegenüber den höheren Breiten. Gäbe es keinen Energietransport, würden die Temperaturen in den einzelnen Klimazonen erheblich von den tatsächlichen Werten abweichen → B2 . Viele Gebiete der Erde wären nicht bewohnbar. Durch Winde und vor allem durch Meeresströmungen wird Energie von den Tropen in die gemäßigten Zonen und in die Polregionen verfrachtet. So sorgt der Golfstrom im nördlichen Europa für ein angenehmes Klima, indem er warmes Wasser aus der Karibik zu uns bringt.

Bei einer ruhenden Erde flössen Luftmassen in der Höhe vom Äquator zum Pol und in Bodennähe von dort zurück (vergleichbar mit einem kleinräumigen Land-Seewind). Die Rotation der Erde verhindert dies. Jede Luftmasse hat am Äquator aufgrund der Erddrehung eine bestimmte Geschwindigkeit in Ostrichtung (465 m/s). Bei uns, in 40° nördlicher Breite, hat der Boden nur noch eine Geschwindigkeit von 355 m/s.

Strömt Luft vom Äquator Richtung Norden, so „eilt" sie der Erddrehung wegen ihrer Trägheit voraus, wird nach Osten, also nach rechts abgelenkt. Die Reibung mit der Erde ist zu gering, um dies zu unterbinden. Stattdessen hat man vom Boden aus betrachtet den Eindruck, als wirke eine Kraft nach rechts. Diese scheinbare Kraft wird nach ihrem Entdecker „Corioliskraft" genannt. Aus dem gleichen Grund bleibt eine vom Nordpol nach Süden strömende Luftmasse gegenüber der Erddrehung zurück, wird also auch nach rechts abgelenkt. Auf der Südhalbkugel erfolgt die Ablenkung nach links.

Merksatz

Winde werden auf der Nordhalbkugel nach rechts abgelenkt.

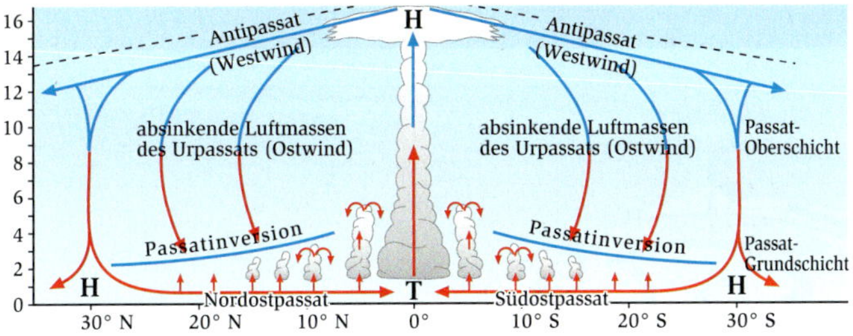

B1 Der Passatkreislauf

2. Die Passatzirkulation

Wie in **→ B1** dargestellt, bilden sich infolge starker Erwärmung der unteren Luftschichten vor allem im Bereich des Zenitstandes der Sonne, am Boden durch Aufsteigen von Luftmassen thermische Tiefdruckgebiete. Dadurch entsteht eine Strömung von Hochdruck zum Tiefdruckgebiet. Diese Ausgleichswinde nennt man **Passate.** Die Zone des Zusammenfließens der Passate heißt **innertropische Konvergenz (ITC).**

Die ITC ist der Motor der tropischen Wettermaschine. Energielieferant ist die intensive Sonneneinstrahlung, gespeichert ist die Energie als latente Wärme im Wasserdampf als Verdampfungswärme des Wassers.

Der Aufstieg der feuchten Luft führt zur Kondensation, zur Freisetzung der latenten Wärme. Es kommt zu heftigen Regengüssen. Die Thermik wird durch Eisbildung (Freisetzung der Schmelzwärme) weiter verstärkt.

Die Wolkentürme reichen bis zur Obergrenze der Troposphäre, hier in 18 km Höhe. Dort ergibt sich ein Luftmassenüberschuss (im Vergleich zu höheren Breiten), es entsteht ein Höhenhoch. In der Höhe strömt die Luft als *Antipassat* polwärts und sinkt nach Abkühlung im Bereich der Wendekreise ab. Dabei erwärmt sie sich und strömt als heiße und immer feuchtere Luft (über den Ozeanen) zur ITC zurück **→ B1**.

Im Bereich der absinkenden Luftmassen (Temperaturanstieg!) kann in den Subtropen kein Niederschlag fallen (Beispiel: Sahara). Zudem herrscht Windstille. Früher lagen in den subtropischen Hochdruckzellen, den gefürchteten *Rossbreiten*, die Segelschiffe oft wochenlang fest, sodass schließlich sehr häufig die mitgeführten Pferde notgeschlachtet werden mussten.

Mit der jahreszeitlichen Verlagerung des Sonnenhöchststandes verlagert sich auch die äquatoriale Tiefdruckrinne. Dadurch entstehen die unterschiedlichen Regen- und Trockenzeiten in den wechselfeuchten Tropen.

Vertiefung

B2 Hurrikan, Satellitenaufnahme

Tropische Wirbelstürme **→ B2** entwickeln sich über großräumig warmen Meeren (mindestens 26,5 °C). In der Karibik heißen sie *Hurrikane*, im indischen Ozean *Zyklone*, in *Ostasien Taifune*. Sie haben einen Durchmesser von 500 km bis 1000 km und Windgeschwindigkeiten über 200 km/h. Es bilden sich sehr hohe Wellen, häufig ein 10 m hoher Flutberg, den sie vor sich herschieben. Dieser kann an der Küste große Schäden anrichten. Hurrikans, Zyklone und Taifune beziehen ihre Energie aus dem warmen Wasser. Wir wissen: Um 1 g Wasser bei 30 °C in Dampf zu verwandeln, sind 2,4 kJ nötig.

Stelle dir einen Sommertag in der Karibik vor. Warmer Wind streicht übers 30 °C warme Wasser. Die Luft kann dann 34 g Wasserdampf aufnehmen, sie wird dadurch leichter und steigt auf. (H_2O Moleküle sind leichter als N_2 oder O_2 Moleküle). Die 34 g Wasserdampf enthalten eine latente Wärme von 80 kJ.

Wenn solche Luftpakete aufsteigen, setzt ein sich selbst verstärkender Prozess ein: Beim Aufsteigen sinkt die Temperatur, Wasserdampf kondensiert zu Regentropfen, durch die Kondensationswärme wird das Aufsteigen beschleunigt.

Das Luftpaket fährt wie im rasenden Fahrstuhl nach oben. Es ist dauernd wärmer und leichter als die umgebende Luft (bei vollständiger Kondensation um 60 K!). Das führt für die Luftfahrt zu gefährlichen vertikalen Aufwinden und Turbulenzen, einem sogenannten „Luftloch“.

Der Treibhauseffekt

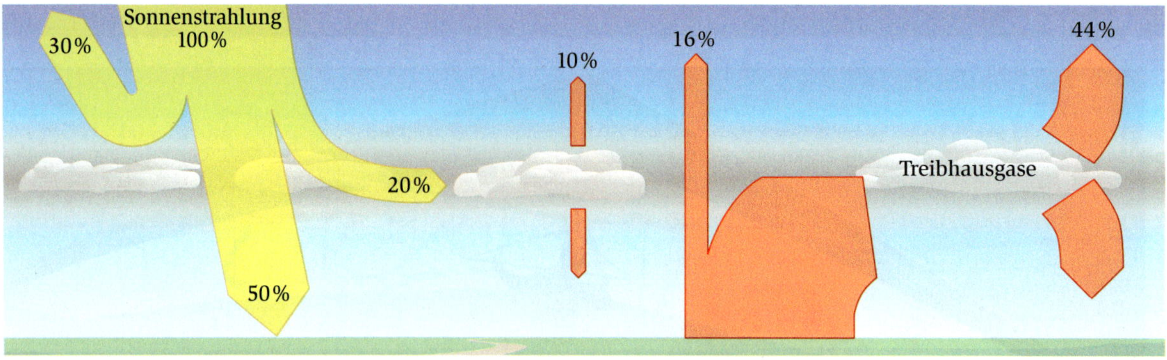

B1 Die Sonne strahlt Energie zur Erde. 30 % des Sonnenlichts werden an Wolken und Staubteilchen reflektiert, geben also keine Energie ab (ein Spiegel im Sonnenlicht wird nicht heiß). 20 % werden in der Atmosphäre absorbiert, erhöhen deren Temperatur. 50 % erreichen die Oberfläche, zusammen mit den 10 %, die die erwärmte Atmosphäre nach unten aussendet.

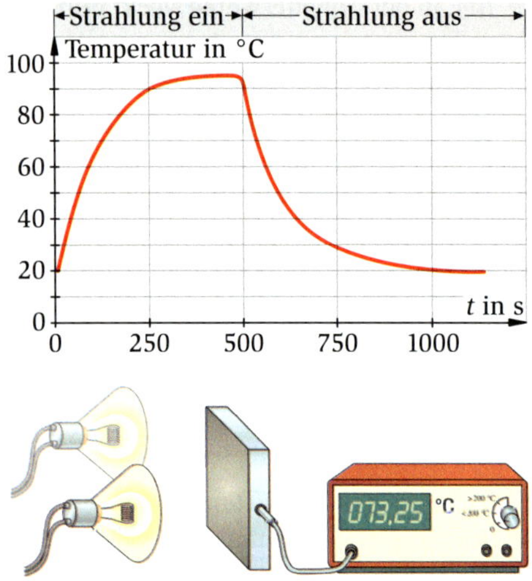

V1 **a)** Eine starke Lichtquelle bestrahlt die berußte Seite eines Alu-Plättchens. Dessen Temperatur steigt und nähert sich schließlich einem Endwert. Zunächst ändert sich die Temperatur schnell. Die gesamte absorbierte Energie dient zur Erhöhung der inneren Energie des Plättchens – es wird heißer. Dadurch steigt die von ihm ausgesandte Temperaturstrahlung hier als unsichtbares Infrarot (IR). Ein immer kleinerer Teil der aufgenommenen Energie bleibt im Plättchen. Ist die Endtemperatur erreicht, sind aufgenommene und ausgestrahlte Energie gleich groß. Es besteht Strahlungsgleichgewicht.

b) Nun benutzen wir zwei Lampen. Die pro Sekunde absorbierte Energie wird verdoppelt. Es entsteht ein neues Gleichgewicht bei höherer Temperatur.

1. Der Treibhauseffekt macht die Erde bewohnbar

Die Sonne strahlt ständig Energie zur Erde. Da die Temperatur seit Jahrmillionen nahezu konstant ist, muss **Strahlungsgleichgewicht** → V1a bestehen. Die Erde strahlt im Mittel genau so viel Energie ab, wie sie von der Sonne empfängt. Das geschieht durch unsichtbare **Infrarotstrahlung (IR-**Strahlung), → B1.

Stellen wir uns vor, die **Atmosphäre** wäre sowohl für Sonnenlicht als auch für die IR-Strahlung der Erde durchlässig. Im Strahlungsgleichgewicht würden dann 60 % der zugestrahlten Energie → B1 wieder abgestrahlt. Man kann berechnen, dass dann die mittlere Temperatur der Erdoberfläche –18 °C betragen würde. *Die Erde wäre nicht bewohnbar.*

Durch die Glasscheiben eines Treibhauses kommt Sonnenstrahlung ins Innere, erhitzt den Boden. Dadurch strahlt dieser verstärkt Temperaturstrahlung aus – hier als unsichtbare Infrarot (IR)-Strahlung.
Glas ist für IR-Strahlung nicht durchlässig. Es absorbiert IR-Strahlung, erhitzt sich und strahlt selbst verstärkt IR aus – je zur Hälfte nach unten und oben → B2. Dadurch steigt die Temperatur im Glashaus → V1b. Diesen Temperatur erhöhenden Effekt nennt man **Treibhauseffekt.** In einem Auto mit großen Scheiben kannst du diesen Treibhauseffekt spüren.

Im Gegensatz zur obigen Annahme ist die Atmosphäre für IR nahezu undurchlässig. Die vom Erdboden abgestrahlte IR-Strahlung wird in der Atmosphäre absorbiert und erwärmt sie. Die Atmosphäre schickt nun ihrerseits verstärkt IR-Strahlung zur Erde. *Die Erdoberfläche empfängt dadurch mehr Energie.* Es bildet sich *ein neues Strahlungsgleichgewicht bei höherer Temperatur aus* → V1b. Die mittlere Temperatur der Erdoberfläche steigt durch diesen Treibhauseffekt auf 15 °C.

2. CO_2 schwächt Infrarotstrahlung

Die Hauptbestandteile unserer Atmosphäre Stickstoff (78 %, Sauerstoff 21 %) haben keinen unmittelbaren Einfluss auf die Temperatur der Erdoberfläche. Sie lassen sowohl die Sonnenstrahlung, die zum größten Teil aus sichtbarem Licht besteht, als auch die IR-Strahlung der Erde passieren.
Anders die winzigen Mengen sogenannter **Spurengase,** vor allem **Wasserdampf** (H_2O) und **Kohlenstoffdioxid** (CO_2). Sie lassen das einfallende Sonnenlicht zum großen Teil durch, absorbieren aber weitgehend IR – wie die Glasscheiben eines Gewächshauses.
Diese Spurengase sorgen für den **natürlichen Treibhauseffekt,** der die Erde bewohnbar macht. Dieser wirkte schon vor dem Auftauchen des Menschen.

Unsere Vorstellungen über das Zustandekommen des Treibhauseffekts überprüfen wir durch → V2.

Merksatz
CO_2 und Wasserdampf absorbieren IR-Strahlung

Nun verstehst du, weshalb es bei klaren Winternächten so bitter kalt wird: Die Luft enthält dann keinen Wasserdampf, also kann die IR-Strahlung der Erde weitgehend ins All entweichen – die Erde verliert Energie, kühlt sich also ab.

3. … ein Loch ist im Eimer …

Ein einfaches Experiment soll das Zustandekommen eines **Fließgleichgewichts** zeigen, es ähnelt dem Strahlungsgleichgewicht:
Ein Eimer habe in Bodennähe eine Ausflussöffnung mit Hahn. Lässt man Wasser zuströmen, so bildet sich nach kurzer Zeit bei einer bestimmten Wasserhöhe ein Gleichgewicht zwischen zuströmendem und abfließendem Wasser aus.
Verkleinert man die Abflussöffnung durch Drehen am Hahn, so steigt zunächst der Wasserstand. Die Wassersäule wird höher, dadurch die Ausflussgeschwindigkeit größer. Irgendwann ist ein neues Fließgleichgewicht erreicht: Es fließt so viel Wasser zu wie ab – bei jetzt höherem Wasserstand.

Du hast sicher schon erkannt, dass der verkleinerten Ausflussöffnung beim Eimer die verminderte Abstrahlung von IR in das All durch die Spurengase Wasserdampf und CO_2 beim Treibhauseffekt der Erde entspricht.

Um uns finden ständig Gleichgewichtsprozesse statt. Ein Beispiel hierfür ist jede Glühlampe: Die Temperatur der Glühwendel einer Lampe steigt so lange, bis die als Licht und IR-Strahlung ausgesandte Energie so groß ist wie die zugeführte elektrische Energie.

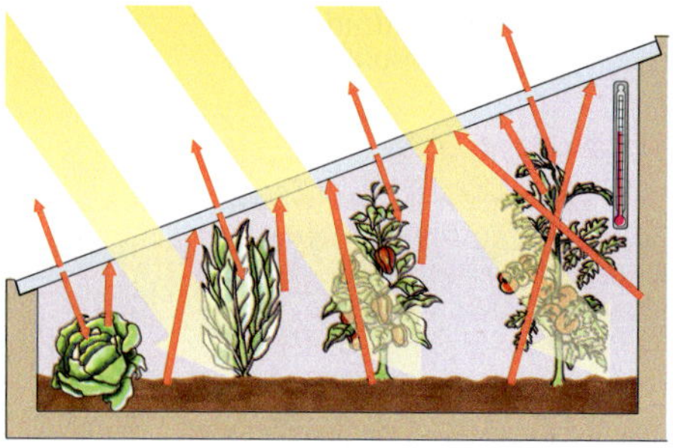

B2 Durch die Glasscheiben eines Treibhauses kommt die Sonnenstrahlung ins Innere und erhitzt den Boden. Dieser sendet dadurch verstärkt IR-Strahlung aus. Das Glasdach ist aber für IR nicht durchlässig. Es absorbiert die Strahlung, erhitzt sich dadurch und sendet IR nach unten. Die Temperatur im Innern steigt.

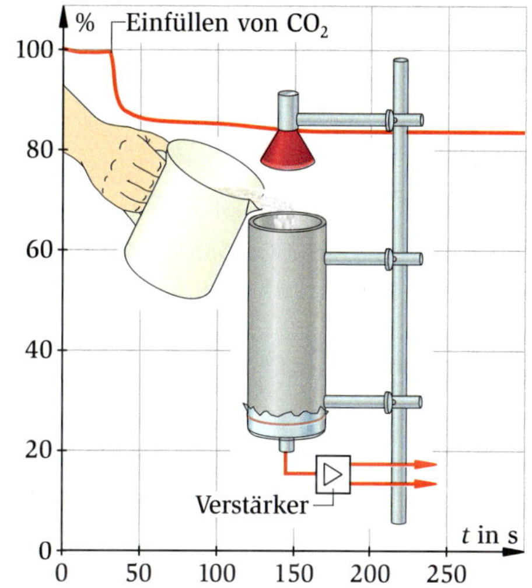

V2 Die Absorption von IR durch CO_2 bestätigen wir in einem Experiment:
Wir verschließen das untere Ende eines Rohres mit dünner Haushaltsfolie. Über dem Rohr bringen wir eine IR-Quelle (IR-Lampe oder Bügeleisen) an, deren Temperatur wir auf 100 °C einregeln. Unter dem Rohr misst ein Strahlungsmessgerät die IR-Strahlung. Durch Einfüllen von trockenem O_2- oder N_2-Gas verdrängen wir den Wasserdampf der Raumluft aus dem Rohr. Lassen wir dann CO_2-Gas in das Rohr hineinfließen, so geht der Ausschlag des IR-Messgeräts deutlich zurück – wie bei Einblasen von feuchter Luft (Atem).

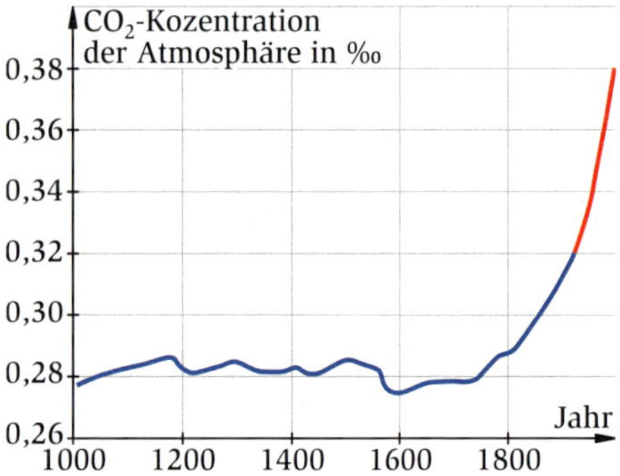

B1 Seit dem Beginn der Industrialisierung nahm der CO_2-Gehalt der Luft stark zu.

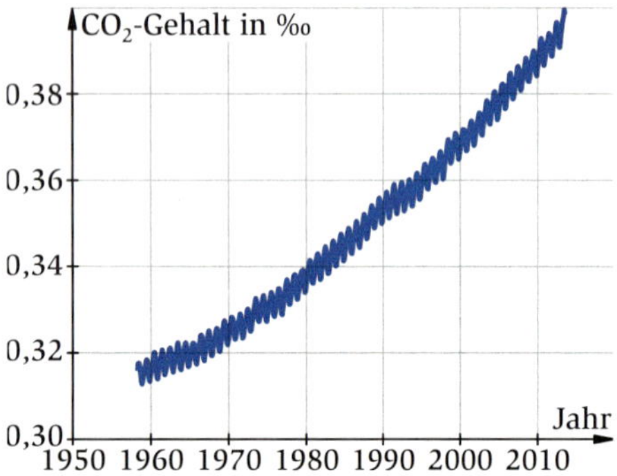

B2 Anstieg des CO_2-Gehalts der Luft über Hawaii („Fieberkurve der Erde")

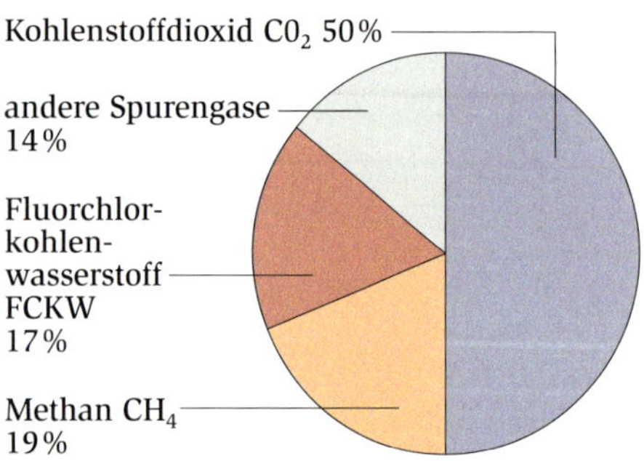

B3 Anteil der Treibhausgase am anthropogenen Treibhauseffekt

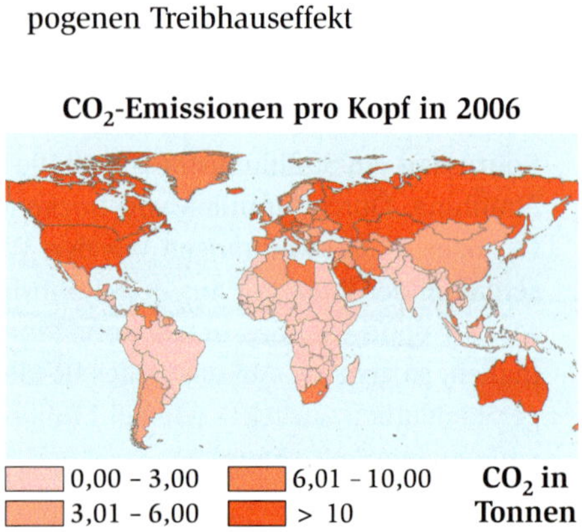

B4 CO_2-Emission pro Kopf in 2006

4. Der Mensch verstärkt den Treibhauseffekt

Der Anteil der Spurengase (Treibhausgase) in der Atmosphäre bestimmt unser Klima. Wächst die Konzentration des CO_2, so kann weniger Infrarot die Erde direkt verlassen. Die Rückstrahlung steigt und damit die Temperatur der Erdoberfläche. Da in der Luft nur 0,037 % CO_2 enthalten sind, genügen kleine zusätzliche Mengen, um das **Klima** deutlich zu verändern.

Seit dem Beginn der **Industrialisierung** vor etwa 200 Jahren wuchs der CO_2-Gehalt um 34 %. Dies vor allem durch Verbrennen von Kohle, Erdöl, Erdgas und durch das Abholzen von Wäldern. Etwa die Hälfte des gebildeten CO_2 nehmen bisher die Ozeane auf, die dadurch wegen der Bildung von Kohlensäure versauern (z. B. Gefahr für die Korallenkalke). Seit 1958 wird an vielen Orten der CO_2-Gehalt der Luft gemessen.

→ **B1** zeigt den Verlauf der Konzentration in den letzten 1000 Jahren. Seit 200 000 Jahren war sie nie so hoch wie heute.

→ **B2** stellt die älteste Messung dar. Von 1958 bis 2004 stieg der CO_2-Gehalt um 17%. Man sieht die jahreszeitlichen Schwankungen: Im Frühjahr, wenn das Laub unter Abgabe von CO_2 verrottet ist, hat er ein Maximum, im Herbst, wenn viel Biomasse unter Einbau von Kohlenstoff gebildet worden war, ein Minimum.

Der **anthropogene** (vom Menschen verursachte) **Treibhauseffekt** wird durch weitere Spurengase verstärkt → **B3**: *Methan* (Reisanbau, Rinderzucht), *Lachgas* (Düngereinsatz).

5. Wie viel Treibhausgase produzieren wir?

Wissenschaftler sagen voraus, dass sich bei einer Verdoppelung des CO_2-Gehalts die Atmosphäre um 2,5 bis 3 K aufheizen würde. Das könnte bei ungebremster Emission noch in diesem Jahrhundert geschehen. Um die Folgen dieser Temperaturerhöhung zu vermeiden, sollte jeder bestrebt sein, möglichst wenig Treibhausgase zu verursachen.
Im Schnitt entfallen auf jeden Deutschen 2 t fester Müll pro Jahr. Dies ist viel. An gasförmigen Müll produzieren wir 11 t CO_2 pro Jahr! Gäbe es keine Luftbewegung, so würde sich über Deutschland in einem Jahr eine 2 m hohe CO_2-Schicht bilden, in der wir ersticken würden.
Wie kommt diese gewaltige CO_2-Müllmenge zustande?
Der größte Teil der Energie, die wir für das uns gewohnte Leben benötigen, stammt aus den fossilen Energieträgern Kohle, Erdöl, Erdgas. Diese Stoffe werden verbrannt, um daraus elektrische Energie, mechanische Energie (Verbrennungsmotoren) oder Wärme und Licht zu erhalten. → **B4** zeigt, dass vor allem die Industrieländer viel Energie benötigen, also viel CO_2 erzeugen.

Um sinnvoll Energie einzusparen, sollte man wissen, in welchen Bereichen die größten Energiemengen eingesetzt werden. → B5 zeigt, dass viele den Energiebedarf einzelner Bereiche des täglichen Lebens falsch einschätzen. Am effektivsten kann man dort sparen, wo besonders viel Energie umgesetzt wird!

Um uns den Energieumsatz im privaten Bereich besser vorstellen zu können, betrachten wir eine *Musterfamilie*:

Die Musterfamilie Müller lebt in einer 110 m^2 großen, 1975 gebauten Wohnung. Der Vater arbeitet in einer Firma, die Mutter halbtags in einem Büro, die Tochter besucht die Schule, der Sohn studiert.
Die Familie besitzt zwei Autos (Fahrleistung pro Jahr 18 000 km und 12 000 km), benutzt die Bahn (jährlich 4000 km), den Bus (5000 km), „verbraucht" jährlich 5000 kWh elektrische Energie, verbrennt in der Heizung 3000 l Heizöl, fliegt in den Urlaub (Entfernung 2000 km), und benötigt Nahrung und Konsumgüter mit den dazu üblichen Verpackungen. Dafür muss man zusätzlich Energie bereitstellen.

Wir fassen das in → T2 zusammen:

Auto (30 000 km, 8 l/100 km)	5,5 t CO_2
Bus (5000 km)	0,3 t CO_2
Bahn (4000 km)	0,2 t CO_2
Flugzeug (16 000 km)	6,4 t CO_2
Heizung (Heizöl) 3000 l ≙ 30 000 kWh	9,0 t CO_2
Elektrische Energie (5000 kWh)	3,0 t CO_2
Nahrungs- und Konsumgüterproduktion	20,0 t CO_2
Jahresbilanz (gerundet)	**44,4 t CO_2**

T2 Jährlicher CO_2-Ausstoß einer vierköpfigen Familie

Für die vierköpfige Familie Müller werden pro Jahr 44 t CO_2 freigesetzt – mehr als 11 t pro Person.

6. Was können wir tun?

Wir haben gesehen, dass der CO_2-Ausstoß dem Energieumsatz proportional ist. Wegen des drohenden Klimawandels müssen wir den CO_2-Ausstoß verringern, wir müssen also Energie einsparen:

- beim Heizen und Duschen,
- beim Autofahren,
- bei der Nutzung elektrischer Energie,
- bei Nahrung und Konsum (Obst und Gemüse, das um die halbe Erde zu uns geflogen wurde, ist mit einem größeren CO_2-Ausstoß belastet als heimische Ware).

Schließlich sollten wir, wo immer es möglich ist, regenerative Energien nutzen → B6 .

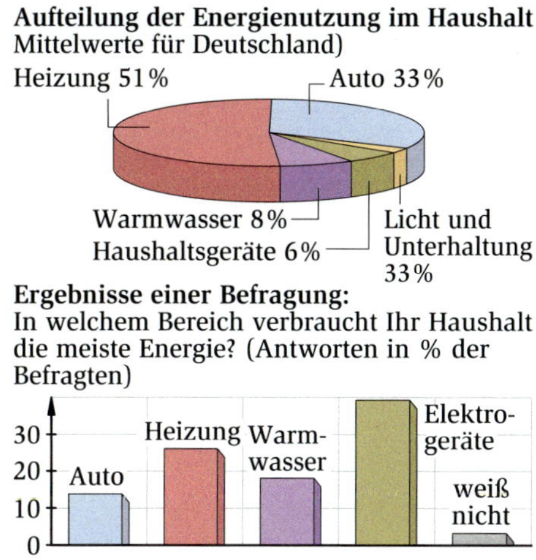

B5 Gemessene und geschätzte Werte des Energiegebrauchs im Haushalt

Auto:
Pro 100 km entstehen 23 kg CO_2
Bus:
Pro 100 km und Person fallen 6 kg CO_2 an.
Bahn:
Beim IC fallen pro 100 km und Person 3,7 kg CO_2 an.
Flugzeug:
Ein Langstreckenflug verschlingt pro 100 km und Person 4 ℓ Kerosin. 1 ℓ Kerosin erzeugt 2,5 kg CO_2.
Elektrizität:
Um 1 kWh elektrische Energie zu erzeugen, werden im Kohlekraftwerk 0,6 kg CO_2 freigesetzt.
Heizöl:
Um die Energie 1 kWh bereitzustellen, entstehen 0,3 kg CO_2.
Nahrungs- und Konsumgüter:
Die CO_2-Emission für die Herstellung beträgt ca. 5 t pro Jahr und Person.

T1 CO_2-Entsteheung bei typischen Energieumwandlungen (bei öffentlichen Verkehrsmitteln bei 75 % Auslastung)

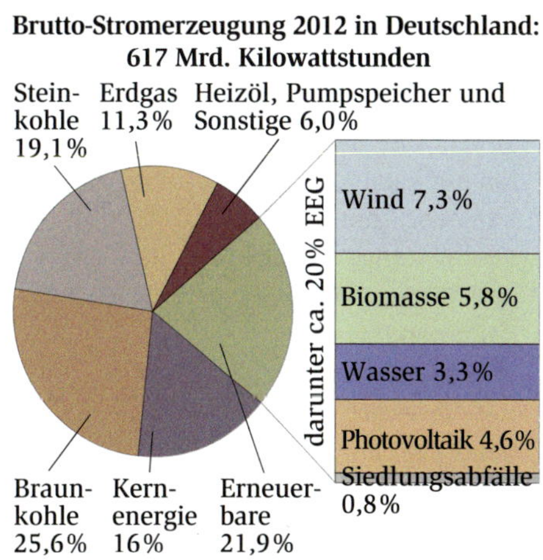

B6 Gewinnung elektrischer Energie 2012 in Deutschland nach Energieträgern.

Interessantes

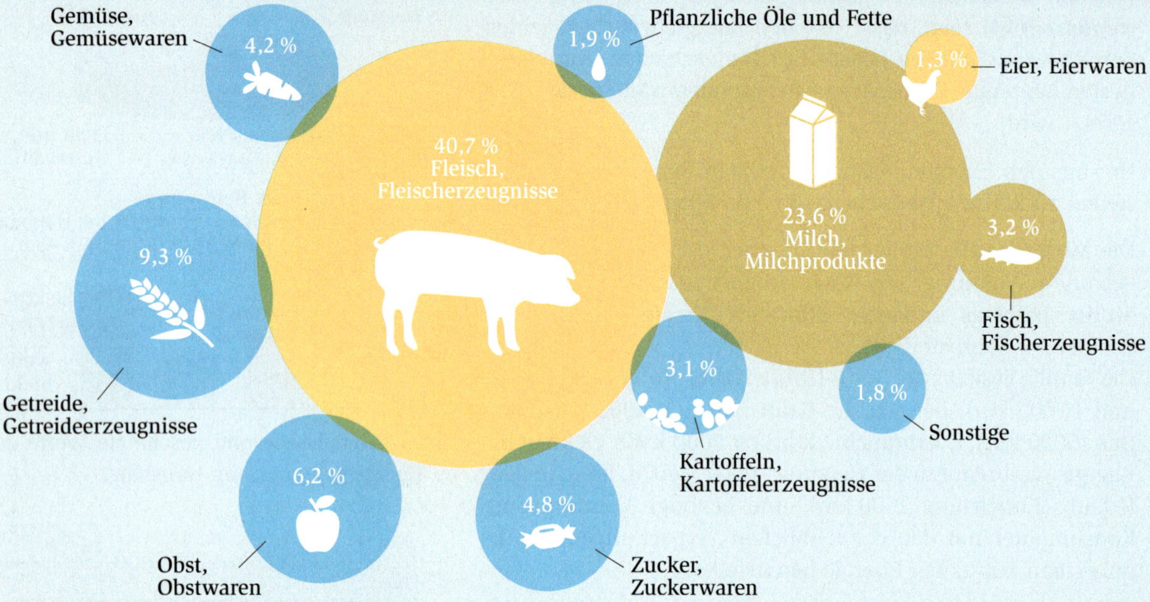

B1 Treibhausgasemissionen durch unsere Ernährung

Unsere Ernährung beeinflusst das Klima

Jeder Deutsche verursacht pro Jahr die Entstehung von 11 t CO_2. Im Wesentlichen wird CO_2 durch das Heizen von Wohnungen, durch den Verkehr, durch unseren Bedarf an elektrischer Energie (Warmwasser, Kühlen, Licht, Elektronik) gebildet.

Bei der Bereitstellung der Nahrung werden 2 t CO_2 erzeugt. Dabei entstehen noch andere, klimaschädliche Gase:

Methan (CH_4) entsteht beim Reisanbau, als Verdauungsgas bei Rindern, auf Mülldeponien und bei der Förderung von Erdgas und Erdöl. Es ist 23-mal so klimawirksam wie CO_2. Seit 1850 hat sich seine Konzentration in der Atmosphäre verdoppelt.

Lachgas (N_2O) entsteht beim Düngen mit Mineraldünger, bei Biomasseverbrennung und bei Automotoren mit katalytischer Abgasreinigung. Es ist 300-mal so klimawirksam wie CO_2.

Verarbeitung, Verpackung, Transport und Lagerung und Wegwerfen von Lebensmitteln verursachen weitere Spurengase.

Wie → **B1** zeigt, tragen die übrigen Treibhausgase – trotz ihrer geringen Konzentration – so viel zum Treibhauseffekt bei wie das CO_2.

Wichtig für die Klimafolgen ist die Verweilzeit der Treibhausgase in der Atmosphäre. Für FCKW beträgt sie 70 bis 140 Jahre, für Methan 10 Jahre, für CO_2 100 Jahre.

Die obige Grafik zeigt, dass Fleisch über 40 % der Treibhausemissionen der gesamten Nahrungserzeugung verursacht.

Wissenschaftler empfehlen höchstens 600 g Fleisch pro Woche, im Schnitt werden 1,5 kg verzehrt.

Ein Drittel der weltweiten Getreideproduktion landet in Futtertrögen. Das verschärft das Klima- und das Hungerproblem. Denn:

29 % der vom Menschen erzeugten Treibhausgase entstehen im Nahrungsmittelsektor. Bis 2050 werden die Ernten an Reis, Mais, Weizen in vielen Entwicklungsländern um 10–20 Prozent wegen der Klimaänderung sinken.

Arbeitsaufträge:

1 Berechne, wie viel kg CO_2 pro Jahr weniger gebildet würde, wenn du statt der durchschnittlich 1,5 kg Fleisch pro Woche nur 0,5 kg verzehren würdest.

2 **a)** Fertige eine Liste der von dir pro Woche verzehrten Lebensmittel an. Lasse dich von deinen Eltern dabei beraten. Hinweis: Erstelle einen typischen Wochen-Speiseplan (alle Mahlzeiten) und schätze die von dir benötigten Mengen ab.
b) Ermittle mithilfe der obigen Grafik, wie viel kg CO_2 durch deine Ernährung entstehen.

Interessantes

Wie ändert sich das Klima? – Aus der Vergangenheit lernen

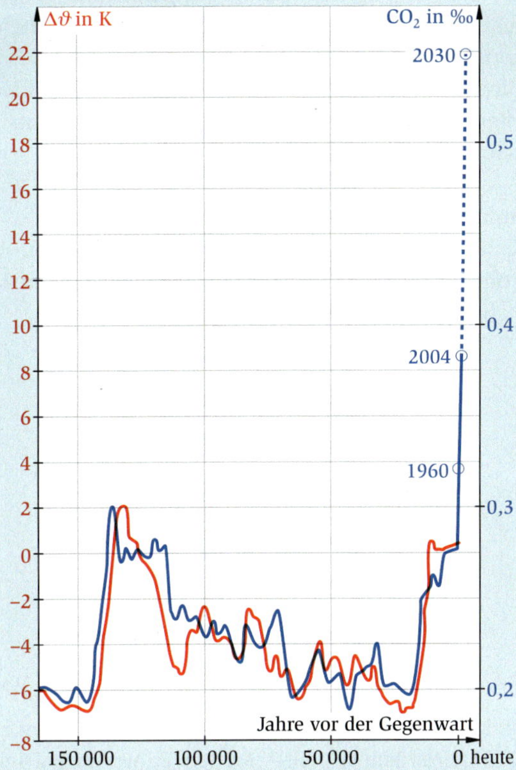

B3 Messungen bestätigen den Zusammenhang zwischen CO_2-Konzentration und Temperatur der Luft.

Wie stark ändert sich das Klima bei einem Anstieg der CO_2-Konzentration?
Klimaforscher erhalten Antworten auf diese wichtige Frage, indem sie die Luftzusammensetzung und die Temperaturen in der Vergangenheit bestimmen.

→ B3 und → B4 zeigen, dass zu hohen CO_2-Werten hohe Temperaturen gehörten. In den letzten Eiszeiten vor 20000 bis 70000 Jahren waren CO_2-Gehalt und Temperatur (–5 °C) besonders niedrig. In der letzten Warmzeit – dem Eem – vor 126000 bis 115000 Jahren, war Südgrönland bewaldet, der Meeresspiegel war 5–9 m höher als heute. In Mitteleuropa lebte der Waldelefant.

Woher kennt man die Daten von vor 100000 Jahren? Im Gletschereis von Grönland und der Antarktis sind kleine Luftbläschen eingesperrt. Aus ihnen bestimmt man den CO_2-Gehalt und die damalige Temperatur

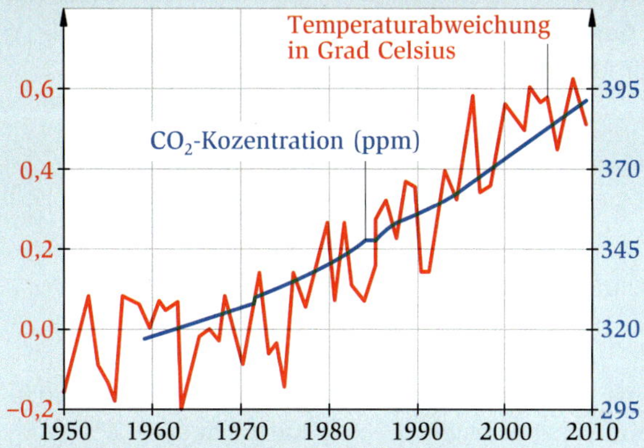

B4 Zunahme von CO_2 und Temperatur

(über die Isotopenzusammensetzung der O_2-Moleküle). Das alte Eis holt man mit langen Bohrkernen aus der Tiefe.

Forscher fürchten, dass bis Ende dieses Jahrhunderts die Atmosphärentemperatur um 3 K bis 4 K steigen wird.
Die Klimaentwicklung der Vergangenheit zeigt:

- Pro 1 K Lufterwärmung wandern die Klimazonen um 200 bis 300 km nach Norden.
- Der afrikanische Wüstengürtel würde dann im Bereich des Mittelmeeres liegen, mit schlimmen Folgen für dessen Anwohner.
- Die Deutschen bekämen ein Klima, das dem von Norditalien entspräche.
- Der Dauerfrostboden Sibiriens würde auftauen und große Mengen Methan freisetzen, die den Treibhauseffekt verstärken würden.
- Durch das Abtauen des Festlandeises und die thermische Ausdehnung des Meerwassers würde der Meeresspiegel um 1 m steigen.
- Das wäre katastrophal für Insel- und Küstenbewohner.
- Die Alpengletscher würden abtauen. Dadurch hätte der Rhein eine stark schwankende Wasserführung – schlecht für Schifffahrt und Wasserkraftwerke.

Arbeitsaufträge:

1 In der Sahara gibt es Felszeichnungen, auf denen Antilopen und Rinder dargestellt sind. Begründe die Motivwahl der damaligen Jäger.

2 Unter der Sahara gibt es riesige „fossile" Wasservorräte. Aus Isotopenbestimmungen des Sauerstoffs weiß man, dass das zugehörige Regenwasser während der letzten Eiszeit mit Westwinden geliefert wurde. Erläutere diese Messergebnisse.

Das ist wichtig

1. Gasgesetze

Für ideale Gase gilt die *allgemeine Gasgleichung*

$$\frac{p \cdot V}{T} = \text{konstant.}$$

Als Sonderfälle gelten $p \sim T$ bei konstantem Volumen
und $V \sim T$ bei konstantem Druck

T ist die absolute Temperatur, die nicht unterschritten werden kann. Es gilt: $T = 0$ K entspricht $\vartheta = -273$ °C.
Reale Gase folgen der Gasgleichung umso besser, je niedriger der Druck und je höher die Temperatur ist.

2. Zustandsänderungen

Materie kommt in drei *Aggregatzuständen* vor:

fest, flüssig, gasförmig

Den Übergang fest zu flüssig nennt man schmelzen, von flüssig nach fest nennt man ihn erstarren. Den Übergang von flüssig zu gasförmig nennt man verdampfen, von gasförmig zu flüssig heißt er kondensieren.

Zum Schmelzen muss man Energie zuführen – die Schmelzwärme. Mit dieser Energie werden die Teilchen des Stoffes aus ihrem festen Verband gelöst. Beim Erstarren wird diese Energie wieder abgegeben.

Entsprechendes gilt für die Verdampfungswärme.

3. Wetter und Klima

Motor für das Wettergeschehen ist die Sonne.
Sie führt Energie zu, mit der die Erdoberfläche erhitzt wird. Die Temperaturerhöhung des Bodens und damit der Luft hängt von Einfallswinkel und Bodenbeschaffenheit ab. Dadurch entstehen Winde.

Aufsteigende Luftmassen erzeugen ein bodennahes Tief, absteigende Luft ein Hoch. Luft strömt von Gebieten mit hohem Druck in Gebiete mit niedrigerem Luftdruck.

4. Der Treibhauseffekt

CO_2 absorbiert Infrarotstrahlung. Dadurch wird das Strahlungsgleichgewicht Sonne – Erde gestört, da die Erde die empfangene Energie nicht mehr als IR-Strahlung loswerden kann. Es kommt zu einer Temperaturerhöhung der Luft, dem Treibhauseffekt. Durch Verbrennen fossiler Energieträger verstärkt der Mensch diesen Temperaturanstieg. Dieser kann zu einer Verschiebung der Klimazonen führen.

Darauf kommt es an

Erkenntnisgewinnung

Wenn Physiker ihr Wissen erweitern wollen, stellen sie Fragen an die Natur. Sie machen Experimente.
Dabei muss sorgfältig geplant werden: Um Ursache und Wirkung erkennen zu können, darf nur eine Größe verändert werden. Bei der Ermittlung der Gasgleichung hielten wir je eine der Größen V, p konstant, um den Zusammenhang der anderen mit T zu erkennen.

Kommunikation

Durch logische Schlüsse kommt man von den Proportionalitäten $p \sim T$ und $V \sim T$ zur allgemeinen Gasgleichung $\frac{p \cdot V}{T}$ = konstant.

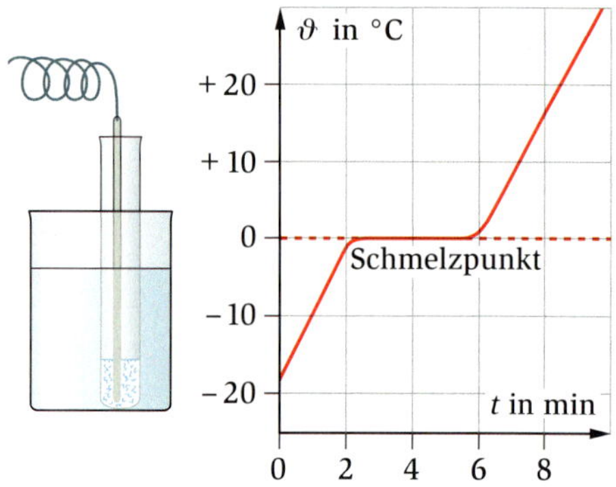

Eine kleine Portion Wasser wurde in einem Reagenzglas in das Gefrierfach gestellt – mit dem Fühler eines Digitalthermometers, das jetzt die Temperatur im Inneren des Eises anzeigt.
Das Reagenzglas wurde in einem Gefäß mit heißem Wasser geschwenkt, die Temperatur fortlaufend abgelesen. Einem Becher mit Eis führten wir kontinuierlich Energie zu. Aus dem Verlauf der $\vartheta(t)$-Kurve schlossen wir, dass beim Aggregatwechsel fest – flüssig Energie (die Schmelzwärme) benötigt wird.

Nutzung fachlicher Konzepte

Mit dem *Teilchenmodell* kann man sich die Existenz der Schmelzwärme anschaulich machen.
Ebenso hilft das Teilchenmodell, die Gasgesetze zu verstehen.

Bewertung

Der natürliche Treibhauseffekt macht die Erde bewohnbar. Durch den anthropogenen Treibhauseffekt verändert der Mensch das Klima – und damit die Lebensgrundlagen vieler Völker.
Da der Treibhauseffekt vor allem durch Verbrennen von Kohle, Erdöl und Gas verursacht wird, sollte jeder seine Lebensweise so verändern, dass durch ihn möglichst wenig CO_2 gebildet wird.

Das kannst du schon

Bei Gasen den Zusammenhang zwischen Volumen, Druck und Temperatur erkennen

Du verstehst, weshalb man Gase wie Wasserstoff, Sauerstoff oder Stickstoff in dickwandigen Stahlbehältern transportiert und du durchschaust, weshalb man Stratosphärenballone beim Start nur zum Teil mit Wasserstoffgas füllt.
Du erkennst den Sinn der Regel, nach der man nach schneller Autobahnfahrt nicht den Reifendruck korrigieren sollte.

Technische Anlagen beschreiben

Du könntest erklären, weshalb neben Wärmekraftwerken hohe Kühltürme stehen, denen meist dicke Nebelschwaden entweichen.
Du kannst Funktion und Zweck hoher Schornsteine erläutern.
Du durchschaust, weshalb sich ein Weihnachtskarussell dreht.

Vorgänge in der Natur verstehen

- Die große Schmelzwärme ist für die Natur von Bedeutung. Du kannst folgern, weshalb Eisberge durch Meeresströmungen weit nach Süden getrieben werden können, ohne merkbar zu schmelzen. Dort können sie die Schifffahrt gefährden.
- Am Beispiel des Golfstroms kannst du erklären, wie Europa durch seine warmen Wasser gewaltige Energiemengen erhält. Du verstehst, dass die Meeresströmungen und globale Windsysteme ihre Energie von der Sonne beziehen.
- Die Entstehung von Wind kannst du auf unterschiedliche Erwärmung von Teilen der Erdoberfläche durch die Sonne zurückführen.
- Mithilfe des Teilchenmodells kannst du erklären, weshalb sich aufsteigende Luft abkühlt.
- Die Beobachtung, dass an der Luvseite von Gebirgen Steigungsregen fallen, während an der Leeseite schönes Wetter besteht, kannst du interpretieren.

Vernetzen von Sachverhalten

Den Treibhauseffekt kannst du erklären.
Die Prozesse, bei denen Treibhausgase freigesetzt werden, kannst du beschreiben.
Du kannst dieses Wissen verwenden, um Vorhersagen über die zukünftige Entwicklung unseres Klimas beurteilen zu können.
Du kannst eine Wetterkarte interpretieren und die Entwicklung des Wetters analysieren.

Die allgemeine Gasgleichung hilft in der Technik.

Kühlturm und Weihnachtspyramide nutzen Naturgesetze.

Große Eisberge können Schiffe bedrohen: Untergang der Titanic.

Steigungsregen und Hurrikan: Dahinter steckt die Energie der Sonne.

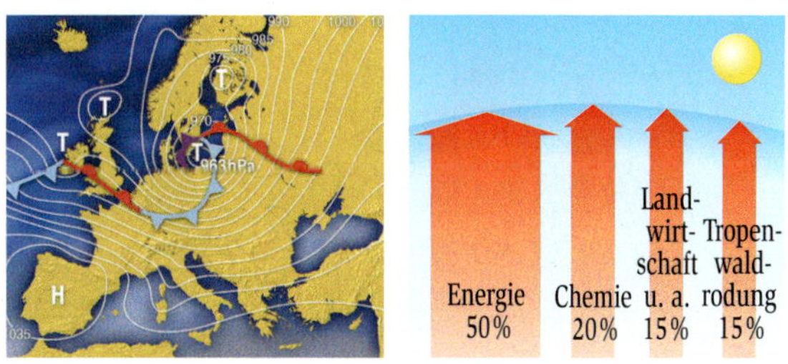

Auf Klima und damit Wettergeschen haben auch wir Menschen Einfluss.

Kennst du dich aus?

A1 **a)** Beschreibe, welche Bedeutung der natürliche Treibhauseffekt hat.
b) Nenne die Gase, die ihn bewirken.

A2 **a)** Erläutere, was man unter dem anthropogenen Treibhauseffekt versteht.
b) Nenne die Aktivitäten des Menschen, bei denen Treibhausgase freigesetzt werden.
c) Liste die wichtigsten anthropogenen Treibhausgase nach ihrer Bedeutung für das Klima auf.

A3 Durch den Treibhauseffekt wird der sibirische Dauerfrostboden auftauen. Dadurch werden große Mengen Methan entweichen. Methan ist ein wirksames Treibhausgas (20-mal so wirksam wie CO_2). Erläutere an diesem Beispiel den Begriff „sich selbst verstärkender Effekt".

A4

a) Versuche den Unterschied bei der CO_2-Emission pro Kopf zwischen den USA und Deutschland zu erklären (Frage eventuell deine Eltern nach den typisch amerikanischen Lebensgewohnheiten).
b) Erkläre den Unterschied dieser Werte zwischen Deutschland und Frankreich (Hinweis: 2012 wurden in Frankreich 12 % der elektrischen Energie aus Wasserkraft, 78 % aus Kernenergie gewonnen).

a) Gesamtemission in Mio. t   b) Emission pro Kopf in t

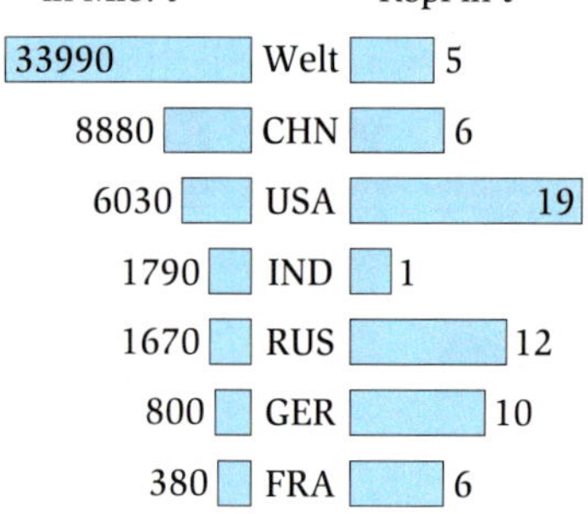

A5 Eine bestimmte Menge eines idealen Gases hat das Volumen 4 l. Nun wird das Volumen bei konstanter Temperatur auf 8 l vergrößert. Welche der Aussagen ist richtig, begründe deine Wahl: Der Druck bleibt
a) konstant,
b) wird halbiert,
c) wird verdoppelt.

A6

In einem Glas ist heißes, im anderen kaltes Wasser. In beide wird ein Stück Würfelzucker gegeben.

a) In welchem Glas löst sich der Zucker schneller auf? Erkläre mit dem Teilchenmodell.
b) Begründe, warum nach einiger Zeit das gesamte Wasser süß schmeckt.

A7

Begründe, weshalb ein Hoch (H) auf der Wetterkarte auf schönes, ein Tief (T) auf regnerisches Wetter schließen lässt.

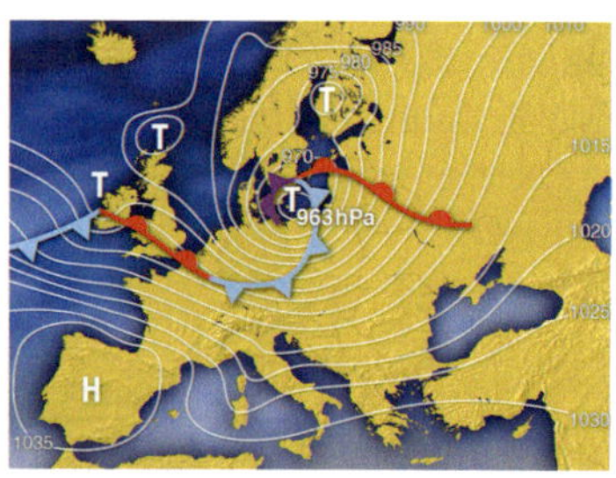

A8 Die „Rossbreiten" sind eine Zone entlang der Wendekreise. Am Atlantik waren sie zur Zeit der Segelschifffahrt gefürchtet, da dort nur unregelmäßige, schwache Winde wehen. Begründe diese Wettersituation.

A9 Zum Korrigieren des Luftdrucks werden an Tankstellen oft tragbare Behälter verwendet. Drei Reifen wurden auf den Druck 2,2 bar gebracht, beim vierten Reifen erreicht man nur 2 bar. Erkläre das Versagen physikalisch.

A10 Beschreibe, was sich an der Schneeschmelze im Frühjahr ändern würde, wenn zum Schmelzen von 1 kg Eis nicht 335 kJ sondern nur 33,5 kJ nötig wären. (Die spezifische Schmelzwärme von Eis hat einen besonders hohen Wert.)

A11 Berechne die Temperatur, bei der ein ideales Gas unter konstantem Druck das doppelte Volumen einnimmt, wenn die Anfangstemperatur 15 °C beträgt.

A12 **a)** Erkläre, warum sich Städte bei windstillem, sonnigen Wetter tagsüber stärker aufheizen als das grüne Umland.
b) Begründe, weshalb abends aus der grünen Flur kühlende Luft („Flurwind") in die Stadt strömt.
c) Erkläre die im Bild angedeutete Bildung bzw. Auflösung von Wolken.

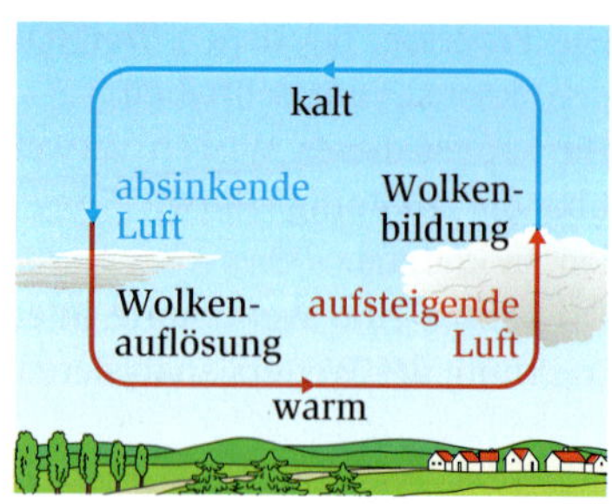

Interessantes

Planarbeit zum Thema „Vermeidung der CO_2-Entstehung bei der Energiebereitstellung"

B1 a) Stausee b) Wärmekraftwerk c) Windanlage d) Solaranlage e) Solarkraftwerk

Zeit: Zwei Schulstunden und Arbeit zu Hause

Ziel: Wie kann man die Versorgung mit elektrischer Energie unter dem Gesichtspunkt der *Nachhaltigkeit* sicherstellen?

Arbeitsaufträge:

1 „Nachhaltigkeit" wird im Brundtland-Report (1987) definiert. Recherchiere im Internet nach diesem Artikel und beschreibe die Bedeutung von Nachhaltigkeit mit eigenen Worten.

2 Nenne alle Möglichkeiten der Erzeugung elektrischer Energie.

3 Suche in der Liste diejenigen Verfahren, die heute großtechnisch zur Versorgung der Bevölkerung geeignet sind. Charakterisiere jedes Verfahren unter den Gesichtspunkten:
- Langfristige Versorgungssicherheit (Vorräte an entsprechenden Energieträgern)
- Zeitliche Verfügbarkeit (Elektrische Energie muss stets abrufbereit sein)
- Umweltbilanz
- Kosten für die Erzeugung
- Berücksichtigung von Verlusten bei der Übertragung elektrischer Energie (in Deutschland im Mittel 5 %); was ist daher von den Standorten der Erzeugung und der wichtigsten Verbraucher zu fordern?
- Geografische Randbedingungen (Vorhandensein von Kühlwasser, Gefälle bei Flüssen, Häufigkeit und Stärke von Wind, Sonnenscheindauer)

Der Bedarf an elektrischer Energie wird weiter steigen.
a) Welche Möglichkeiten siehst du, ihn unter dem Gesichtpunkt des Klimaschutzes zu befriedigen?
b) Nenne die Optionen, die deiner Meinung nach in den nächsten 20–30 Jahren zur Verfügung stehen dürften.
c) Schätze ab, welche Möglichkeiten und Schwierigkeiten (technische, politische, Flächenbedarf, Kosten, Risiken) zu erwarten sind.

4 Zitat: „Nachhaltigkeit ist, was in der Theorie unendlich weiter laufen kann."
Nenne Beispiele für nachhaltiges Handeln.

Kennst du dich aus? – Hinweise und Lösungen

A1 **a)** Temperaturanstieg von –18 °C auf 15 °C **b)** Wasserdampf und CO_2

A2 **a)** Temperaturanstieg durch Bildung klimawirksamer Gase **b)** Verbrennen fossiler Energieträger, Reisanbau, Rinderzucht **c)** CO_2, CH_4, FCKW, N_2O.

A3 Je stärker der Treibhauseffekt, umso mehr Methan wird freigesetzt.

A4 **a)** Energieintensiver Lebensstil **b)** F bezieht 90 % seiner elektrischen Energie aus CO_2-freien Quellen wie Kernkraft und Wasserkraft; in D 51 % aus Kohle und Gas.

A5 $\frac{1}{2}p$

A6 **a)** Im heißen Wasser treffen die Wassermoleküle mit größerer Geschwindigkeit auf die Zuckerkristalle. **b)** Diffusion

A7 Im H absteigende Luft, Erwärmung, Wolken lösen sich auf, im T aufsteigende Luft, Abkühlung, Kondensation.

A8 Entlang der Wendekreise absinkende Luft

A9 Druckabsenkung

A10 Schnelle Schneeschmelze, kurzes Frühjahr

A11 303 °C

A12 **a)** Schnelle Aufheizung **b)** Aufwind über aufgeheizter Stadt, dadurch Bodentief, in das die Flurluft strömt.

Zukunftssichere Energieversorgung

Das kannst du in diesem Kapitel erreichen:

- Du wirst erklären können, wie man mit einem Generator mechanische in elektrische Energie wandeln kann.
- Du wirst den Wirkungsgrad eines Elektromotors experimentell bestimmen können.
- Du wirst den Aufbau und die Funktionsweise eines Wärmekraftwerks beschreiben können und verstehen, warum der Wirkungsgrad prinzipiell begrenzt ist.
- Du wirst den Aufbau und die Funktionsweise von Wasserkraftwerken, Windenergieanlagen und Solaranlagen beschreiben können und abschätzen, wie viel elektrische Energie sie liefern.
- Du wirst verstehen, warum man elektrische Energie über weite Strecken mit Hochspannung transportiert und wie man die Umwandlung der Spannung technisch verwirklicht.
- Du wirst wissen, warum es immer wichtiger wird, Energie zu speichern, und du wirst verschiedene Speichermöglichkeiten kennen.

Energie vom Kraftwerk für zu Hause

Häuser mit Solardächern vor dem Gaskraftwerk Irsching

A1 Erkundige dich, wo es in deiner Nähe Kraftwerke und Umspannwerke gibt. Finde heraus, welche Bedeutung sie haben.

A2 Erkundige dich, welche Typen von Freileitungen und Masten es in deiner Umgebung gibt. Lass dir erklären, welche Bedeutung sie haben.

A3 Recherchiere, wie groß der Bedarf an elektrischer Energie in Deutschland pro Jahr ist.

A4 Schaue dir den Dynamo deines Fahrrades genauer an. Nenne die Bestandteile, die von außen erkennbar sind. Gib an, inwiefern der Dynamo ein Energiewandler ist.

A5 Schließe an eine Spule ein Voltmeter an.
a) Versuche, nur mithilfe eines Stabmagneten eine Spannung hervorzurufen. Beschreibe verschiedene Möglichkeiten.
b) Finde heraus, wovon die Höhe der Spannung abhängt.

A6 Finde heraus, wie die Energie von den Windparks in der Nordsee zum Festland übertragen wird und welche Probleme es dabei gibt.

A7 Recherchiere, was sich in dem Gehäuse hinter dem Rotor einer Windenergieanlage befindet.

Die elektromagnetische Induktion

B1 Generator bei der Montage

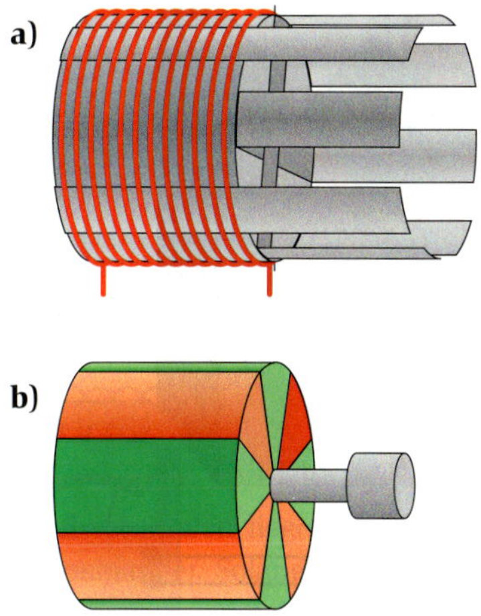

B2 Wesentliche Bauteile eines Fahrraddynamos: **a)** Spule mit herausgeführten Eisenlamellen und **b)** Magnet auf Drehachse.

Der größte Teil der von uns genutzten elektrischen Energie wird von Kraftwerken geliefert. Gleichgültig ob Kohle-, Kern-, Wasser- oder Windkraftwerk, in jedem steht ein **Generator**. Ein solcher Generator besteht aus riesigen Spulen, in deren Innerem sich Elektromagnete befinden → B1.

Ein Generator wandelt die ihm zugeführte mechanische Energie in elektrische Energie. Du hast bereits früher einen Generator als Energiewandler kennen gelernt, nämlich den Fahrraddynamo.

1. Rotierende Magnete erzeugen Spannungen

Wir beschäftigen uns nun nicht mit der elektrischen Energie, sondern mit der Ursache der Spannung, die durch einen Generator entsteht.

Die Bauteile eines Dynamos zeigt → B2. Der Magnet ist hier ein Dauermagnet. Der zylindrische Magnet besitzt vier Nord- und vier Südpole. Von den beiden Enden des Eisenkerns sind je vier Streifen nach oben gebogen, sodass ein „Käfig“ entsteht. Die Form lässt erkennen, dass sich der Magnet innerhalb des Käfigs drehen kann. Bei der Drehung bewegen sich abwechselnd die Nord- und Südpole des Magneten an den Streifen vorbei, die dadurch ständig ummagnetisert werden.

Wir führen ein Modellexperiment zum Fahrraddynamo durch → V1. Dazu verbinden wir eine Spule mit Eisenkern mit einem Voltmeter. Dann drehen wir einen Stabmagneten vor einem der Enden des Eisenkerns. So kommt an diesem Ende abwechselnd der Nord- und Südpol vorbei. Dabei beobachten wir, dass der Zeiger des Messgeräts hin- und herpendelt.

Diesen Vorgang der Spannungserzeugung bezeichnet man als **elektromagnetische Induktion**. Die entstehende Spannung heißt **Induktionsspannung.**

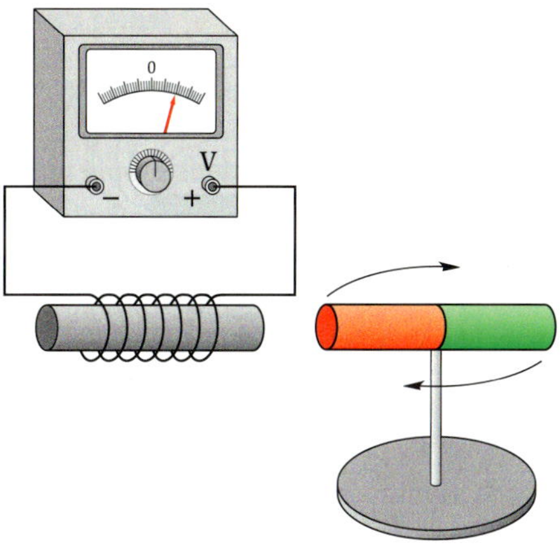

V1 Modellexperiment zum Fahrraddynamo: Der Magnet wird vor der Spule gedreht. Der Zeiger des Messgeräts pendelt hin und her.

Mach's selbst

A1 Untersuche die Umgebung eines Dynamos mit einem Kompass. Beschreibe und erkläre deine Beobachtung.

A2 Recherchiere, wie ein Fahrradtachometer funktioniert. Erkläre die Funktionsweise anhand einer Zeichnung mit eigenen Worten.

A3 Schließe eine Zweifarben-Leuchtdiode an die Enden einer Spule mit vielen Windungen. Schiebe einen Magneten in die Spule und zieh ihn wieder hinaus. Beschreibe deine Beobachtung und erläutere den Zusammenhang mit → V1.

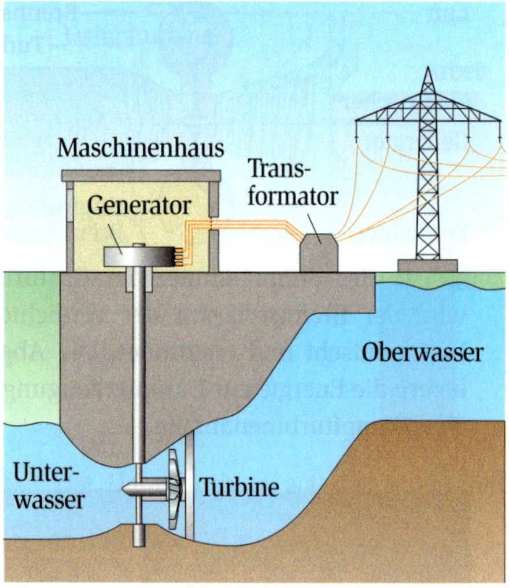

B1 Schnitt durch ein Laufwasserkraftwerk

B2 Das Laufwasserkraftwerk Griesheim

1. Wasserkraftwerke

Die Energie des Wassers ist die wichtigste erneuerbare Energie. Weltweit werden etwa 16 % der elektrischen Energie in Wasserkraftwerken erzeugt, in Deutschland sind es 3 % (2012). Die vorherrschenden Kraftwerkstypen sind die **Laufwasserkraftwerke** und die **Speicherkraftwerke.**

Ein Laufwasserkraftwerk → B1 nutzt das natürliche Gefälle eines Flusses. In der Regel wird dafür der Fluss durch ein Wehr gestaut. Durch den Höhenunterschied hat das Wasser vor dem Wehr eine größere Höhenenergie als dahinter. Die Energiedifferenz wird von einer Turbine mit angeschlossenem Generator in elektrische Energie gewandelt.

→ B2 zeigt das Laufwasserkraftwerk Griesheim im Stadtgebiet von Frankfurt am Main. Die drei ins Wasser eingelassenen Turbinen werden pro Sekunde von durchschnittlich 70 m³ Wasser durchströmt. Diese Wassermenge hat eine Masse von

$$m = \rho \cdot V = 3 \cdot 1000\,\frac{\text{kg}}{\text{m}^3} \cdot 70\ \text{m}^3 = 210\,000\ \text{kg}.$$

Bei einem Höhenunterschied von $h = 4{,}50$ m zwischen Ober- und Unterwasser beträgt die zur Verfügung stehende Höhenenergie je Sekunde

$$W = m \cdot g \cdot h = 210\,000\ \text{kg} \cdot 9{,}81\,\frac{\text{N}}{\text{kg}} \cdot 4{,}50\ \text{m} \approx 9\,270\,000\ \text{J}.$$

Nicht die ganze Höhenenergie wird in elektrische Energie gewandelt, sondern nur 4 900 000 J, das sind etwa 53 %. Diesen Anteil nennt man auch hier Wirkungsgrad η. Wir dürfen ihn nicht mit dem maximal möglichen Wirkungsgrad bei der Umwandlung von Wärme in Arbeit verwechseln.
Da die elektrische Energie $W_{el} = 4\,900\,000$ J in einer Sekunde zur Verfügung gestellt wird, ergibt sich für das Kraftwerk Griesheim eine Leistung von

$$P = \frac{W_{el}}{t} = \frac{4\,900\,000\ \text{J}}{1\ \text{s}} = 4\,900\,000\ \text{W} = 4{,}9\ \text{MW}.$$

Zum Vergleich: Kohlekraftwerke haben meistens eine Leistung von mehreren Hundert Megawatt.

Im Laufwasserkraftwerk wird die im Wasser gespeicherte Energie kontinuierlich genutzt. Beim Speicherkraftwerk dagegen wird das Wasser in hochgelegenen Seen gespeichert und nur bei Bedarf durch Rohrleitungen den Turbinen des niedriger gelegenen Kraftwerks zugeführt. Auch hier wird die Differenz der Höhenenergie genutzt.
Ein Spezialfall sind die **Pumpspeicherkraftwerke:** In Zeiten, in denen wenig elektrische Energie benötigt wird, wird Wasser mithilfe von Elektromotoren mit Schaufelrädern in ein höher gelegenes Becken gepumpt. So wird die Energie als Höhenenergie gespeichert. Wird viel elektrische Energie benötigt, lässt man das Wasser wieder nach unten schießen und benutzt die Motoren mit den Schaufelrädern als Generatoren.

Kompetenz – Wirkungsgrad bewerten

Beim Wirkungsgrad muss man unterscheiden, ob der „Verlust" der Energie als Wärme aufgrund technischer Unzulänglichkeiten erfolgt (in der Realität immer vorhanden) oder ob es sich um einen prinzipiellen Verlust handelt, der durch die carnotsche Formel beschrieben wird.

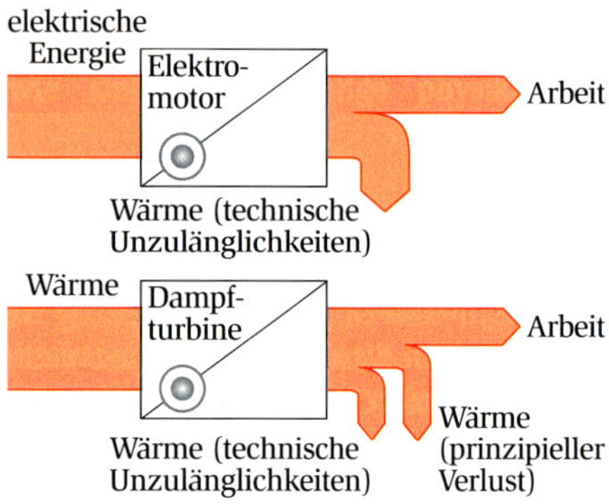

2. Windenergieanlagen

Deutschland erzeugt etwa 7 % des Bedarfs elektrischer Energie in Windenergieanlagen (2012). Damit ist die Windenergie die wichtigste erneuerbare Energie in Deutschland. Bis 2025 soll der Anteil sogar auf 25 % steigen. Nutzbar ist die Energie des Windes bei Windgeschwindigkeiten von 4 m/s bis 20 m/s. In Deutschland ist die Windenergienutzung bisher weitgehend auf die Küstengebiete und die Mittelgebirge beschränkt ➜ B4. In Zukunft sollen in der Nord- und Ostsee zahlreiche Windenergieanlagen entstehen. Der Wind weht über der Meeresoberfläche besonders gleichmäßig und mit höherer Geschwindigkeit als an Land.

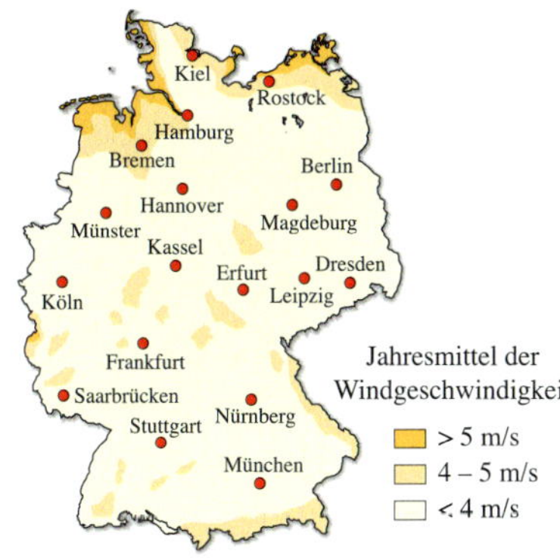

B4 Jahresmittel der Windgeschwindigkeit 10 m über dem Boden.

Warum die Windgeschwindigkeit für die Nutzung der Energie eine bedeutende Rolle spielt, können wir mit unseren physikalischen Kenntnissen verstehen:
Trifft in der Zeit t eine Luftmenge der Dichte ρ mit dem Geschwindigkeitsbetrag v auf einen Rotor mit der Fläche A, so gilt für die von der auftreffenden Luft zur Verfügung gestellten Leistung ➜ Vertiefung

$$P \sim \rho \cdot A \cdot v^3.$$

Der Betrag v der Windgeschwindigkeit geht in der dritten Potenz in die Leistung ein. Das heißt, dass eine Verdoppelung der Windgeschwindigkeit eine Verachtfachung der Leistung bedeutet!
Die Leistung hängt außerdem von der Dichte der Luft ab. Da diese mit steigender Temperatur abnimmt, ist die Leistung einer Windenergieanlage im Sommer kleiner als im Winter.

Selbst bei einem optimal konstruierten Windrad kann die in der Luft gespeicherte Bewegungsenergie nicht vollständig vom Rotor aufgenommen werden. Wäre dies der Fall, stünde die Luft hinter dem Rotor still und es könnte keine Luft nachströmen. Der Physiker Albert BETZ (1885–1968) fand heraus, dass der Rotor der Luft maximal 59,3 % der Energie entnehmen kann. Aufgrund weiterer Verluste werden bei einer modernen Windkraftanlage nur etwa 30 % der Bewegungsenergie der Luft in elektrische Energie gewandelt.

Vertiefung

Leistung beim Windrad

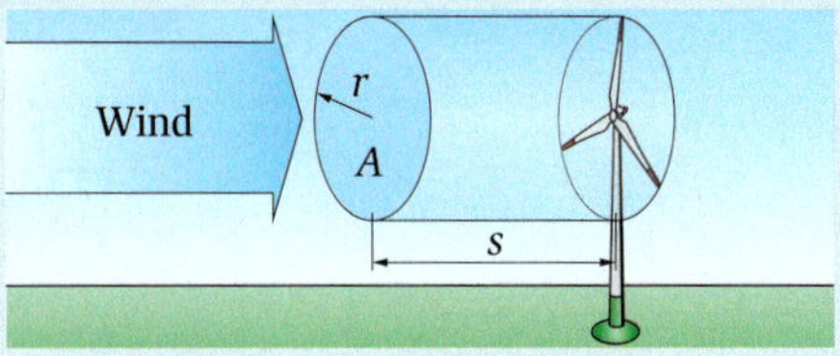

In der Zeit t trifft eine Luftmenge mit dem Volumen $V = A \cdot s = A \cdot v \cdot t$ auf den Rotor. Sie hat eine Masse von $m = \rho \cdot V = \rho \cdot A \cdot v \cdot t$.
Wir wissen schon, dass für die Bewegungsenergie gilt: $W \sim m$ und $W \sim v^2$.
Daraus folgt:

$$W \sim m \cdot v^2.$$

Für die von der Luftmenge zur Verfügung gestellte Leistung gilt daher

$$P \sim \frac{m \cdot v^2}{t} = \frac{\rho \cdot A \cdot v \cdot t \cdot v^2}{t} = \rho \cdot A \cdot v^3$$

Mach's selbst

A1 Recherchiere, in welchen Ländern Wasserkraftwerke eine große Rolle bei der Bereitstellung elektrischer Energie spielen.

A2 Beim Pumpspeicherkraftwerk Limberg in Österreich werden die Turbinen pro Sekunde von 36 m³ Wasser durchströmt. Der Höhenunterschied zwischen Ober- und Unterwasser beträgt 360 m und die Leistung des Kraftwerks 113 MW. Berechne, welcher Anteil der Höhenenergie in elektrische Energie gewandelt wird.

A3 Begründe, warum man Speicherkraftwerke auch als Spitzenlastkraftwerke bezeichnet.

A4 **a)** Bei einer Windkraftanlage betrage die von der auftreffenden Luft zur Verfügung gestellte Leistung 1,5 MW. Berechne, welche Leistung der Luft maximal entnommen werden kann.
b) Wie ändert sich der Wert bei Verdoppelung der Windgeschwindigkeit?

A5 Recherchiere die Funktionsweise eines Gezeiten- oder Wellenkraftwerks und halte einen kleinen Vortrag darüber.

B1 Solarzellen eines Parkhauses in Marburg

Vertiefung

So funktioniert eine Solarzelle

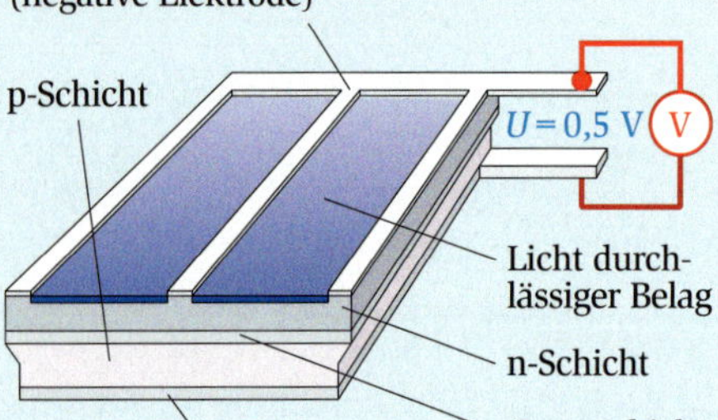

Solarzellen werden aus großen Siliziumplatten (Wafern) hergestellt. Ober- und Unterseite der Platten werden unterschiedlich behandelt (man nennt die Schichten n-Schicht und p-Schicht). Fällt nun Licht in die Grenzschicht zwischen n- und p-Schicht, können dort Elektronen aus Atomen gelöst werden (fotoelektrischer Effekt). Die Elektronen wandern zur Oberfläche der Solarzelle und sammeln sich in den aufgebrachten Metallleitungen. Die am Ort der Ladungstrennung überwiegende positive Ladung wird durch Elektronen von der Unterseite der Solarzelle neutralisiert. Auf der Aluminiumplatte an der Unterseite (positive Elektrode) entsteht dadurch Elektronenmangel, es überwiegt also ortsfeste positive Ladung. Wie bei allen Spannungsquellen werden also auch im Innern von Solarzellen Ladungen unter Aufwand von Energie getrennt. Die benötigte Energie liefert das einfallende Licht.

3. Fotovoltaikanlagen

Unübersehbar haben Solarzellen in den letzten Jahren Einzug in unseren Alltag gehalten. Auf Hausdächern → **B1**, an Fassaden, auf Brachland und Parkautomaten sorgen sie für elektrische Energie und schonen dabei die Umwelt. Solarzellen wandeln die Energie der Sonnenstrahlung unmittelbar in elektrische Energie → **Vertiefung**. Diese Nutzung der Sonnenenergie nennt man auch **Fotovoltaik**. In Deutschland werden etwa 5 % des Bedarfs elektrischer Energie in Fotovoltaikanlagen erzeugt (2012).

Von der Sonne gelangt ein riesiger Energiestrom zur Erde ($1{,}8 \cdot 10^{17}$ W). Die Menschheit benötigt etwa $3 \cdot 10^{12}$ W elektrischer Leistung. Das sind etwa 0,002 % der eingestrahlten Leistung. Sollte es nicht möglich sein, unseren Energiebedarf durch die praktisch unerschöpfliche Sonnenenergie zu decken, die noch dazu gratis geliefert wird? Auf den ersten Blick ist das die Lösung unserer Energieprobleme. Beim näheren Hinsehen erkennt man Schwierigkeiten:

- Außerhalb der Atmosphäre wird die Fläche $A = 1\ \text{m}^2$, die senkrecht zur ungeschwächten Sonnenstrahlung steht, in 1 s von der Energie $W = 1{,}37$ kJ durchsetzt. Dies ergibt eine Leistungsdichte $S_E = 1{,}37\ \text{kW/m}^2$. S_E nennt man **Solarkonstante.** An der Erdoberfläche ergeben sich bei klarem Himmel Leistungsdichten bis zu $1\ \text{kW/m}^2$. Könnte man die Energie zu 100 % (!) in elektrische Energie umwandeln, so bräuchte man eine Fläche von $1{,}0\ \text{km}^2$, um die Leistung eines 1000 MW-Kraftwerksblocks zu erhalten. Tatsächlich liegt der Wirkungsgrad handelsüblicher Solarzellen nur bei rund 16 %, man bräuchte also etwa $6\ \text{km}^2$ als absorbierende Fläche oder etwa 200 000 Dachflächen. Dies entspräche aber nur der *Spitzenleistung* der Anlage. Sie wird nur bei optimalen Bedingungen, also klarem Himmel und hochstehender Sonne erreicht. Tatsächlich wäre der Flächenbedarf also noch größer.
- Oft scheint die Sonne dann nicht, wenn der Energiebedarf hoch ist (abends, im Winter). Das Entsprechende gilt für die Windenergie. Da es bislang keine kostengünstige Möglichkeit gibt, elektrische Energie zu speichern, muss ein zweites Kraftwerkssystem bereitstehen, das immer dann einspringt, wenn Sonne und Wind keine Energie liefern, denn unsere Gesellschaft ist auf eine konstante Bereitstellung elektrischer Energie angewiesen. Bau und Betrieb dieses Reservesystems verteuern die Nutzung von Sonnen- und Windenergie.

Forscherinnen und Forscher haben herausgefunden, dass die theoretische Obergrenze des Wirkungsgrades von Silizium-Solarzellen bei 43 % liegt, da das Material nur einen Teil des Sonnenspektrums ausnutzt. In Laborversuchen erreichte man bisher 25 %. Bei Mehrschichtsolarzellen aus verschiedenen Materialien, die das ganze Sonnenspektrum ausnutzen können, sind es sogar über 40 %.

Forscherwerkstatt

Experimente mit Solarzellen

A. Licht treibt einen Motor an

Du benötigst:
- 1 Solarzelle
- 1 Elektromotor (für Solarzellen, evtl. mit Propeller)
- 1 helle Lampe (z. B. Halogenleuchte)
- Leitungen

B5 Lichtenergie wird in mechanische Energie gewandelt.

Arbeitsaufträge:

1 Baue nach → B5 einen Versuch auf. Decke verschieden große Teile der Solarzelle mit einem Blatt Papier ab. Beschreibe und erkläre deine Beobachtung.

2 Untersuche, welchen Einfluss
- der Abstand zwischen Lampe und Solarzelle
- und der Winkel, in dem das Licht auf die Oberfläche der Solarzelle trifft, haben.

Plane dazu zwei geeignete Experimente und fertige jeweils ein Versuchsprotokoll an.
Achtung: Solarzellen dürfen nicht zu heiß werden, deshalb sollte die Entfernung zur Lampe nur für kurze Zeit unter 30 cm liegen.

B. Schaltung von Solarzellen

Du benötigst:
- Material wie in A
- zusätzlich eine weitere Solarzelle

Die Fläche von Solarzellen ist durch die Herstellung begrenzt. Um leistungsfähigere Spannungsquellen zu erhalten, müssen einzelne Zellen zu einem Modul verschaltet werden. Dabei gibt es zwei Möglichkeiten: Reihen- oder Parallelschaltung.

Arbeitsaufträge:

1 Plane ein Experiment, in dem du die Reihen- und Parallelschaltung zweier Solarzellen vergleichst. Zeichne zwei entsprechende Schaltbilder. Führe das Experiment durch und fertige ein Protokoll an.

2 Wie werden die einzelnen Zellen eines Solarmoduls zur Dachmontage verschaltet? Recherchiere.

C. Der Maximum Power Point (MPP)

Du benötigst:
- 1 Solarzelle
- 1 Spannungsmesser (Voltmeter)
- 1 Stromstärkemesser (Amperemeter)
- 1 von 0 Ω bis 10 Ω veränderbarer Widerstand
- 1 helle Lampe (z. B. Halogenleuchte)
- Leitungen

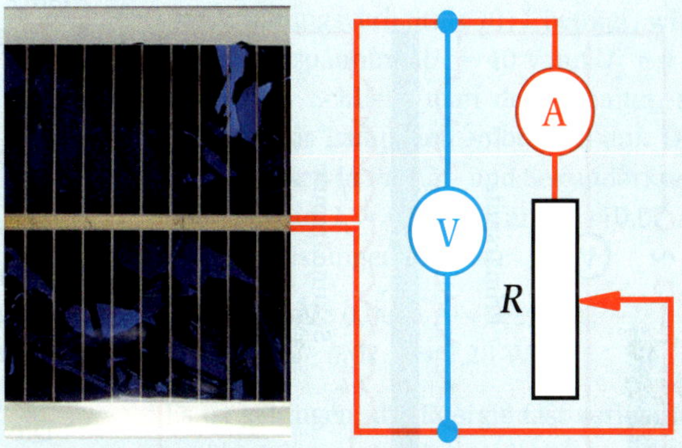

B6 Spannung und Stromstärke werden bei unterschiedlicher Belastung gemessen.

Arbeitsaufträge:

1 Baue nach → B6 einen Versuch auf. Richte die Lampe auf die Solarzelle.

2 Miss Spannung und Stromstärke bei unterschiedlicher Belastung. Trage die Messwerte in eine Tabelle ein.

3 Stelle die Messwerte in einem *I*-*U*-Diagramm dar (Kennlinie der Solarzelle).

4 Ermittle, für welche Spannung und Stromstärke die Leistung der Solarzelle maximal ist. Der zugehörige Punkt im *I*-*U*-Diagramm heißt Maximum Power Point (MPP).

5 Verändere nun den Abstand der Lampe von der Solarzelle, führe den Versuch erneut durch und bestimme den MPP.

Eine Fotovoltaikanlage bringt nur dann höchsten Ertrag, wenn die Solarzellen möglichst ständig im MPP arbeiten. Der MPP hängt von der Strahlungsleistung, der Temperatur und dem Typ der Solarzelle ab.
In der Praxis stellt ein MPP-Regler ständig die Spannung auf den optimalen Wert ein, indem der Belastungswiderstand variiert wird. Ein Gleichspannungswandler stellt sicher, dass die Ausgangsspannung der Anlage konstant ist.

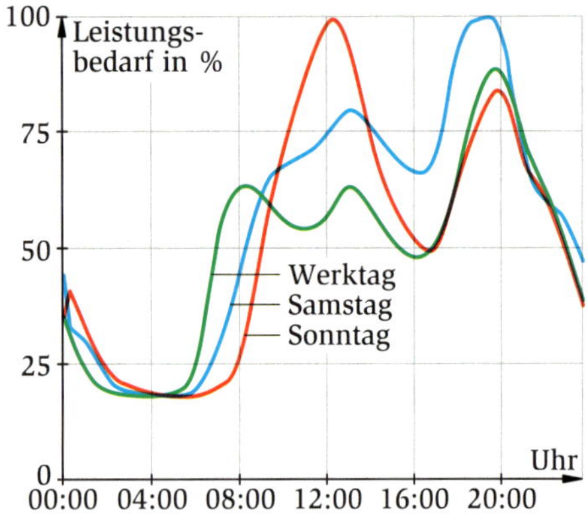

B1 Leistungsbedarf im Winter an verschiedenen Wochentagen

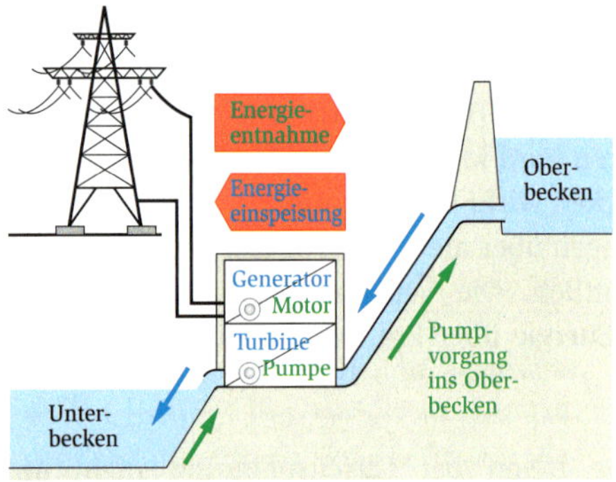

B2 Schnitt durch ein Pumpspeicherkraftwerk

B3 Leeres Oberbecken des Pumpspeicherkraftwerks Waldeck I oberhalb des Affoldener Sees. Es fasst $V = 736\,000\ \text{m}^3$ Wasser. Der Höhenunterschied zum Unterbecken beträgt $h = 280$ m. Ist das Oberbecken voll, so ist eine Höhenenergie von

$$W = m \cdot g \cdot h = \rho \cdot V \cdot g \cdot h$$
$$= 1000\ \frac{\text{kg}}{\text{m}^3} \cdot 736\,000\ \text{m}^3 \cdot 9{,}8\ \frac{\text{N}}{\text{kg}} \cdot 280\ \text{m}$$
$$\approx 2 \cdot 10^{12}\ \text{J} \approx 600\,000\ \text{kWh}$$

gespeichert.

Solar- und Windenergieanlagen spielen eine immer größere Rolle für unsere Energieversorgung. Doch ihr Ertrag schwankt je nach den Wetterverhältnissen erheblich. Nachts oder bei Windstille wird keine elektrische Energie erzeugt.
Nicht nur das Angebot an elektrischer Energie, auch die Nachfrage ändert sich im Tagesverlauf → **B1**. Angebot und Nachfrage stimmen aber selten überein. Es ist daher unumgänglich, Energie zu speichern, um sie bei Bedarf abrufen zu können. Es gibt verschiedene Speichertechnologien, von denen sich einige schon bewährt haben und andere noch entwickelt werden.

1. Mechanische Speicherung

Du weißt schon, wie ein Pumpspeicherkraftwerk → **B2** funktioniert: Besteht ein Energieüberangebot, wird Wasser mit Elektromotoren in ein großes Becken auf einer Anhöhe gepumpt. Auf diese Weise wird elektrische Energie gewandelt und als Höhenenergie des Wassers gespeichert. Wird viel elektrische Energie benötigt, dann lässt man das Wasser wieder bergab fließen und benutzt die Motoren mit den Schaufelrädern als Generatoren. Die gespeicherte Höhenenergie wird wieder in elektrische Energie gewandelt.
Die gespeicherte Energiemenge hängt vom Höhenunterschied zwischen Unter- und Oberbecken und vom Volumen des Oberbeckens ab. Ist das Oberbecken des Pumpspeicherkraftwerks Waldeck I voll, so ist eine Höhenenergie von 600 000 kWh gespeichert, die 60 000 Haushalte einen Tag mit elektrischer Energie versorgen kann.
Pumpspeicherkraftwerke sind derzeit die weltweit führende Technologie zur Speicherung elektrischer Energie.

In Druckluftspeicherkraftwerken wird Luft bei bis zu 70 bar in unterirdische Hohlräume gepresst. Die Menge der dadurch gespeicherten Energie hängt von der Größe des Speichers und dem Druck ab. In Zeiten hohen Energiebedarfs wird die Luft zusammen mit Erdgas in die Brennkammer eines Gasturbinenkraftwerks geleitet und verbrannt. Ein mit der Gasturbine verbundener Generator wandelt die Energie der Verbrennungsgase in elektrische Energie.
Weltweit gibt es bisher erst zwei Druckluftspeicherkraftwerke, darunter das Kraftwerk Huntorf in Niedersachsen. Es kann 640 000 kWh speichern.

2. Akkumulatoren

Galvanische Zellen (z. B. Monozellen) und Akkumulatoren (Akkus) sind die bekanntesten Energiespeicher, da wir sie täglich in unseren Handys, Netbooks und anderen technischen Geräten verwenden. Auch Elektroautos verwenden Akkus.
Beim Aufladen von Akkus wird die zugeführte Energie durch elektrochemische Reaktionen in chemische Energie gewandelt und beim Entladen wieder zurück in elektrische Energie.

Zellen und Akkus sind sehr effizient. Bis zu 95 % der zugeführten Energie können wieder entnommen werden. Sie haben jedoch eine geringe Energiedichte. Lithium-Ionen-Akkus, die in Elektroautos verwendet werden, können knapp 0,2 kWh pro kg speichern. Bei einem Verbrauch von 0,25 kWh pro Kilometer Fahrstrecke müsste der Akku eine Masse von 500 kg für eine Reichweite von 400 km haben. Elektroautos haben daher neben dem Elektromotor gegenwärtig meistens noch einen Verbrennungsmotor (Hybridtechnologie). Es laufen intensive Forschungen zur Entwicklung kostengünstiger Akkus mit hoher Energiedichte.
Derzeit wird darüber nachgedacht, Elektroautos als dezentrale Energiespeicher für unser Elektrizitätsnetz zu benutzen. Autos sind die meiste Zeit des Tages nicht im Einsatz. Wenn viel elektrische Energie zur Verfügung steht, könnte sie in den Akkus der Elektroautos gespeichert werden. Später kann die Energie zum Autofahren dienen oder wieder ans Elektrizitätsnetz abgegeben werden.

3. Wasserstoff und Methan

Ein weiterer chemischer Energiespeicher ist Wasserstoff. Zerlegt man mithilfe der Elektrolyse Wasser in seine Bestandteile Wasserstoff und Sauerstoff, so wird elektrische Energie in chemische Energie gewandelt. In einer Brennstoffzelle kann man den Vorgang umkehren und aus chemischer Energie wieder elektrische Energie gewinnen. Die Wasserstofftechnologie wird schon in PKW und Omnibussen genutzt.
Alternativ kann der Wasserstoff zusammen mit Kohlenstoffdioxid in Methan umgewandelt werden. Der Vorteil ist, dass Methan eine dreimal höhere Energiedichte hat als Wasserstoff und dass es als Hauptbestandteil des Erdgases in die bereits vorhandenen Erdgasleitungen eingespeist werden kann.

Mach's selbst

A1 Beschreibe den Verlauf der Kurven in → B1. Finde eine Erklärung für den unterschiedlichen Leistungsbedarf zu den verschiedenen Tageszeiten und an verschiedenen Wochentagen.

A2 Erläutere, warum die Energiespeicherung immer mehr an Bedeutung gewinnt.

A3 Im Internet findet man für die Kapazität des Kraftwerks Waldeck I den Wert 478 000 kWh. Erkläre die Abweichung vom berechneten Wert.

A4 Das Oberbecken eines Pumpspeicherkraftwerks liegt etwa 360 m über dem Unterbecken und hat ein Volumen von 4 620 000 m^3. Berechne, welche Energiemenge maximal gespeichert werden kann.

A5 Recherchiere, wie groß die Gesamtkapazität aller Pumpspeicherkraftwerke in Deutschland ist und wie lange damit der Bedarf an elektrischer Energie in Deutschland gedeckt werden kann.

A6 Man kann Energie mechanisch auch mit Schwungrädern speichern. Recherchiere das Funktionsprinzip und die Einsatzmöglichkeiten. Halte anschließend einen kleinen Vortrag darüber.

A7 Benzin hat eine Energiedichte von 43 MJ/kg (ρ = 0,75 kg/l). Berechne, welche Masse ein Akku haben muss, der so viel Energie speichern kann, wie in 70 l Benzin (typische Größe eines Autotanks) enthalten ist.

Projekt

Kondensatoren

Kondensatoren sind elektrische Bauelemente, bei deren Aufladung unterschiedlich geladene Bereiche aufgebaut werden. Dadurch wird Energie gespeichert. Im Gegensatz zum Akku ist dafür kein elektrochemischer Vorgang notwendig, die elektrische Energie kann vielmehr direkt gespeichert werden. Beim Entladen des Kondensators wird die gespeicherte Energie wieder abgegeben.

Arbeitsaufträge:

1 Recherchiere, in welchen Bereichen Kondensatoren als Energiespeicher zum Einsatz kommen und welche Vorteile sie jeweils bieten.

2 Manche Straßenlaternen arbeiten mit Solarzellen und Kondensatoren. Erläutere, welche Funktion dabei Solarzellen und Kondensatoren haben und welche Vorteile es gegenüber dem Netzbetrieb gibt.

3 Kondensatoren haben einen sehr großen Wirkungsgrad. Finde heraus, was man unter dem Wirkungsgrad eines „Stromspeichers" versteht. Stelle die Werte für die Wirkungsgrade verschiedener Speicher in einem geeigneten Diagramm dar.

Methode – Arbeitsteilige Gruppenarbeit

Energie für die Zukunft

A. Vergleich verschiedener Kraftwerksarten

1 Stellt Unterschiede und Gemeinsamkeiten der verschiedenen Kraftwerksarten und Energieanlagen zusammen.

2 Stellt Vor- und Nachteile der verschiedenen Kraftwerksarten und Energieanlagen zusammen. Ihr habt darüber schon einiges im Physikunterricht gelernt, aber vielleicht auch in anderen Fächern (z. B. Erdkunde, Politik).

3 Diskutiert, welche Bedeutung die verschiedenen Kraftwerksarten und Energieanlagen für eine zukunftssichere Energieversorgung haben könnten.

4 Präsentiert eure Arbeitsergebnisse.

B. Energieversorgung – zentral und dezentral

1 Recherchiert, was man unter zentraler und dezentraler Energieversorgung versteht und welche Vor- und Nachteile beide haben. Wann und warum hat sich die zentrale Energieversorgung entwickelt und durchgesetzt?

2 Recherchiert, wo es in eurer Umgebung Beispiele für dezentrale Versorgung mit elektrischer Energie gibt.

3 Diskutiert, warum man heute wieder vermehrt über eine dezentrale Energieversorgung nachdenkt.

4 Präsentiert eure Arbeitsergebnisse.

C. Bedarf und seine Deckung (lokal)

1 Recherchiert, wir groß der Bedarf an elektrischer Energie eines durchschnittlichen Haushalts in Deutschland ist. Schätzt daraus ab, wie groß der Bedarf aller Haushalte in eurer Stadt oder eurer Gemeinde ist. Begründet, warum dies nicht dem gesamten Bedarf an elektrischer Energie entspricht.

2 Recherchiert, wo es in eurer Umgebung Wärmekraftwerke, Wasserkraftwerke, Windenergieanlagen oder Fotovoltaikanlagen gibt und wie groß ihre Leistung ist. Vergleicht mit dem Bedarf an elektrischer Energie.

3 Recherchiert, ob in eurer Umgebung Kraftwerke geschlossen werden sollen oder neue geplant sind.

4 Diskutiert, ob ihr die Versorgung mit elektrischer Energie in eurer Umgebung für zukunftssicher haltet.

5 Präsentiert eure Arbeitsergebnisse.

D. Bedarf und seine Deckung (global)

1 Recherchiert, wie groß der Bedarf an elektrischer Energie weltweit ist und wie er sich in den letzten Jahren entwickelt hat.

2 Recherchiert, welchen Anteil Wärmekraftwerke, Wasserkraftwerke, Windenergie- und Fotovoltaikanlagen an der Erzeugung elektrischer Energie haben.

3 Recherchiert, für welchen Zeitraum die Kohle-, Erdöl- und Erdgasreserven ausreichen werden.

4 Diskutiert, welche Folgen der steigende Energiebedarf haben wird.

5 Präsentiert eure Arbeitsergebnisse.

Tipps für die Recherche

- Informationen zum Thema Energieversorgung gibt es z. B. beim Umweltministerium, beim Wirtschaftsministerium, beim Statistischen Bundesamt, den großen Energiekonzernen und den örtlichen Stadtwerken.
- Nicht alles, was im Internet steht, stimmt. Benutzt seriöse Quellen und überprüft eure Rechercheergebnisse am besten mithilfe anderer Seiten.
- Achtet darauf, von wem eure Informationen stammen und überlegt auch, welche Interessen dahinter stecken könnten.

Tipps für die Präsentation

- Die Ergebnisse können z. B. in einem kleinen Vortrag oder auf einem Plakat präsentiert werden.
- Zahlenmaterial lässt sich am besten mit Diagrammen veranschaulichen (z. B. Balken- oder Kreisdiagrammen).
- Überlegt, welche Fotos und Bilder euer Thema veranschaulichen können.
- Überlegt auch, auf welches Vorwissen ihr bei euren Zuhörern aufbauen könnt, und was sie interessieren könnte.
- Ein Vortrag muss sinnvoll strukturiert, ein Plakat sinnvoll aufgeteilt sein.
- Teilt euch die Arbeit in der Gruppe ein: Wer hält welchen Teil des Vortrags? Wer gestaltet welchen Teil des Plakats?
- Ein Vortrag sollte frei gehalten und nicht abgelesen werden. Notizen mit Stichworten können dabei hilfreich sein. Am besten übt ihr den Vortrag, bevor ihr ihn vor der Klasse haltet.

Vertiefung

Wohlstand und Energie

Jahrtausende hatten die Hochkulturen in Ägypten, Babylon, Mexiko mechanische Hilfsmittel benutzt: Hebel, schiefe Ebenen, Rollen, Winden. Energie in Form von Arbeit lieferten Rinder, Pferde, nicht zuletzt auch Sklaven → B2.

B2 Baumaterial musste von vielen Arbeitern mithilfe von Seilen, Rollen und Rampen bewegt werden.

Im Mittelalter kamen Wind und Wassermühlen hinzu. Ende des 18. Jahrhunderts erfand James WATT die Dampfmaschine, etwa 100 Jahre später folgten Verbrennungs- und Elektromotor. Mit diesen Erfindungen setzte die Industrialisierung ein – und damit ein rasch wachsender Bedarf an Energie.

Wohlhabende Römer lebten gut, weil für sie Dutzende Sklaven arbeiteten. Wir leben gut, weil uns „technische Sklaven" zur Verfügung stehen. Die Dauerleistung eines Erwachsenen beträgt 100 W. Rechnet man den Energiestrom, dessen wir rund um die Uhr bedürfen, in menschliche Arbeitskraft um, so stehen uns stets fünfzig solcher „Sklaven" zur Verfügung, um unseren Lebensstil zu ermöglichen.

Unseren Wohlstand verdanken wir also dem großzügigen Einsatz von Energie. Zum Bau und Betrieb von Maschinen, Fabriken und Verkehrsmitteln, zum Errichten und Heizen der Gebäude. Für unsere Reisen sind große Energiemengen erforderlich. In Deutschland hat Treibstoff einen Anteil von 20 % an der benötigten Gesamtenergie. Rechnet man die Energie für den Bau und Unterhalt aller Verkehrsmittel dazu, werden es fast 50 %!

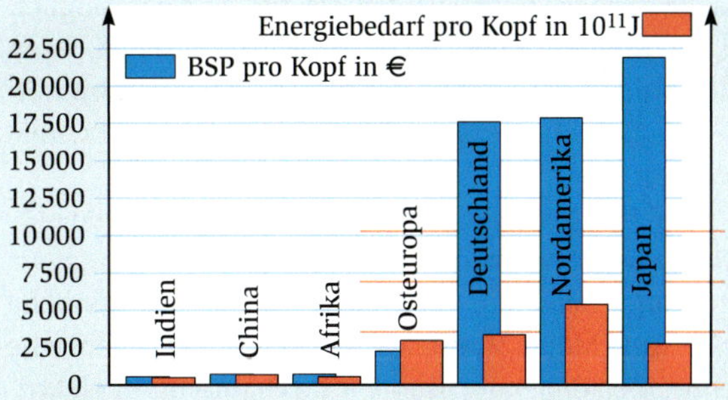

B3 Bruttosozialprodukt (BSP) und jährlicher Energiebedarf

Einen Zusammenhang zwischen dem Bruttosozialprodukt und dem Energiebedarf zeigt → B3. Die Nordamerikaner fallen durch besonders großen Energieumsatz auf.
Seit der Industrialisierung galt, dass eine wachsende Wirtschaft ein Wachsen des Energiebedarfs zur Folge hatte. Doch in den letzten zwanzig Jahren stieg der Energiebedarf der Industrieländer trotz Wachstums kaum. Dies wird durch Energiesparen und Strukturwandel bewirkt – weg von der Schwerindustrie, hin zur Informationstechnik. Dabei gewinnt elektrische Energie an Bedeutung.

In den Entwicklungsländern hingegen steigt der Energiebedarf seit Jahrzehnten um 6 % pro Jahr. Dennoch nutzen die Industrieländer, in denen nur 24 % der Weltbevölkerung leben, 75 % des globalen Energieumsatzes. Sie erwirtschaften damit 85 % des Wirtschaftsprodukts der Welt.
Die Bewohner der Entwicklungsländer nutzen wenig Energie, die Wirtschaftsleistung ist klein. Die Folge sind Armut und Hunger → B4.

B4 Energiemangel hat oft Armut zur Folge.

Das ist wichtig

1. Induktion
Alle Induktionsvorgänge können auf eine gemeinsame Ursache zurückgeführt werden: Ändert sich das Magnetfeld im Inneren einer Spule, so wird zwischen ihren Enden eine Spannung induziert. Im Generator wird mithilfe der Induktion mechanische in elektrische Energie gewandelt.

2. Motor und Generator
Motor und Generator sind vom Aufbau her ähnliche Geräte. Der Motor wandelt elektrische in mechanische Energie. Der Generator wandelt mechanische in elektrische Energie. Das Verhältnis aus nutzbarer und zugeführter Energie nennt man Wirkungsgrad.

3. Wärmekraftwerke
In Wärmekraftwerken wird die Energie fossiler Brennstoffe (Kohle, Erdöl, Erdgas) oder die Energie, die bei der Kernspaltung frei wird, in elektrische Energie gewandelt. Der Wirkungsgrad eines Wärmekraftwerks ist durch ein Naturgesetz begrenzt.

4. Regenerative Energie
Wasserkraftwerke, Windenergieanlagen und Fotovoltaikanlagen wandeln die Höhenenergie von Wasser, die Bewegungsenergie der bewegten Luft und die Energie der Sonnenstrahlung in elektrische Energie. Da der Vorrat dieser Energien durch die Sonne immer wieder aufgefüllt wird, nennt man sie regenerative Energien.

5. Energietransport

Elektrische Energie muss oft über weite Strecken vom Kraftwerk zum Verbraucher transportiert werden. Um die Energieverluste durch Erwärmung der Leitungen möglichst gering zu halten, wird die elektrische Energie bei Hochspannung übertragen.

6. Energiespeicherung
Da Angebot und Nachfrage elektrischer Energie aus regenerativen Energien selten übereinstimmen, ist es wichtig die Energie speichern zu können. Dies kann z. B. in Pumpspeicherwerken, Druckluftspeicherwerken und Schwungrädern mechanisch oder in Akkus chemisch erfolgen.

Darauf kommt es an

Erkenntnisgewinnung
Mithilfe eines Modellexperiments kann man sich klarmachen, dass es sinnvoll ist, elektrische Energie bei hoher Spannung zu übertragen: Wie in der Realität nutzt man zum Hoch- und Heruntertransformieren der Spannung Transformatoren. Der große Widerstand der langen Fernleitung wird im Modell durch einen technischen Widerstand ersetzt. Aufgrund der Messwerte kann man berechnen, dass die Verlustleistung gering ist.

Kommunikation
Informationen über die Energieversorgung findet man z. B. auf den Seiten verschiedener Landes- und Bundesministerien sowie der Energieversorgungsunternehmer. Informationen, die man im Internet findet, sind selten neutral, sondern von verschiedenen Interessen geprägt. Die Ergebnisse einer Recherche kann man zum Beispiel in einem kleinen Vortrag präsentieren. Dabei sollte man sich auf seine Zuhörer einstellen und Vorwissen und Interessen berücksichtigen.

Bewertung
Der größte Teil elektrischer Energie wird derzeit in Deutschland zentral in Großkraftwerken erzeugt. Mit dem Ausbau der regenerativen Energie nimmt die dezentrale Energieversorgung jedoch an Bedeutung zu. Dazu gehören zum Beispiel Windkraftanlagen oder Fotovoltaikanlagen auf Wohnhäusern. Der Vorteil liegt in der Vermeidung von Verlusten bei Transformation und Transport. Andererseits ist der Wirkungsgrad bei dezentralen Anlagen oft geringer.
Bei der Beurteilung des Wirkungsgrades einer Anlage muss man berücksichtigen, ob er sich durch technische Verbesserungen erhöhen lässt oder ob er die durch die carnotsche Formel beschriebene natürliche Grenze bei der Wandlung von Wärme in Arbeit ist.

Nutzung fachlicher Konzepte
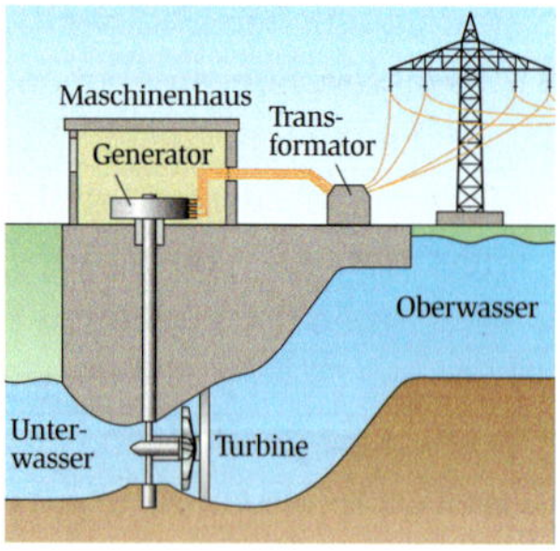

Durch Nutzung der Kenntnisse über die Höhenenergie, über Energiewandlung und über die Funktionsweise einer Turbine und eines Generators kann man verstehen, wie ein Wasserkraftwerk funktioniert. Mithilfe der bereits bekannten Formel $W = m \cdot g \cdot h$ für die Höhenenergie lässt sich sogar berechnen, wie viel Energie in einer bestimmten Zeit gewandelt wird.

Das kannst du schon

Ordnen und Systematisieren von Beobachtungen
Du führst Experimente zu Induktionsvorgängen durch und findest eine gemeinsame Ursache für alle Induktionsvorgänge.

Quantitative Untersuchungen durchführen
Du misst beim Transformator die Spannungen bei unterschiedlichen Windungszahlen der Spulen. Dabei findest du heraus, dass sich die Spannungen wie die Windungszahlen verhalten.

Mit Modellen arbeiten
Du kannst anhand eines Modellexperiments erklären, warum es sinnvoll ist, elektrische Energie bei Hochspannung zu transportieren.

Wissen einbringen
Du nutzt dir bereits bekannte Formeln für Leistung und Widerstand, um den Verlust bei der Fernübertragung elektrischer Energie zu berechnen.

Funktionsweise technischer Geräte beschreiben
Du kannst den Aufbau und die Funktionsweise von Wärmekraftwerken, Wasserkraftwerken und Windenergieanlagen beschreiben.

Umweltverträgliche Lebensweisen erörtern
Du kannst Möglichkeiten erörtern, elektrische Energie umwelt- und naturverträglich zu erzeugen. Dabei kannst du auch den Wirkungsgrad der Energieanlagen berechnen.

Vernetzen von Sachverhalten und Konzepten
Du nutzt dein Wissen über Höhenenergie, um die Leistung eines Wasserkraftwerks abschätzen zu können. Mithilfe deiner Kenntnisse über die Bewegungsenergie kannst du begründen, warum die Windgeschwindigkeit bei Windkraftanlagen eine so große Rolle spielt.

Recherchieren
Du recherchierst den globalen und lokalen Bedarf an Energie sowie die Möglichkeiten, diesen zu decken. Du achtest dabei darauf, welche Interessen hinter den zur Verfügung stehenden Informationen stecken könnten.

Dokumentieren und Präsentieren
Du kannst die Ergebnisse eigener Recherchen zur Energieversorgung ergebnisorientiert dokumentieren und deinen Mitschülern präsentieren.

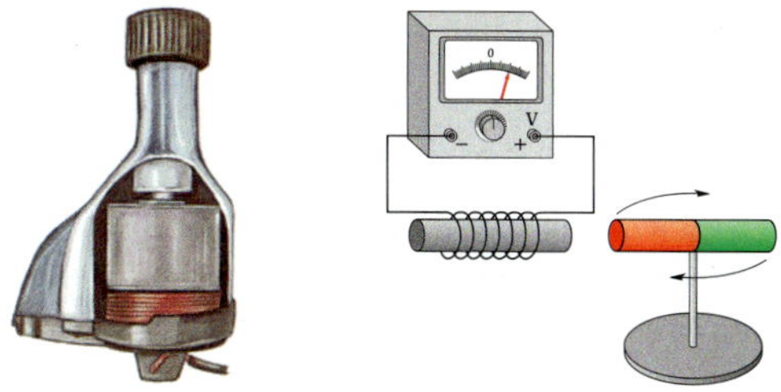

Ein Experiment veranschaulicht die Funktionsweise eines Fahrraddynamos.

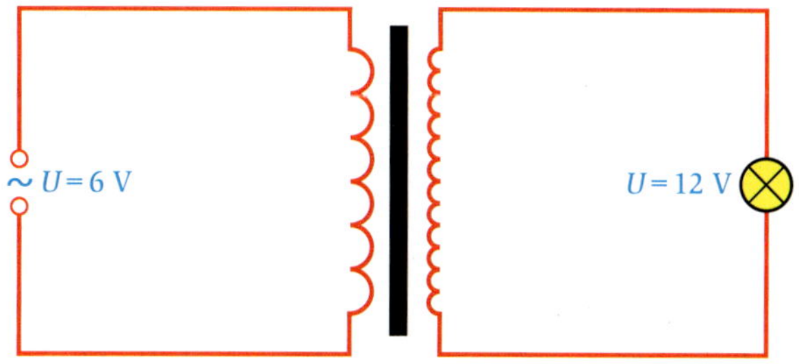

Ein Transformator mit dem Windungszahlenverhältnis 1 : 2 verdoppelt die Spannung.

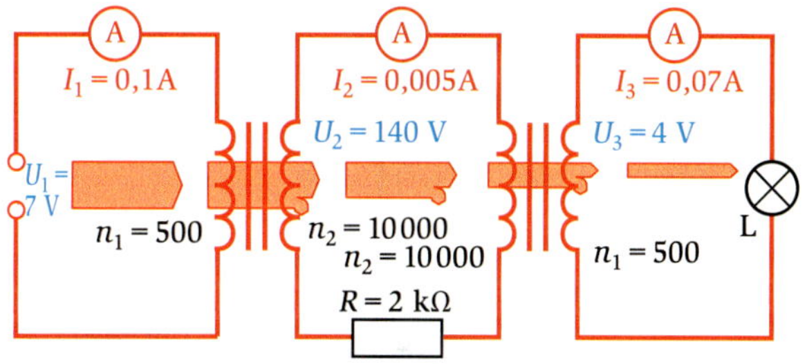

Ein Modellexperiment erklärt die Fernübertragung elektrischer Energie.

Wasserkraftwerke nutzen die Höhenenergie des Wassers.

Windenergieanlagen nutzen die Bewegungsenergie der bewegten Luft.

Kennst du dich aus?

A1 Liste die Möglichkeiten auf, elektrische Energie ohne CO_2-Bildung zu gewinnen. Beachte bei der Reihenfolge ihren Anteil an der „Stromproduktion".

A2 Erläutere, warum Windgeneratoren an kalten Tagen bei gleicher Windgeschwindigkeit mehr Energie liefern als an warmen Tagen.

A3 Im Jahr 1980 waren die Türme von Windkrafträdern im Mittel 30 m hoch, heute sind es weit über 100 m. Auch der Rotordurchmesser ist heute viel größer als damals. Erläutere, welchen Vorteil die größere Turmhöhe und der größere Rotordurchmesser bieten.

A4 Reicht die Dachfläche eurer Schule, um die Beleuchtung eurer Schule mit Solarzellen zu betreiben?

a) Schätze ab, wie viel Energie pro Tag benötigt wird, um eure Schule zu beleuchten.

b) Berechne, welche Solarzellenfläche nötig wäre, um diese Energie zu erzeugen. Gehe von einer mittleren Energieausbeute von 400 Wh je Tag und je Quadratmeter aus.

c) Schätze ab, ob die Dachfläche eurer Schule ausreicht.

d) Erläutere, welche technische Einrichtung nötig ist, damit sich der Betrieb der Schulbeleuchtung mit Solarzellen verwirklichen lässt.

A5 Begründe, warum die Möglichkeit der Energiespeicherung für die Nutzung der Sonnen- und Windenergie von besonderer Bedeutung ist.

A6 Die Diagramme zeigen für drei verschiedene Orte die durchschnittlichen Windgeschwindigkeiten im Laufe eines Jahres. Entscheide begründet, welcher Ort sich am besten für die Errichtung einer Windkraftanlage eignet.

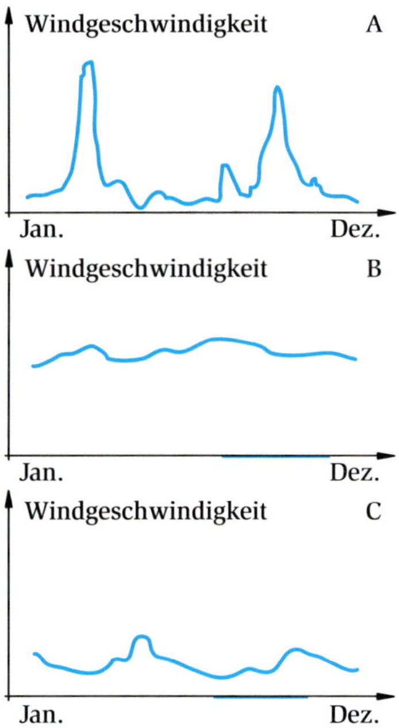

A7 In dem Diagramm wird die Abgabe elektrischer Energie eines Wasserkraftwerks am Rhein während eines Jahres dargestellt. 100 % bedeutet, dass das Kraftwerk die maximal mögliche Leistung, die Nennleistung, abgibt.

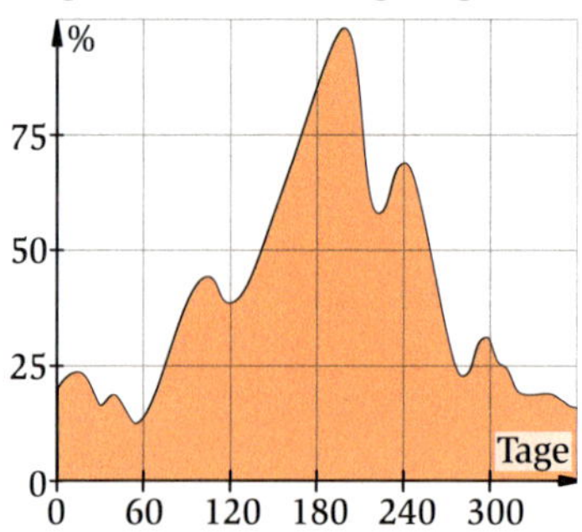

a) Lies aus dem Diagramm ab, in welchen Monaten die Energieabgabe besonders groß ist und in welchen besonders klein. Nenne Gründe dafür.

b) Gib begründet an, in welchen Monaten der Bedarf an elektrischer Energie besonders groß sein dürfte. Deckt sich das Energieangebot mit der vermuteten Nachfrage an elektrischer Energie?

c) Da die Elektrizitätswerke in jedem Augenblick den Bedarf zu 100 % decken müssen, werden oft andere Kraftwerke zugeschaltet. Nenne begründet geeignete Kraftwerkstypen.

d) Bei der Stromerzeugung wird zwischen Grund-, Mittel- und Spitzenlast unterschieden. In welchem Bereich kann man dieses Wasserkraftwerk einsetzen? Versuche den Regelaufwand für die Reserveleistung dieser Anlage zu beurteilen.

A8 In dem Diagramm wird die Abgabe elektrischer Energie einer Fotovoltaikanlage in Freiburg wiedergegeben. Freiburg gilt als die sonnenreichste Stadt Deutschlands.

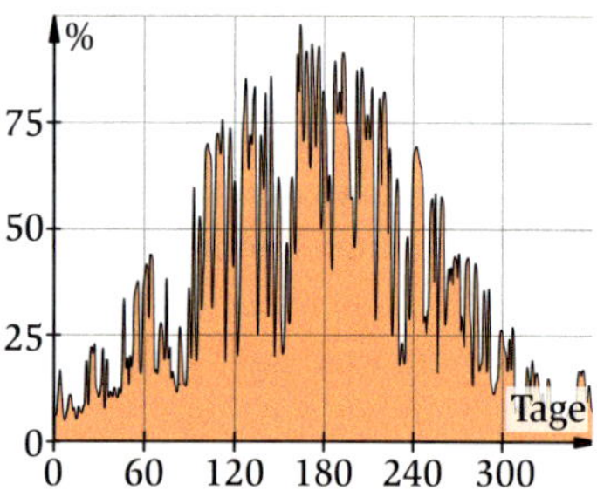

Wende die Teilaufgaben **a)**, **b)** und **c)** aus A7 an.

d) Lies aus dem Diagramm den Regelaufwand (Zuschalten der Reserveleistung) heraus.

A9 Um elektrische Energie zu transportieren, wird Hochspannung verwendet. Erläutere den Vorteil gegenüber einem Transport bei 230 V.

Projekt

Energiesparen mit der Klassenraumbeleuchtung

Der Bedarf einer Schule an elektrischer Energie hängt im Wesentlichen von folgenden Faktoren ab:

- Wie groß ist das Gebäude, das heißt, wie viele Räume müssen beleuchtet werden?
- Welche Leuchtmittel werden eingesetzt, also zum Beispiel Glühlampen, Energiesparlampen oder Leuchtstoffröhren?
- Welche weiteren elektrischen Geräte werden genutzt und wie groß ist die elektrische Leistung dieser Geräte?

Vor allem aber gilt die wichtige Frage:

- Wie energiebewusst verhalten sich die Benutzer?

Auf die Beleuchtung der Klassenräume können Schülerinnen und Schüler am leichtesten Einfluss nehmen. Mithilfe der folgenden Aufgaben könnt ihr herausfinden, welches Einsparpotenzial besteht.

1. Wie wird unsere Schule beleuchtet?

- Macht mit dem Hausmeister einen Rundgang und lasst euch erklären, welche Leuchtmittel in den Klassenräumen eingesetzt werden.
- Notiert euch, wie viele Leuchtmittel in der Schule vorhanden sind und welche Leistung sie haben.
- Erkundigt euch, ob es Bewegungsmelder gibt, die dafür sorgen, dass die Beleuchtung automatisch ausgeschaltet wird, wenn sich niemand im Raum befindet.

2. Welche Einsparmöglichkeiten gibt es?

- Entwickelt einen Fragebogen, den ihr an alle Klassen der Schule verteilt. Die Klassen sollen eine Woche lang notieren, wie lange die Beleuchtung eingeschaltet ist und wie lange es aufgrund der Lichtverhältnisse eigentlich nötig gewesen wäre.
- Berechnet, wie groß in den einzelnen Klassen der Bedarf an elektrischer Energie für die Beleuchtung ist und wie viel davon unnötigerweise angefordert wird. Nutzt dabei die Ergebnisse der Fragebögen und euer Wissen über die eingesetzten Leuchtmittel.

3. Wie lassen sich Sparmaßnahmen realisieren?

- Stellt eure Ergebnisse auf Plakaten dar und veröffentlicht sie in der Schule.
- Überlegt, wie ihr eure Mitschüler davon überzeugen könnt, die Beleuchtung nur bei mangelnden Lichtverhältnissen einzuschalten.

Kennst du dich aus? – Hinweise und Lösungen

A1 → **Wasserkraftwerke**, Windenergieanlagen, Fotovoltaikanlagen.

A2 Überlege, welchen Einfluss die Temperatur auf die Dichte der Luft hat.

A3 Denke daran, dass die Windgeschwindigkeit mit der Höhe über dem Boden zunimmt.

A4 **a)** Schätze die Zahl der Lampen sowie die Nutzungsdauer ab, ermittle die Leistung der Lampen und berechne daraus die benötigte Energie. **b)** Rechne die abgeschätzte Energie zunächst in Wh um. **c)** Schätze den Flächeninhalt des Daches ab und vergleiche mit der benötigten Fläche. **d)** Überlege, wann die Beleuchtung benötigt wird.

A5 Denke an bedeckte und windstille Tage.

A6 B (fast konstante hohe Windgeschwindigkeit)

A7 **a)** Besonders groß: Juli, besonders klein: Februar; Grund: Niederschlagsmengen **b)** Winter (großer Energiebedarf für Beleuchtung), Angebot deckt sich nicht mit Nachfrage. **c)** Wärmekraftwerke **d)** Grundlast, geringer Regelaufwand

A8 **a)** Besonders groß: Juni, besonders klein: Dezember; Gründe: Sonnenscheindauer, Einstrahlwinkel **b)** Winter (großer Energiebedarf für Beleuchtung), Angebot deckt sich nicht mit Nachfrage. **c)** Wärmekraftwerke **d)** hoher Regelaufwand

A9 → **Energietransport**

Aufbau der Materie und Radioaktivität

Das kannst du in diesem Kapitel erreichen:

- Du wirst den Aufbau von Atomen, aus denen die Materie aufgebaut ist, beschreiben können.
- Du wirst wissen, dass radioaktive Stoffe Strahlung aussenden, für die der Mensch kein Sinnesorgan hat und wirst die Ursache der Strahlung nennen können.
- Du wirst beschreiben können, welche Eigenschaften die Strahlung radioaktiver Stoffe hat und wie man sie nachweist.
- Du wirst es Strahlenexposition nennen, wenn die Strahlung radioaktiver Stoffe einen Menschen trifft, und du wirst wissen, dass dabei ein biologischer Schaden eintreten kann, aber nicht muss.
- Du wirst wissen, dass jeder Mensch einer unabwendbaren, natürlichen Strahlenexposition ausgesetzt ist.
- Du wirst wissen, wie man sich vor der Strahlung radioaktiver Stoffe schützen kann.
- Du wirst bei medizinischen Diagnosen und Heilmethoden abwägen können zwischen dem Nutzen und dem möglichen Schaden der eingesetzten Strahlung radioaktiver Stoffe.

Atom- und Kernforschung

Zu Beginn des 20. Jahrhunderts stand die Frage des Aufbaus des Atoms und des Atomkerns mit im Mittelpunkt der Forschung. Große Forscherpersönlichkeiten trugen zu unserem heutigen Wissen über diese Gebiete bei. Dazu zählten (von links nach rechts) Marie CURIE, Ernest RUTHERFORD, Lise MEITNER und Otto HAHN.

A1 Informiere dich, z. B. im Internet, über die Biographie einer der oben abgebildeten Forscherpersönlichkeiten und deren wissenschaftliche Leistungen auf dem Gebiet der Atom- und Kernphysik. Halte darüber vor der Klasse ein Referat.

A2 Das *Zerfall-Spiel:* Du benötigst zwei farbige Würfel (z. B. rot, blau) und einen Spielplan mit 36 Feldern (11 bis 66). Würfle immer mit beiden Würfeln. Würfelst du z. B. eine rote 3 und eine blaue 6, so wird das Feld 36 angekreuzt. Dieses ist damit „nicht mehr vorhanden".

11	12	13	14	15	16
21	22	23	24	25	26
31	32	33	34	35	36
41	42	43	44	45	46
51	52	53	54	55	56
61	62	63	64	65	66

a) Zähle nach jedem Wurf den „Restbestand" an Feldern und trage diese Zahl in einem Diagramm über der Wurf-Nummer auf.
b) Interpretiere das Diagramm.

A4 Das Bild zeigt Originalgeräte im Deutschen Museum in München, mit denen Otto HAHN, Lise MEITNER und Fritz STRASSMANN seit 1934 in ihrem Berliner Institut experimentierten und damit die Kernspaltung entdeckten. Informiere dich im Internet über diesen Arbeitstisch. Halte darüber ein Referat.

A3 Das Bild zeigt ein netzunabhängiges Strahlenmessgerät mit technischen Daten aus dem Geräteprospekt.
a) Informiere dich, was die Einheit 1 MeV bedeutet.
b) Notiere dir alle unbekannten Begriffe in dem Datenblatt, die du verstehen musst, bevor du das Strahlenmessgerät richtig einsetzen kannst.

Strahlendetektor	Endfensterzählrohr nach dem Geiger-Müller-Prinzip; Edelstahlgehäuse mit Neon-Halogen-Füllung; Messlänge 38,1 mm, Messdurchmesser 9,1 mm; Glimmerfenster 1,5 bis 2 mg/cm^2; Nullrate < 10 Impulse pro Minute bei Abschirmung durch 3 mm Al und 50 mm Pb, Betriebstemperatur −20 bis +60 °C, Betriebsspannung ca. 450 V, kalibrierter Messbereich 0,01 µSv/h bis 50 µSv/h	
Strahlenarten	α	ab 4 MeV
	β	ab 0,2 MeV
	γ	ab 0,1 MeV
Wahlblende	$\alpha + \beta + \gamma$	ohne Blende
	$\beta + \gamma$	Al-Folie ca. 0,1 mm, schirmt α voll ab;
	γ	Al-Schirm ca. 3 mm, schirmt α voll und β bis 2 MeV ab, schwächt γ weniger als 7 %, bezogen auf Cs137

Methode – Lernen an Stationen

Strahlung verschiedener Materialen untersuchen

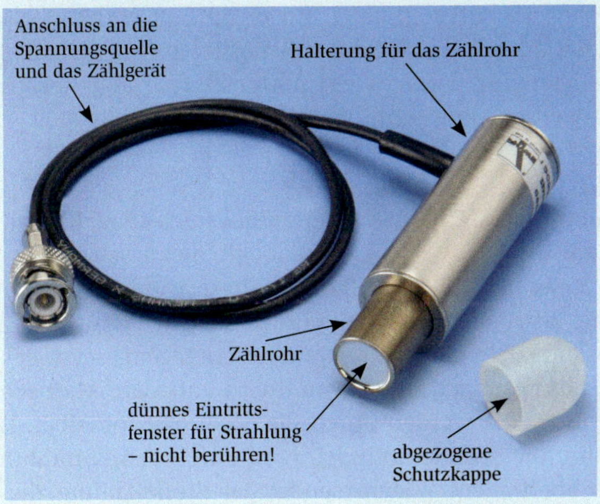

B1 Zählrohr

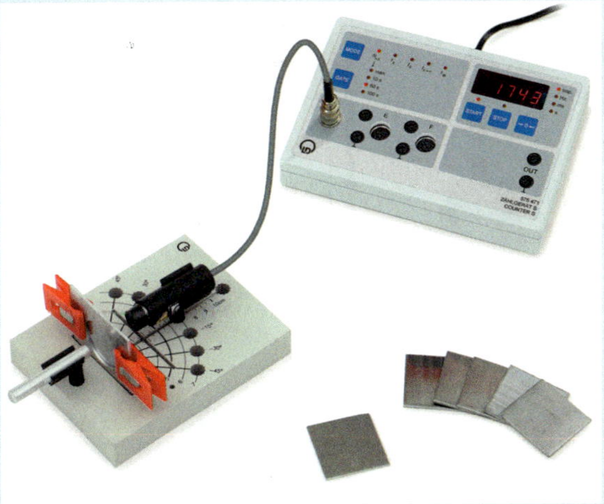

B2 Versuchsanordnung zu Station 3

Gemeinsame Vorbereitung für alle Stationen

a) *Handhabung von Zählrohr und Zählgerät:* Lehrerin/Lehrer unterweist euch in der Handhabung des Zählrohrs → **B1** samt Zählgerät mit Lautsprecher.

b) *Nulleffekt:* Schaltet ihr das Zählgerät ein, ertönen Knacksgeräusche und die Zähleranzeige läuft. Messt fünfmal die Anzahl der „Knacke“ (auch Impulse genannt) in einer Minute und bildet den Mittelwert. Haltet diesen als „Nulleffekt“ in 60 s schriftlich fest. Sucht für den Nulleffekt eine Erklärung.

c) *Für alle Stationen gilt:* Messergebnisse, Beobachtungen und Erklärungen hält jeder schriftlich fest.

1. Station – Untersuchung von Kaliumsalzen

Material: Zählrohr mit Zählgerät; Kaliumchlorid oder Kaliumsulfat in einer Verpackung

Auftrag: Stellt das Kaliumsalz in der Verpackung direkt vor das Zählrohr. Messt zehnmal die Impulszahl pro 30 s und zieht davon jeweils den Nulleffekt für 30 s ab. Welche Beobachtungen macht ihr? Sucht eine Erklärung dafür, dass das Kaliumsalz „strahlt“.

2. Station – Untersuchung von Baumaterialien

Material: Zählrohr mit Zählgerät; verschiedene Baumaterialien, wie z. B. Ziegelsteine, Dachziegel, etc.

Auftrag: Baut das Material dicht um das Zählrohr. Messt pro Baumaterial dreimal die Impulszahl pro zwei Minuten, zieht jeweils den Nulleffekt für 120 s ab und bildet dann den Mittelwert. Führt die Messung für mindestens drei Baumaterialien durch. Notiert eure Beobachtungen. Sucht eine Erklärung für die Ergebnisse.

3. Station – Untersuchung von Radium

Material: Zählrohr mit Zählgerät, 3,7 kBq Radium-Präparat, Papier, Aluminium- und Bleiblättchen verschiedener Dicke, Halterung

Hinweis: Beachtet die Regeln des Strahlenschutzes beim Umgang mit dem Radium-Präparat.

Auftrag: Stellt das Radium-Präparat in etwa 2 cm Abstand vom Fenster des Zählrohrs auf → **B2** (Schutzkappe abziehen; Vorsicht!). Messt die Impulszahl in 20 s. Bringt anschließend Papier, dann Aluminiumblättchen mit steigender Dicke und dann Bleiplättchen mit steigender Dicke zwischen Präparat und Zählrohr. Messt jeweils die Impulszahl in 20 s und zieht den Nulleffekt für 20 s ab. Notiert eure Beobachtungen und die Folgerungen, die ihr daraus zieht.

4. Station – Untersuchung von Staub

Material: Staubsauger mit Schlauch; Drahtgitter, Papiertaschentuch; Zählrohr mit Zählgerät

Aufgabe: Befestigt das Drahtgitter auf der Öffnung des Staubsaugerschlauches und legt das Papiertaschentuch darauf. Lasst dann den Staubsauger ca. 15 Minuten laufen. Anschließend bringt ihr das Taschentuch direkt vor das Zählrohrfenster (Schutzkappe abziehen; Vorsicht!). Messt die Impulszahl pro Minute (Nulleffekt abziehen!) und – falls möglich – mehrfach im Abstand von jeweils 10 Minuten. Formuliert eure Beobachtungen und die Folgerungen, die ihr daraus zieht.

Versucht in Hausarbeit durch eine Internetrecherche herauszufinden, welche Ursache die „Strahlung“ hat, die vom Staub ausgeht.

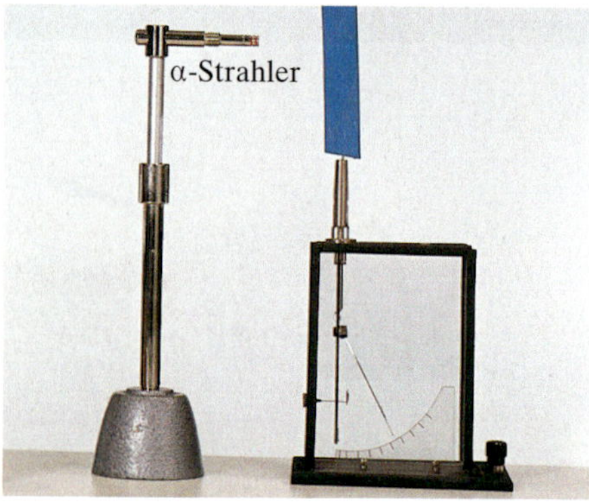

V1 **a)** Wir laden ein Elektroskop positiv oder negativ auf. Wegen der guten Isolation behält es seine Ladung lange bei.
b) Wir bringen in die Nähe des Kopfes des geladenen Elektroskops einen Stift, dessen Spitze eine winzige Menge ($\approx 10^{-7}$ g) Radium enthält. Zum Schutz gegen Berührung ist das Radium mit einer sehr dünnen Metallfolie abgedeckt. Das Elektroskop entlädt sich rasch, gleichgültig ob es positiv oder negativ geladen war.
c) Führte man den Versuch **b)** im Vakuum durch, würde das Elektroskop nicht entladen.

1. Stoffe senden ohne äußeren Einfluss Strahlung aus

An dem Stoff Radium stellen wir mit unseren Sinnesorganen nichts Besonderes fest. Trotzdem ist er in der Lage in → V1 das Elektroskop zu entladen, aber nur wenn Luft vorhanden ist → V1c. Entladen kann sich das z. B. positiv aufgeladene Elektroskop aber nur dann, wenn die positive durch negative Ladung neutralisiert wird. Somit bleibt nur folgende Erklärung:

Von Radium geht eine für unsere Sinnesorgane nicht wahrnehmbare Strahlung aus. Sie wandelt elektrisch neutrale Moleküle der bestrahlten Luft in Ladungsträger beiderlei Vorzeichens, also Ionen um. Das positiv oder negativ geladene Elektroskop zieht davon die jeweils entgegengesetzt geladenen Ladungsträger zu sich und wird entladen. Man sagt, die Luftmoleküle werden durch die Strahlung **ionisiert.** Da zur Ionisation Energie nötig ist, wird durch diese Strahlung Energie übertragen! Zudem sendet der Stoff Radium diese Strahlung ohne äußeren Einfluss aus. Man nennt ihn deshalb **radioaktiv.** Man kennt heute viele radioaktive Stoffe.

Merksatz

Die Strahlung radioaktiver Stoffe überträgt Energie und ionisiert Atome und Moleküle. Die Strahlung wird ohne äußeren Einfluss ausgesandt. Der Mensch hat kein Sinnesorgan für sie.

Interessantes

Die Entdeckung der Radioaktivität

Legt man einen radioaktiven Stein, der z. B. Uran enthält, längere Zeit auf einen lichtdicht verpackten Film und entwickelt diesen anschließend, so ist er geschwärzt, obwohl ihn kein Licht traf. Die Strahlung radioaktiver Stoffe schwärzt also Filme.

Auf diese Weise wurde 1896 die Strahlung radioaktiver Stoffe zufällig von Henri BECQUEREL (1852–1908) entdeckt. Er untersuchte das Nachleuchten verschiedener Stoffe, nachdem sie mit Licht bestrahlt worden waren. Dieses Nachleuchten tritt z. B. bei den Leuchtziffern einiger Uhren auf. BECQUEREL wollte feststellen, ob Uransalze, die nach der Bestrahlung mit Sonnenlicht sichtbares Licht abgeben, auch die kurz zuvor entdeckten Röntgenstrahlen abstrahlen. Am 26. Februar 1896 wickelte er deshalb in der Dunkelkammer eine unbelichtete Fotoplatte in schwarzes Papier lichtdicht ein. Danach wollte er eine Menge von der Sonne bestrahltes Uransalz auf die Platte legen. Aber die Sonne schien nicht. Deshalb verstaute er das Uransalz zusammen mit der verpackten Fotoplatte in einer Schublade. Als er am 1. März die Platte zu Kontrollzwecken entwickelte, sah er zu seiner Überraschung darauf deutlich die Umrisse des Uransalzes. Die obige Aufnahme zeigt BECQUEREL neben einer Orginalaufnahme. Über den schwarzen Stellen der Aufnahme lagerte Uransalz. BECQUEREL zog aus dem Bild den Schluss, dass Uransalz von selbst strahlt.

2. Der Nebel bringt es an den Tag

Am wolkenlosen Himmel verrät sich die Bahn eines hochfliegenden Flugzeugs oft durch Kondensstreifen. Auf ähnliche Weise erzeugt die Strahlung radioaktiver Stoffe dünne, sichtbare Streifen in einer sogenannten Nebelkammer → Vertiefung.

Die Spuren der Strahlung, die von Radium ausgehen, sehen ähnlich aus, wie die im Bild von → V2. Führt man → V2 mehrfach durch, bilden sich neue Spuren an anderen Stellen. Die Strahlung ist kein kontinuierlicher Vorgang. Sie besteht aus einzelnen Teilchen, die unregelmäßig ausgesandt werden.

Die Spuren der Teilchen – nicht die Teilchen selbst – können wir wahrnehmen. Die Teilchen ionisieren nämlich Luftmoleküle auf ihrem Weg in der Kammer. Die dort entstandenen Ionen sind Kondensationskeime für den unsichtbaren Wasserdampf. Wassermoleküle lagern sich an die Ionen an und es bilden sich Nebeltröpfchen. Sie lassen die Bahn des Teilchens erkennen. Die Teilchen nennt man **α-Teilchen,** die Strahlung **α-Strahlung.** Stoffe wie Radium werden **α-Strahler** genannt.

3. Ionisierende Teilchen lassen sich zählen – das Zählrohr

Ob ein Gegenstand „radioaktiv" ist, lässt sich nach → V3 viel einfacher feststellen: Wir brauchen ihn nur vor ein Geiger-Müller-Zählrohr → Vertiefung – kurz Zählrohr genannt – zu halten, das an ein Zählgerät mit integriertem Lautsprecher angeschlossen ist. Trifft nämlich ein ionisierendes Teilchen das Zählrohr, springt das Zählwerk um 1 weiter und gleichzeitig ertönt im Lautsprecher ein Knacks. Die sich verändernde Anzeige im Zählgerät oder knackende Geräusche verraten die Strahlung radioaktiver Stoffe. Der Quotient aus Impulszahl und Zeit heißt **Zählrate.**

Merksatz

Die Strahlung radioaktiver Stoffe besteht aus einzelnen Teilchen. Nachweisen kann man sie mit Nebelkammer und Zählrohr.

Radioaktive Stoffe „ticken" nicht gleichmäßig wie eine Uhr → V4. Misst man die Zählrate mehrmals hintereinander, so schwankt sie um einen Mittelwert, z. B. 74, 68, 71, 69 Impulse pro Minute. Dabei ist nur der Zufall im Spiel.

→ V5 zeigt, dass überall in der Umgebung ionisierende Strahlung vorhanden ist. Näheres dazu ist im Kapitel → natürliche Strahlenexposition beschrieben.

Merksatz

Ein radioaktiver Stoff sendet seine Teilchen in unregelmäßigen zeitlichen Abständen aus.

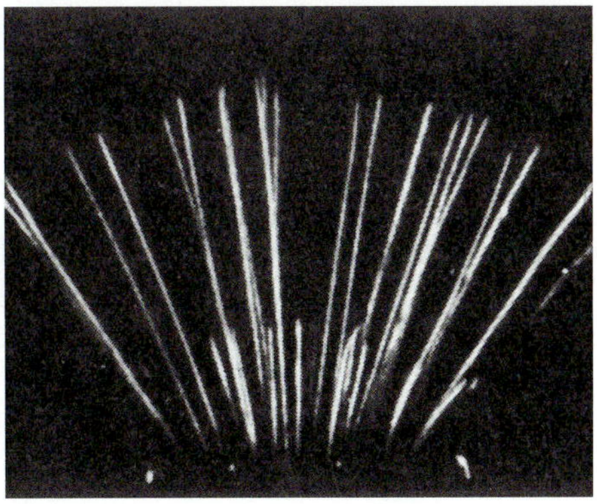

V2 Man bringt den radioaktiven Stoff Bismut in eine Nebelkammer. Am Boden der Kammer ist ein Gummiball angebracht. Diesen presst man zusammen und lässt ihn plötzlich los. Im Licht einer seitlich aufgestellten Lampe erkennt man einzelne geradlinige Nebelspuren, die von Bismut ausgehen.

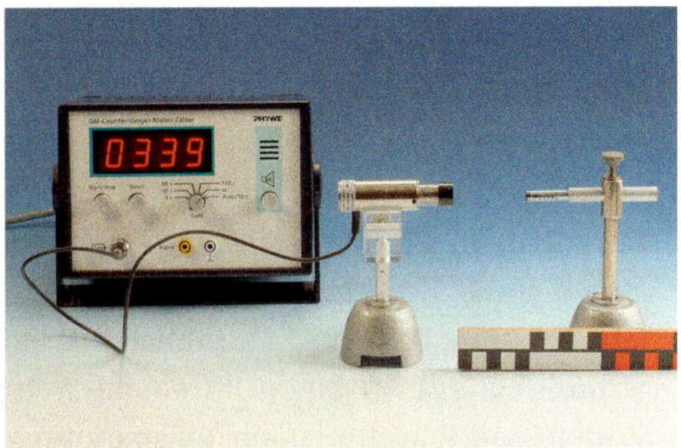

V3 Wir halten ein radioaktives Präparat mit Radium vor ein Zählrohr. Dies ist mit einem Zähler, in den ein Lautsprecher integriert ist, verbunden. Die Veränderung der Zähleranzeige und viele knackende Geräusche verraten die von Radium ausgehende Strahlung.

V4 Wir stellen ein radioaktives Präparat in einem solchen Abstand vor einem Zählrohr auf, dass die Zählrate etwa 70 Impulse pro Minute beträgt. Man hört die Impulse in unregelmäßigen Abständen. Die Aussendung der Strahlung erfolgt also zufällig.

V5 Wir entfernen alle radioaktiven Präparate aus dem Umfeld des Zählrohrs. Trotzdem registriert es Strahlung, die offensichtlich aus der Umgebung kommt. Dieses Phänomen nennt man **Nulleffekt.** Er rührt von radioaktiven Stoffen in der Umgebung des Zählrohrs sowie von Strahlung aus dem Weltraum her.

Vertiefung

Nachweisgeräte für die Strahlung radioaktiver Stoffe

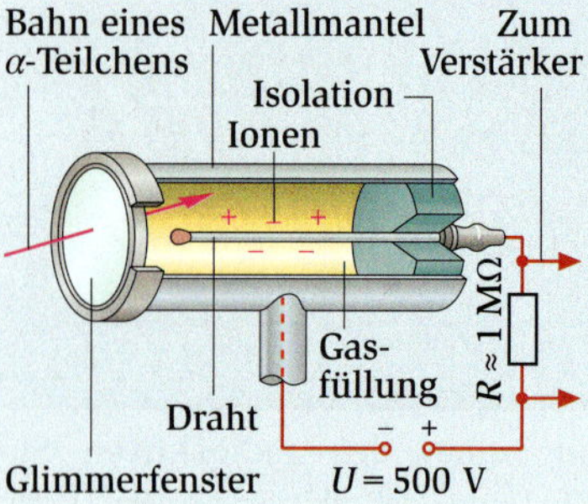

B1 Geiger-Müller-Zählrohr

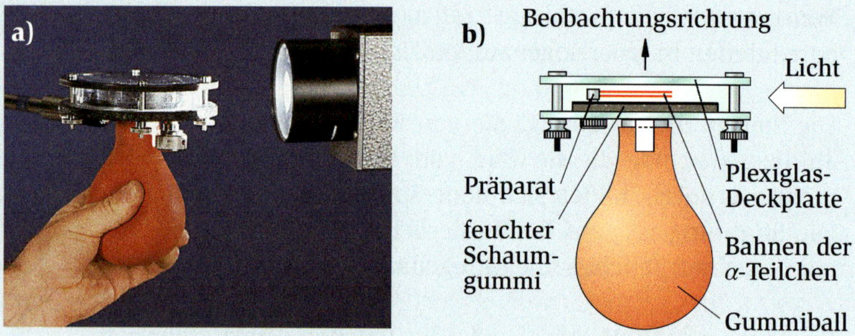

B2 Nebelkammer: **a)** Experiment, **b)** Aufbau

A. Das Geiger-Müller-Zählrohr

Das Zählrohr liegt im Stromkreis → **B1**. Es ist ein mit Edelgas unter geringem Druck gefülltes Metallrohr, in das ein isoliert gehaltener Draht ragt. Durch das dünne Glimmerfenster (≈ 0,01 mm) können energiereiche Teilchen ins Innere fliegen und Atome ionisieren. Die dadurch freigesetzten Elektronen wandern zum positiv geladenen Draht. Unterwegs bekommen sie soviel Energie, dass sie aus Atomen weitere Elektronen herausschlagen, die ihrerseits wieder ionisieren können. Durch diese Kettenreaktion entsteht eine Elektronenlawine. Das Gas im Zählrohr wird leitend und im Stromkreis gibt es einen Stromstoß I. Infolge der am Widerstand R auftretenden Teilspannung $I \cdot R$ sinkt die Spannung am Zählrohr $U_Z = U - I \cdot R$ soweit ab, dass die Kettenreaktion abbricht. Das Gas wird wieder zum Isolator und das Zählrohr ist für das nächste Teilchen bereit.

So erzeugt jedes einzelne im Zählrohr ankommende Teilchen am Widerstand R eine kurzzeitige Spannungsänderung, auch Spannungsimpuls genannt. Jeder Spannungsimpuls verursacht in einem Lautsprecher einen Knack.

B. Die Nebelkammer

Die Nebelkammer → **B2** besteht aus einem Zylinder aus Plexiglas, an deren Boden sich ein mit Wasser angefeuchteter Schaumgummi befindet. Dadurch ist die Luft in der Kammer mit Wasserdampf gesättigt. Mithilfe des Gummiballs wird die Luft zusammengepresst. Ihre Temperatur steigt, sie nimmt weiter Wasserdampf auf. Lässt man den Ball los, so dehnt sich die Luft rasch aus. Dabei kühlt sie sich ab und ist nun mit dem vorher aufgenommenen Wasserdampf übersättigt. Enthält sie Kondensationskeime, so lagern sich daran Wassertröpfchen an, es entsteht Nebel.

Kompetenz – Anderen den Aufbau technischer Geräte und deren Wirkungsweise beschreiben

Du kannst jetzt den Aufbau und die Wirkungsweise des Zählrohrs beschreiben. Was ist dazu nötig?

1. Voraussetzung ist, dass du das Zählrohr selbst verstehen musstest. Weiter ist nötig, dass du Wesentliches wie „Atome werden ionisiert“ einordnen kannst. (Andernfalls musst du erneut deinen Lehrer fragen oder selbstständig recherchieren.)
2. Du bist in der Lage, den logischen Gedankengang für die Beschreibung der Funktionsweise schrittweise zu notieren.
3. Du weißt, wie wichtig eine Skizze bei derartigen Erläuterungen ist, an der man den vorgesehenen Gedankengang Schritt für Schritt entwickeln kann. (Schnittzeichnung des Zählrohrs, metallischer Mantel, elektrische Schaltung, eindringendes α-Teilchen usw. bis zum „Knack“.)
4. Du hast gelernt, dass ein Vortrag vor einer größeren Gruppe überzeugender wirkt, wenn du ein geeignetes Medium verwendest – z. B. in Form einer PowerPoint-Präsentation.

Haus der Naturwissenschaften

„Radium als Allheilmittel"

Einführung:

- Radium gewann anfangs des 20. Jahrhunderts als Heilmittel immer mehr an Bedeutung. Man fand, dass Radium Tumore, z. B. Hautkrebs, heilen kann.
- Daneben entwickelte sich eine „Radiumschwachtherapie". Die „Lebenskraft" des Körpers sollte mit dem geheimnisvollen Radium gestärkt werden. Lebensmittel → B3 sowie Kosmetika → B4 wurden mit Radium angereichert.
- Die Akzeptanz der Radioaktivität als vitalisierendes Heilmittel erhöhte sich, als Radon in Badewässern entdeckt wurde (z. B. in St. Joachimsthal). Das Gas Radon entsteht beim **radioaktiven Zerfall** von Radium. Zu Hause wurde mit einem „Radonateur" das Badewasser mit Radon angereichert.
- Traurige Berühmtheit erlangte das Arzneimittel „Radiothor". Es war mit Radium angereichertes Wasser. 1932 starb der Amerikaner S. BYERS an Strahlenschäden, nachdem er 1928–1930 täglich zwei Flaschen Radiothor zur Schmerztherapie einnahm.
- Dieser Tod und die schweren Krankheitssymptome, die man ab 1924 bei Ziffernblattmalerinnen feststellte, beendete die Euphorie für die Radiumprodukte. Die Malerinnen trugen ohne jede Schutzmaßnahme radiumhaltige Leuchtfarben auf Ziffernblätter von Uhren auf.
- Ab 1960 ist durch die Strahlenschutzverordnung der Einsatz von radioaktiven Produkten streng geregelt. Möglich sind „Radontherapien" in Kureinrichtungen, wie z. B. in „Radonstollen" → B5.

B3 Werbung für Lebensmittel

B4 Werbung für Puder und Creme der Firma Tho-Radia

Arbeitsaufträge:

Teilt euch in Gruppen auf. Jede Gruppe bearbeitet eines der folgenden Themen und erstellt ein Plakat.

Hinweis: Viele Informationen findet man im Internet unter http://www.zsr.uni-hannover.de/, allerdings sehr verstreut in einzelnen Artikeln.

1 Präsentiert radiumhaltige Lebens-, Genussmittel und Kosmetika (Suchbegriffe im Internet: Radiumschwachtherapie, Tho-Radia).

2 Präsentiert radioaktive Arzneimittel und Geräte, die ein Bad in radonhaltigem Wasser zu Hause erlaubten (Suchbegriffe wie bei Gruppe 1).

3 Stellt das Schicksal der Ziffernblattmalerinnen dar (Suchbegriff im Internet: Ziffernblattmalerinnen).

4 Stellt auf einer Karte dar, wo es in Europa Radonheilbäder/Radonstollen gibt (www.euradon.de).

5 Stellt die Argumente pro und contra „Radontherapie" dar (Suchbegriffe: Radontherapie, Radonstollen).

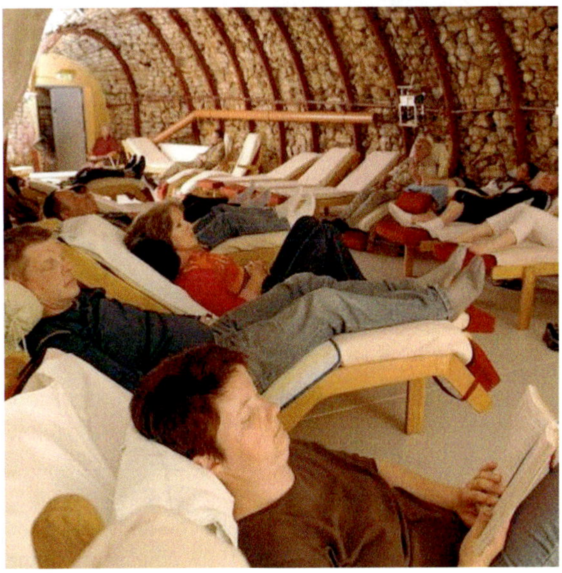

B5 Radonstollen in Bad Kreuznach

B1 Der Atomkern ist gegenüber dem Atom so klein, wie ein Reiskorn gegenüber einem großen Stadion.

Methode – Sachverhalte wiederholen

Wie sollte man Gelerntes über einen Begriff – z. B. das Atom – auffrischen?

1. Versuche zunächst, ohne weitere Hilfsmittel, die Sachverhalte zu notieren, die du noch im Gedächtnis hast.
2. Wenn du nicht weiter kommst, nutze deine Mitschrift oder das Lehrbuch und arbeite das Thema nochmals durch; beim Atom benötigst du Unterlagen aus dem Chemieunterricht. Wenn du nichts findest, befrage ein Lexikon oder das Internet.

1. Ein Atom hat einen Kern und eine Hülle

Beschießt man eine dünne Graphitfolie mit Elektronen, so durchdringen die meisten von ihnen viele tausend Atomschichten der Folie ungestört. Nur wenige werden abgelenkt oder zurückgeworfen → Elektronen und Atombau (S. 60).

Daraus und aus anderen Versuchen fand man die folgenden Aussagen, die du vermutlich auch aus dem Chemieunterricht kennst → Methode:

- Ein Atom besteht aus einem positiv geladenen **Atomkern,** der von negativ geladenen Elektronen, der sogenannten **Elektronenhülle,** umgeben ist. Nach außen ist das Atom elektrisch neutral. E. RUTHERFORD war der erste, der 1911 aufgrund seines berühmten Streuversuches → Interessantes das Kern-Hüllen-Modell des Atoms aufstellte.
- Über 99,9 % der Masse eines Atoms ist im Atomkern vereinigt.
- Der Durchmesser eines Atoms ist etwa $2 \cdot 10^{-7}$ mm, der eines Atomkerns etwa 10^{-12} mm. Vergrößern wir also in Gedanken das Atom 10^{12}-fach, so bekommt der Kern einen Durchmesser von 1 mm und die fast leere Hülle einen von über 100 m → B1.

Merksatz

Der positiv geladene Atomkern hat einen Durchmesser von etwa dem millionsten Teil eines millionstel Millimeters (10^{-12} mm). Um ihn sind innerhalb eines Raums von etwa einem zehnmillionstel Millimeter (10^{-7} mm) Radius Elektronen.

Interessantes

Der Rutherfordsche Streuversuch

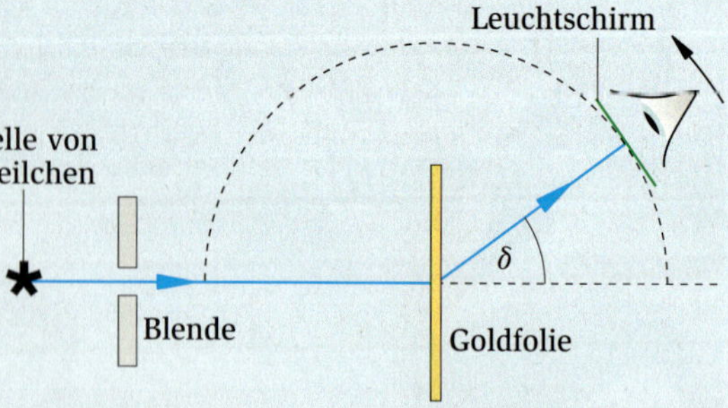

Joseph John THOMSON stellte sich um 1905 das Atom als „Rosinenkuchen“ vor. Negativ geladene Elektronen („Rosinen“) sind in die über das ganze Atom gleichmäßig verteilte positive Ladung („Kuchen“) eingebettet. Zur Überprüfung dieses Modells beschossen Hans GEIGER und Ernst MARSDEN 1909 eine sehr dünne Goldfolie mit → α-Teilchen aus einer Radiumquelle. Man wusste, dass die α-Teilchen eine hohe Bewegungsenergie haben und positiv geladene Heliumionen sind. Den Raum um die Folie tastete man mit einem Leuchtschirm ab. Dort erzeugen α-Teilchen Lichtblitze. Diese wurden mit bloßem Auge beobachtet.

Die meisten α-Teilchen durchsetzten die Folie, die aus mehr als 1000 Atomschichten bestand, geradlinig. Dies wurde nach dem Thomsonschen Atommodell auch so erwartet. Es wurden jedoch zur großen Überraschung unter allen Winkeln abgelenkte Teilchen gefunden. Erst 1911 konnte Ernst RUTHERFORD mit seinem Kern-Hüllen-Modell die Beobachtungen erklären. Nur wenn die positiv geladenen α-Teilchen dem positiv geladenen Kern nahe kommen, werden sie abgelenkt bzw. sogar zurückgeschleudert.

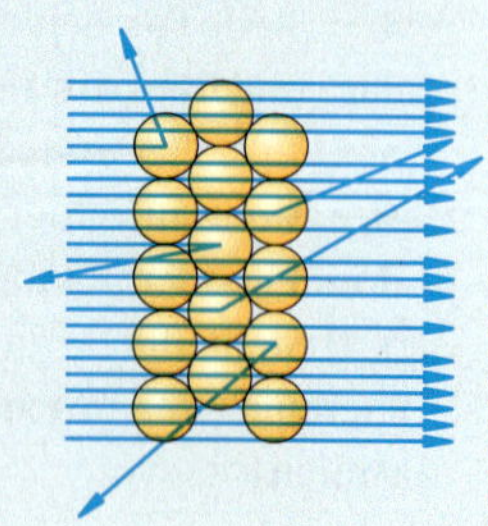

2. Weitere Aussagen zum Atom und Atomkern

Auch die folgenden Aussagen über Atome und Atomkerne hast du vermutlich im Chemieunterricht kennengelernt:

- Alle Atomkerne bestehen aus **Protonen** (Anzahl Z) und **Neutronen** (Anzahl N). Sie sind die **Kernbausteine** (Nukleonen). **Kernkräfte** halten sie zusammen → Vertiefung.
- Ein **Proton** (abgekürzt p) ist etwa 2000-mal so schwer wie ein Elektron und trägt eine positive Ladung. Ihr Betrag stimmt mit dem Betrag der Ladung des Elektrons – der **Elementarladung** – überein. Das **Neutron** (abgekürzt n) hat etwa die Masse des Protons, ist aber elektrisch neutral.
- Die Summe $Z + N = A$ nennt man **Nukleonenzahl** A. Beispiel: Lithiumkern $Z = 3$, $N = 4$, $A = 7$ → B2b.
- Die Ladung eines Kerns mit Z Protonen ist das Z-fache der Elementarladung. Daher nennt man die **Protonenzahl** Z auch **Kernladungszahl.** Die Anzahl der Elektronen eines neutralen Atoms stimmt mit Z überein.
- Im **Periodensystem** → Anhang sind alle Elemente geordnet zusammengestellt. Alle Atome eines Elements besitzen die gleiche „Elektronenhülle“ und sind deshalb chemisch nicht zu unterscheiden. Gleiche Elektronenzahl bedeutet aber auch gleiche Kernladungszahl Z. Diese charakterisiert somit ein Element. Z wird deshalb im Periodensystem **Ordnungszahl** genannt.
- Den Aufbau eines Atomkerns X – auch **Nuklid X** genannt – verdeutlicht man durch die Schreibweise $^{A}_{Z}\mathbf{X}$. Beispiel: → B2 $^{7}_{3}$Li ist ein Lithiumkern mit $A = 7$ Nukleonen, $Z = 3$ Protonen und $N = 7 - 3 = 4$ Neutronen. Z geht eindeutig aus dem Symbol Li hervor. Man schreibt oft: Li-7.
- Atome, deren Kerne die gleiche Protonenzahl Z, aber eine verschiedene Neutronenzahl N besitzen, nennt man **Isotope** desselben Elements. Isotope haben die gleichen chemischen, jedoch verschiedene physikalische Eigenschaften, z. B. verschiedene Massen. → B2 zeigt Kerne mit $Z = 1$ und $Z = 3$. $^{2}_{1}$H nennt man Deuterium und $^{3}_{1}$H Tritium.
- Durch Abspalten von Elektronen entstehen aus neutralen Atomen positiv geladene **Ionen.** Negativ geladene Ionen werden gebildet, wenn sich Elektronen an neutrale Atome anlagern. Die Energie, die erforderlich ist, um ein Elektron gegen die Anziehungskraft des positiv geladenen Atomkerns vollständig aus der Atomhülle eines neutralen Atoms zu entfernen, nennt man **Ionisierungsenergie.**

Merksatz

Jeder Atomkern ist aus Z positiv geladenen Protonen und N neutralen Neutronen aufgebaut. Die Zahl der Protonen (Kernladungszahl Z) ist gleich der Zahl der Elektronen des Atoms. Z ist auch die Ordnungszahl im Periodensystem.
Ein Kern (Nuklid) $^{A}_{Z}$X wird durch Z und die Nukleonenzahl $A = N + Z$ gekennzeichnet. Isotope eines Elements sind Atome mit gleichem Z, aber verschiedenem N.

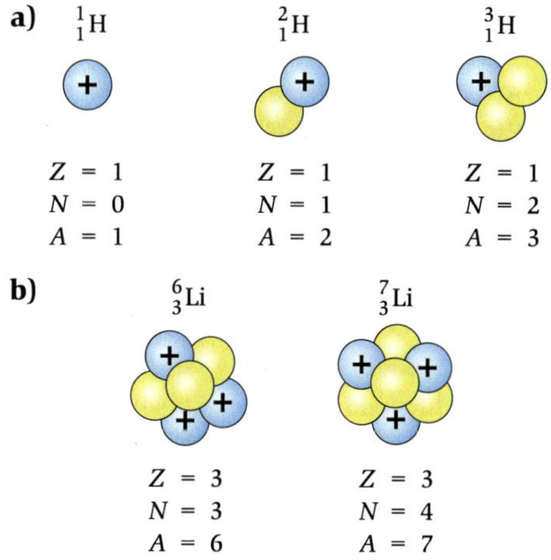

B2 **a)** Kerne der Wasserstoffisotope (H; $Z = 1$).
b) Kerne von Lithiumisotopen (Li; $Z = 3$). Z: Zahl der Protonen; N: Zahl der Neutronen; $A = Z + N$: Nukleonenzahl.

Vertiefung

Kernkräfte

Kerne, die mehr als ein Proton enthalten, fliegen nicht sofort auseinander, obwohl die gleichnamigen Ladungen der einzelnen Protonen sich stark abstoßen (z. B. die Protonen in Li-7 → B2b). Da aber viele Kerne stabil sind, müssen andere Kräfte die Nukleonen „eisern“ zusammenhalten. Man nennt sie Kernkräfte. Sie wirken nur auf die unmittelbaren Nachbarn. Hat ein Kern zu viele Protonen, so wird die elektrische Abstoßungskraft zu groß; der Kern fällt auseinander. Deshalb findet man in der Natur nur Kerne bis $Z = 92$ (Uran).

Mach's selbst

A1 Gib von folgenden Atomen A, Z und N sowie die Elektronenzahl der Hülle an: $^{12}_{6}$C; $^{137}_{55}$Cs; $^{208}_{82}$Pb K-40; Co-60; Pb-206; Th-232 (benutze das Periodensystem).

A2 Nenne gemeinsame und unterschiedliche Eigenschaften von Isotopen.

A3 Isotope von Blei haben 122, 124, 125, 126 Neutronen. Gib die Schreibweisen an.

Atommodelle

A. Was versteht man unter einem „Atommodell"?

Die Physik untersucht Naturvorgänge und möchte sie erklären. Da die Naturvorgänge im Allgemeinen sehr kompliziert ablaufen, vereinfacht man sie. So lässt man z. B. bei Bewegungen zunächst die Reibung weg. Man denkt sich idealisierte Vorgänge aus oder bildet sich idealisierte Vorstellungen von der Wirklichkeit. Dies sind **Modelle.** Modelle sind also vom Menschen gemacht, sind Gedankenkonstruktionen! Es ist nicht gesagt, dass die Natur wirklich so beschaffen ist, wie sie durch das Modell dargestellt wird.

Mit einem Modell muss man experimentelle Ergebnisse erklären können und auch Voraussagen aus dem Modell müssen mit den Experimenten übereinstimmen. Gelingt dies nicht, muss man das Modell verwerfen oder erweitern!

Wenn du das Wort **Atom** hörst, stellst du dir vermutlich ein kleines Teilchen vor und machst dir in Gedanken ein Bild von diesem Teilchen. In der Tat: Ein **Atommodell** ist nichts anders als ein Bild des Atoms und seiner inneren Struktur, das die Eigenschaften der wirklichen Atome möglichst gut beschreibt. Eigenschaften der Atome sind dabei solche, die experimentell durch Messungen nachprüfbar sind. Im Laufe der Jahrhunderte wurden viele Atommodelle entwickelt, die immer besser die Eigenschaften der Atome beschrieben haben. Mit einigen davon wollen wir uns kurz beschäftigen.

B. Historische Entwicklung – einige Beispiele

1. Die waghalsige Idee, an kleinste Teilchen zu denken, wurde erstmals im 5. Jahrhundert v. Chr. ausgesprochen. Von DEMOKRIT (etwa 460–380 v. Chr.) wird berichtet, dass er sich die folgende Frage gestellt habe: Durch fortlaufende Teilung eines Apfels erhält man zwei Hälften, vier Viertel usw. Gibt es eine Grenze der Teilbarkeit? Gibt es also kleinste Teilchen? Er war der Meinung, dass es solche kleinsten, unteilbaren Teilchen gibt und nannte sie Atome. Sie seien unveränderlich, von einfacher geometrischer Gestalt und in unendlich vielen Sorten vorhanden, z. B. große und kleine, runde und eckige. Diese Aussagen blieben rein hypothetisch und waren in der Antike nicht überprüfbar.

2. Zu Beginn des 19. Jahrhunderts entwickelte der Naturforscher John DALTON (1766–1844) das nach ihm benannte **daltonsche Atommodell.** Die Kernaussagen des Modells sind:

- Jedes Element besteht aus kleinsten, nicht weiter teilbaren Teilchen, den Atomen.
- Alle Atome eines Elements haben die gleiche Größe und die gleiche Masse.
- Atome sind unzerstörbar. Sie werden durch chemische Reaktionen weder vernichtet noch erzeugt.
- Bei chemischen Reaktionen werden die Atome der Ausgangsstoffe neu angeordnet und in bestimmten Anzahlverhältnissen miteinander verknüpft.

3. Das daltonsche Atommodell macht keine Aussagen zu elektrischen Eigenschaften der Materie. 1904 entwickelte deshalb Joseph John THOMSON (1856–1940) das **thomsonsche Atommodell**. Danach „schwimmen" die sehr kleinen – mittlerweile entdeckten – negativ geladenen Elektronen in einem über das ganze Atom gleichmäßig verteilten positiv geladenen „Teig", wie Rosinen in einem Kuchenteig. Man nannte das Modell deshalb „Rosinenkuchen-Modell".

4. Mit dem → Rutherfordschen Streuversuch überprüften die Mitarbeiter von Ernest RUTHERFORD (1871–1927) Hans GEIGER und Ernest MARDSEN das thomsonsche Atommodell. Das überraschende Ergebnis dieses Versuches führte 1911 RUTHERFORD zu seinem Kern-Hülle-Modell des Atoms: Der Z-fach positiv geladene Atomkern, der fast die gesamte Masse des Atoms vereint, ist von einer Wolke von Z Elektronen umgeben. Der größte Teil des Atoms ist leerer Raum. Dieses Modell fand zunächst wenig Anhänger, da nach Gesetzen der Elektrizitätslehre – die in diesem Buch nicht besprochen werden – die umlaufenden Elektronen rasch ihre Energie verlieren und in den Kern stürzen müssten. Die Energie der Elektronen müsste als Licht abgestrahlt werden.

5. 1913 erweiterte deshalb Niels BOHR (1885–1962) das Modell um die Vorstellung, dass Elektronen sich auf stabilen Kreisbahnen mit festem Durchmesser bewegen, ohne zu strahlen. Jeder Bahn entspricht ein bestimmter Energiezustand des Atoms. Springen Elektronen von einer Bahn auf die andere, wird die Energiedifferenz vom Atom als Licht absorbiert bzw. emittiert (**Bohrsches Atommodell**).

6. Das bohrsche Atommodell wurde bald von der Quantentheorie – in diesem Buch nicht thematisiert – verworfen. Sie wurde u.a. von Erwin SCHRÖDINGER (1887–1961) entwickelt. Elektronen sind keine kleine „Kügelchen", sondern so genannte „Quantenobjekte", denen man auch keine Bahn zuschreiben kann. Man kann von ihnen nur *Antreffwahrscheinlichkeiten* angeben. Sie gehorchen einer mathematischen Gleichung, der 1926 veröffentlichten **Schrödingergleichung.** Die Elektronen besitzen danach im Atom stationäre, gebundene Zustände mit einem definierten Energiewert. Diese mathematische Beschreibung des Atoms passt zu den experimentellen Ergebnissen. Sie ist heute in Verbindung mit einer weitergehenden Theorie, der Quantenelektrodynamik, die allgemein anerkannte, aber völlig unanschauliche Beschreibung der Atome. Auf die Frage, wie man sich ein Atom nun vorzustellen habe, antwortete der Nobelpreisträger Werner HEISENBERG (1901–1976): „Versuchen Sie es erst gar nicht!"

Mithilfe des Atommodells der Quantentheorie lässt sich z.B. der Aufbau des Periodensystems der Elemente → Anhang erklären. Die Quantentheorie liefert nämlich einen schalenartigen Aufbau der Atome (**Schalenmodell der Atomhülle**). In der innersten Schale eines Atoms, der K-Schale, haben maximal 2 Elektronen Platz, in der nächsten Schale, der L-Schale, maximal 8 Elektronen, dann in der M-Schale maximal 18 Elektronen usw. Beispiel: Aluminium hat in seiner Atomhülle 13 Elektronen. Davon sind zwei in der K-Schale, acht in der L-Schale und drei in der M-Schale. Drei Schalen sind besetzt. Also ist Aluminium in der 3. Periode.

C. Atommodelle im Schulunterricht

1. In **Physik** haben wir bisher den Aufbau des Atoms und Eigenschaften von Atomkernen, weniger der Atomhülle, kennengelernt. Ein einfaches Atommodell genügte uns: Ein Atom besteht aus einem Atomkern mit *Z* Protonen und *N* Neutronen und einer Atomhülle mit *Z* Elektronen. Vom Atomkern machten wir uns einfache Bilder mit dichtgepackten, kugelförmigen Protonen und Neutronen. Die besprochenen experimentellen Ergebnisse widersprachen diesem einfachen Modell nicht. Also ist es ein erlaubtes Modell. In Wirklichkeit sind auch Nukleonen keine starren Kugeln und der Atomkern ist ein komplexes Vielteilchensystem, für das die Gesetze der Quantentheorie gelten.

2. Die **Chemie** beschäftigt sich vor allem mit der Atomhülle und verwendet dafür öfters ein sehr vereinfachtes Schalenmodell. Z.B. hat das Calcium-Atom Ca-40 20 Protonen und 20 Neutronen im Atomkern sowie 20 Elektronen in der Atomhülle. Von den Elektronen gehören zwei zur K-Schale, je 8 zur L- und M-Schale und 2 zur N-Schale. In → **B1** ist das Schalenmodell von Ca-40 sehr vereinfacht dargestellt. Mit ihm kann man aber manche chemische Eigenschaft des Calcium-Atoms ohne Widersprüche erklären. Insoweit ist diese Darstellung ebenfalls ein erlaubtes Atommodell. Man darf sich z.B. aber nicht die Elektronen wie kleine Kügelchen vorstellen, die sich in einzelnen Kugelschalen um den Atomkern bewegen. → **B1** würde diese Interpretation zulassen. Elektronen sind aber „Quantenobjekte", denen man keine Bahn zuschreiben darf.

Die im Schulunterricht verwendeten Atommodelle haben also alle ihre Berechtigung. Sie beschreiben im Chemie- wie im Physikunterricht dasselbe Atom!

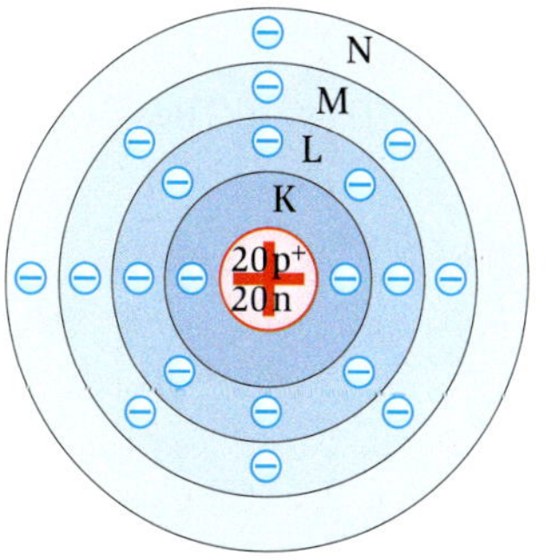

B1 Schalenmodell des Atoms Ca-40, wie du es vielleicht im Chemieunterricht kennengelernt hast

Strahlung radioaktiver Stoffe

Anstoß

Betrachte das Bild in → V1, auf dem man die Spuren von α-Teilchen sieht, die von einem radioaktiven Präparat ausgehen.

1. Beschreibe die Eigenschaften der Spuren.
2. Du solltest folgende drei Eigenschaften der Spuren festgestellt haben:

   a) Alle Spuren weisen dieselbe „Dicke“ auf.

   b) Es gibt Gruppen von Spuren.

   c) Die Spuren jeder Gruppe sind gleich lang.

   Versuche diese drei Aussagen im Hinblick auf die Eigenschaften der α-Teilchen zu deuten.

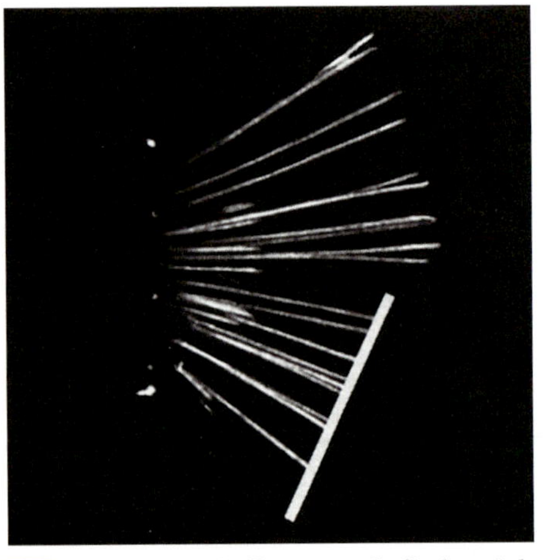

V1 In einer Nebelkammer befindet sich ein radioaktives Präparat mit einem α-Strahler und ein Blatt Papier. Erzeugt man Nebelspuren der α-Teilchen, enden diese an dem Papier.

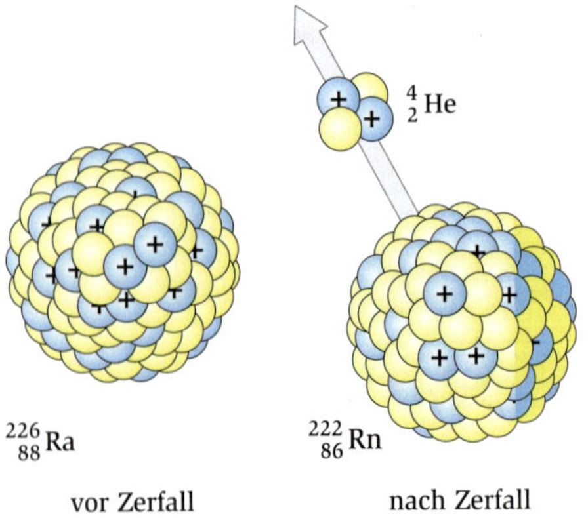

B1 α-Zerfall des Radiumisotops Ra-226

1. Eigenschaften der α-Teilchen

Die α-Strahlung wurde als Bestandteil der Strahlung von Uran 1896 von H. BECQUEREL entdeckt. Natürlich interessierte man sich für die Natur der α-Teilchen und wollte z. B. wissen, welche Masse diese haben. Fast alle Versuche, mit denen man diese und ähnliche Fragen beantwortet hat, lassen sich in der Schule nicht durchführen. Wir müssen uns deshalb mit Mitteilungen begnügen. Man hat gefunden:

- *α-Teilchen ionisieren Atome und Moleküle.*
- *α-Teilchen sind nackte Heliumkerne* $^4_2$He.
  In der Nähe von α-Strahlern kann man nämlich Helium nachweisen. Das α-Teilchen „schnappt“ sich nach dem Austritt aus dem Atomkern zwei Elektronen aus der Umgebung und bildet damit ein Heliumatom.
- *Ein α-Teilchen ist zweifach positiv geladen,*
  d. h. es trägt zwei positive Elementarladungen.
- *Ein α-Teilchen muss aus energetischen Gründen aus einem Atomkern stammen.*
  Ein α-Teilchen ionisiert nämlich auf seinem bis zu 10 cm langen Weg in Luft Hunderttausende von Molekülen. Dazu ist bei weitem mehr Energie nötig, als in der „Elektronenhülle“ eines Atoms zur Verfügung steht.
- *α-Teilchen können Papier nicht durchdringen* → V1.
  Man sagt auch: Die α-Teilchen werden im Papier absorbiert. Sie bilden nämlich in dichter Materie je Millimeter Laufweg viel mehr Ionen als in Luft. Ihre Energie ist somit in Papier auf einer viel kürzeren Wegstrecke aufgezehrt als in Luft.
- *Die Reichweite von α-Teilchen in Luft beträgt maximal 10 cm.* Ihre Energie ist spätestens nach dieser Strecke durch Ionisationsprozesse aufgebraucht.

2. Der Atomkern und das Atom verändern sich: α-Zerfall

Bisher haben wir uns mit den α-Teilchen beschäftigt. Aber was wird aus dem Atomkern, der ein α-Teilchen ausgesendet hat? Überlegen wir: Sendet er ein α-Teilchen $^4_2$He aus, hat er nachher 2 Protonen und 2 Neutronen weniger. Er hat sich also verändert. Man spricht von einem **α-Zerfall** des Kerns. So entsteht beim α-Zerfall von $^{226}_{88}$Ra ein Kern mit 86 Protonen und 222 Nukleonen, denn die Kernladungszahl Z verringert sich um 2 und die Massenzahl A um 4 → B1. Dies ist ein Isotop des Elements Radon Rn. Man schreibt:

$$^{226}_{88}\text{Ra} \rightarrow {}^{222}_{86}\text{Rn} + {}^{4}_{2}\alpha \quad \text{oder} \quad {}^{226}_{88}\text{Ra} \xrightarrow{\alpha} {}^{222}_{86}\text{Rn}.$$

Das α-Teilchen nimmt aus dem Kern zwei Protonen mit. Erst wenn die Hülle auch zwei Elektronen abgegeben hat, wird das Restatom elektrisch neutral. Durch den α-Zerfall entsteht also ein Atom mit völlig neuen Eigenschaften.

Merksatz

α-Strahlung besteht aus energiereichen zweifach positiv geladenen Heliumkernen. Sie kann ein Blatt Papier nicht durchdringen.
Beim α-Zerfall eines Nuklids wird ein Heliumkern ausgeschleudert. Er führt Energie mit sich. Zurück bleibt ein Kern eines Elements, dessen Kernladungszahl um zwei kleiner ist.

3. β- und γ-Strahlung; Eigenschaften der β-Teilchen

Nach → V2 sendet Sr-90 Teilchen aus, die zwar Papier, aber nicht ein 5 mm dickes Aluminiumblech durchdringen können. Es müssen also andere Teilchen als α-Teilchen sein. Man nennt sie **β-Teilchen** und die Strahlung **β-Strahlung**.
Es gibt noch eine dritte Art von ionisierender Strahlung aus radioaktiven Nukliden, die nicht einmal von 5 mm dickem Aluminium aufgehalten wird. Dazu gehört z. B. Strahlung, die von Cs-137 ausgeht → V3. Sie wird erst *in dicken Bleischichten* absorbiert. Man nennt sie **γ-Strahlung**, ihre Teilchen **γ-Teilchen**.

Die Eigenschaften der β-Teilchen müssen wir – wie bei den α-Teilchen – im Wesentlichen mitteilen. Man hat gefunden:

- *β-Teilchen ionisieren Atome und Moleküle.*
  Sie ionisieren aber auf derselben Wegstrecke in Materie viel weniger Moleküle als α-Teilchen → B2. Deshalb sind ihre Spuren in der Nebelkammer „dünner".
- *β-Teilchen sind schnell fliegende Elektronen.*
  Viele Versuche zeigen nämlich, dass β-Teilchen die gleiche Masse und die gleiche negative Ladung wie Elektronen haben. Man bezeichnet sie daher auch als **β^--Teilchen**.
- *β-Teilchen kommen aus dem Atomkern.*
  Die Energie der β-Teilchen kann nämlich so groß wie die von α-Teilchen sein. Die Elektronen in der Atomhülle haben aber längst nicht soviel Energie.
- *β-Teilchen haben in Luft eine Reichweite von maximal 11 m.* Sie haben wegen der geringeren Ionisationsdichte in Materie eine größere Reichweite als α-Teilchen derselben Energie.

Merksatz

β^--Strahlung besteht aus sehr schnellen, energiereichen Elektronen, die aus Atomkernen stammen. β^--Teilchen können 5 mm Aluminium nicht durchdringen.

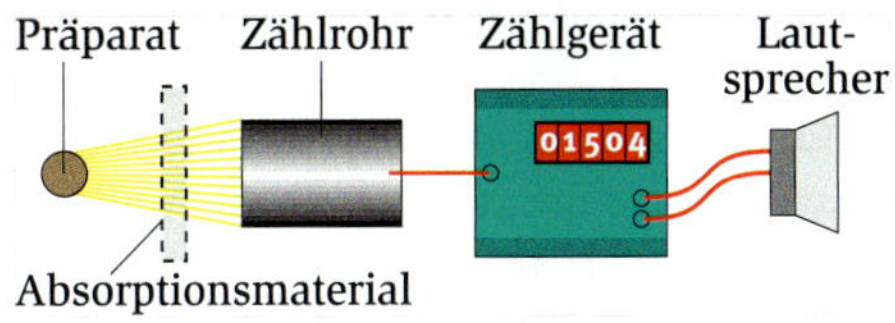

V2 Man stellt ein Sr-90-Präparat vor ein Zählrohr mit angeschlossener Zählapparatur. Wie man an den Knacksen im Lautsprecher hört, registriert das Zählrohr Strahlung. Jeder Knacks zeigt an, dass das Zählrohr ein ionisierendes Teilchen nachgewiesen hat. Halten wir Papier zwischen Präparat und Zählrohr, ändert sich die Zählrate kaum. Mit einem 5 mm dicken Aluminiumblech dagegen geht die Zählrate auf null zurück (bis auf den Nulleffekt).

V3 Man deckt ein Cs-137 Präparat mit einem 5 mm dicken Aluminiumblech ab und stellt es vor ein Zählrohr. „Knackse" im Lautsprecher verraten, dass trotz des Aluminiumblechs das Zählrohr Strahlung registriert, die aus einzelnen, ionisierenden Teilchen besteht. Die „Knackse" sind wie in → V2 *abzählbar.* Erst mit einer dicken Bleischicht zwischen Präparat und Zählrohr wird die Zählrate reduziert.

B2 Nebelkammeraufnahme von β-Teilchen. Die Spuren sind „dünner" als die von α-Teilchen.

Mach's selbst

A1 Vervollständige die Angaben mithilfe des Periodensystems im → **Anhang**:

$^{235}_{92}U \xrightarrow{\alpha} ?$; $^{232}_{?}Th \xrightarrow{\alpha} ?$; $? \xrightarrow{\alpha} {}^{237}_{?}Np$;

$? \xrightarrow{\alpha} {}^{222}_{?}Rn$; $^{210}_{?}Po \xrightarrow{\alpha} ?$; $^{238}_{92}? \xrightarrow{\alpha} ?$

A2 Nenne Eigenschaften von β-Teilchen.

Anstoß

1. Betrachte die in ➜ B2a skizzierte Versuchsanordnung und erläutere den Aufbau mit eigenen Worten.
2. Erläutere, wie die Messkurven in ➜ B2b aufgenommen wurden.
3. Interpretiere die Messkurven in ➜ B2b und deute das Diagramm im Hinblick auf den Strahlenschutz.

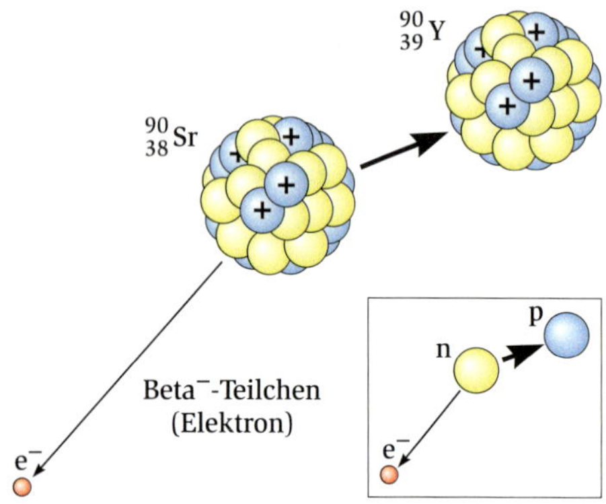

B1 β^--Zerfall des Strontiomisotops Sr-90

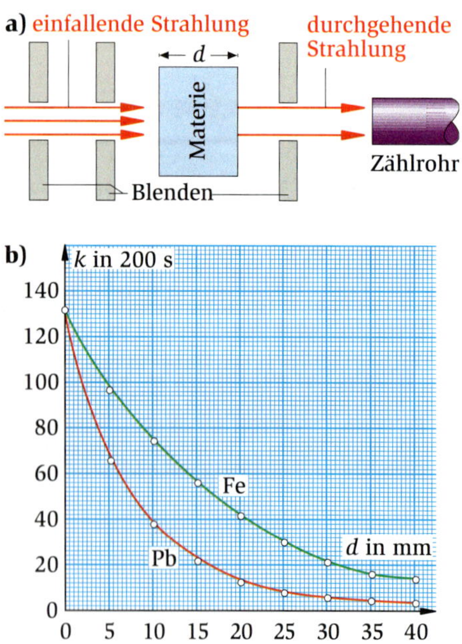

B2 **a)** Versuchsanordnung zur Messung der Absorption von γ-Strahlung in Materie. **b)** Messergebnisse mit der Versuchsanordnung von ➜ B2a, wenn als Materie einmal Eisen (Fe) und das andere mal Blei (Pb) verwendet wurde. k ist die im Zählrohr registrierte Impulszahl in 200 s.

4. Der β^--Zerfall

Der Atomkern enthält keine Elektronen. Trotzdem kommen β^--Teilchen wegen ihrer hohen Energie von dort. Wie ist das möglich? Diese spannende Frage beschäftigte lange die Forschung, bevor man die Antwort fand: Im Atomkern kann sich ein Neutron in ein Proton und ein Elektron umwandeln. Dabei wird Energie frei. Das Elektron verlässt schnell den Kern. Nach diesem **β^--Zerfall** besitzt der Kern ein Neutron weniger und dafür ein Proton mehr. Die Nukleonenzahl A bleibt also konstant. So entsteht z.B. beim β^--Zerfall des Strontiumisotops $^{90}_{38}$Sr ➜ B1 ein Kern mit 90 Nukleonen und 39 Protonen, d.h. das Yttriumisotop $^{90}_{39}$Y. Man schreibt:

$$^{90}_{38}\text{Sr} \rightarrow {}^{90}_{39}\text{Y} + \beta^- \quad \text{oder} \quad {}^{90}_{38}\text{Sr} \xrightarrow{\beta^-} {}^{90}_{39}\text{Y}.$$

Nach dem β^--Zerfall hat das Atom im Kern ein Proton mehr als vorher. Um elektrisch neutral zu sein, nimmt die „Hülle" dieses Restatoms ein Elektron aus der Umgebung auf. Es entsteht das Atom eines neuen Elements mit anderen Eigenschaften. Nuklide, die β^--Teilchen aussenden, nennt man **β^--Strahler.**

Merksatz

Beim β^--Zerfall eines Nuklids verwandelt sich im Kern ein Neutron in ein Proton unter Aussenden eines Elektrons. Dieses führt Energie mit sich. Zurück bleibt ein Kern eines anderen Elements, dessen Kernladungszahl um 1 größer ist.

5. β^+-Zerfall; Positronen

Neben den β^--Strahlern gibt es auch **Positronenstrahler** oder **β^+-Strahler.** Diese kommen in der Natur nicht vor, können aber künstlich hergestellt werden. Bei ihnen zerfällt im Kern ein Proton in ein Neutron. Dabei wird ein Teilchen ausgesandt, das dieselben Eigenschaften hat, wie ein Elektron, nur dass es positiv geladen ist. Dieses Teilchen nennt man Positron und schreibt dafür β^+. Ein Beispiel für einen **β^+-Zerfall** ist der Zerfall von NA-22:

$$^{22}_{11}\text{Na} \rightarrow {}^{22}_{10}\text{Ne} + \beta^+.$$

6. Eigenschaften der γ-Teilchen; der γ-Zerfall

γ-Strahlung besteht aus einzelnen γ-Teilchen. Die abzählbaren „Knackse" beim Nachweis der Strahlung mit einem Zählrohr verraten dies. Die Eigenschaften der γ-Teilchen sind:

a) *γ-Teilchen können Moleküle und Atome ionisieren.* Allerdings bilden γ-Teilchen in Materie noch weit weniger Ionen auf derselben Wegstrecke als β-Teilchen.

b) *γ-Teilchen tragen keine elektrische Ladung.*

c) *γ-Teilchen stammen aus Atomkernen.* Dies folgt aus der hohen Energie, die sie mit sich führen.

d) *γ-Teilchen werden durch dicke Bleischichten abgeschirmt* → B2. Verringert sich z. B. die Zahl der γ-Teilchen einer bestimmten Energie in Luft erst nach mehr als 50 m auf unter 1 %, so bewirkt dies bereits eine 7 cm dicke Bleischicht. γ-Strahlung kann man aber nie zu 100 % abschirmen → Kompetenz.

Wie kommt es dazu, dass ein Atomkern ein γ-Teilchen aussendet? Der Grund ist, dass nach einem α- oder β-Zerfall der neue Kern oft noch überschüssige Energie hat. Man sagt, er sei „angeregt". Die überschüssige Energie kann er abgeben, indem er ein γ-Teilchen aussendet (**γ-Zerfall**).

Ein γ-Teilchen tritt deshalb nie alleine auf, sondern immer als Folge eines α- oder β-Zerfalls. Beim Aussenden eines γ-Teilchens verändern sich also weder Z noch A noch die „Elektronenhülle" des Atoms.

Beispiel: Nach dem β^--Zerfall von Cs-137 entsteht das Bariumisotop Ba-137m. Dieser Kern hat überschüssige Energie und ist deswegen mit m gekennzeichnet. Er verliert diese Energie durch Aussenden eines γ-Teilchens. Man schreibt:

$${}^{137}_{55}\mathrm{Cs} \xrightarrow{\beta} {}^{137}_{56}\mathrm{Ba}^{m} \xrightarrow{\gamma} {}^{137}_{56}\mathrm{Ba}.$$

β^-- und γ-Teilchen treten praktisch gleichzeitig auf. Deswegen sagt man häufig, dass Cs-137 β^-- und γ-Teilchen aussendet, obwohl das γ-Teilchen eigentlich von Ba-137m stammt.

Merksatz

γ-Strahlung besteht aus energiereichen γ-Teilchen, die aus Atomkernen stammen. Ein γ-Teilchen wird nach einem α- oder β-Zerfall von einem angeregten Atomkern ausgesandt. Dabei ändern sich Kernladungszahl Z und Nukleonenzahl A des Kerns nicht.
Dicke Bleischichten können γ-Teilchen kaum durchdringen.

Mach's selbst

A1 Die Spuren der α-Teilchen von Po-210 in einer Nebelkammer sind gleich lang, die Spuren der α-Teilchen von Bi-212 haben dagegen zwei verschiedene Längen. Interpretiere die Beobachtungen.

A2 Vervollständige folgende Angaben:

${}^{40}_{19}\mathrm{K} \xrightarrow{\beta} ?$; ${}^{210}_{?}\mathrm{Pb} \xrightarrow{\beta} ?$; $? \xrightarrow{\beta} {}^{14}_{?}\mathrm{N}$;

$? \xrightarrow{\beta} {}^{60}_{?}\mathrm{Ni}^{m} \xrightarrow{\gamma} ?$; ${}^{99}_{?}\mathrm{Tc}^{m} \xrightarrow{\gamma} ? \xrightarrow{\beta} ?$

A3 „α-Teilchen bleiben in einem Blatt Papier stecken, β-Teilchen in 5 mm Aluminium. Transportieren β-Teilchen deshalb mehr Energie als α-Teilchen? Begründe.

A4 Am-241 ist radioaktiv. Der größte Teil seiner Strahlung kann Papier nicht durchdringen. Der Rest wird kaum von einer 5 mm dicken Aluminiumplatte absorbiert, dagegen fast vollständig durch eine Bleiplatte. Gib den Zerfall von Am-241 an.

A5 Ein radioaktives Präparat ist im Abstand d vor einem Zählrohr aufgebaut. Zwischen Präparat und Zählrohr befindet sich Luft. Verändert man den Abstand d, so erhält man die folgende Messkurve:

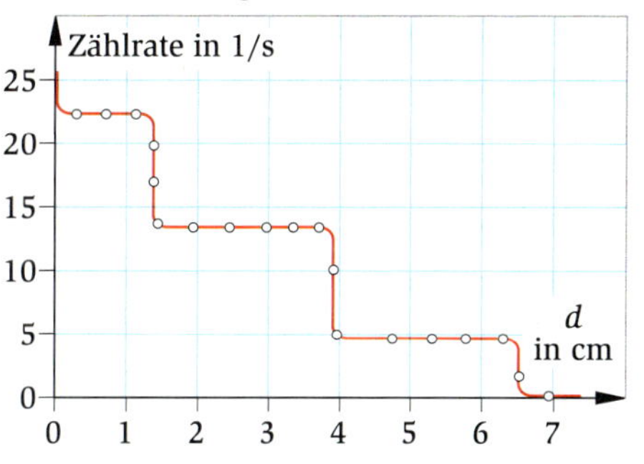

a) Interpretiere die Messkurve.

b) Das Präparat bringt man in eine Nebelkammer. Skizziere das Nebelkammerbild.

Kompetenz – Fragen entwickeln und mit Physik beantworten

Mit Elektroskop, Nebelkammer und Zählrohr haben wir herausgefunden, dass es in der Natur radioaktive Stoffe gibt, die Strahlung aussenden. Die Spuren in der Nebelkammer und das „Ticken" des Zählrohrs zeigten uns, dass die Strahlung Teilchencharakter hat.

Ergänzend zu dieser Erkenntnis stellten wir die Frage: Welche weiteren Eigenschaften hat diese Strahlung, haben diese Teilchen? U. a. wollten wir wissen, was geschieht, wenn die Teilchen auf Materie treffen.

In Experimenten fanden wir heraus: α-Teilchen gleicher Energie kommen in Materie gleich weit (gleich lange Spuren in der Nebelkammer) und bleiben schon in einem Blatt Papier stecken.
Dagegen gilt für γ-Teilchen: Es werden umso mehr absorbiert, je dicker eine Materieschicht ist, aber ein gewisser Prozentsatz durchdringt die Schicht immer noch. α- und γ-Teilchen „wechselwirken" also ganz unterschiedlich mit Materie. Diese Erkenntnis hilft uns, wenn wir uns den Problemen → Strahlenschutz zuwenden.

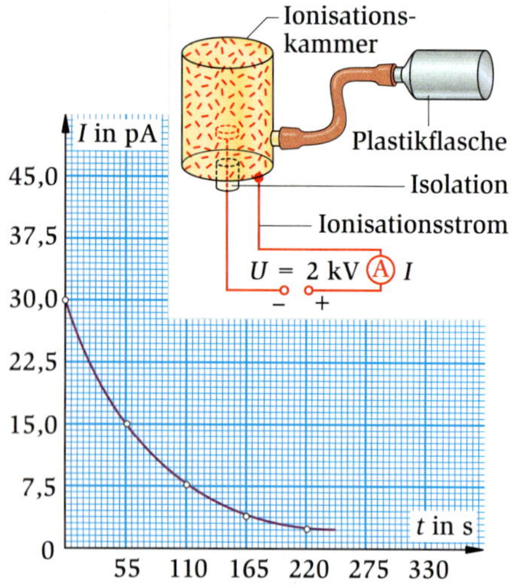

V1 **a)** Man pumpt mehrmals hintereinander kleine Mengen des radioaktiven Gases Radon Rn-220 aus der Plastikflasche in die Ionisationskammer. Mit jedem Gasstoß steigt die Stromstärke.
b) Gibt man kein weiteres radioaktives Gas in die Kammer, so sinkt die Stromstärke. Sie nimmt aber nicht linear mit der Zeit ab, sondern fällt jeweils in 55 s auf die Hälfte des zu Beginn dieser Zeitspanne noch vorhandenen Wertes.
Zur Versuchsanordnung: In der Plastikflasche entsteht laufend das radioaktive Gas Radon Rn-220, das α-Strahlung aussendet. Für deren Nachweis verwenden wir eine Ionisationskammer, an die über einen Schlauch die Flasche angeschlossen ist. Die mit Luft gefüllte Kammer besteht aus zwei gegeneinander isolierten Metallteilen, zwischen denen eine Spannung liegt. Tritt in der Kammer α-Strahlung auf, so werden Luftmoleküle ionisiert. Die Stromquelle saugt die entstandenen Ionen ab; der Strom wird gemessen.

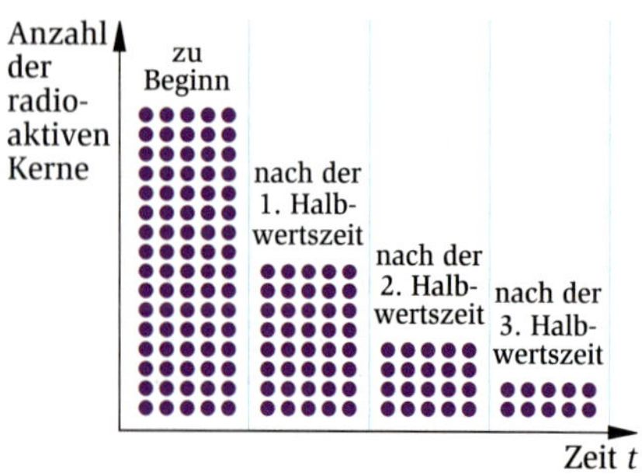

B1 Abnahme der Zahl der radioaktiven Kerne mit der Zeit

1. Änderungsrate proportional zum Bestand; Aktivität

In → **V1** misst man einen Strom I durch die Ionisationskammer. Seine Ursache ist die α-Strahlung zerfallender Kerne von Radon Rn-220. Was sagt die Stromstärke I über die radioaktiven Kerne aus? Je stärker der Strom ist, umso mehr α-Teilchen müssen in derselben Zeit aufgetreten sein, umso mehr Kerne müssen in der Zeit zerfallen sein.

Die Stromstärke ist also ein Maß für die Änderungsrate $\Delta N/\Delta t$ (mit $\Delta N = N_2 - N_1$, N_2 kleiner als N_1, also $\Delta N < 0$ und $\Delta t = t_2 - t_1$; N ist die Anzahl der Kerne).

Wenn mehr Kerne in gleicher Zeit zerfallen, ist die radioaktive Substanz aktiver. Man nennt deshalb $A = -\Delta N/\Delta t$ auch **Aktivität** der radioaktiven Substanz. Ihre Einheit ist 1/s oder 1 **Becquerel** (1 Bq). Die Ionisationsstromstärke ist somit ein Maß für die Aktivität, aber auch für die Anzahl N der noch nicht zerfallenen Kerne, wie wir jetzt sehen werden:

Verdoppelt man die Zahl N der radioaktiven Kerne, dann verdoppelt sich die Stromstärke I → **V1a**. Warum? Bei doppelter Anzahl N zerfallsbereiter Kerne erwartet man, dass in derselben Zeit auch doppelt so viele Kerne zerfallen und damit die Änderungsrate $\Delta N/\Delta t$ doppelt so groß ist. Demnach ist die Änderungsrate proportional der Anzahl der zerfallsbereiten Kerne $\Delta N/\Delta t \sim N$. Dann ist die Stromstärke I auch ein Maß für die Zahl N der noch nicht zerfallenen radioaktiven Kerne.

Beispiel: In einer Substanz mit $N = 10^{18}$ Kernen zerfallen 10^6 Kerne in $\Delta t = 10$ s.
Es ist $A = -\Delta N/\Delta t = 10^6/10\ \text{s} = 10^5\ 1/\text{s} = 10^5$ Bq.

Merksatz
Zerfallen in einer radioaktiven Substanz ΔN Kerne in der Zeit Δt, so ist deren Aktivität $A = -\Delta N/\Delta t$ mit der Einheit 1 Becquerel (1 Bq). Es ist 1 Bq = 1 1/s.

2. Die Hälfte von der Hälfte von der Hälfte …

Gibt man in → **V1b** kein weiteres Gas in die Kammer, so sinkt die Stromstärke I in jeweils 55 s *auf die Hälfte*. Folglich sinken sowohl die Aktivität A der radioaktiven Substanz als auch die Zahl N der radioaktiven Kerne in 55 s auf die Hälfte → **B1**. Man sagt, Rn-220 habe die **Halbwertszeit** $T_{1/2} = 55$ s. Sie ist unabhängig von der Substanzmenge.

Es lässt sich kein bestimmter Zeitpunkt angeben, wann ein bestimmter Kern zerfällt, auch nicht, wann alle Kerne zerfallen sind oder wann die Aktivität auf Null gesunken ist.

Jedes radioaktive Nuklid hat eine Halbwertszeit $T_{1/2}$, an dem man es erkennen kann → **T1**.

Merksatz

Die Zeit, in der jeweils die Hälfte einer radioaktiven Substanz zerfällt und damit auch deren Aktivität auf die Hälfte abnimmt, heißt Halbwertszeit $T_{1/2}$. Sie hängt von der Kernart ab.

3. Altersbestimmung mit radioaktiven Nukliden

Presst man in der Anordnung nach → V1 die Thoriumflasche alle paar Sekunden zusammen, so liefert man laufend radioaktives Gas in die Ionisatioskammer. Dann bleibt der Ionisationsstrom praktisch konstant. Zerfall und Nachlieferung radioaktiver Atome halten sich dann das Gleichgewicht. Erst wenn die Nachlieferung beendet ist, fällt die Stromstärke mit der Halbwertzeit von 55 s ab.

Dieser Versuch zeigt das Prinzip der **Altersbestimmung** mithilfe des langlebigen radioaktiven Kohlenstoffisotops C-14. Dieses Isotop ist in der Atmosphäre, z. B. in Kohlenstoffdioxid CO_2, immer in einem kleinen konstanten Prozentsatz vorhanden. Solange eine Pflanze lebt, steht ihr Kohlenstoffgehalt durch CO_2-Assimilation mit dem Kohlenstoff der Atmosphäre in Verbindung. Die lebenden Teile der Pflanze haben deshalb ebenfalls einen konstanten C-14-Anteil.

Gleiches gilt für Tiere und Menschen, da sie über die Nahrungskette laufend C-14 aufnehmen. Stirbt ein Organismus ab, wird sein Kontakt zur Atmosphäre unterbrochen, und mit einer Halbwertszeit von 5730 Jahren sinkt der C-14-Anteil. Durch seine Bestimmung konnte z. B. das Alter einer Mumie, die in den Ötztaler Alpen 1991 gefunden wurde → B2, auf 5300 bis 5350 Jahre bestimmt werden.

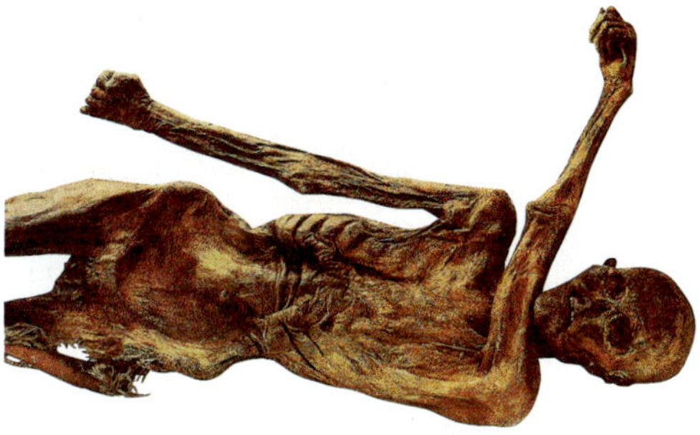

B2 Mumie aus den Ötztaler Alpen

Nuklid	$T_{1/2}$
Th-232	$1{,}40 \cdot 10^{10}$ a
U-238	$4{,}47 \cdot 10^{9}$ a
K-40	$1{,}28 \cdot 10^{9}$ a
U-235	$7{,}04 \cdot 10^{8}$ a
C-14	5730 a
Ra-226	1600 a
Cs-137	30,1 a
H-3	12,3 a
Po-210	138 d
I-131	8,02 d
Tc-99m	6,01 h
Ba-137m	2,55 min
Rn-220	55,6 s
Po-212	$2{,}99 \cdot 10^{-7}$ s

T1 Halbwertszeiten einiger Nuklide (a: Jahre, d: Tage, h: Stunde, s: Sekunde)

Mach's selbst

Halbwertszeiten → T1

A1 a) Bestimme die Zahl der Kerne, die von $5 \cdot 10^5$ I-131 Kernen nach drei Halbwertszeiten zerfallen sind.
b) Berechne die Zeit, in der 7/8 einer Menge I-131 zerfallen.
c) Eine I-131-Quelle hat die Aktivität 10^5 Bq. Und nach 48 Tagen?

A2 a) Berechne die Zeit, nach der 93,75 % einer Tc-99m Menge zerfallen sind.
b) Bestimme die Anzahl der Halbwertszeiten, nach der mehr als 99 % bzw. 99,9 % der Menge eines radioaktiven Nuklids zerfallen sind.

A3 In eine Ionisationskammer wird ein radioaktives Gas gepumpt und die Stromstärke *I* alle 10 s gemessen.

t in s	*I* in 10^{-12} A	*t* in s	*I* in 10^{-12} A
0	60	70	16
10	50	80	14
20	42	90	11
30	35	100	9
40	28	110	8
50	24	120	7
60	20	130	5

a) Zeichne ein Diagramm und bestimme daraus die Halbwertszeit des Gases.
b) Bestimme die Halbwertszeit mithilfe eines Computerprogramms.

A4 a) Die Halbwertszeit des Zerfalls von Y-90 ist $T_{1/2} = 64$ h. Zur Zeit $t = 0$ seien 10^5 Kerne vorhanden. Bestimme die Zahl der Kerne, die nach acht Tagen zerfallen sind.
b) Berechne die Zeit, nach der die Aktivität eines Y-90-Präparates unter 1 % der Aktivität zur Zeit $t = 0$ gefallen ist.

A5 a) Ein Po-210-Präparat hat die Aktivität 3000 Bq. Bestimme sie zwei Jahre zuvor.
b) Bestimme die Zeit, nach der die Aktivität noch 3 Bq beträgt.

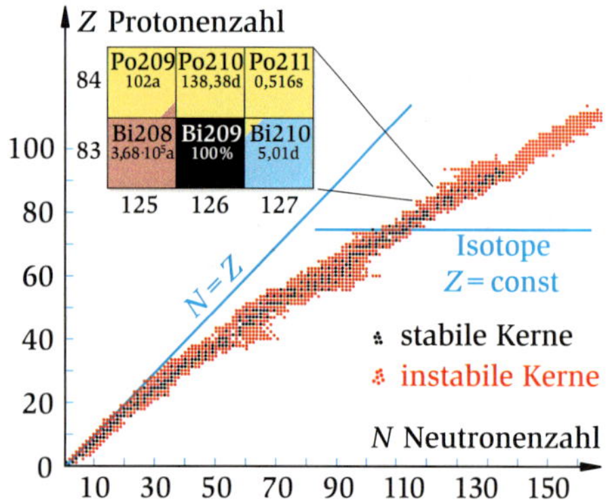

B1 Nuklidkarte

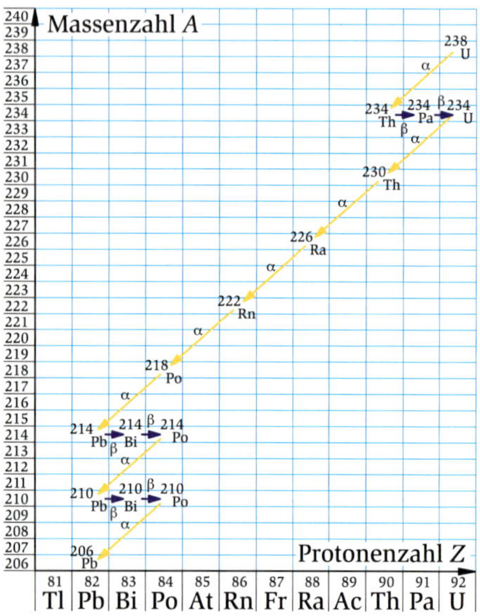

B2 Zerfallsreihe von U-238; der besseren Übersicht wegen trägt man A über Z auf.

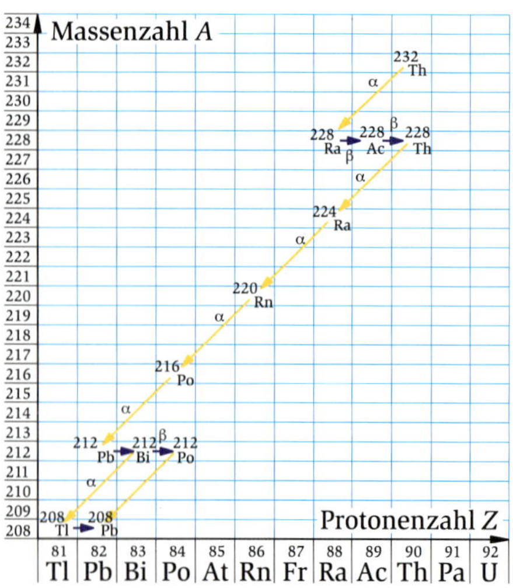

B3 Zerfallsreihe von Th-232

1. Die Nuklidkarte

Alle bekannten Nuklide ordnet man mithilfe eines Koordinatensystems **→ B1**. Auf der horizontalen Achse trägt man die Neutronenzahl N, auf der vertikalen die Protonenzahl Z eines Nuklids ein. In den Gitterpunkten ist das betreffende Nuklid mit seinen wichtigsten Eigenschaften aufgezeichnet. So entsteht die Nuklidkarte, das Ordnungsschema der Kernphysik **→ Anhang**. Wichtige Elemente der Karte sind:

- Alle Isotope eines chemischen Elements liegen in einer Zeile, an deren linken Rand Z steht. Jedes Nuklid wird durch das chemische Symbol des Elements und die Massenzahl $A = N + Z$ gekennzeichnet (z. B. Po-210, $Z = 84$, $N = 126$). N steht am unteren Ende der Spalte.
- Die Nuklide sind durch Farben gekennzeichnet. *Schwarz* sind die *stabilen* Nuklide (z. B. Bi-209).
- Die *farbigen* Kästen stellen *radioaktive* Kerne dar, die Strahlung aussenden. Angegeben ist die Halbwertszeit des Nuklids (z. B. Po-210: $T_{1/2} = 138{,}38$ d).
- **α-Strahler** sind **gelb** eingetragen und finden sich fast nur bei großen Nukleonenzahlen A. Den Kern, der aus einem α-Strahler entsteht, findet man, indem man 2 Kästchen nach unten und 2 Kästchen nach links geht **→ A1**.
- Die **blau** unterlegten Nuklide, die **β^--Strahler**, liegen am rechten Rand der Protonenzeile. Den Kern, der aus einem β^--Strahler entsteht, findet man, indem man je ein Kästchen nach oben und nach links geht **→ A1**.
- Links von den stabilen Nukliden liegen *rot* gekennzeichnete Isotope, die **β^+-Strahler**. Den Kern, der aus einem β^+-Strahler entsteht, findet man, indem man je ein Kästchen nach unten und nach rechts geht **→ A1**.

2. Zerfallsreihen

Kerne, die durch radioaktiven Zerfall entstanden sind, können selbst wieder radioaktiv sein. So können längere Zerfallsreihen entstehen. Die zwei wichtigsten, die in der Natur auftreten, zeigen **→ B2** und **→ B3**. Ausgangspunkte dieser Zerfallsreihen sind Uran U-238 bzw. Thorium Th-232. Sie enden bei den stabilen Bleiisotopen Pb-206 bzw. Pb-208.
Die Zerfallsreihen lassen sich mithilfe der Nuklidkarte identifizieren. Dies lässt sich z. B. am Beginn der U-238-Zerfallsreihe verdeutlichen: U-238 ist gelb markiert, also ein α-Strahler; den Kern, der entsteht, findet man also, indem man in der Nuklidkarte zwei Kästchen nach unten und zwei Kästchen nach links geht. So landet man beim blau markierten Th-234, einem β^--Strahler. Den Kern, der aus ihm entsteht, erhält man, indem man je ein Kästchen nach oben und nach links geht. Es ist der β^--Strahler Pa-234, usw.

Merksatz

In der Nuklidkarte sind alle bekannten Nuklide aufgezeichnet. Mit ihr lassen sich Zerfallsreihen identifizieren.

Röntgenstrahlung

1. Röntgen- und γ-Strahlung

Die dir sicher von medizinischen Anwendungen her bekannte Röntgenstrahlung wird z. B. mit der Apparatur in → B4 erzeugt. Die Röntgenstrahlung hat mit der γ-Strahlung viele gemeinsame Eigenschaften. So trägt sie wie diese keine elektrische Ladung, überträgt Energie und kann Atome und Moleküle ionisieren. Trifft sie auf ein Zählrohr, „tickt" dieses wie wenn es von γ-Strahlung getroffen wird. Röntgenstrahlung besteht also auch aus Teilchen. Auch schwärzen beide Strahlungen Filme. In der → Vertiefung sind Ähnlichkeiten und Unterschiede zu anderen Strahlungen beschrieben.

Durchdringen die Strahlungen Materie werden sie geschwächt, d. h. in der Materie absorbiert. Je nachdem, aus welchem Stoff die Materie besteht, werden sie unterschiedlich absorbiert. So durchdringt Röntgenstrahlung Gewebe besser als Knochen. Auf Röntgenbildern lassen sich deshalb beide gut unterscheiden.

Am stärksten werden sowohl γ-Strahlung als auch Röntgenstrahlung in Blei absorbiert. Dicke Bleischichten schützen deshalb am besten vor beiden Strahlungen.

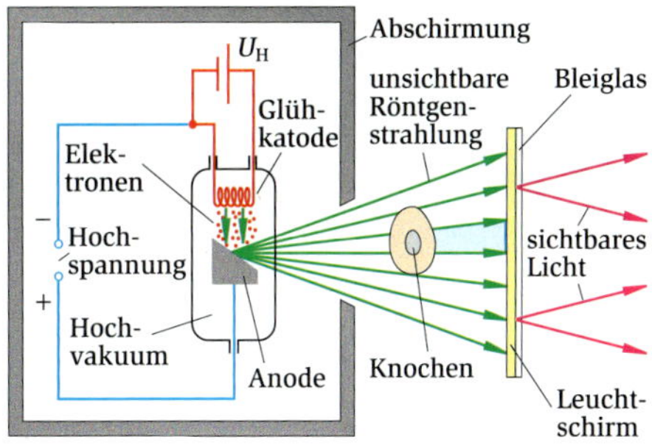

B4 Prinzip einer Röntgenapparatur: In einer Vakuumröhre beschleunigt man die von einer Glühkathode emittierten Elektronen durch eine hohe Spannung (bis über 100 000 V). Beim Aufprall auf die Anode werden sie abgebremst. Dabei entsteht Röntgenstrahlung. Man erkennt sie daran, dass ein außerhalb der Röhre befindlicher Leuchtschirm aufleuchtet → A3.

Merksatz
Röntgenstrahlung und γ-Strahlung sind sich ähnlich.

Vertiefung

Ähnlichkeiten und Unterschiede von Röntgen- und γ-Strahlung zu anderen Strahlungen

Röntgen- und γ-Strahlung sind mit Licht und der ultravioletten Strahlung (UV-Strahlung) verwandt, denn auch diese Strahlungen übertragen Energie und tragen keine elektrische Ladung. Der Unterschied lässt sich mit dem skizzierten Versuch verdeutlichen. Eine Zinkplatte ist mit einem Elektroskop verbunden und negativ aufgeladen. Sie wird mit dem UV-Licht einer Quecksilber-Hochdrucklampe bestrahlt. Die Platte wird entladen, da das UV-Licht Elektronen aus der Zinkplatte freisetzt. Sichtbares Licht schafft dies nicht, problemlos dagegen Röntgenstrahlung und γ-Strahlung. Die Energie der Elektronen ist am größten, wenn sie von der γ- oder der Röntgenstrahlung freigesetzt werden. γ- und Röntgenstrahlung transportieren also viel größere Energieportionen als UV-Licht und dieses mehr als sichtbares Licht.

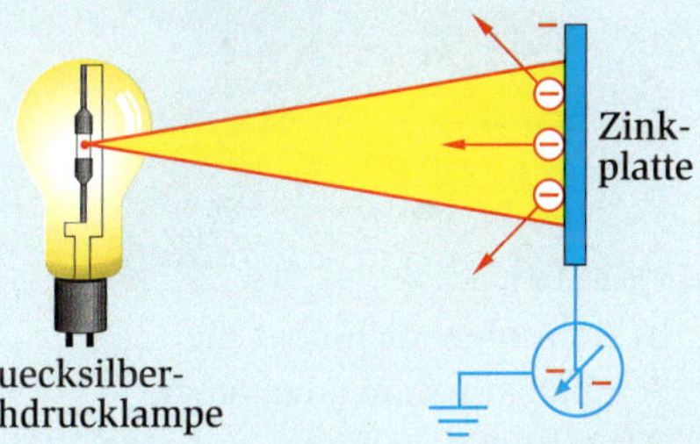

Eine Folge ist, dass Röntgen- und γ-Strahlung Moleküle und Atome ionisieren können, UV-Licht und sichtbares Licht aber nicht.

Mach's selbst

A1 In der Nuklidkarte findet man den Kern, der beim Zerfall eines α-, β^-- oder β^+-Strahlers entsteht, nach bestimmten Regeln. Nenne diese Regeln und erkläre sie.

A2 U-235 und Np-237 sind Ausgangspunkte von Zerfallsreihen. Identifiziere sie mithilfe der Nuklidkarte im → Anhang, schreibe sie auf und stelle sie in einem *A-Z*-Diagramm dar.

A3 Die in der Röntgenröhre erzeugte Strahlung lässt den Leuchtschirm aufleuchten. Deute diesen Sachverhalt.

A4 Begründe die Ähnlichkeit von γ- und Röntgenstrahlung.

Strahlendiagnostik und Strahlentherapie

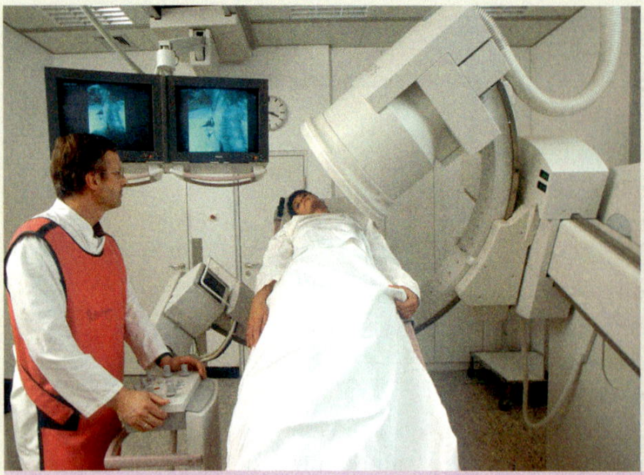

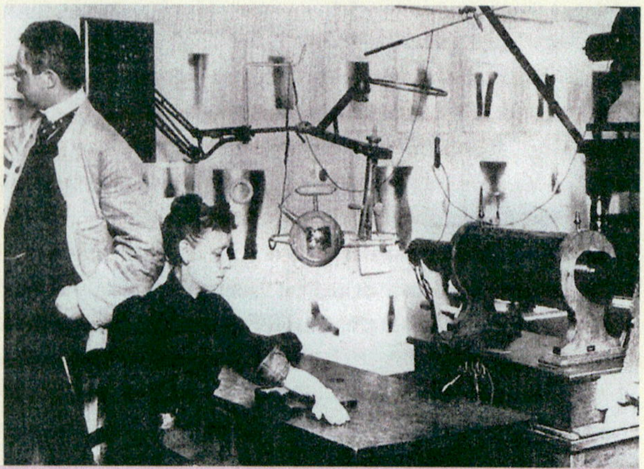

Röntgenuntersuchungen sind ein oft unersetzliches Hilfsmittel für eine medizinische Diagnose. Das linke Bild zeigt, wie mit einer modernen Röntgenapparatur die Aufnahme eines Röntgenbildes vorbereitet wird. Das rechte Bild zeigt, wie man zu Beginn des 20. Jahrhunderts eine Röntgenaufnahme des Unterarms erstellte.

A1 **a)** Aus Röntgenaufnahmen (z. B. eines Brustkorbs) lassen sich Diagnosen erstellen. Nenne Eigenschaften der Röntgenstrahlen, die dies ermöglichen.

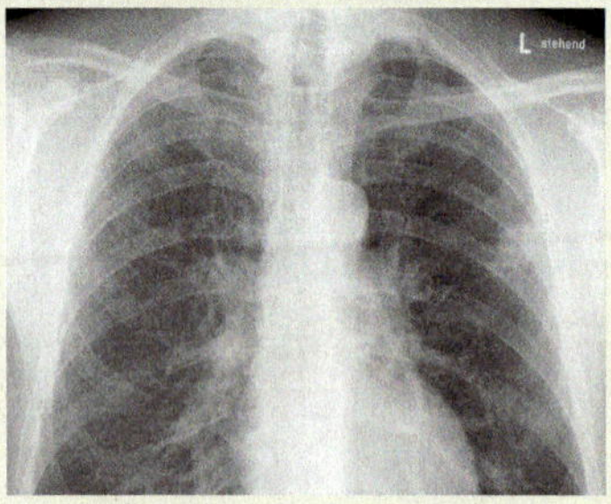

b) Informiere dich über die Schutzmaßnahmen bei einer Röntgenuntersuchung. Versuche in Erfahrung zu bringen, warum die Schutzmaßnahmen unbedingt notwendig sind.
c) Begründe, warum die Aufnahmetechnik im oberen rechten Bild heute verboten ist.

A2 Das Bild zeigt das von der Strahlenschutzverordung vorgeschriebene **Strahlenwarnzeichen.** Informiere dich, wo es angebracht werden muss.

A3 Das Bild zeigt eine „Fotografie" der Goldmaske des ägyptischen Pharaos Tutanchamun, die mithilfe von γ-Strahlen angefertigt wurde.
a) Überlege dir den Aufbau der Apparatur, mit der dieses Bild erstellt wurde.
b) Versuche zu begründen, warum bei dieser Aufnahme γ-Strahlen und nicht Röntgen- oder andere Strahlen verwendet wurden.

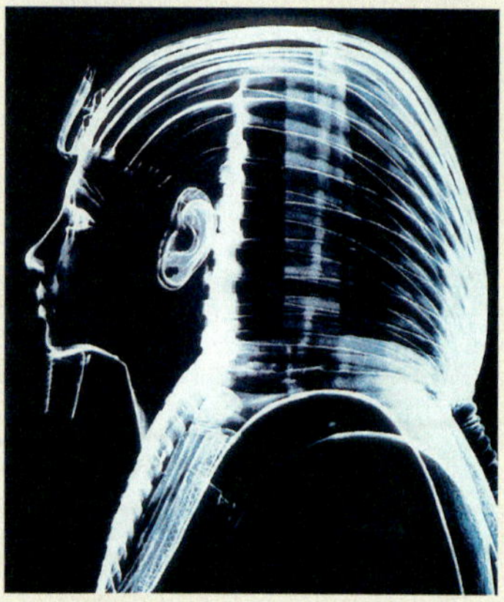

A4 **a)** Das nebenstehende Bild zeigt die Umweltradioaktivität in der Bundesrepublik Deutschland. Interpretiere das Bild.
b) Versuche mit einer Internetrecherche herauszufinden (z. B. über www.bfs.de), wie groß die Umweltradioaktivität an deinem Heimatort ist.
c) Informiere dich im Internet oder in diesem Buch über das Thema „Radon" und „die Radonkarte Deutschlands". Halte dazu ein Referat vor der Klasse.

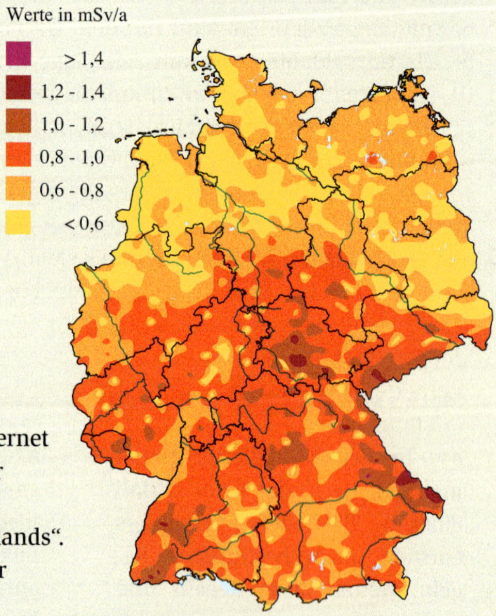

1. Natürliche, unabwendbare Strahlenexposition

Ein Zählrohr „tickt“ auch ohne radioaktives Präparat in seiner Nähe. Ursache dafür ist die überall vorhandene ionisierende Umgebungsstrahlung. Sie stammt von *natürlichen radioaktiven* Strahlenquellen. Dazu gehören Nuklide, die bei der Entstehung der Erde gebildet wurden und große Halbwertszeiten haben, wie U-238, Th-232 und K-40.

Die ionisierende Umgebungsstrahlung trifft jeden Menschen. Man sagt: Er unterliegt einer unabwendbaren **natürlichen Strahlenexposition**. Diese besteht aus vier Komponenten:

- Die Strahlenexposition durch das radioaktive Gas **Radon.** Es entsteht in den Zerfallsreihen der radioaktiven Nuklide U-238 bzw. Th-232 und zerfällt selbst wieder durch einen α-Zerfall. U-238 und Th-232 sind überall in unterschiedlichster Konzentration in Böden und Gesteinen vorhanden. Radon diffundiert aus dem Erdboden oder dem Mauerwerk in die Luft und ist in geringer Konzentration praktisch überall vorhanden → V1. Vom Menschen eingeatmetes Radon kann im Atemtrakt zerfallen und ihn bestrahlen.
- Aus dem Boden gelangen die natürlichen radioaktiven Nuklide (z. B. K-40 → V2) in die Nahrungskette des Menschen. Diese verhalten sich bei Stoffwechsel-, Transport- und Ausscheidungsvorgängen wie nicht aktive Nuklide. So gelangen radioaktive Nuklide in alle Teile des menschlichen Körpers und werden über Stoffwechselprozesse wieder ausgeschieden. Als Ergebnis von Zufuhr und Ausscheidung stellt sich ein Gleichgewichtszustand der im Körper vorhandenen radioaktiven Nuklide her. Dies führt zu einer **körperinneren Strahlenexposition.**
- Die Radionuklide im Boden bewirken die **terrestrische Strahlenexposition.** Ihre Intensität ist je nach Zusammensetzung des Bodens von Ort zu Ort sehr unterschiedlich.
- Die **kosmische Strahlung** aus dem Weltraum enthält sehr energiereiche Teilchen. Ein Teil durchdringt die Atmosphäre. Diese Strahlung nimmt mit der Höhe zu und ist deshalb bei Bergtouren oder im Flugzeug verstärkt wirksam.

2. Zivilisatorische Strahlenexposition

Außer den natürlichen Strahlenquellen gibt es künstliche, die der Mensch sich selbst geschaffen hat. Er nutzt deren ionisierende Strahlung zu seinem Vorteil um den Preis einer zusätzlichen Strahlenexposition, die man **zivilisatorische Strahlenexposition** nennt. Beispiele sind Röntgenuntersuchungen und Computertomographie → B1.

Merksatz

Jeder Mensch ist einer unabwendbaren natürlichen und einer zivilisatorisch bedingten Strahlenexposition ausgesetzt.

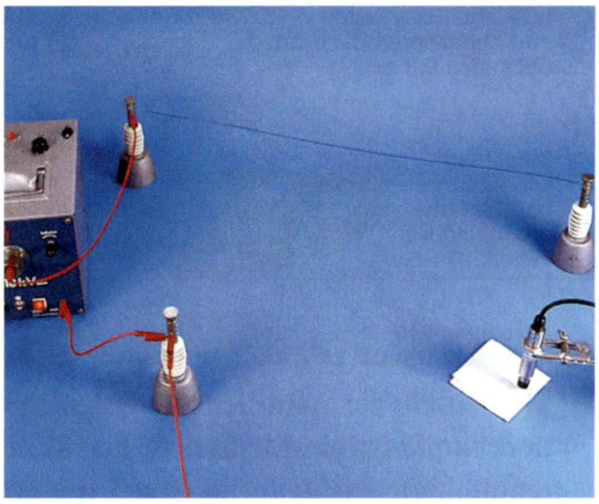

V1 Man verbindet einen längeren Metalldraht mit dem negativen Pol einer Spannungsquelle von 5 kV. Der positive Pol ist geerdet. Nach ein bis zwei Stunden nimmt man die Spannung weg und wischt den zuvor negativ geladenen Draht mit einem feuchten Papierstück ab. Dieses befestigen wir vor dem Fenster eines Zählrohres. Man beobachtet eine Zählrate weit über der Nullrate. Also hat man eine radioaktive Substanz vom Draht abgewischt. Der Nachweis dieser radioaktiven Substanz gelingt in jedem Raum wie z. B. dem Klassenzimmer im Schulhaus oder dem Schlafzimmer zu Hause. In Kellerräumen ist die Aktivität der radioaktiven Substanz besonders hoch. Die Substanz besteht aus Folgeprodukten des radioaktiven Gases Radon.

V2 Wir stellen ein Kaliumsalz vor ein Zählrohr. Die Zählrate ist deutlich höher als der Nulleffekt. Ursache ist das radioaktive Kaliumisotop K-40 ($T_{1/2} = 1{,}28 \cdot 10^9\,\text{a}$), das zu 0,0117 % im natürlichen Kalium vorkommt.

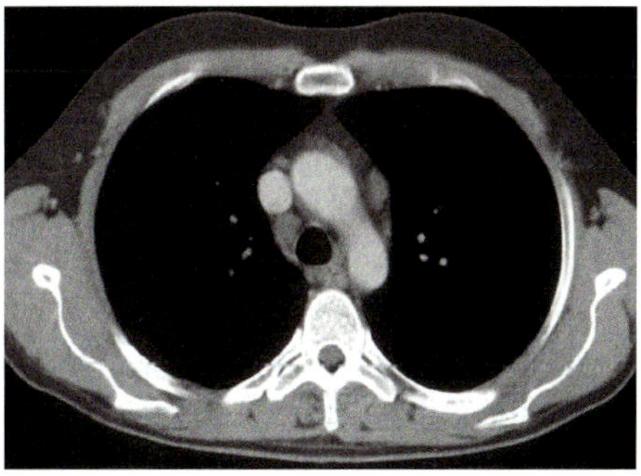

B1 Computertomogramm eines Brustkorbs. Derartige Bilder erzeugt man mit einer um den Körper rotierenden Röntgenanordnung.

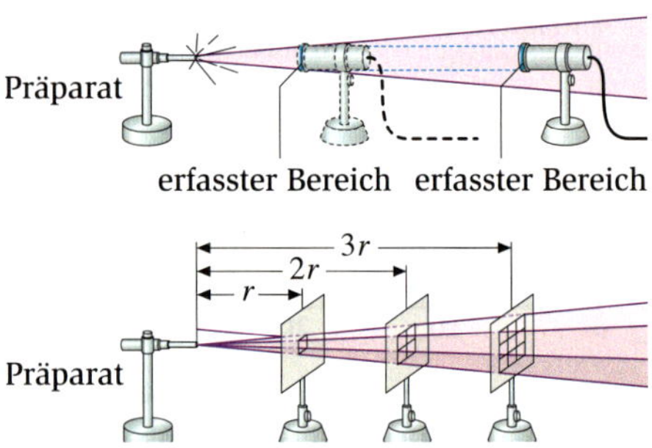

V1 Ein punktförmiger γ-Strahler steht vor einem Zählrohr. Verdoppelt man den Abstand, so sinkt die Zählrate auf den vierten Teil, im dreifachen Abstand auf den neunten Teil. Das von der Quelle ausgehende Strahlenbündel hat nämlich im doppelten Abstand einen vierfachen, im dreifachen Abstand einen neunfachen Querschnitt.

Mach's selbst

A1 Begründe die Grundregeln des Strahlenschutzes. Nenne Abschirmmaterialien.

A2 Suche unter www.bfs.de nach Strahlenschutzgrundsätzen für nichtionisierende Strahlung und berichte der Klasse über die der Mobilfunk- und der UV-Strahlung.

A3 Strukturiere die besprochenen Inhalte der Kernphysik nach den Basiskonzepten.

1. Schutz vor ionisierender Strahlung

Der **Strahlenschutz** geht weltweit nach dem **„ALARA-Prinzip"** vor. ALARA steht für „As low as reasonably achievable". Das bedeutet: Maßnahmen, die ergriffen werden, um die Strahlenexposition so gering wie möglich zu halten, müssen unter Berücksichtigung wirtschaftlicher, technischer und sozialer Faktoren sinnvoll sein. Erste Regel des Strahlenschutzes ist es, jede unnötige Expositionen zu vermeiden! Für unvermeidbare Expositionen bei externer Bestrahlung eines Menschen gibt es vier Grundregeln → **A1**:

1. Eine Quelle mit einer **geringen Aktivität** verwenden.
2. Die **Aufenthaltsdauer** in einem Strahlenfeld beschränken.
3. **Abstand** zur Strahlenquelle halten → **V1**.
4. **Abschirmen** der Strahlung durch geeignete Materialien.

Zur Beschränkung interner Bestrahlung gibt es weitere hier nicht aufgeführte Grundregeln. Wichtig ist zu wissen: Strenge gesetzliche Vorschriften regeln den Umgang mit radioaktiven Stoffen und Röntgengeräten: Die *Strahlenschutzverordnung* (StrlSchV) und die *Röntgenverordnung* (RöV). Hier ist vorgeschrieben, dass überall dort, wo ionisierende Strahlung auftritt, ein Strahlenwarnzeichen angebracht werden muss.

Merksatz

Jede unnötige Strahlenexposition ist zu vermeiden.
Bei einer äußeren Strahlenexposition gelten die vier Grundregeln des Strahlenschutzes.
Strahlenschutzverordnung und Röntgenverordnung regeln den Umgang mit radioaktiven Stoffen und Röntgengeräten.

Methode – Selbstständig beurteilen

Radon in Wohnungen

Bericht aus der Hannoverschen Allgemeinen Zeitung, 14.05.2009, verkürzt wiedergegeben:

> Die Region Hannover hat Anzeichen radiologischer Belastungen in Wohnungen gefunden. Dort wurden deutlich erhöhte Werte des krebserregenden Gases Radon in der Raumluft festgestellt. Als Höchstwert maßen die Experten 540, am unteren Ende der Skala verzeichneten sie 50 Becquerel pro Kubikmeter Raumluft. Den Bewohnern der betroffenen Wohnungen empfiehlt die Region, regelmäßig zu lüften …

Stell dir vor, du wohnst in einer der Wohnungen mit höherer Radonkonzentration; deine Gesundheit scheint gefährdet. Wie verhältst du dich? Musst du die Wohnung wechseln oder forderst du Sanierungsmaßnahmen? Wie bildest du dir selbst ein Urteil?

1. Um zu einem begründeten Urteil zu kommen, benötigst du solides Fachwissen. Informiere dich deshalb über das Radonproblem (z. B. in diesem Buch oder im Internet, etwa www.bfs.de).
2. Welche Fachinformation ist für das konkrete Problem wichtig? Vergleiche deshalb z. B. den Wert der Radonkonzentration in der eigenen Wohnung mit den Werten anderer Wohnungen in Deutschland. Wie groß ist das Risiko, bei der vorhandenen Radonkonzentration an Lungenkrebs zu erkranken? Was bringt die vorgeschlagene Maßnahme, regelmäßig zu lüften, sowohl im Sommer als auch im Winter?
3. Überlege dir Vor- und Nachteile eines Wohnungswechsels im Vergleich zu Sanierungsmaßnahmen.
4. Sprich mit deinen Eltern, wie sie die Situation einschätzen und welche Informationen sie haben.
5. Bilde dein Urteil unter Verwendung deines Fachwissens und begründe es.

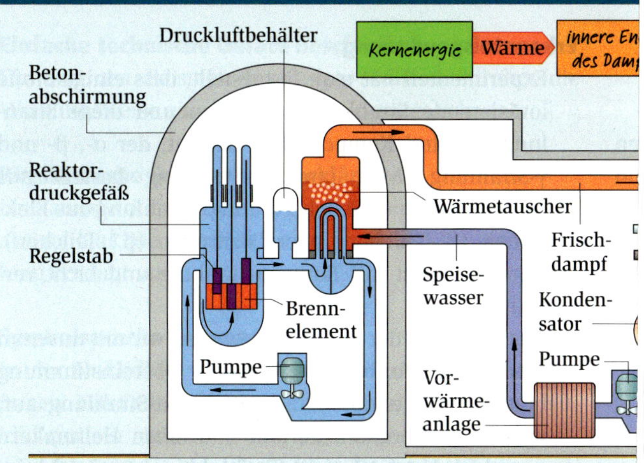

B1 Prinzipieller Aufbau eines Kernkraftwerkes; in der Be

D. Geregelte Kettenreaktion im Kernkraftwerk

a) Ein Kernkraftwerk **➜ B1** ist ein **➜ Wärmekraftwerk**. Der heiße Dampf, der die Turbinen im Maschinenhaus antreibt, wird im **Kernreaktor** mit der bei Kernspaltungen von Urankernen U-235 frei gesetzten Energie erzeugt. Dazu läuft in einer passenden Menge Uran eine **geregelte Kettenreaktion** ab.

b) Zum Kernreaktor ➜ B1 links: Er ist ein etwa 10 m hohes Druckgefäß aus 20 bis 25 cm dickem Stahl, in dem ca. 200 **Brennelemente** stehen. Die Brennelemente selbst enthalten viele fingerdicke **Brennstäbe**, in denen sich bis zu 4 % mit U-235 angereichertes Uran befindet. Zwischen den Brennstäben ist Wasser, was im Bild unten besser zu erkennen ist. Dort sieht man auch, wie sich zwischen die Brennstäbe **Regelstäbe** einschieben lassen. Diese enthalten Bor oder Cadmium, deren Atomkerne langsame Neutronen relativ gut absorbieren.

c) Zur geregelten Kettenreaktion: Ein langsames Neutron trifft einen U-235-Kern, der sich spaltet. Dabei entstehen schnelle Neutronen, die abgebremst werden müssen, um als langsame Neutronen weitere Spaltungen hervorrufen zu können. Die Abbremsung erfolgt durch das Wasser H_2O, da die Neutronen beim Stoß mit den fast gleich schweren Wasserstoffkernen, den Protonen, viel an Energie verlieren.

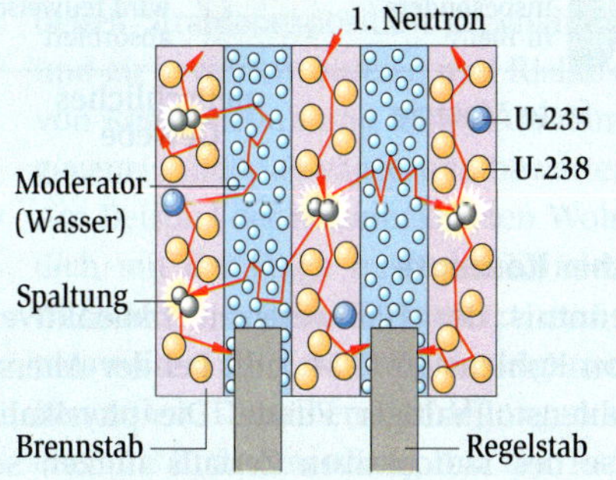

Methode – Gruppenpuzzle

Strahlengefahr, Strahlenschutz

A. Organisatorisches zum Gruppenpuzzle
- Zeitbedarf: ca. drei Unterrichtsstunden.
- Bildet Stammgruppen mit jeweils fünf Personen.
- Bildet anschließend fünf Expertengruppen.

B. Aufgabe der Stammgruppen
Jede Stammgruppe erarbeitet sich zunächst den Begriff der **effektiven Dosis** und ihrer **Einheit 1 Sievert (1 Sv)** anhand dieses Buches. Jeder Teilnehmer wird danach einer Expertengruppe zugeordnet.

C. Arbeit in den fünf Expertengruppen
Jede Gruppe bearbeitet eines der fünf Themen.

D. Expertenbericht in den Stammgruppen
Jeder Experte berichtet über die Ergebnisse seiner Expertengruppe. Die Mitglieder der Stammgruppe fragen nach, wenn sie etwas nicht verstanden haben. Alle müssen die in der Tabelle zu **➜ Ziffer C** aufgeführten Ziele erreichen und darüber eine kurze schriftliche Überprüfung bestehen können.

zu C: Aufgaben der Expertengruppen

Nr.	Expertengruppe – Thema	Hilfestellung für die Arbeit	Ziele für die Klasse
1	**Die natürliche Strahlenexposition durch Radon** (Sammelt Informationen zu Radon in diesem Buch und im Internet u.a. bei www.bfs.de).	Einen Versuch zum Nachweis von Radon in Räumen solltet ihr mithilfe des Lehrers durchführen und erklären. Ihr müsst zudem erläutern können, welche Quellen es für Radon gibt und wie groß die effektive Dosis im Mittel ist, die ein Mensch durch Radon erhält.	Jeder muss wissen, dass Radon fast 50 % der natürlichen Strahlenexposition eines Menschen ausmacht und erläutern können, welche Ursachen die Strahlenexposition durch das radioaktive Gas Radon hat.
2	**Die natürliche Strahlenexposition ohne Radon** (Sammelt zu diesem Thema Informationen in diesem Buch und im Internet u.a. bei www.bfs.de).	Informiert euch ausführlich über die terrestrische, die körperinnere und die kosmische Strahlung und die effektive Dosis, die ein Mensch dadurch erhält. Sucht im Internet auch Daten über diese Strahlungen in eurer Wohngegend.	Jeder muss wissen, welche natürliche Strahlenexposition ohne Radon ein Mensch erfährt, die Ursachen dafür nennen können und die natürliche Strahlenexposition insgesamt kennen (im Mittel 2,1 mSv/a).
3	**Die zivilisatorische Strahlenexposition** (Sammelt zu diesem Thema Informationen in diesem Buch und im Internet u.a. bei www.bfs.de).	Ihr müsst Gründe für die zivilisatorische Strahlenexposition (Röntgendiagnostik, nuklearmedizinische Diagnostik, Strahlentherapie) benennen können. Ermittelt die effektive Dosis, die ein Mensch bei einzelnen medizinischen Untersuchungen und im Mittel in der Summe erhält.	Jeder muss wissen, dass der Mensch auch einer zivilisatorischen Strahlenexposition unterliegt, Ursachen dafür benennen können und wissen, dass sie im Mittel 1,9 mSv/a beträgt.
4	**Strahlenwirkungen ionisierender Strahlung** (Sammelt zu diesem Thema Informationen in diesem Buch und im Internet u.a. bei www.bfs.de).	Ihr müsst die Begriffe deterministische und stochastische Strahlenwirkung erklären können und deren Unterschied herausarbeiten. Versucht Angaben darüber zu finden, mit welcher Wahrscheinlichkeit Leukämie und Krebs nach einer Strahlenexposition auftreten.	Jeder muss wissen, dass ionisierende Strahlung bei Menschen eine deterministische und eine stochastische Strahlenwirkung (z. B. Leukämie, Krebs) hat und dass deterministische Schäden eine Schwellendosis haben, stochastische nicht.
5	**Schutz vor ionisierender Strahlung** (Sammelt zu diesem Thema Informationen in diesem Buch und im Internet u.a. bei www.bfs.de).	Ihr müsst euch die Grundregeln des Strahlenschutzes, sowie das „ALARA-Prinzip" erarbeiten und verstehen. Einen Versuch zur Grundregel „Abstand halten" solltet ihr mit Unterstützung des Lehrers durchführen und erklären.	Jeder muss die Grundregeln des Strahlenschutzes sowie das „ALARA-Prinzip" kennen und begründen können und wissen, dass es eine Strahlenschutz- und eine Röntgenverordnung gibt.

Verantwortlich handeln – Beitrag der Physik

Das kannst du in diesem Kapitel erreichen:

- Dieses Kapitel ist anders als die anderen Kapitel dieses Buches. Deshalb sieht auch diese Seite anders aus.

- In diesem Kapitel spielt Physik nur im Hintergrund eine Rolle. Die physikalischen Kompetenzen, die du in den anderen Kapiteln erreichen konntest, wirst du dabei nutzen. Im Vordergrund geht es am Beispiel alltäglicher Fragen um Verantworten, Urteilen, Begründen.

- Zu den Stichworten Verantworten, Urteilen, Begründen findest du auf der ersten Doppelseite kurze Erläuterungen. An einem einfachen Beispiel werden Kriterien erläutert, die du anwenden kannst, wenn du dir zu einer schwierigen, strittigen Frage ein Urteil bilden möchtest.

- Auf den nachfolgenden Doppelseiten findest du Vorschläge zu Gruppenarbeiten mit Themen, die im Alltag diskutiert werden und die einen physikalischen Hintergrund haben.

- Auf jeder der Doppelseiten findest du eine knappe Einführung in das Thema, dazu Vorschläge für Teilthemen, Arbeitsaufträge und Hinweise. Du kannst in Gruppenarbeit mit den auf der ersten Doppelseite vorgeschlagenen Kriterien begründete Urteile erarbeiten.

- Es liegt an dir und deinen Gruppenmitgliedern, ob ihr plan- oder ziellos Meinungen austauscht oder ob ihr die angesprochenen Fragen von unterschiedlichen Standpunkten aus, nach vorher verabredeten Kriterien und mithilfe der Kenntnis physikalischer Zusammenhänge, beurteilt und entscheidet.

- Dies kannst du also in diesem Kapitel erreichen:
  Du triffst in deinem Alltag begründete Entscheidungen – von Kriterien geleitet, auf der Grundlage von Informationen, unter Nutzung von Fachkompetenzen.

VERSTEHEN
PRUEFEN
URTEIL
ARGUMENTE
HLUSSFOLGERUNGEN
INTERESSEN
ABWAEGEN
FAKTEN
BEWERTUNGEN
REIBEN

Gase	Dichte bei 0 °C und 1,013 bar in $\frac{g}{dm^3}$	Dichte als Flüssigkeit in $\frac{g}{cm^3}$	Spezifische Wärme in $\frac{kJ}{kg \cdot K}$	Schmelzpunkt in °C	Siedepunkt bei 1,013 bar in °C
Ammoniak	0,771	0,68	2,16	−77,7	−33,4
Helium	0,179	0,13	5,23	−272	−269
Kohlenstoffdioxid	1,98	–	0,84	–	−78,5
Luft	1,293	–	1,01	−213	−191
Sauerstoff	1,43	1,13	0,92	−219	−183
Stickstoff	1,25	0,81	1,04	−210	−196
Wasserdampf (100 °C; 1,013 bar)	0,6	0,96	1,95	–	–
Wasserstoff	0,0899	0,07	14,32	−259	−253

Massen, Längen und Zeiten

Massen (in kg)	
Weltall	$\sim 10^{50}$
Sonne	$1{,}99 \cdot 10^{30}$
Erde	$5{,}98 \cdot 10^{24}$
Mond	$7{,}3 \cdot 10^{22}$
Lufthülle der Erde	$2 \cdot 10^{18}$
Cheopspyramide	$6 \cdot 10^{9}$
Mensch	$7 \cdot 10^{1}$
1 l Wasser	1
Fliege	$\sim 10^{-3}$
Staubkorn	$\sim 10^{-10}$
Uranatom	$4 \cdot 10^{-25}$
Elektron	$9{,}1 \cdot 10^{-31}$

Längen und Ausdehnungen (in m)	
Weltall (Ø)	$\sim 10^{26}$
1 Lichtjahr (Lj)	$9{,}46 \cdot 10^{15}$
nächster Fixstern (Proxima Centauri)	4,24 Lj
1 Astron. Einheit (AE)	$1{,}496 \cdot 10^{11}$
Entfernung Sonne – Erde	1 AE
Sonne (Ø)	$13{,}9 \cdot 10^{8}$
Erde (Ø)	$1{,}28 \cdot 10^{7}$
Berlin (Ø)	$\sim 10^{5}$
Mensch	1,75
Bakterien	$\sim 10^{-6}$
Atome	$\sim 10^{-10}$
Atomkern	$\sim 10^{-14}$
Elektron	$5{,}6 \cdot 10^{-15}$

Zeiten (1 a = 1 Jahr)	
Weltalter	10^{10} a
Erdalter	$5 \cdot 10^{9}$ a
Halbwertszeit von Uran	$5 \cdot 10^{9}$ a
Erdkruste	$3 \cdot 10^{9}$ a
Paläozoikum vor	$2 \cdot 10^{9}$ a
Mesozoikum vor	$5 \cdot 10^{8}$ a
Spuren des ersten Menschen vor	$6 \cdot 10^{5}$ a
Neandertaler vor	$2 \cdot 10^{5}$ a
Bronzezeit vor	$5 \cdot 10^{3}$ a
Lichtlaufzeit Sonne – Erde	500 s
Pulsschlag des Menschen	~1 s

Ortsfaktoren

Erde	Mond	Sonne
$g_E = 9{,}81\,\frac{N}{kg}$ (in Europa)	$g_M = 1{,}62\,\frac{N}{kg}$	$g_S = 274\,\frac{N}{kg}$

Vorsilben für dezimale Vielfache und Teile von Einheiten

Vorsilbe	Exa (E)	Peta (P)	Tera (T)	Giga (G)	Mega (M)	Kilo (k)	Hekto (h)	Deka (da)
bedeutet	10^{18}	10^{15}	10^{12}	10^{9}	10^{6}	10^{3}	10^{2}	10^{1}

Vorsilbe	Dezi (d)	Zenti (c)	Milli (m)	Mikro (µ)	Nano (n)	Piko (p)	Femto (f)	Atto (a)
bedeutet	10^{-1}	10^{-2}	10^{-3}	10^{-6}	10^{-9}	10^{-12}	10^{-15}	10^{-18}

Farbcode auf Schichtwiderständen

	schwarz	braun	rot	orange	gelb	grün	blau	violett	grau	weiß	gold	silber
1. Ring	0	1	2	3	4	5	6	7	8	9		
2. Ring	0	1	2	3	4	5	6	7	8	9		
3. Ring		0	00	000	0000	00000	usw.				:10	:100
4. Ring		± 1 %	± 2 %								± 5 %	± 10 %

Spezifischer Widerstand bei 18 °C

Stoff	$\Omega \frac{mm^2}{m}$
Silber	0,016
Kupfer	0,017
Gold	0,023
Aluminium	0,028
Wolfram	0,049
Nickel	0,07
Eisen	0,1 … 0,5
Konstantan	0,5

Stoff	$\Omega \frac{mm^2}{m}$
Kohle	50 … 100
Germanium	900
Selicium	1200
Meerwasser	200 000
dest. Wasser	10^{10}
Schiefer	10^{12}
Marmor	10^{13} … 10^{14}
Pressspan	10^{14}

Stoff	$\Omega \frac{mm^2}{m}$
Polystrol	$5 \cdot 10^{18}$
Glas	10^{16} … 10^{19}
Porzellan	10^{19} … 10^{20}
Glimmer	10^{19} … 10^{21}
Hartgummi	10^{19} … 10^{21}
Paraffin	10^{20} … 10^{22}
Siegellack	10^{22}
Bernstein	$> 10^{22}$

Strahlungs-Wichtungsfaktoren

Strahlenart	w_R
Röntgen- und γ-Strahlung	1
Elektronen, Myonen	1
Neutronen je nach Energie	5 bis 20
Protonen, Energie > 2 MeV	5
α-Teilchen, Spaltfragmente, schwere Kerne	20

Gewebe-Wichtungsfaktoren

Organ/Gewebe	w_r
Keimdrüsen	0,20
Knochenmark	0,12
Dickdarm	0,12
Lunge	0,12
Magen	0,12
Blase	0,05
Brust	0,05

Organ/Gewebe	w_r
Leber	0,05
Speiseröhre	0,05
Schilddrüse	0,05
Haut	0,01
Knochenoberfläche	0,01
übrige Organe und Gewebe	0,05

Die Summe der Wichtungsfaktoren ist 1.

Ausschnitt aus der Nuklidkarte

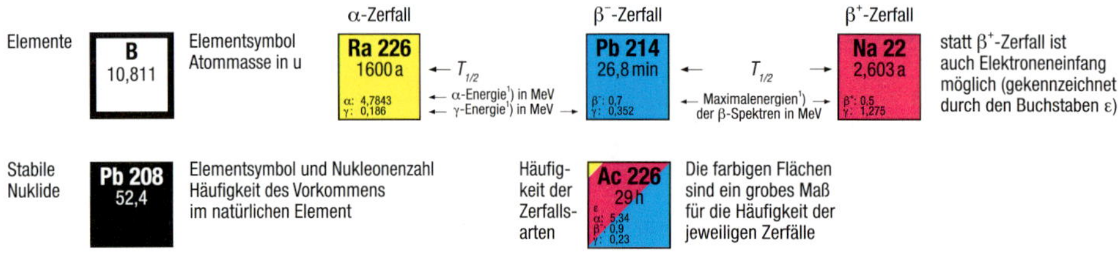

[1])Bei α-, β und γ-Strahlen ist jeweils nur die Energie des am häufigsten vorkommenden Zerfalls angegeben. Weiterhin bedeutet

kein γ: kein γ-Quant beobachtet
α, β⁻, β⁺, γ ohne Zahlenangabe: Nachgewiesene Übergänge unbekannter Energie
sf: Spontane Spaltung (spontaneous fission)

Für radioaktive Nuklide sind die Daten immer für den Zerfall des Grundzustandes angegeben. Isomere Zustände sind nicht aufgeführt.

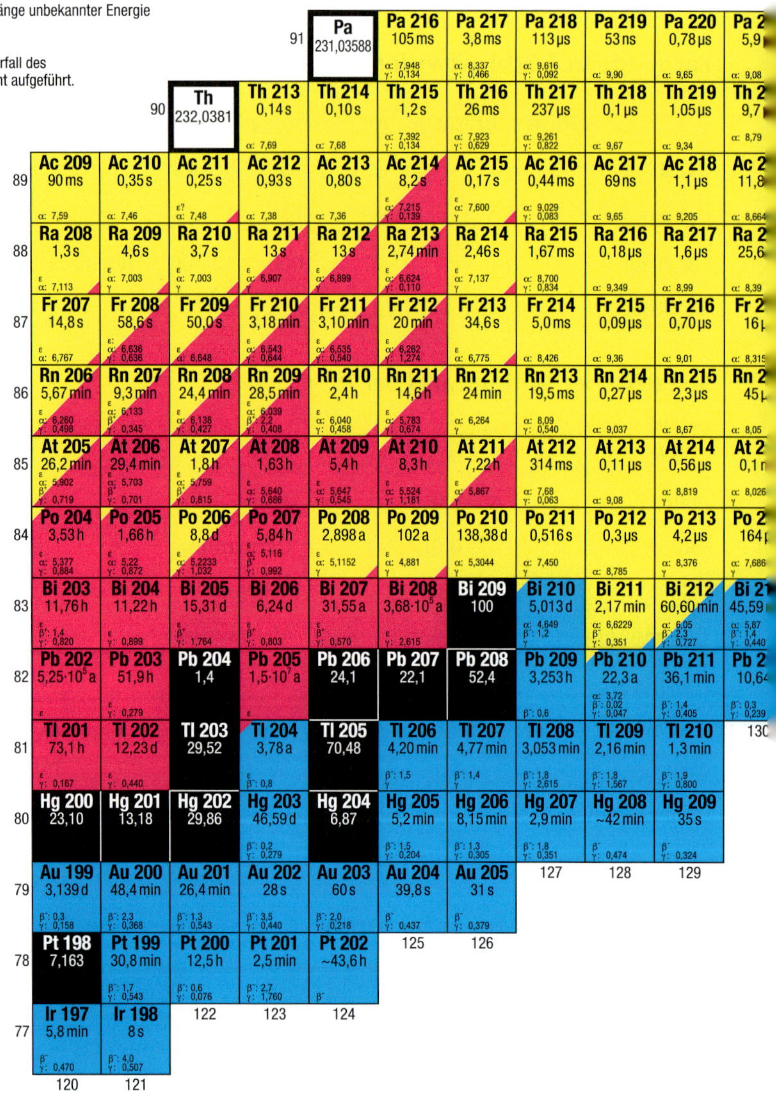

α-Zerfall

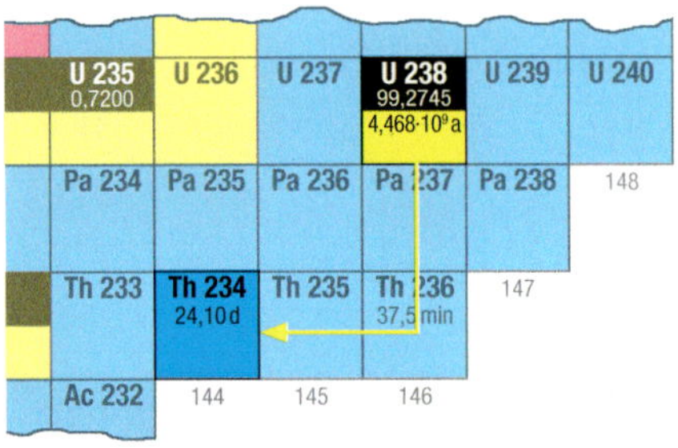

β⁻-Zerfall

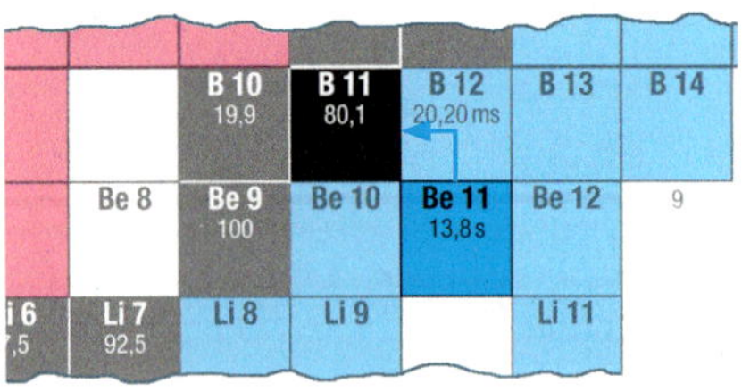

β⁺-Zerfall

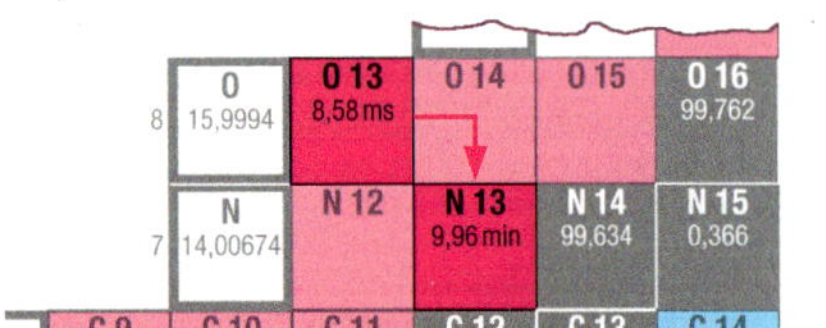

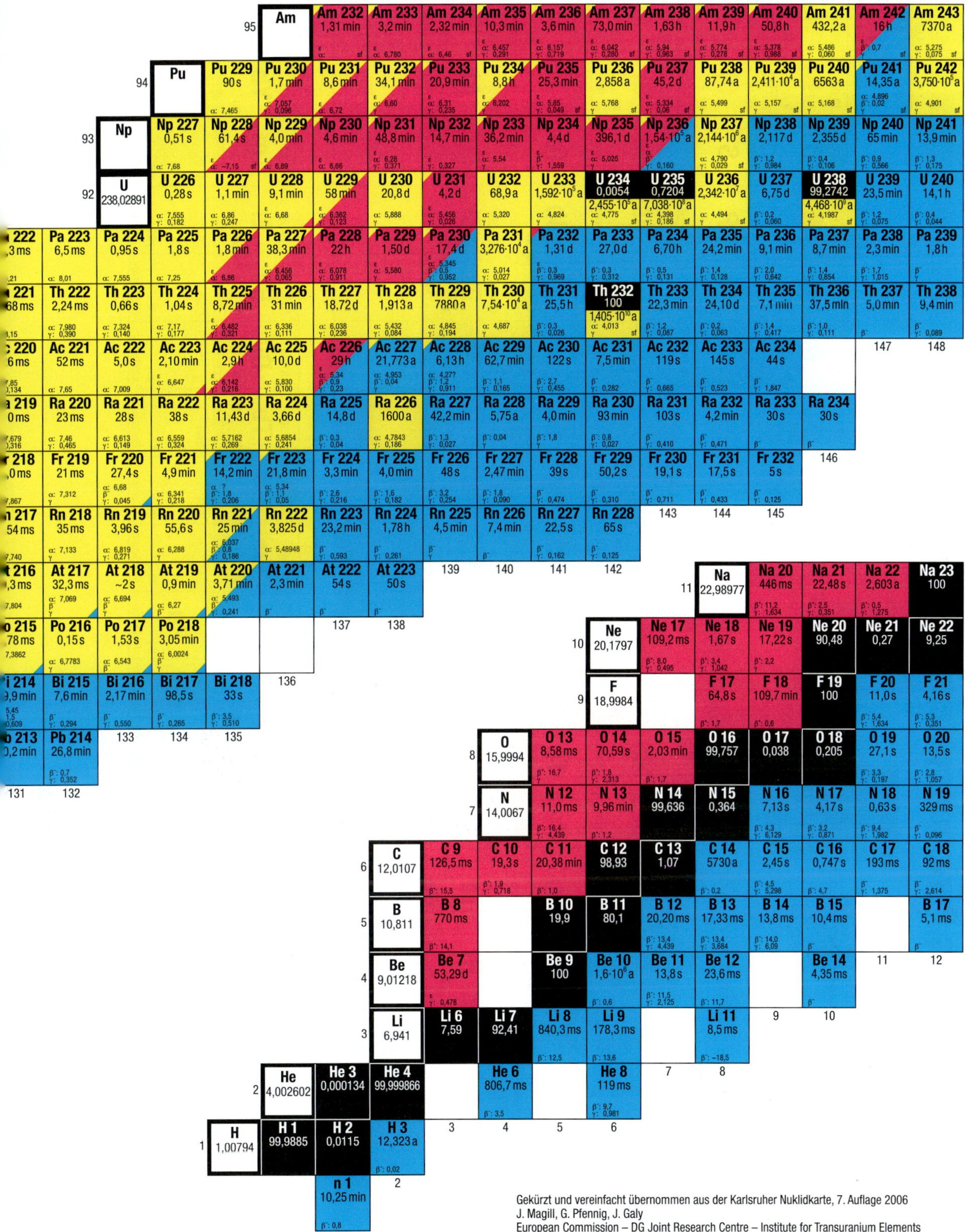

Gekürzt und vereinfacht übernommen aus der Karlsruher Nuklidkarte, 7. Auflage 2006
J. Magill, G. Pfennig, J. Galy
European Commission – DG Joint Research Centre – Institute for Transuranium Elements
P.O. Box 2340, 76125 Karlsruhe, Germany

Weitere Informationen zur Nuklidkarte findet man im Internet unter http://www.nucleonica.net

Das Periodensystem der Elemente

Atommasse in u – 26,98
Eine eingeklammerte Atommasse gibt die Masse eines wichtigen Isotops des Elements an

Elementsymbol – Al

Ordnungszahl (Protonenzahl) – 13

Elementname – Aluminium

schwarz = feste Elemente
rot = gasförmige Elemente
blau = flüssige Elemente
weiß = künstliche Elemente
grün = natürliche radioaktive Elemente

Perioden	Hauptgruppen I	Hauptgruppen II	Nebengruppen III	IV	V	VI	VII	VIII	VIII	VIII	I	II	Hauptgruppen III	IV	V	VI	VII	VIII
1 K-Schale	1,01 H 1 Wasserstoff																	4,00 He 2 Helium
2 L-Schale	6,94 Li 3 Lithium	9,01 Be 4 Beryllium											10,81 B 5 Bor	12,01 C 6 Kohlenstoff	14,01 N 7 Stickstoff	16,00 O 8 Sauerstoff	19,00 F 9 Fluor	20,18 Ne 10 Neon
3 M-Schale	22,99 Na 11 Natrium	24,31 Mg 12 Magnesium											26,98 Al 13 Aluminium	28,09 Si 14 Silicium	30,97 P 15 Phosphor	32,07 S 16 Schwefel	35,45 Cl 17 Chlor	39,95 Ar 18 Argon
4 N-Schale	39,10 K 19 Kalium	40,08 Ca 20 Calcium	44,96 Sc 21 Scandium	47,88 Ti 22 Titan	50,94 V 23 Vanadium	51,99 Cr 24 Chrom	54,94 Mn 25 Mangan	55,85 Fe 26 Eisen	58,93 Co 27 Cobalt	58,69 Ni 28 Nickel	63,55 Cu 29 Kupfer	65,39 Zn 30 Zink	69,72 Ga 31 Gallium	72,61 Ge 32 Germanium	74,92 As 33 Arsen	78,96 Se 34 Selen	79,90 Br 35 Brom	83,80 Kr 36 Krypton
5 O-Schale	85,47 Rb 37 Rubidium	87,62 Sr 38 Strontium	88,91 Y 39 Yttrium	91,22 Zr 40 Zirconium	92,91 Nb 41 Niob	95,94 Mo 42 Molybdän	(99) Tc 43 Technetium	101,07 Ru 44 Ruthenium	102,91 Rh 45 Rhodium	106,42 Pd 46 Palladium	107,87 Ag 47 Silber	112,41 Cd 48 Cadmium	114,82 In 49 Indium	118,71 Sn 50 Zinn	121,75 Sb 51 Antimon	127,60 Te 52 Tellur	126,90 I 53 Iod	131,29 Xe 54 Xenon
6 P-Schale	132,91 Cs 55 Caesium	137,33 Ba 56 Barium	La-Lu 57–71	178,49 Hf 72 Hafnium	180,95 Ta 73 Tantal	183,84 W 74 Wolfram	186,21 Re 75 Rhenium	190,23 Os 76 Osmium	192,22 Ir 77 Iridium	195,08 Pt 78 Platin	196,97 Au 79 Gold	200,59 Hg 80 Quecksilber	204,38 Tl 81 Thallium	207,20 Pb 82 Blei	208,98 Bi 83 Bismut	(209) Po 84 Polonium	(210) At 85 Astat	(222) Rn 86 Radon
7 Q-Schale	(223) Fr 87 Francium	(226) Ra 88 Radium	Ac-Lr 89–103	(261) Rf 104 Rutherfordium	(262) Db 105 Dubnium	(266) Sg 106 Seaborgium	(264) Bh 107 Bohrium	(269) Hs 108 Hassium	(268) Mt 109 Meitnerium	(271) Ds 110 Darmstadtium	(272) Rg 111 Roentgenium	(277) 112						

Elemente der Lanthan-Reihe	138,91 La 57 Lanthan	140,12 Ce 58 Cer	140,91 Pr 59 Praseodym	144,24 Nd 60 Neodym	(147) Pm 61 Promethium	150,36 Sm 62 Samarium	151,96 Eu 63 Europium	157,25 Gd 64 Gadolinium	158,93 Tb 65 Terbium	162,50 Dy 66 Dysprosium	164,93 Ho 67 Holmium	167,26 Er 68 Erbium	168,93 Tm 69 Thulium	173,04 Yb 70 Ytterbium	174,97 Lu 71 Lutetium
Elemente der Actinium-Reihe	(227) Ac 89 Actinium	(232) Th 90 Thorium	(231) Pa 91 Protactinium	(238) U 92 Uran	(237) Np 93 Neptunium	(239) Pu 94 Plutonium	(241) Am 95 Americium	(244) Cm 96 Curium	(249) Bk 97 Berkelium	(252) Cf 98 Californium	(253) Es 99 Einsteinium	(257) Fm 100 Fermium	(258) Md 101 Mendelevium	(259) No 102 Nobelium	(262) Lr 103 Lawrencium

Stichwortverzeichnis

T

U

V

W

Z

Bildquellenverzeichnis

Umschlag: LIO Design, Braunschweig, 3.1, 8.1: Michael Fabian, Hannover; 3.2, 50.1: Michael Fabian, Hannover; 4.1, 104.1: fotolia.com, New York; 5.1, 134.1: plainpicture, Hamburg (Siegfried Kuttig); 5.2, 164.1: fotolia.com, New York (Angelika Bentin); 6.1, 210.1: fotolia.com, New York (Minerva Studio); 7.1, 8.1, 242.1, 269.3, 306.1: Michael Fabian, Hannover; 7.2, 272.1: aus: L. Meitner und K. Freitag: Z. Phys.37, 481 (1926); 10.A2: Visum, Hamburg (Panos Pictures); 10.A4: Hans Tegen, Hambühren; 11.A1a: Panthermedia.net, München (CandyBox Images); 11.A1b: Panthermedia.net, München (Stanislav Popov); 12.V3: Hans Tegen, Hambühren; 14.B2, 14.V1, 14.V2: Michael Fabian, Hannover; 15.B3: Picture-Alliance, Frankfurt (Mika); 16.B1a: mauritius images, Mittenwald (Wolfgang Weinhäupl); 16.B1b: LOOK-foto, München (Bethel Fath); 16.V1: Michael Fabian, Hannover; 17.1: mauritius images, Mittenwald (SFH); 21.1: Hans Tegen, Hambühren; 21.2: Stills-Online, Hamburg; 21.3: fotolia.com, New York (Popsy); 21.4: bpk, Berlin; 21.5: Panthermedia.net, München (Aivars Rimsa); 22.1: Shutterstock.com, New York (andras_csontos); 24.B1: Thomas Raupach, Hamburg; 24.B2: Aearo, Ettlingen; 25.1: Tenneco Automotive Deutschland, Edenkoben/Pfalz; 25.2-3: Aearo, Ettlingen; 25.4: Jahreszeiten Verlag, München (Chris Lambertsen); 26.1: Hans Tegen, Hambühren; 28.1: argus, Hamburg (Mike Schroeder); 28.2: Intro, Berlin (Marcus Schmigelski); 28.3: Hans Tegen, Hambühren; 28.4: Picture-Alliance, Frankfurt (ZB/Heinz Junge); 29.V1, 30.B2, 30.V1: Dietmar Fries, Nohfelden; 30.V2: Hans Tegen, Hambühren; 32.V2: Wildlife, Hamburg (N. Benvie); 33.1: Michael Fabian, Hannover; 35.A3: Reinhard Stumpf, Neuss; 38.1-2: Uwe Stelter, Hannover; 39.V2a-b: Dietmar Fries, Nohfelden; 41.B1: Michael Fabian, Hannover; 41.V1, 42.V1a, 42.V1b: Dietmar Fries, Nohfelden; 43.1: Michael Fabian, Hannover; 43.3: Dietmar Fries, Nohfelden; 44.1: akg-images, Berlin; 44.2: Science Museum, Berlin (SSPL); 44.3: NASA, Houston/Texas (John Rummel); 44.4: Picture-Alliance, Frankfurt (Eggenbergen); 44.5: Astrofoto, Sörth (ESA); 44.6: Astrofoto, Sörth; 44.7: NASA, Houston/Texas; 45.1: Kage, Lauterstein; 47.1: Druwe & Polastri, Cremlingen/Weddel; 47.2a: Astrocom, Martinsried; 47.2b: Getty Images, München (John Carleton); 49.1: Druwe & Polastri, Cremlingen/Weddel; 49.2: Corbis, Berlin (Bettmann); 52.1: fotolia.com, New York (Leonid Tit); 52.2: EnBW Energie Baden-Württemberg, Karlsruhe; 52.A3: Michael Fabian, Hannover; 52.A4: Uwe Anders, Cremlingen/Destedt; 53.B1: Deutsches Museum, München (Eusebio Sguario, Dell'electricismo..., Neapel 1747); 53.V1: Michael Fabian, Hannover; 54.V1a; 54.V1b: Dirk Blaß, Schmelz-Dorf; 54.V2a-b: Michael Fabian, Hannover; 55.1-3; 55.V3a-b; 56.B1a1: Dirk Blaß, Schmelz-Dorf; 56.B1a2: Michael Scheuner, Schalksmühle; 57.V3a-b; 61.1-4: Dirk Blaß, Schmelz-Dorf; 61.B2: Hans Tegen, Hambühren; 62.1a: Dieter Rixe, Braunschweig; 62.1b: mauritius images, Mittenwald (imagebroker); 62.1c: Jürgen Klaue, Roxheim; 62.1d: Michael Fabian, Hannover; 62.1e: Varta Microbattery, Ellwangen; 62.2-3: Dirk Blaß, Schmelz-Dorf; 63.1: Klaus Wieder, Karlsruhe; 64.B1: Dura Teppichwerke, Fulda; 64.V1: Hans Tegen, Hambühren; 65.1-5: Michael Fabian, Hannover; 66.B1: Interfoto, München (Neon 2); 67.1-5: Dirk Blaß, Schmelz-Dorf; 68.B1, 68.V1, V2: Michael Fabian, Hannover; 69.B1: Arco Images, Lünen (AUSCAPE); 70.1-2: Bild der Wissenschaft Shop, Leinfelden; 72.A3: Wernicke, Dagebüll; 72.A4: Bildagentur Schapowalow, Berlin (Robert Harding); 72.A7: BMW Group PressClub, München; 72.1: Elecsa, Wertheim; 73.B1: Spanner-Pollux, Ludwigshafen; 73.B2: Michael Fabian, Hannover; 74.B1: Getty Images, München (Elan Fleisher); 74.B2: Caro, Berlin (Hechtenberg); 75.V1: Dirk Blaß, Schmelz-Dorf; 75.V1b: Hans Tegen, Hambühren; 76.B2-B3: Michael Fabian, Hannover; 77.B5: wissen.s.wert, Wolfsburg; 78.B1, 79.B4: Michael Fabian, Hannover; 80.B2a-b: Hans Tegen, Hambühren; 80.V1: Michael Fabian, Hannover; 82.V1-2: Hans Tegen, Hambühren; 83.V3: Michael Fabian, Hannover; 84.B1a: Druwe & Polastri, Cremlingen/Weddel; 84.B1b: Hans Tegen, Hambühren; 85.B3: Michael Fabian, Hannover; 86.1a: wikipedia.org (Ulfbastel - GNU-Lizenz); 86.1b: www.telemotorix.de; 86.B2: Minkus images, Isernhagen; 86.B3: wikipedia.org (Tobias Keller - Keller AG für Druckmesstechnik/Wikipedia-GNU-FDL-Lizenz 1.3/CC-Commons 3.0 cc-by-sa); 87.T1: Manfred Simper, Wennigsen; 88.A1: Focus Online, München (Dirk Aschoff); 88.A2: Torsten Warmuth, Berlin; 89.B1a-b: Conrad Electronic, Hirschau; 89.B1c, 89.V1a-b: Michael Fabian, Hannover; 92.B1, 101.3: Hans Tegen, Hambühren; 94.B1: Michael Fabian, Hannover; 95.A13: Hans Tegen, Hambühren; 96.1: Dirk Blaß, Schmelz-Dorf; 97.1: Fotex, Hamburg (R. Zorin); 97.2: Shutterstock.com, New York (Patrycja Ebis); 97.3: Michael Fabian, Hannover; 97.4: Daimler, Stuttgart; 98.1-3: Dirk Blaß, Schmelz-Dorf; 99.B1a, 99.B2a: Michael Fabian, Hannover; 101.1: Hans Tegen, Hambühren; 101.2: Martin Langer, Hamburg; 101.4: Druwe & Polastri, Cremlingen/Weddel; 101.5: Siemens, München; 102.A12a-b: Dirk Blaß, Schmelz-Dorf; 102.A13: Michael Fabian, Hannover; 106.A1: Michael Fabian, Hannover; 106.A2: Main-Post, Würzburg (Sonja Demmler); 106.A3: Peter Schatz, Grafing bei München; 106.A4: iStockphoto.com, Calgary (Marcus Lindström); 106.A5: Michael Fabian, Hannover; 106.A6, 120.B2: Corbis, Berlin (Sygma); 107.V1: Gebr. Maerklin & Cie, Goeppingen; 109.B3: Michael Fabian, Hannover; 112.B1: Sven Simon, Mülheim an der Ruhr; 112.B2: Picture-Alliance, Frankfurt; 112.B3: Dirk Faßbinder, Wenden; 113.A4: Dr. Bernhardt Brill, Hofgeismar; 114.B2: F1online, Frankfurt (PBY); 115.B4: mauritius images, Mittenwald (Ludwig Mallaun); 115.V1a-b: Michael Fabian, Hannover; 116.B1: Druwe & Polastri, Cremlingen/Weddel; 116.V1a-b, 117.A2: Michael Fabian, Hannover; 118.B1: Shutterstock.com, New York (elina); 120.B1: Astrofoto, Sörth (NASA); 121.B5: Physikalisch-Technische Bundesanstalt, Braunschweig; 123.1: Hans Tegen, Hambühren; 123.2: Heinz-Werner Oberholz, Everswinkel; 124.B1a-b: Dirk Wenderoth, Braunschweig; 124.V1: iStockphoto.com, Calgary (sculpies) 124.V1 Monitorfoto: Dirk Wenderoth, Braunschweig; 125.B4a: Michael Fabian, Hannover; 125.B4b: Hans Tegen, Hambühren; 125.V2: Dirk Wenderoth, Braunschweig; 126.B1: Michael Fabian, Hannover; 126.B2: Picture-Alliance, Frankfurt (dpa); 127.B4: Astrofoto, Sörth; 127.B5: Corbis, Berlin (Tetra Images); 128.1: mauritius images, Mittenwald (imagebroker/Stefan Wackerhagen); 128.2: alimdi.net, Deisenhofen (Jörg Reuther); 129.1: argum, München (Thomas Einberger); 129.2a-c: Michael Fabian, Hannover; 129.3-4: SKF, Schweinfurt; 129.5: fotolia.com, New York (Miqul); 130.1: Zoonar.com, Hamburg (Martin Moxter); 130.2: alamy images, Abingdon/Oxfordshire (fStop); 131.1: Picture-Alliance, Frankfurt (dpa); 131.2: alamy images, Abingdon/Oxfordshire (Viktor Cap); 136.1: Fotex, Hamburg (Raimund); 136.A3: iStockphoto.com, Calgary (DarioEgidi); 136.A4: Hans Tegen, Hambühren; 136.A7: Michael Bamberger, Freiburg; 137.V2: Heinz-Werner Oberholz, Everswinkel; 138.V1: newVISION!, Bernhard A. Peter, Pattensen; 142.1: Picture-Alliance, Frankfurt (Markus C. Hurek); 142.2: Visum, Hamburg (Stefan Kiefer); 142.3: Picture-Alliance, Frankfurt (chromorange); 143.1. Humboldt-Gymnasium, Trier; 143.2: Michael Fabian, Hannover; 144.B1: Heinz Kettler, Ense-Parsit; 144.B2: F1online, Frankfurt (denkou images); 146.1: Fotex, Hamburg (Camerique); 146.A6: EnBW Energie Baden-Württemberg, Karlsruhe; 147.B2: Creativ Studio Heinemann, Bad Hönningen; 148.V1a-c: Michael Fabian, Hannover; 150.B1: diGraph Medienservice Fontner-Forget, Lahr; 150.V1, 151.1, 154.1, 155.V2: Michael Fabian, Hannover; 155.V1a, 161.3a: Dr. Thomas Huk, Braunschweig; 155.V1b, 161.3b: Michael Fabian, Hannover; 156.B1: Hans Tegen, Hambühren; 157.1: Graupner/SJ, Kirchheim/Teck; 158.B1-5: Ruprecht Eysholdt, Stade; 159.B6: fotolia.com, New York (Schlierner); 159.B7a: Auto Bild, Hamburg (Christian Bittmann); 159.B7b: Holst Centre, KN Eindhoven; 159.B7c: Corbis, Berlin (zefa/Alan Schein); 161.1: Siemens Archiv, München; 161.2: Winkelmann Elektromotoren, Uelzen; 162.A11: Thomas Frister, Tirschenreuth; 162.A3: Picture-Alliance, Frankfurt; 162.A5: fotolia.com, New York (Biker); 163.1: MEGAMAN - IDV

Import- und Direkt-Vertriebs, Langenselbold; 166.1: KasTec, Bad Vilbel; 166.2: wikipedia.org (http://upload.wikimedia.org/wikipedia/de/9/96/Gittermast-Autokran_mit_Derrickausleger.jpg - Wikipedia/DEMAG-ALEX - CC-Commons-Lizenz CC-by-sa 3.0); 166.A1a: Renate Jung, Wiesbaden; 166.A1b: Hans Tegen, Hambühren; 166.A2: iStockphoto.com, Calgary (cenkertekin); 166.A3: iStockphoto.com, Calgary (Graham Midgley); 166.A4: Wimag, Obernburg; 166.A6: Seidl Sails, Salzburg; 167.1: akg-images, Berlin (IAM/World History Archive); 167.B1a: Hans Tegen, Hambühren; 167.B1b: Getty Images, München (Tom Grill); 167.B2a: Deutsches Museum, München; 167.B2b, 170.B2a: Hans Tegen, Hambühren; 168.V1, 169.A10: Michael Fabian, Hannover; 173.B2: Hans Tegen, Hambühren; 174.B1: Heinz-Werner Oberholz, Everswinkel; 174.B2: Mario Schürholz; 175.B3: Getty Images, München; 177.1: mauritius images, Mittenwald (imagebroker/Movementway); 178.1: Alfred-Wegener-Institut für Polar- und Meeresforschung, Bremerhaven (Klimmeck/Bruggemann realnature.tv); 178.2: Alfred-Wegener-Institut für Polar- und Meeresforschung, Bremerhaven; 178.3: Joker, Bonn (Erich Haefele); 178.A3: BilderBox, Breitbrunn/Hörsching (Bildmaschine.de); 178.A4: Agentur Focus, Hamburg (Martyn F. Chillmaid/SPL); 179.B2a-b, 179.B2a2: Gerber Schwingungstechnik, Köln; 180.V1a-b, 180.V2, 180.V3, 181.V4: Hans Tegen, Hambühren; 183.1: Michael Fabian, Hannover; 184.B1: Picture-Alliance, Frankfurt (dpa/dpaweb/Heinz von Heydenaber); 184.B2: wikipedia.org (Florian Lindner); 186.1-5: Michael Fabian, Hannover; 187.1: Caro, Berlin (Kahnert); 187.2: holmatro rescue Equipment B.V., Raamsdonksveer; 187.3: Getty Images, München (Peter Dazeley); 187.4: Corbis, Berlin (Hiroshi Watanabe); 189.1: mauritius images, Mittenwald (Alamy); 189.2: Joker, Bonn (Cynthia Ruehmekorf); 189.3: Agentur Focus, Hamburg (Tim Malyon & Paul Biddle/SPL); 189.4: Hörl & Hartmann Ziegeltechnik, Dachau; 190.1: WaterFrame, München (Daniela Dirscherl); 190.A3: Heinz-Werner Oberholz, Everswinkel; 190.A4: Picture Press, Hamburg (Gerhard Kaefer); 190.A5: Dorothea Weber, Isernhagen; 190.A6: Fotografie Johannes-Maria Schlorke, Saarbrücken; 191.B2a-c: Hans Tegen, Hambühren; 192.V1: Michael Fabian, Hannover; 193.B1: Dirk Blaß, Schmelz-Dorf; 194.B1: Corbis, Berlin (Denis Scott/Comet); 195.B4: Hans Tegen, Hambühren; 195.V1a-b: Michael Fabian, Hannover; 196.V1a-b, 196.V2a-b: Hans Tegen, Hambühren; 197.1: mauritius images, Mittenwald (age); 197.2: Hans Tegen, Hambühren; 197.3: Hansa Mare Reederei, Bremen; 197.4: Huber, Garmisch-Partenkirchen (Manunza Bruno); 198.1-5, 198.5b: Heinz-Werner Oberholz, Everswinkel; 199.1: fotolia.com, New York (dusk); 201.V3b: Klaus Wieder, Karlsruhe; 202.B1: fotolia.com, New York (pincasso); 202.B2: Corbis, Berlin (Roger Ressmeyer); 203.V2: Michael Fabian, Hannover; 203.V3: LD Didactic, Hürth; 204.B1: O. Gremblewski-Strate, Laatzen; 205.1: Corbis, Berlin (Stephen Frink); 205.2: Agentur Focus, Hamburg (Sovereign/ISM); 206.1: fotolia.com, New York (Herr Olsen); 207.1: Getty Images - Lonely Planet Images, München (Photosindia.com); 207.2: Opitec Handel, Giebelstadt-Sulzdorf; 207.3-4: Michael Fabian, Hannover; 207.5: fotolia.com, New York (Leonardo Franko); 207.6: NASA, Houston/Texas; 208.A11: Hans Tegen, Hambühren; 208.A12: A.T.U Auto-Teile-Unger, Weiden i. d. OPf.; 208.A2: Panthermedia.net, München (simonkr); 208.A6: Magura, Bad Urach; 208.A7: Deutsches Museum, München; 209.1: Intro, Berlin (Stefan Kiefer); 209.2: Heinz-Werner Oberholz, Everswinkel; 212.A1: Picture-Alliance, Frankfurt (Frank Rumpenhorst); 212.A2: Klaus Wieder, Karlsruhe; 212.A3: dreamstime.com, Brentwood (Carrieanne); 212.A6a-b: Dr. Wiebke Salzmann, Mönchhagen; 213.B1: iStockphoto.com, Calgary (gaiamoments); 214.B1: Werner Wildermuth, Würzburg; 218.B1, 219.V2: Hans Tegen, Hambühren; 224.B2: Astrofoto, Sörth (NASA); 224.B3: Mathias Popko, Meine; 225.B4: alamy images, Abingdon/Oxfordshire (Jaspal Jandu); 226.B1: F1online, Frankfurt (Wave Images); 227.B2: fotolia.com, New York (Wouter Tolenaars); 227.V1: Michael Fabian, Hannover; 229.B2: Corbis, Berlin (NASA); 231.1: iStockphoto.com, Calgary (Skyak); 239.1: Getty Images, München (Gamma-Rapho); 239.2: Westfalen, Münster; 239.3: fotolia.com, New York (Martin Schlecht); 239.4: Michael Fabian, Hannover; 239.5: iStockphoto.com, Calgary (SoopySue); 239.6: ullstein bild, Berlin (Willy Stöwer); 239.7: NASA, Houston/Texas; 239.8, 240.A7: Meteomedia, Gais; 240.A10: fotolia.com, New York (Oleksii Sagitov); 240.A6a-b: Klaus Wieder, Karlsruhe; 241.B1b: TopicMedia Service, Putzbrunn; 241.B1c: Picture-Alliance, Frankfurt (dpa/REpower); 241.B1e: Flachglas Solartechnik, Köln; 244.1: Picture-Alliance, Frankfurt (dpa); 244.2: Jörg Arend, Wedel; 244.3: Visum, Hamburg (Wolfgang Steche); 245.B1: Siemens AG, München; 248.V1a-b, 249.B1, 250.V1: Dirk Blaß, Schmelz-Dorf; 251.1: Imago, Berlin (McPhoto/Luhr); 252.B2: Bernhard Kaps; 252.B3: Siemens, München; 253.A1: Hans Tegen, Hambühren; 255.B4: PreussenElektra, Hannover; 255.B5: Evonik Industries, Essen; 256.B2, 269.2: wikipedia.org (CC-Lizenz CC BY-SA 2.5/Eva Kröcher - http://upload.wikimedia.org/wikipedia/commons/2/22/Frankfurt_Griesheim_Schleuse.JPG); 258.B1: Picture-Alliance, Frankfurt (dpa); 259.B5: Michael Fabian, Hannover; 259.B6: Dr. Erwin-Klaus Haberkant, Heidelberg; 261.A7: iStockphoto.com, Calgary (small_frog); 264.B3: wikipedia.org (AxelHH/gemeinfrei); 265.1: Heinrich Hübscher, Lüneburg; 267.B2: Claudia Carls, Hamburg; 267.B4: Picture-Alliance, Frankfurt (epa/AFP); 268.1: iStockphoto.com, Calgary (deepblue-4you); 269.1: Schwanke + Raasch, Hannover; 271.1: Druwe & Polastri, Cremlingen/Weddel; 274.1: ullstein bild, Berlin (Roger Viollet); 274.2: Agentur Focus, Hamburg (SPL); 274.3: bpk, Berlin; 274.A3: Gamma-Scout, Schriesheim; 274.A4: Deutsches Museum, München; 275.B1: Phywe, Göttingen; 275.B2: LD Didactic, Hürth; 276.1: Picture-Alliance, Frankfurt (akg-images); 276.2: Verein Radiz Schlema, Bad Schlema (Nachlass Prof. Dr. Werner Schüttmann); 277.V3, 278.B2a: Hans Tegen, Hambühren; 279.B3, B5: Gesundheit und Tourismus für Bad Kreuznach, Bad Kreuznach; 279.B4: Getty Images, München (Hulton Archive); 280.B1: Picture-Alliance, Frankfurt (Sven Simon); 282.1: Okapia, Frankfurt (NAS/Omikron); 282.2: akg-images, Berlin (IAM/World History Archive); 282.4: Corbis, Berlin (Bettmann); 283.1-2: Deutsches Historisches Museum, Berlin; 284.V1, 285.B2: Genter, Mayer-Leibnitz, Bothe, Atlas typischer Nebelkammerbilder. Springer Verlag, Heidelberg/Berlin/New York; 289.B2: Picture Press, Hamburg (Wolfgang Neeb/Stern über Picture Press); 292.1: AOK Bundesverband, Berlin; 292.A1: Peter Feigenbutz, Radolfzell; 292.A3: European Commission, Institute for Transuranium Elements, Karlsruhe (European Commission 2010); 293.V1: Heinz-Werner Oberholz, Everswinkel; 293.B1: Medizinische Hochschule, Hannover; 298.B1: Werner Wildermuth, Würzburg; 298.B2: mauritius images, Mittenwald (Alamy); 298.B3: Elekta Versa, Schwabmünchen; 299.B5: ARS Photo Unit, Beltsville (Scott Bauer); 303.1: Arteria-Photography, Kassel; 304.A9: TopicMedia Service, Putzbrunn; 305.1: fotolia.com, New York (Henry Schmitt); 308.B3a-b: Landeskriminalamt Baden-Württemberg, Tübingen (www.schuetze-dein-bestes.de/Radhelmkampagne); 313.M5: EWE, Oldenburg; 314.1: Getty Images, München (traveler1116); 314.2: Picture-Alliance, Frankfurt (Daniel Karmann); 314.3: wikipedia.org (gemeinfrei); 315.1: wikimedia.commons (Bundesministerium für Verkehr, Bau- und Wohnungswesen); 315.2: Linus Morgen, Lünen; 315.3: ullstein bild, Berlin (Chromorange/August Forkel).

Es war nicht in allen Fällen möglich, die Inhaber der Bildrechte ausfindig zu machen und um Abdruckgenehmigung zu bitten. Berechtigte Ansprüche werden selbstverständlich im Rahmen der üblichen Konditionen abgegolten.